胶黏剂与粘接技术基础

第二版

Fundamentals of Adhesives and Bonding Technology

Second Edition

余先纯　孙德林　编著

化学工业出版社

·北京·

内 容 简 介

本书首先对粘接理论与界面性能表征、胶黏剂的配方设计、粘接结构设计、胶黏剂的理化性能测试、粘接工艺与安全技术等进行了介绍，然后对酚醛树脂胶黏剂、脲醛树脂胶黏剂、三聚氰胺甲醛树脂胶黏剂、聚醋酸乙烯酯胶黏剂、环氧树脂胶黏剂、聚氨酯胶黏剂、有机硅树脂胶黏剂、不饱和聚酯胶黏剂、丙烯酸酯胶黏剂、生物质胶黏剂、无机胶黏剂等的制备、配方设计、改性技术及应用等进行了论述。该书可供从事胶黏剂配方设计、生产和应用的技术人员参考，也可作为高分子材料和木材加工专业师生的教学参考书。

图书在版编目（CIP）数据

胶黏剂与粘接技术基础/余先纯，孙德林编著. —
2版. —北京：化学工业出版社，2021.12（2025.5重印）
ISBN 978-7-122-39904-5

Ⅰ.①胶… Ⅱ.①余…②孙… Ⅲ.①胶粘剂②胶
接-技术 Ⅳ.①TQ430

中国版本图书馆 CIP 数据核字（2021）第 183478 号

责任编辑：赵卫娟	文字编辑：任雅航　陈小滔
责任校对：张雨彤	装帧设计：刘丽华

出版发行：化学工业出版社（北京市东城区青年湖南街 13 号　邮政编码 100011）
印　　装：北京科印技术咨询服务有限公司数码印刷分部
787mm×1092mm　1/16　印张 17½　字数 442 千字　2025 年 5 月北京第 2 版第 6 次印刷

购书咨询：010-64518888　　　　　　　　　　售后服务：010-64518899
网　　址：http://www.cip.com.cn
凡购买本书，如有缺损质量问题，本社销售中心负责调换。

前　言

《胶黏剂与粘接技术基础》一书自 2014 年出版以来深得广大读者的青睐。随着化工科技的飞速发展与材料技术的不断进步，多种新型功能性胶黏剂不断涌现，拓宽了人们对胶黏剂与粘接技术的认识。为了让读者能更深入地了解胶黏剂的最新发展技术，满足实际生产需求，也为了更丰富本书的内容，全面提高质量，对全书进行了系统的修订。在对原书中存在的纰漏进行补正的同时，还吸收了相关专业方向的最新研究成果来进行充实。关于本书的具体修订工作，特作以下说明：

（1）结构变化不大，基本保持原书构架与体系。

（2）在第 2 章中增加了"酸碱配位理论"，在第 6 章中增加了"接触角测试""凝胶时间测定""重要有害物质检测""树脂结构与性能分析"等方面的内容。同时增加了"三聚氰胺甲醛树脂胶黏剂"，将其作为第 9 章；在第 10 章中的"聚醋酸乙烯酯胶黏剂的改性"方面增加了"乳化剂的改进""引发剂体系的改进"及"先进聚合技术的应用"等内容；第 16 章中增加了"生物质液化胶黏剂"和"常见生物质胶黏剂的改性"等内容。并根据发展需求增加了第 17 章"无机胶黏剂"，对"气干型无机胶黏剂""水固型无机胶黏剂""熔融型无机胶黏剂""反应型无机胶黏剂"的制备、性能、使用等进行了全面的介绍与说明。同时，考虑到粘接强度的检测方法在一些标准中有明确规定，故将第 4 章中的"4.4 粘接强度检测"予以删除。此外，在修订过程中还根据最新研究成果对部分胶黏剂的配方与制备工艺进行了调整与修订，并对参考文献进行了替换与增补。

在修订的过程中，本着认真负责的态度，对原书进行了逐字逐句的审阅，尽量减少错误与纰漏，力求精准。但由于水平有限，书中难免存在不足，敬请广大读者批评指正与反馈。同时，衷心感谢化学工业出版社和广大读者给予的鼓励、帮助与支持。

编者

2021 年 5 月于长沙

第1版前言

胶黏剂与人们的生活息息相关，随着社会经济的发展和人民生活水平的提高，胶黏剂在工业生产和人们的日常生活中发挥着越来越重要的作用。无论是在航空航天、国防军工、电子电器、交通运输行业，还是在机械制造、建筑建材等领域都得到了广泛的应用，并在一些方面具有独特的优势，有着巨大的潜力。

随着回归自然、崇尚环保观念的日渐盛行，使得低毒、无毒、高固含量、无溶剂和水性胶黏剂生产技术和产品成为胶黏剂研究与发展的新趋势。本着"夯实基础理论知识、发挥传统产品优势、提高现有产品性能、开发绿色新功能产品"的宗旨，在其他学者研究的基础上对粘接基础理论、粘接结构设计及粘接强度、组成与配方设计、粘接性能的检测等方面进行了介绍与总结，希望在粘接技术理论基础的指导下，在强化粘接性能的同时，为胶黏剂的日趋环保化的发展有所贡献。

本书还对常用的酚醛树脂、脲醛树脂、聚醋酸乙烯酯、环氧树脂、聚氨酯、有机硅树脂、不饱和聚酯、丙烯酸酯和生物质等材料制备的胶黏剂的原料、典型配方、制备工艺、改性方法和关键技术，以及产品的性能和应用进行了详细的分析和探讨。同时，还通过具体的实例分析和制备工艺举例，从选料、配比、设备优化、工艺参数控制等方面着手，讨论了常用胶黏剂的基本制备方法，并对一些先进的合成原理和制备方法进行了重点介绍。

此外，本书还就胶黏剂生产中降低生产成本、减少环境污染、保障安全生产等方面作了一些阐述，旨在为读者提供一份比较完整的、有实用价值的介绍胶黏剂技术的资料。

本书既可以作为高分子胶黏剂研究者的工具书，也能够作为高等院校高分子材料专业、木材加工与工程专业学生的学习与参考书。

由于编者受到水平、经验、时间等的限制，书中难免会有不当、疏漏、欠佳之处，望读者指正。

编者
2014 年 5 月

目 录

第 **1** 章

胶黏剂与粘接技术概论

1.1　胶黏剂与粘接技术的基本概念

1.1.1　胶黏剂

胶黏剂（adhesive）也称黏合剂、粘接剂，简称胶。是一种通过界面的黏附和物质的内聚等作用，使两种或两种以上相同或不同的制件（或材料）强力持久地连接在一起的，天然的或人工合成的一类物质。胶黏剂能将金属、玻璃、陶瓷、木材、纸、纤维、橡胶和塑料等同一或不同材质粘接成一体，赋予各物体各自的应用功能。

胶黏剂是以天然或合成化合物为主体制成的，具有强度高、种类多、适应性强的特点。按其来源可分为天然胶黏剂和合成胶黏剂。天然胶黏剂由天然动植物的胶黏物质制成，如皮胶、骨胶、淀粉胶、蛋白胶、树脂胶、天然橡胶等，特点是能充分利用天然资源，具有较好的环保性能。天然胶黏剂价格低廉、无毒或低毒、加工简便，但也存在着不耐潮、强度低等不足，其应用范围在一定程度上受到限制。合成胶黏剂以合成聚合物或预聚体、单体等为主料制成，常用的有氨基树脂胶黏剂、酚醛树脂胶黏剂、烯类聚合物胶黏剂、聚氨酯胶黏剂及环氧树脂胶黏剂等。除主料外，还应根据具体情况加入固化剂、增塑剂、无机填料和溶剂等。合成胶黏剂品种繁多、性能优异，是一种用途广泛的胶黏材料。

1.1.2　粘接技术

粘接是使用胶黏剂将两个或多个物体连接在一起的过程，是一项古老而又实用的技术。利用胶黏剂将各种材质、形状、大小、厚薄、软硬相同或不同的制件（或材料）连接成为一个连续、牢固、稳定的整体的工艺方法，称为粘接技术，也称为胶接、胶合、黏合技术。

1.2　粘接技术的特点

1.2.1　粘接技术的优势

粘接技术与铆接、焊接、螺接等连接方法相比，具有独特的优点。

（1）适用范围广

可以连接各种弹性模量和厚度不同的材料，尤其是薄片材料，同时具有吸收振动所产生能量的作用，这是铆接、焊接、螺接等连接方法所无法相比的。

（2）结构寿命长

由于粘接面大，接头处应力分布均匀，压力承受区域大，因此粘接件不会像点焊或螺接、铆接那样存在应力集中问题。粘接的多层板结构能够避免裂纹的迅速扩展。如将直升机旋翼改成粘接结构，使用寿命可以从 $500\sim600h$ 提高到 $1500h$，甚至超过 $6000h$。

一般粘接的反复剪切疲劳破坏为 4×10^{6} 次，而铆接只有 3×10^{5} 次，疲劳寿命要高出近 10 倍。在粘接薄板时，其耐震性要比铆接与螺接高 $40\%\sim60\%$。

（3）制造成本低

复杂的结构部件，采用粘接一次可完成，而铆接、焊接需要多道工序，并且焊接后，会产生变形，必须校正和精加工，增加了不必要的重复劳动，成本下降 $30\%\sim35\%$。

（4）粘接件质量轻

由于省去大量的铆钉、螺栓，故没有焊缝，不会起皱，表面光洁，外形美观。采用粘接可使飞机重量减轻 $20\%\sim25\%$。

（5）密封性能好

可完全堵住三漏（漏气、漏水、漏油），有较好的耐水、耐介质、耐腐蚀性能和绝缘性能，这是铆接或螺接所不能做到的。

（6）粘接工艺简捷

设备要求比较简单，操作容易，利于自动化生产，生产效率高，如在机械工业中每采用胶黏剂 1t 可节省 $5000\sim10000$ 个人工。

（7）可选品种多样

针对不同的材料，可以选用相应的胶黏剂，甚至是选用特种胶黏剂，这样可赋予粘接缝各种特殊性能，如快速固化特性、耐湿性、绝缘性、导电性、导磁性等。

1.2.2　粘接技术的缺点

（1）强度方面

与高强度的被粘物（如金属）相比，粘接强度不够高，容易在接头边缘首先破坏。

（2）固化方面

粘接时一般需要一定的压力和时间，因此需要相应的设备与环境。

（3）环境依赖性

粘接结构与其他材料（尤其是高分子材料）一样，在使用或存放过程中由于受环境中水、热、光、氧等因素的作用，对粘接结构的耐久性有很大影响，导致性能逐渐下降，以致破坏，这就是粘接结构的老化，同时其耐高温、低温作用的性能也有限。一般胶黏剂仅能在150℃以下使用，即便是耐高温胶黏剂，长期工作温度也只能在250℃以下，且在受热情况下，粘接强度远比常温下的低。

（4）环保性能

某些胶黏剂中含有有机溶剂，存在一定的毒性和可燃性，对贮存、运输、人体与环境等均有一定的影响。

（5）无损检测

粘接区域不可见，且迄今还缺乏准确度和可靠性都较好的无损检验粘接质量的方法。目前，无损检测技术对于胶层中的孔洞、缺胶和微孔等缺陷基本上能可靠地检测出来，但对胶黏剂内聚强度、接头界面黏附强度尚无可行的检测手段。而无孔洞、缺胶等宏观缺陷的粘接接头的强度，离散性高达300％。因此，对粘接接头强度的定量检测和评估成为当前无损检测的主攻方向。从粘接无损检测技术方法来看，目前研究的重点主要集中在超声波、应力波等技术上。

1.3　胶黏剂的分类

（1）按固化方式分类

根据固化方式的不同，可将胶黏剂分为溶剂挥发型、化学反应型和冷却冷凝型（见表1-1）。具体到某个胶黏剂，它的固化方式可能是其中的一种形式，也可能同时具有两种固化形式。如湿固化反应型热熔胶，它既属于冷却冷凝型，又属于化学反应型；API类的水性高分子水乳液属于溶剂（水分）挥发型，而同时加入的异氰酸酯交联剂与体系中含羟基化合物反应，因而又属于化学反应型。

表 1-1　胶黏剂按固化方式分类

固化方式	分类		胶黏剂品种
溶剂挥发型	溶剂型	水	淀粉、CMC(羧甲基纤维素)、PVA(聚乙烯醇)
		有机溶剂	氯丁二烯橡胶溶剂型
化学反应型	两液型	乳液型	聚醋酸乙烯酯乳液
		催化剂型	脲醛树脂、三聚氰胺树脂
		加成反应型	环氧树脂、间苯二酚树脂
		交联反应型	水性高分子异氰酸酯系、反应型乳液
	一液型	热固型	加热固化型酚醛树脂、三聚氰胺树脂
		抢夺反应型	聚氨酯树脂、α-烷基氰基丙烯酸酯
		其他反应型	光化学反应型树脂、厌氧型固化树脂
冷却冷凝型	骨胶、热熔胶		

（2）按胶料的主要化学成分分类

胶黏剂可分天然胶黏剂和合成胶黏剂两类，见表1-2。

表 1-2 胶黏剂按化学成分分类

类别	次级类别	举例
天然胶黏剂	淀粉系列	淀粉、糊精
	蛋白系列	大豆蛋白、酪素、鱼胶、骨胶、虫胶
	天然树脂系列	松香、阿拉伯树胶、单宁、木质素
	天然橡胶系列	胶乳、橡胶溶液
	沥青系列	建筑石油沥青
合成胶黏剂	热固型	环氧树脂、酚醛树脂、脲醛树脂、有机硅树脂、聚丙烯酸酯、聚酰亚胺、聚苯并咪唑等
	热塑型	聚醋酸乙烯酯、乙烯-醋酸乙烯酯共聚物、聚乙烯醇、聚丙烯酸酯、聚氨酯、聚酰胺等
	橡胶型	氯丁橡胶、丁腈橡胶、丁苯橡胶、有机硅橡胶、聚硫橡胶等
	混合型	酚醛-环氧、酚醛-丁腈、环氧-尼龙、环氧-聚酰胺、环氧-氯丁、聚乙烯醇缩醛等
	无机型	磷酸盐、硅酸盐等

（3）按外观形态分类

① 水溶液型：主要有聚乙烯醇、纤维素、脲醛树脂、酚醛树脂。

② 溶剂型：主要成分是树脂和橡胶，在适当的有机溶剂中溶解成为黏稠的溶液。主要有聚醋酸纤维、聚醋酸乙烯酯、氯丁橡胶、丁腈橡胶。

③ 乳液型：属于分散系，树脂在水中分散的体系称为乳液，橡胶的分散体系称为乳胶。主要有聚醋酸乙烯酯、聚丙烯酸酯、天然胶乳、氯丁胶乳、丁腈胶乳。

④ 膏糊型：膏糊型胶黏剂是一种充填良好的高黏度胶黏剂。

⑤ 粉末型：属于水溶性胶黏剂，使用前先加溶液（主要是水）调成糊状或溶液状。主要有淀粉、聚乙烯醇。

⑥ 薄膜型：以纸、布、玻璃纤维织物等为基料，涂覆或吸附胶黏剂后，干燥成胶膜状。主要有酚醛-聚乙烯醇缩醛、酚醛-丁腈、环氧-丁腈、环氧-聚酰胺。

⑦ 固体型：热熔型胶黏剂等属于此类。

（4）按粘接强度分类

① 结构型：这种胶黏剂必须具有足够的粘接强度，能长期承受较大的载荷，具有良好的耐热性、耐油性和耐候性。主要有酚醛-缩醛、酚醛-丁腈、环氧-丁腈、环氧-聚酰胺等。

② 次结构型：这是一种特殊的胶黏剂，能承受中等程度的载荷。

③ 非结构型：这种胶黏剂具有一定的粘接强度，在较低的温度下，剪切强度、拉伸强度和刚性都比较高，但在一般情况下，随着温度上升黏合力迅速下降。主要有聚醋酸乙烯酯、聚丙烯酸酯、橡胶类等。

1.4 胶黏剂与粘接技术的应用

1.4.1 航空与航天工业

航空工业和空间技术发展极其迅速，航天器和空间站的制造与装配都离不开胶黏剂。在航空工业中，胶黏剂最早是用于粘接金属结构、金属与塑料、金属与橡胶、蜂窝夹层结构与壁板等，采用粘接技术制备的构件具有重量轻、结构强、表面光滑、应力集中小、密封性好等优点，已逐步代替部分铆钉、螺栓和焊接。

例如，在飞机主体承力结构上采用粘接技术不仅能改善飞机的耐疲劳性能、减轻重量

10％～15％，而且还可以将制造成本降低 20％～25％。目前，粘接技术已成为飞机设计的基础，粘接结构已在 100 多种飞机上得到了应用，大部分的机身、机翼、发动机室等重要部位都部分地使用了粘接技术，机舱内很多零部件的固定更是离不开粘接技术。又如，飞机的机身、地板和顶部就是通过一种叫作 Nomex 的蜂窝夹芯与玻璃纤维板粘接而成的特殊结构，与用铆接、焊接工艺相比，该结构具有质量轻、强度高、耐疲劳性好的特点。

纤维增强材料与金属交替粘接在一起，形成混杂层压结构所构成的新型复合材料，可满足新一代高性能飞机的要求。B-58 超声速轰炸机就用 400kg 胶黏剂代替了 15 万只铆钉；世界上最大的客机 A380 也大量使用了胶黏剂与金属纤维、碳纤维所构成的新型复合材料；而波音 787 梦幻客机则开创了飞机制造史上的先例：首次采用粘接技术将高强度碳纤维增强塑料用于制造机身和机翼，替代常规的铝合金。在我国，歼-10 战机等均采用了粘接技术以及由胶黏剂和增强材料所构成的复合材料。有资料显示：粘接一架波音 747 客机，需要胶膜 $3700m^2$，聚硫密封胶 431kg，硅橡胶密封胶 23kg。

当然，航天工业中更是离不开高性能的胶黏剂，航天飞机、宇宙飞船、运载火箭、人造卫星、宇宙中继站、太阳能电池等都大量采用蜂窝夹层结构、高强度复合材料、玻璃钢、泡沫材料、密封材料等，这些大部分是通过粘接技术来实现的。由于航天器所处的工作环境十分恶劣，不仅要耐太空中的各种宇宙射线，而且还要能经受得起温差的巨大变化。如航天飞机在进入大气层时，其表面的温度可高达 1600℃ 以上，而在太空中的温度有时却会低于－110℃，覆盖于宇宙飞船表面的陶瓷隔热材料就是通过粘接来实现的，所采用的胶黏剂不仅能够耐此高温，而且在高低温交互变化的环境中也能保持良好的性能，不会发脆和剥落。常选用聚酰亚胺、聚苯并咪唑、聚氨酯等结构胶黏剂。此外，航天器中座舱和仪器舱的密封也采用了大量的胶黏剂，除了能耐高低温和强烈的射线辐射外，还要求在超真空下不挥发、不分解，多采用有机硅密封剂。我国的神舟系列飞船的座舱、地板、天线、太阳能电池等部位都部分使用高性能结构胶黏剂来替代传统制造工艺中的铆接和焊接。

实际上，航空航天技术的发展，在一定程度上促进了更新型、更高强、更牢固、更耐久、更耐热胶黏剂的出现。

1.4.2　舰船与汽车工业

在舰船的制造和修复过程中，密封一直是一项重要的工作，随着胶黏剂和粘接技术的飞速发展，舰船的大量零部件都采用胶黏剂进行粘接与密封，这样不仅可以简化制造工艺，还可以提高生产效率和航行的安全可靠性。据有关资料显示，舰船舱室的受力结构件、装饰与隔热/隔声材料、舵轴与螺旋桨装配、机械零件损坏、水下船体破损、甲板腐蚀穿孔等都可用胶黏剂进行粘接与修补。船舶甲板捻缝、船台闸门、舷窗、舱口、各种管路（水管、油管、蒸汽管接头）、螺栓/铆钉部位、减震器、电缆贯穿绝缘等都可以采用比传统的密封方法更简便、更可靠、更安全的密封胶进行密封。

此外，针对船舶常年航行在江河、海洋、湖泊之中接触水、湿气、盐雾等腐蚀性介质，工作环境非常特殊的特点，有针对性地使用具有耐水、耐海水、耐盐雾、耐湿热、耐腐蚀、耐老化、阻燃等特殊用途的胶黏剂可以起到很好的保护作用，延长舰船的维护与使用寿命。

胶黏剂用于汽车工业具有粘接、密封、隔热、防腐、防漏、隔声、防潮、紧固、减重、减震、阻尼等功能。汽车的许多重要部位如焊缝、车身、变速箱、挡风玻璃、门窗等均采用粘接技术进行密封；各种螺栓和零件的锁紧与固定，缸体、油箱、水箱、轮胎、零部件等损坏的快速修复，粘接技术是最好的连接与密封方式。

随着现代汽车工业的技术进步，对结构材料轻量、节能环保、驾驶安全、美观舒适等方面提出了更高的要求，通过粘接技术所得到的铝合金复合材料、玻璃钢复合材料、蜂窝夹层结构复合材料以及塑料和橡胶复合材料等得到了广泛的应用。例如，汽车车盖由面板和增强衬里通过防震胶黏剂粘接而成；天窗则是通过胶黏剂与车身连成一体，成为汽车顶棚整体结构中的一部分。汽车车门经常是用"法兰凸缘"粘接而成，外门围绕内壳成型，然后靠胶黏剂进行粘接和密封。

用胶黏剂粘接刹车片可代替铆钉连接，牢固耐久、安全可靠，使用寿命可提高 3 倍以上。粘接闸件的剪切强度高达 48～70MPa，远高于铆接闸件的 10MPa。美国克莱斯勒汽车公司 1949—1975 年粘接的 2.5 亿个刹车闸片从未因粘接问题而出现失效。据统计，每辆轿车的用胶量约 20kg，中型车 16kg，重型车 22kg，并且在逐年增加。可以预言，随着汽车高档化和产量增大，粘接技术的应用将会更广泛、更普遍、更高效。

1.4.3　机械制造与电子技术

粘接技术在机械制造业上广泛应用于产品制造、设备维修等多方面。以粘接代替焊接、铆接、螺纹连接、键接、密封垫片等以减轻质量、减小应力集中，不仅外观平整光滑，还可以降低成本、提高产品质量，这已经成为机械制造的重要组成部分。

采用粘接固定代替过盈配合，能够降低加工精度、缩短工期、简化工艺、提高效率、降低成本，用胶黏剂锁紧防松更是方便、经济、牢固可靠。同时，在机械加工中还可以利用胶黏剂是液态、易于浸渗的特点，修复铸件中的砂眼、零部件中的缺陷，可以降低废品率。此外，胶黏剂还可更加简便快捷地用于零件、模具、夹具、量具等因磨损、断裂、裂缝和松动的修复。

胶黏剂在电子化学品配套中起着举足轻重的作用，成为构成微电子技术的基础，在零部件和整机的生产与组装、封装、灌封等方面得到了广泛应用，特别是在 IT 产业中，各类合金及特殊高分子材料所占的比重很大，对粘接强度、固化速率、耐热性、耐腐蚀性、耐化学药品性要求更高、更严，还要考虑日益严格的环保要求，胶黏剂应以无卤化、无铅化、无溶剂化、可降解回收为目标。

常采用灌封技术将绝缘要求较高的元件进行绝缘密闭；使用包封技术将元器件进行保护；使用埋封技术将接头部位进行绝缘处理；使用导电粘接技术替代金属铅锡焊。通过灌装、包封和埋封技术的处理，可以减小产品的外形尺寸和质量，减小壳体的电感电容，使频率稳定，大大地提高电子产品的电性能和环境适应性能。如为了保证电子设备及元器件稳定的性能及在各种环境下能正常工作，常使用绝缘封装技术以阻止外部灰尘、潮气、盐雾等的侵袭，防止由于震动、冲击造成的损伤，同时还具有阻燃、隔声、隔热的功能。又如，对于高精度光学零件的精确定位，可采用具有快固、高强、低缩、耐腐的光固化阳离子聚合环氧树脂胶黏剂。常用的有导电胶、光刻胶、贴片胶、导磁胶、环氧胶、聚氨酯胶、聚酰亚胺胶、压敏胶、厌氧胶、聚硅氧烷密封剂、阻燃灌封胶等。

1.4.4　建筑建材与轻工行业

建筑物在建设时需要使用胶黏剂，旧建筑的维修也要用结构胶黏剂，室内设施的防水、保暖、密封、防漏等更是离不开密封胶。

在建材生产中，利用胶黏剂制备强度高、防水性能好、耐冻、耐高温、耐腐蚀、耐冲击的建材，如水泥混凝土、树脂混凝土、高强度预制构件以及阻燃型建筑材料等。

在建筑施工中，可以使用粘接强度高，耐久性、耐老化性、耐介质性、耐高低温好的结构胶黏剂进行加固补强。如由于结构设计达不到要求，或因长期使用、风化、腐蚀等产生裂缝、断裂或损坏，可用粘接技术修复，将一定规格的钢板或碳纤维片采用结构胶黏剂粘在梁、柱等混凝土结构件外表面，达到补强加固的目的。

胶黏剂用于修补混凝土结构件缺陷、裂纹方面操作简便，不仅可保证使用性能，而且外观平整。同时，可以用不饱和聚酯、聚氨酯、环氧树脂和丙烯酸酯等胶黏剂进行化学锚固，具有强度高、干固快、施工简单的优点。

此外，还可以采用密封胶黏剂进行防漏和密封：以弹性密封胶制造的中空玻璃，节能保暖，隔声减噪；建筑外墙的接缝、伸缩缝、变形缝等，只有使用密封胶才能达到良好的防水、防渗、防漏效果。而幕墙工程中的外挂墙板的激光玻璃或中空玻璃、金属板、石板、复合板等与金属框架的连接，结构密封胶黏剂的使用更是无法替代的。

胶黏剂已经广泛应用于轻工行业，并且取得了巨大的成就。如制鞋行业用粘接代替缝合、模压来生产各种高档皮鞋、旅游鞋、雪地鞋、凉鞋、拖鞋、运动鞋、保健鞋等，款式新颖、样式美观、牢固耐久，而且防水、透气。

在木材加工和家具行业中，人造板的制造，家具生产中的拼板、榫接、复合、贴面、封边、涂饰等工艺无处不用到胶黏剂。在制造钢木家具、钢塑家具、木塑家具、布艺家具等产品的过程中胶黏剂也扮演着重要的角色。

胶黏剂在纺织工业中用于制造无纺布、植绒、织物整理、印染、地毯背衬、服装图案转移等方面。如用聚酰胺和聚酯热熔胶粉制得的热熔衬布，热熨即可黏合，平整不变形，使用非常方便，已经代替了传统的麻衬布。

在印刷和包装行业使用胶黏剂的地方也比比皆是。如书籍、期刊等的无线装订就是使用热熔胶来完成的；而使用覆膜胶黏剂将薄膜粘贴于书刊封面、挂历挂图和商品广告的表面，不仅豪华美观，而且防污耐久；又如包装行业中琳琅满目、色彩斑斓的盒、罐、瓶、桶、箱、袋等包装的层压、复合、成型、卷制、封装、贴标、防伪等，都离不开胶黏剂和粘接技术。

此外，工艺美术、儿童玩具、体育用品、卫生器具、文教用品等，也都要用到胶黏剂和粘接技术。

1.4.5　医疗卫生与日常生活

胶黏剂在医疗领域的应用不仅广泛，而且历史悠久。在现代医学研究中，用于人体的医用胶黏剂能与人体的组织相适应，能够接骨植皮、修补脏器，可以代替缝合、结扎封闭，能够有效止血、覆盖创伤、治疗糜烂等。如在外科手术中，采用胶黏剂代替缝合，操作简单、迅速、可靠，能够减少患者痛苦，促进机体迅速恢复，同时还能减少疤痕。又如在牙科的治疗中，采用粘接技术能进行牙齿的粘接、镶嵌、封闭、填充、防龋、美饰等。而美容中也常采用胶黏剂与粘接技术，如隆鼻、隆胸就用到了有机硅和发泡胶黏剂。

胶黏剂和粘接技术为日常生活带来了极大方便，各种日用品的小损坏都可以使用胶黏剂来进行修复。如儿童玩具、电视机壳、洗衣机壳、数码相机、插座、沙发、箱包、鞋子等都能用胶黏剂修补。同时，常用的陶瓷、玻璃、大理石、搪瓷、木材、金属等器具，如餐具、文物、工艺品、花瓶、鱼缸、水管、水箱、家具、文体用品、首饰等的破损或渗漏也可用胶黏剂修好。此外，用压敏胶带代替螺钉固定的挂件，不仅简单快捷，而且强度高，不会破坏墙体；而用压敏胶粘蝇、粘鼠、粘蚊、粘蟑螂，无毒无害，简洁实用。

总之，胶黏剂已广泛用于建筑、机械、化工、轻工、航空航天、电子电气、汽车、船舶、医药卫生、农业、文化体育等各行各业，并深入到人们生活的各个方面，我们的日常生活已经离不开胶黏剂。

第2章

粘接基础理论与界面性能表征

2.1 基本原理

2.1.1 浸润与粘接

粘接实际上是一种界面现象，粘接的过程主要是界面物理性质和化学性质发生变化的过程。要使两个构件能紧密地粘接起来，并且具有一定的强度，胶黏剂必须与制件表面相互"润湿"，其重要前提是在界面形成某种最低的能量结合。因此，本章将从表面物理与化学的角度来讨论粘接。

液体与固体之间的"润湿"程度一般用接触角 θ 来表示。一般情况下，胶黏剂对被粘接物的表面有好的润湿，所形成的接触角就小，粘接强度就高。例如：铝合金用 H_2SO_4/ $Na_2Cr_2O_7$ 处理，用酚醛-缩醛胶黏剂粘接，处理前的接触角为 67°、粘接强度为 6.87MPa，处理后的接触角为 0°、粘接强度为 35.99MPa。因此，胶黏剂具有好的润湿性或被粘接物对胶黏剂有强的亲和性，是获得良好粘接的必要条件。

胶黏剂对固体表面的润湿过程有三类形式：扩展润湿、浸没润湿、黏附润湿或简称黏湿。从热力学条件可知：胶黏剂在被粘接材料表面的接触角及表面张力可以反映出胶黏剂对该固体的润湿性，但由于被粘接材料的表面粗糙度不同，胶黏剂对粗糙表面的接触角不等于对光滑表面的接触角，因而润湿性能有差异。当 $\theta=180°$，即 $\cos\theta=-1$ 时液体对固体完全不润湿；$\theta=$

0°，即 $\cos\theta=1$ 时液体对固体完全润湿。胶黏剂与被粘物之间形成浸润状态，是粘接接头具有良好粘接性能的先决条件。浸润得好，被粘物和胶黏剂分子之间紧密接触而发生吸附，则粘接界面能够形成巨大的分子间作用力，同时排除粘接体表面吸附的气体，减少粘接界面的空隙率，提高粘接强度。为了研究方便，在此用液-固体系来讨论胶黏剂-被粘物体系。

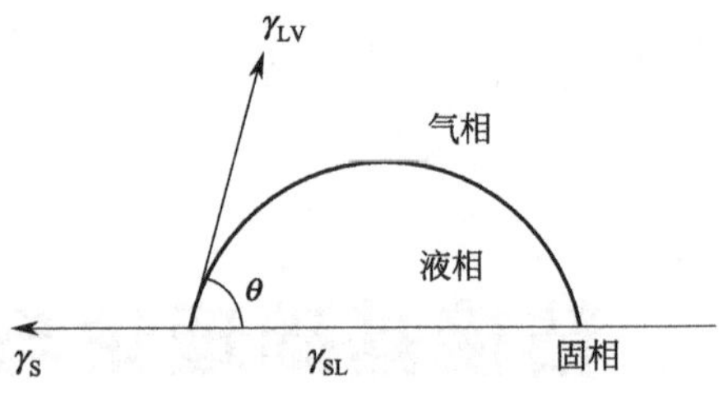

液滴在固体表面的浸润状况如图 2-1 所示，图中 γ_{LV}、γ_{SL} 和 γ_{SV} 分别表示液-气接触处、固-液接触处和固-气接触处的表面（界面）张力。在平衡状态下这些张力与平衡状态接触角 θ 的关系可以用杨氏方程表示：

图 2-1　液滴在固体表面的浸润状况

$$\gamma_{LV}\cos\theta=\gamma_{SV}-\gamma_{SL} \qquad (2\text{-}1)$$

$$\gamma_{SV}=\gamma_{S}-\pi_{\epsilon} \qquad (2\text{-}2)$$

式中，γ_S 为真空状态下固体的表面张力；π_ϵ 为吸附自由能，即吸附于固体表面气体分子膜的压力，表示吸附在固体表面的气体所释放的能量。

对于高表面能的固体，π_ϵ 是不能忽略的；但当高表面能的液体润湿低表面能的固体时，π_ϵ 一般可以忽略不计。当 $\pi_\epsilon\approx0$ 时，$\gamma_S=\gamma_{SV}$，则有：

$$\gamma_{SL}=\gamma_{S}-\gamma_{LV}\cos\theta \qquad (2\text{-}3)$$

当 $\theta=180°$时，$\cos\theta=-1$，胶液完全不能浸润被粘接固体，这种状态在实际中是不可能存在的。

当 $\theta=0°$时，$\cos\theta=1$，胶液完全浸润被粘接固体，且自发地扩展到固体表面。胶液的扩展速率取决于多种因素，例如液体的黏度和固体表面的粗糙度等。当体系接近完全浸润状态时，式(2-3)可表示为：

$$(\gamma_{SL}+\gamma_{LV})-\gamma_{S}\leqslant0$$

对于一般有机物的液-固体系，γ_{SL} 可忽略不计，则有：

$$\gamma_{S}\geqslant\gamma_{LV}$$

粘接体系只有满足上述条件，即被粘接物表面能大于或等于胶黏剂的表面能，才能获得形成良好粘接接头的必要条件。

实际上 γ_{LV} 和 $\cos\theta$ 可以通过试验进行测定，而 γ_S 和 γ_{SL} 的测定是非常困难的，因此可以通过临界表面张力来解决。

粘接体系的润湿性除了与工艺条件、环境因素等有关外，主要取决于胶黏剂和被粘物的表面张力，表 2-1 为常见胶黏剂的表面张力。

表 2-1　常见胶黏剂的表面张力（20℃）

胶黏剂	$\gamma_{LV}/(\text{dyn/cm})$	胶黏剂	$\gamma_{LV}/(\text{dyn/cm})$
脲醛胶	71	聚醋酸乙烯酯乳液	38
间苯二酚甲醛胶	51	天然橡胶-松香胶	36
酚醛胶	78	动物胶	43
特殊环氧树脂胶	45	一般环氧树脂胶	30

注：$1\text{dyn/cm}=10^{-3}\text{N/m}$。

2.1.2　粘接张力

表面张力是分子间力的直接表现，是物体主体对表面层吸引所引起的。这种吸引力将使得表面区域的分子数减少而导致分子间的距离增大，而增加分子之间的距离需要能量，这样在表面就产生了表面自由能[❶]。粘接张力是在粘接过程中所产生的，也称为润湿压，是描述液体浸润固体表面时固体表面自由能的变化情况，用 A 表示，根据杨氏方程有：

$$A = \gamma_{LV}\cos\theta = \gamma_{SV} - \gamma_{SL} \tag{2-4}$$

式(2-4)表明，当胶黏剂浸润固体时，固体表面的自由能减小。当 γ_{LV} 一定时，即液体（胶黏剂）成分固定，改变固体（被粘接体）时，$\cos\theta$ 越大（θ 越小）润湿越好。但是，对于粘接体系，$\cos\theta$ 与 γ_{LV} 常同时发生变化，因此只由接触角 θ 来判断润湿状况是不完整的。

2.1.3　临界表面张力

临界表面张力是固-液体系在临界润湿状态下液体的表面张力。为了研究粘接体系的浸润性，必须测定固体和液体的表面张力，胶黏剂的接触角 θ 可以直接测定。但是，固体的表面自由能却是很难直接测定的。有众多的学者对此进行了研究，根据不同系列液体对某固体表面的接触角 θ，以 γ_{LV} 对 $\cos\theta$ 作图得到一个线性关系图，将其外推到 $\cos\theta = 1$（$\theta = 0°$）处，此时的 γ_{LV} 即为临界表面张力 γ_c，如图 2-2 所示。

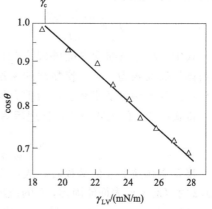

图 2-2　$\cos\theta$ 对 γ_{LV} 值的关系图

图 2-2 中直线的斜率用 b（$b>0$）表示，则直线可以用下式表示：

$$\cos\theta = 1 - b(\gamma_{LV} - \gamma_c) \tag{2-5}$$

临界表面张力 γ_c 与固体表面的化学构造有密切关系，不同的物质其界面化学参数不同。对于某种固体来讲，当液体的 γ_{LV} 大于该固体的 γ_c 时，液体在该固体表面上保持一定的接触角，并达到平衡；而当液体表面张力小于固体表面张力时，固体表面将被浸润。表 2-2 为常用聚合物的临界表面张力。

表 2-2　常用聚合物的临界表面张力（20℃）

聚合物	$\gamma_c/(mN/m)$	聚合物	$\gamma_c/(mN/m)$
聚丙烯腈	44	聚醋酸乙烯酯	37
酚醛树脂	61	脲醛树脂	61
聚甲基丙烯酸甲酯	40	聚乙烯醇	37
聚氯乙烯	39	聚苯乙烯	32.8
聚乙烯醇缩甲醛	38	聚乙烯	31
聚四氟乙烯	18.5	聚砜	41

对于低表面能固体，γ_c 值可以看作与表面自由能 γ_S 相等。当固体与液体为同系列时，由此系列所测得的 γ_c 值最大，接近于其固体表面张力 γ_S。因此，在测定 γ_c 时，一般要求

---

❶　表面自由能与表面张力，物理意义和单位不同，但对于同一材料，两者量纲（MT^{-2}）相同、数值相同，通常都用 γ 表示。故本书中亦不做区分。

选择同系列液体进行测定。非极性液体系列测得的 γ_c 值大于极性液体系列所测得的 γ_c 值。

一般来讲，被粘接体表面均具有如图 2-3 所示的微细凹凸。对于不同的胶黏剂和被粘接体，其界面的化学性质不同，因此凹凸部分被浸润的效果也不一样。若将凹凸部分看作是毛细管，则毛细管上升和液体表面张力的关系可以通过式(2-6)进行描述。

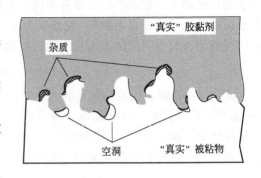

图 2-3 液体胶黏剂与被粘接体

$$h = \frac{\gamma_{LV} 2\cos\theta}{\rho g R} \qquad (2\text{-}6)$$

式中，h 为毛细管内能够浸入的深度；γ_{LV} 为液体的表面张力；ρ 为胶黏剂的密度；θ 为接触角；R 为毛细管的半径；g 为重力加速度。

将式(2-5)代入式(2-6)整理后得：

$$h = \frac{2}{\rho g R}(1+b\gamma_c)\gamma_{LV} - \frac{2b}{\rho g R}\gamma_{LV}^2 \qquad (2\text{-}7)$$

将 h 看作是 γ_{LV} 的函数时，式(2-7)是向上凸起的抛物线，有最大值。当 $\gamma_{LV}=(1/b+\gamma_c)/2$ 时（对于低表面能固体，b 的值约为 0.026），h 最大。以聚乙烯为例，当 $\gamma_c=31\text{mN/m}$，$b=0.026$ 时，$\gamma_{LV,max}=54\text{mN/m}$，与此相对应的液滴在聚乙烯表面上的接触角约为 63°。实际上，在粘接低能表面时，并不要求胶黏剂的接触角等于 0°，把 $\gamma_{LV}\leqslant\gamma_c$ 当作胶黏剂能够良好黏合的条件是不准确的。

2.1.4 黏附功

在胶黏剂的扩展润湿中，原有的固体表面被一个极小的液滴（其质量和表面积可以不计）润湿后，固体表面消失，被同面积的固-液界面及液体表面所代替。为使界面单位面积的液体和固体表面分离成相同面积的固体表面和液体表面所需要的功为黏附功 W_A。黏附功在数值上等于固-液界面生成时，粘接结构对外界所作的最大功。

液体-固体体系的黏附功 $W_A = \gamma_{LV}(1+\cos\theta)$ 的数值随液体对固体的接触角变化而改变。在完全不浸润的情况下，$\cos\theta=-1$，$W_A=0$。在完全浸润的情况下，黏附功等于液体表面张力的 2 倍，即等于液体的内聚功。

Zisman 等利用浸润临界表面张力 γ_c 值的性质，推导了黏附功与液体表面张力及固体 γ_c 值之间的关系：

$$W_A = (2+b\gamma_c)\gamma_{LV} - b\gamma_{LV}^2 \qquad (2\text{-}8)$$

同样，将 W_A 看作是 γ_{LV} 的函数时，式(2-8)是向上凸起的抛物线，可以求得最大值。

2.2 基本粘接理论

2.2.1 吸附理论

吸附理论是以分子间作用力［即范德华（van der Walls，又译为范德瓦耳斯）力］为基础在 20 世纪 40 年代提出并建立的。最初，吸附理论特别强调粘接力与胶黏剂极性的关系，后来又提出用表面自由能来解释粘接现象。

吸附理论认为：粘接力的主要来源是粘接体系的分子作用力，是胶黏剂分子与被粘接物分子在界面上相互吸附所产生的，是物理吸附和化学吸附共同作用的结果，而物理吸附则是产生粘接作用的普遍性原因。同时，吸附理论也认为：胶黏剂对被粘物表面的黏附作用来自固体表面对胶黏剂分子的吸附作用，这种吸附作用可以是分子间作用力，也可以是氢键、离子键和共价键。很显然，如果能够在被粘物表面与胶黏剂之间形成化学键，就更有利于物体的粘接。

吸附理论将粘接过程划分为两个阶段：第一阶段为胶黏剂分子通过布朗运动向被粘接物体表面移动扩散，使二者的极性基团或分子链段相互靠近，在此过程中，可以通过升温、降低胶黏剂的黏度和施加接触压力等方法来加快布朗运动的进行；第二阶段是由吸引力产生的，当胶黏剂与被粘接物分子间距达到 10Å（$1\text{Å}=10^{-10}\text{m}$）时，便产生分子之间的作用力，即范德华力，使胶黏剂与被粘物结合得更加紧密。

实际上，范德华力包括由分子的永久偶极产生的取向力、诱导偶极产生的诱导力和电子相互作用产生的色散力，其中色散力最为显著，据估算，在有机物中物质的内聚力约 80% 来自色散力。带有偶极的极性分子或基团之间正负电荷相互吸引的作用力称为偶极力。极性分子的偶极和非极性分子的诱导偶极之间同样存在正、负电荷的相互吸引，这种作用力称为诱导偶极力。而氢键是氢原子与电负性大的原子间由于永久偶极相互作用形成的一种特殊键，其键能比其他次价键力大得多，接近弱的化学键，因此，可把它包括在分子间作用力之内，视为一种特殊偶极力。

吸附理论正确地把粘接现象与分子间作用力联系在一起，在一定范围内解释了粘接现象。但是，它还存在着许多不足。

① 吸附理论把粘接作用主要归因于分子间作用力，但对于胶黏剂与被粘物之间的粘接力大于胶黏剂本身的强度这一事实却无法用吸附理论来圆满解释。

② 在测定粘接强度时，无法解释粘接力的大小与剥离速度有关的现象。

③ 吸附理论不能解释诸如极性的 α-氰基丙烯酸酯能粘接非极性的聚苯乙烯类化合物的现象。

④ 无法解释高分子化合物极性过大，粘接强度反而降低的现象。

这表明吸附理论存在一定的不足，尚待进一步完善。

2.2.2　酸碱配位理论

许多胶合体系无法用范德华力来解释，但与酸碱配位作用有关。例如，酸性沥青能够与碱性石灰形成较好的粘接强度，却难以实现与酸性花岗岩的紧密胶合；而表面呈碱性的钛酸钡粉是酸性聚合物的良好填料，但却不能增强聚碳酸酯等碱性聚合物的强度。

由 Fowkes 提出的酸碱作用理论认为：被胶合物质与胶黏剂按其电子转移方向划分为酸性或者碱性物质，电子给予体或者质子受体为碱性物质，反之则为酸性物质，胶合体系界面的电子转移时形成酸碱配位作用而产生胶合力，其示意图如图 2-4 所示。酸碱配位理论是分子间相互作用的一种形式，因此，可认为是吸附理论的一种特殊形式。

2.2.3　扩散理论

扩散理论是 Boroznlui 等首先提出来的，认为高聚物的自黏附和相互间粘接是界面上高

图 2-4　酸碱配位理论示意图

聚物分子相互扩散所致。当 A、B 两种材料紧密结合，如果能够互溶，就能形成溶液。但扩散粘接难以得到真实的界面，而是一个中间相，在这个中间相中两种材料逐渐相互拥有对方的特性。他们在试验中发现粘接点的强度与两种分子相接触时间、高聚物分子量等参数有关，并从扩散理论出发计算得到与试验十分相符的结果。胶黏剂扩散形成的中间相不会引起应力集中，因此被粘物的界面也就不容易引起突变。

被粘物界面分子具有较高的运动活性以及有足够的相容性是相互扩散发生的必要条件，也就是说当胶黏剂和被粘物的界面发生互溶时，胶黏剂和被粘物之间的界面逐渐消失，变成了一个过渡区域，这有利于提高粘接接头的强度。

实际上，当两种高聚物的溶解度参数相接近时便会发生互溶和扩散。任何体系扩散物质数量与扩散系数成正比，扩散系数 D 取决于多方面因素，扩散物质分子量对 D 的影响为：

$$D = KM^{-a} \tag{2-9}$$

式中，M 为分子量；a 为体系的特征常数，因材料的不同而异，如石蜡扩散于天然橡胶时 $a=1$，而染料扩散于天然橡胶时 $a=2$ 等；K 为常数。

在粘接体系中，适当降低胶黏剂的分子量有助于提高扩散系数，改善粘接性能。如天然橡胶通过适当的塑炼降解，可显著提高其自黏性能。

聚合物的扩散作用不仅受其分子量的影响，而且受其分子结构形态的影响。各种聚合物分子链排列的紧密程度不同，其扩散行为也显著不同。大分子内有空穴或分子间有孔洞者，扩散作用就比较强。天然橡胶有良好的自黏性，而乙丙橡胶自黏性差，就是由于前者具有空穴及孔洞结构而后者没有。

聚合物间的扩散作用还受到两聚合物的接触时间、粘接温度等因素的影响。两聚合物相互粘接时，粘接温度越高，时间越长，其扩散作用也越强，由扩散作用得到的粘接力就越高。

扩散理论能较好地解释塑料制品的粘接，许多塑料的粘接都是采用溶剂焊接，就是在两种被粘物间施加溶剂，然后使其粘接在一起。当溶剂存在时，塑料部件中的聚合物分子会相互扩散，随着溶剂的蒸发，相互扩散的塑料部件分子就被固定下来了，使得部件粘接在一起。另外，也可通过加热的方法对塑料部件进行粘接。在熔融状态下，聚合物分子会相互扩散、缠绕而形成一个整体。实际上，这些扩散粘接的例子均属于自黏性的情形，即聚合物自身发生粘接。

扩散理论在解释聚合物的自黏作用方面已得到公认，但对不同聚合物之间的粘接、是否存在穿越界面的扩散过程，目前尚在争议阶段。但是，扩散理论认为，在粘接不同粘接物时，由于扩散作用会在界面形成嵌段共聚物，其嵌段可以分别溶于被粘接的两种互不相溶的聚合物中，这些已经得到了 Brown、Kramer 等学者的研究支持。

图 2-5 中显示的是相互扩散的两种主要方式。图 2-5(a) 所示的情况可能发生在粘接聚合

物基体的复合材料中，大分子通过边界伸入对方区域并发生分子的相互缠结，其结合强度取决于扩散的分子数、发生缠结的分子数和分子间的结合强度。同时，溶剂的存在可能会有促进相互扩散的作用，扩散的数量与分子构型、所包含的组分以及分子的流动性密切相关。通过这种结合方式所形成的界面常有确定的宽度，有一个可测定的界面区域或界相区。

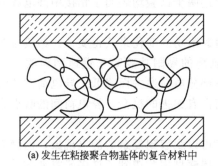
(a) 发生在粘接聚合物基体的复合材料中

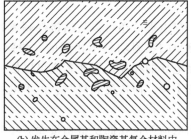
(b) 发生在金属基和陶瓷基复合材料中

图 2-5　扩散理论基本示意图

另一种相互扩散的情景如图 2-5(b) 所示。这是元素相互扩散的一种方式，常常发生在金属基和陶瓷基复合材料中，相互扩散促进了界面区元素之间的反应。对金属基复合材料，这种扩散并不一定是有利的，因为常常会形成不希望出现的化合物。

2.2.4　静电（电子）理论

由物理化学基础知识可以知道，所有的原子都有一种电负性，原子和分子的结合也有电负性，固体表面也能表现出电正性或电负性，它是原子和电子间吸引力的量度。根据最近的粘接科学文献，可以这样认为：电正性表面为碱，电负性表面为酸。

Skinner、Savage 和 Rutzler 在 1953 年提出以双电层为理论基础的静电理论。该理论认为当金属与非金属材料密切接触时，由于金属对电子的亲和力低，容易失去电子，而非金属对电子的亲和力高，容易得到电子，所以电子可以从金属移向非金属，这样就在界面产生接触电势，形成双电层，双电层电荷的性质相反，产生静电引力。一切具有电子供给体和接受体的物质都可以产生界面静电引力作用。

由上述静电理论可知，双电层是含有两种符号相反的空间电荷，这种空间电荷间形成的电场所产生的吸附作用有利于粘接作用。当胶黏剂-被粘物体系是一种电子的接受体-供给体的组合形式时，由于电子从供给体相（如金属）转移到接受体相（如聚合物），在界面区两侧形成了双电层。

Possart 于 1988 年在不破坏粘接界面的情况下，测出了电荷密度和双电层储能，使得静电理论得到了试验的支撑。B. B. Леряин 也认为这种双电层产生的静电力是粘接强度的主要贡献者，称为电子理论。

若被粘物是平面，根据平行板电容器所贮存的能量很容易计算出黏附功 W_A：

$$W_A = L \frac{\pi \sigma^2 h}{D} \tag{2-10}$$

式中，σ 为电荷密度；D 为介电常数；h 为电容器平行板之间的距离。

静电理论的主要依据是试验测得剥离时所消耗的能量与按双电层模型计算出的黏附功相

符合。最简单的方法是将压敏胶带粘接在感光胶片上，然后再将其从胶片上剥离，从冲洗出来的胶片上可以发现剥离过程中发光的感光证据。华盛顿州立大学的 Dickinson 等学者对断口放射现象进行了研究：将粘接件置于一个高真空的，且能对光、带电粒子、中性粒子及其他电磁性发射都可产生感应的装置中，测定将粘接件分开时各种放射情况。研究结果表明在粘接件的断裂中断口会放出带电粒子和光。上述两个试验均表明了粘接中静电成分存在的可能性。

实际上，静电理论还可以从粘接件剥离时黏附功的变化来获得支持。粘接接头以不同速度剥离时所测得的黏附功是不相同的，快速剥离的黏附功要高于慢速剥离的。这可以解释为：由于表面电导的存在，慢速剥离可以使一部分电荷逸去而降低了异电荷间的吸引力，导致了剥离功的下降。而快速剥离时，由于电荷没有逸去的机会，异电荷间的吸引力增加而使剥离功偏高。

由于表面电荷的存在而使得粘接面破坏时可以观察到复杂的静电现象，但静电效应对黏附强度究竟会造成多大的影响还不清楚，双电层模型因此遭到了许多研究者的质疑，主要原因如下。

① 在剥离试验时，破坏并不完全发生在界面中，所以用剥离时所消耗的能量并不能完全代表黏附功。

② 静电理论不能解释温度、湿度及其他各种因素对剥离试验结果的影响。

③ 在理论上，只有当电荷密度达到 $10^{21}e$❶ cm^{-3} 时静电引力才会发生显著作用，但是试验测得的电荷密度只有 $10^9 \sim 10^{19}e$ cm^{-3}，因此即使界面中存在静电作用，其对粘接强度的贡献也是可以忽略不计的。

由此可见，只有当相互接触的材料间存在着巨大的电负性差异时，静电力才会在粘接的形成过程中发挥作用。因此，可以认为静电理论并没有得到严格的证明。但是如果撇开双电层模型，坚持静电理论学者的有些试验还是有意义的，这些试验实际上从另一角度支持了胶黏剂和被粘物之间以键结合的可能性。

2.2.5 机械互锁理论

机械互锁理论认为粘接力的产生主要是胶黏剂在不平的被粘物表面形成机械互锁力。例如在纸、木材和泡沫等多孔性材料粘接时，胶黏剂渗透到这些材料的孔隙之中，固化后胶黏剂与被粘物就牢固地结合在一起。

因为，任何即使用肉眼看来表面非常光滑的物体在微观状态下还是十分粗糙、遍布沟痕的，而对于那些多孔性材料来讲，胶黏剂可以轻易地渗透到这些凹凸不平的沟痕或孔隙中去，并部分置换出这些孔隙中的空气，这样就形成了胶黏剂与被粘材料之间以弯曲的路径做紧密接触，固化之后的胶黏剂就像许多小钩子似的与被粘物连接在一起，在剥离过程中，胶黏剂（或被粘物）发生塑性变形，会消耗能量，从而使粘接件强度表现得更高。

由于胶黏剂填充在被粘物的表面孔隙中，使得胶黏剂的分布不在同一个平面上，有些还形成"倒钩"，这样，胶黏剂在与被粘物分离时会受到被粘物的阻碍，表现出"锁-匙"效应，类似于当一把钥匙插入锁孔中时，由于锁孔的物理性阻碍，将钥匙从锁中脱出会较为困难。

有学者认为，粗糙的表面能改善粘接性能的另一个原因就是粗糙的表面增加了物理接触

❶ 元电荷，即一个质子或一个电子所带电荷的绝对值。

面积。当平面面积相同时，与表面十分光滑的物体相比，表面粗糙的物体在三维方向上的总表面积会急剧增大，这样在一定程度上就增加了粘接面积，粘接强度也就相应地增加。但对于非多孔性的平滑表面的粘接，要用机械互锁理论来得到完美的解释还是困难的。

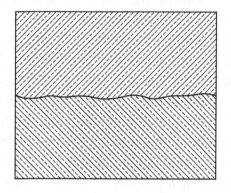

图 2-6 是界面发生机械锁合的示意图，界面的机械锁合是通过增强体和基体表面不平滑而产生的。如碳纤维的表面可以通过氧化处理的方式使其产生大量的凹陷或凸起以及褶皱，并增大表面积，由此产生的机械锁合可以在碳纤维与胶黏剂之间形成一种稳定的界面结构，这也是聚合物基体复合材料重要的界面结合机理。通过这种类型界面结合的粘接材料，其强度一般在横向拉伸时并不高，但其纵向剪切强度可能达到很高的值，当然这取决于表面的粗糙程度。

图 2-6　界面发生机械锁合的示意图

2.2.6　弱边界层理论

1961 年 J. J. Bikerman 提出该理论，但直到目前为止仍存在争议。弱边界理论（WBL）认为粘接体系由于工艺上或结构上的原因，存在着这种或那种较弱的结合处，即内聚强度较低的部位，当粘接件受到外力作用发生破坏时，由于材料界面处存在较低的内聚强度，所以一般都会在低于它们预期强度的情况下断裂，这些内聚强度较低的物质就构成了"弱边界层"。

在粘接件中，断裂总是发生在胶黏剂或被粘物中的情况并不一定正确。因为就破坏裂缝来说，它的传递有三种方式，即在界面层、基体或片基中传递，因此沿界面传递的概率只有 $1/3$，破坏通过 $(n+1)$ 分子传递的概率则为 $(1/3)^n$，所以破坏发生在界面的可能性较小。但是，如果粘接体系内不存在弱边界层，同时界面层也不存在化学键力结合，则界面层粘接强度远比胶黏剂内聚力低，所以破坏在界面发生和传递是可能的，事实上破坏的确有在界面层发生的。例如，在 Mangipudi 和 Pocius 的研究工作中，对于聚乙烯（PE）和聚对苯二甲酸乙二醇酯（PET）共混挤出（材料因熔融混合，所以紧密接触）制得的多层结构，他们采用表面张力仪测定了两者间的界面能为 17kJ/m^2，同时，用一些物理方法，如 X 射线光电子能谱（XPS）和静态二次离子质谱（SSIMS）检测了 PE 和 PET 两者间的断裂面，发现这些材料的断裂完全是发生在界面处。

2.2.7　化学键理论

化学键力又称主价键力，存在于原子（或离子）之间，化学键理论由 C. H. Hofricher 在 1948 年提出。化学键理论认为：胶黏剂与被粘物表面产生化学反应而在界面上形成化学键结合，从而把两者牢固地连接起来。化学键理论是以胶黏剂分子和黏合表面的电子、质子相互作用为基础的，所有已知的光谱研究结果均表明这些相互作用都是特定的，它们可以通过粘接表面化学键分子轨道的量子力学理论来描述。

由于化学键要比分子间作用力高出 1~2 个数量级，如能在粘接表面产生化学键结合，则是较理想的粘接方式之一。但目前已知体系对于黏合面都具有高度选择性，而这些位置的细节情况目前仍是未知的。因此，胶黏剂和粘接界面的化学键不能完全确保粘接界面具有较高的粘接强度。

典型的化学键力包括离子键力、共价键力和金属键等。离子键力有时候可能存在于无机胶黏剂与无机材料表面之间的界面区内；共价键力可能存在于带有化学活性基团的胶黏剂分子与带有活性基团被粘物分子之间，绝大多数有机化合物都是通过共价键组成的。现代试验技术已经证明，酚醛树脂与木材纤维之间就存在着化学键；酚醛树脂、环氧树脂、聚氨酯等胶黏剂与金属铝表面之间也有化学键结合。

若在胶黏剂与被粘接界面上事先吸附上一层表面处理剂，就可以大大改善胶黏剂的"润湿"情况，有利于化学键的形成，因而可以提高粘接强度。例如聚苯乙烯片基经氧等离子体处理之后，表面生成的—COOH 与铜反应，经 XPS 研究证实界面形成了配位键结合的铜-氧-聚合物的配合物，所以产生粘接强度。又如，难粘的聚烯烃材料，经等离子氧处理后，XPS 研究表明表面有—COOH、—COH 等含氧活性基团形成，提高了与环氧树脂的反应能力，使界面上形成化学键，所以大大提高了粘接强度。

为了改善粘接性能，一些学者指出合理地选择表面酸碱度，使表面发生酸碱反应形成化学键，以提高粘接强度。而利用硅烷偶联剂一端具有的官能团能与无机物表面氧化物反应形成化学键，另一端具有的官能团能与胶黏剂发生化学反应形成化学键的特性，在无机物表面采用硅烷偶联剂处理后，能使粘接强度大幅度提高。以上一系列的事实均是对化学键理论的支持。

实际上，在这种界面结合机理中，被粘接材料表面的化学基团与胶黏剂中另一个与之相容的化学基团之间形成新的化学键，如图 2-7 所示。例如，在玻璃纤维/环氧树脂复合材料的制备过程中，硅烷交联剂水溶液中的硅烷基团与玻璃纤维表面的羟基发生反应，而其另一端的乙烯基则与基体中的环氧基团发生反应，从而形成了纤维与基体之间的有效结合。这种化学反应结合理论，也能圆满地解释碳纤维的表面经过氧化处理后能够显著地促进碳纤维与许多不同聚合物树脂的有效界面结合。

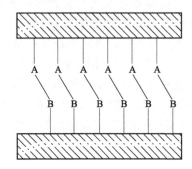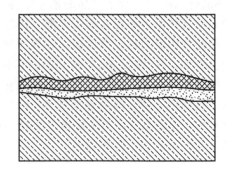

图 2-7　化学键结合示意图

应当指出的是，虽然化学键力的强度比范德华力高很多，但一个粘接接头中普遍而广泛存在的作用力仍然为范德华力。因为化学键的形成除要求界面分子要达到一定距离之外，同时还必须满足一定的量子化学条件，所以总的化学键数比次价键数少。

以上是近年来所提出的几种粘接理论，虽然每一种理论都有一定的事实根据，但又与另一些事实发生矛盾。在研究讨论粘接过程和机理时，必须分析各种力的贡献及作用，不能强调一方忽略另一方。实际上，粘接界面上存在着多种现象，往往是需要几种理论的配合，而并非一两种理论单独解释的。因此，在讨论粘接理论时，要注意几种粘接理论的结合。

2.3　粘接界面表征

粘接界面是指同时包含被粘接材料层和胶黏剂的区域，被粘接物与胶黏剂接触时粘接界面即产生，但界面相与材料、胶黏剂之间没有十分清晰的界限。在粘接产品的加工工艺选择与使用性能评价中，粘接界面具有重要作用，胶黏剂渗透性能和界面力学性能成为重要的评判标准，胶黏剂与粘接材料界面的结合程度直接影响粘接产品的整体质量。

目前，用于表征粘接界面性能的技术主要有光学显微技术、电子显微技术、X射线成像技术、微观力学测试技术等。可以使用 SEM 和 TEM 观察表面和界面的微观形貌；可以利用 TG 和 DSC 表征胶黏剂热力学性能随温度变化的情况，为确定最佳固化条件和使用温度提供分析手段；还可以利用 IR 研究不同条件下胶黏剂的结构变化行为。当然，X射线光电子能谱（XPS）、拉曼（Raman）光谱和能量色散 X射线谱（EDS）均可以用来研究被粘接材料表面处理后表面的结构和元素组成的变化，以评价被粘材料或胶黏剂表面材料的组成成分和化学键变化以及被粘接材料表面处理后的界面变化行为，以便针对界面结构设计胶黏剂配方，以获得最佳的粘接效果。

2.3.1　显微技术

（1）光学显微技术

光学显微技术主要包括普通光学显微技术、荧光显微技术、激光扫描共聚焦显微技术、紫外光显微技术等。

普通光学显微技术能够观察胶层的饱满度以及胶黏剂的大体分布情况，还能够评估材料结构的完整性（如木材的细胞结构、胶黏剂的分布和木材细胞破坏度等指标），但分辨率较低，约为 200nm，成像质量较差。

荧光显微技术可以用于多孔材料胶黏剂渗透性能的研究（如木质材料的粘接）。通过对试样进行染色，激发胶黏剂或被粘接材料的荧光效应，当胶黏剂与被粘接材料形成对比度后，可获得胶黏剂的渗透深度以及渗透面积等数据，从而量化胶黏剂的渗透性能。虽然荧光显微镜对粘接材料中胶黏剂分布的观察效果很好，但分辨率有限，仅略高于普通光学显微技术。

激光扫描共聚焦显微技术的出现解决了荧光显微技术成像好但分辨率低的难题，其在荧光显微镜成像基础上加装激光扫描装置，使光学成像分辨率提高了 30%～40%，分辨率约为普通光学显微镜的 3 倍。同时，可以通过 Washburn 方程模拟渗透过程。

紫外光显微技术是根据样品吸收光谱曲线上某些特征波长处的吸光度高低判别或测定物质的含量，从而进行定性和定量分析，是光学显微技术中样品制备最简单的技术之一，该技术分辨率约为 100nm。通过特征波长处的吸光度可以判断胶黏剂的渗透深度，进而评价胶黏剂的分布情况。

（2）电子显微技术

与光学显微技术相比，电子显微技术的放大倍数与景深更大，对粘接界面的观察效果会更好。由于电子显微技术产生的都是灰度图像，即使分辨出胶黏剂与木材的界线，也很难定量表征胶黏剂的渗透情况。但可以结合能量色散 X射线分析（EDXA）、电子能量损失谱（EELS）等先进技术来定量分析粘接界面层中各元素的浓度分布，进而可得出胶黏剂的渗透情况。

大型透射电镜的分辨率更高，可达 0.1～0.2nm，能够清晰辨识更加细微的结构，呈现扫描电镜无法呈现的胶黏剂与被粘接物各层接触的微观形态。图 2-8 中所示为扫描电子显微镜。

（3）原子力显微镜

原子力显微镜（AFM，如图 2-9 所示）已成为表征界面的有力工具，除传统形貌成像功能外，许多学者利用 AFM 的力调制模式、轻敲模式相图等功能，得到样品的硬度分布、相位角分布等重要信息，可分辨出纤维区、界面区和树脂区。但是在针尖与试样作用过程中存在能量损失，同时因测试系统反馈和校正问题，使 AFM 在碳纤维复合材料界面结构的定量分析上受到限制。

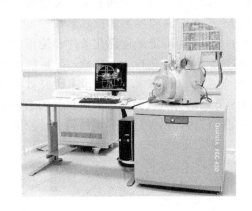

图 2-8　扫描电子显微镜

图 2-9　原子力显微镜

2.3.2　X 射线光电子能谱

用 X 射线光电子能谱（XPS，X 射线光电子能谱仪如图 2-10 所示）研究固态聚合物的表面结构和高性能胶黏剂性能是目前公认的最先进、最为有效的技术手段之一，可以快速地定性、定量分析固体样品中的成分。

X 射线光电子能谱是目前应用最为广泛的表界面研究方法之一，能够表征被粘材料表面、界面的结构和化学键的变化行为，可以对元素进行定量分析，通过线性分析得到化学信息，通过多角度分析得到深度剖面信息，弥补红外光谱分析的不足，特别适合于难溶性交联高聚物的研究。用 XPS 研究交联高聚物样品需要量少，能进行"原位"研究，由简单的试验可以得到许多有用的信息。

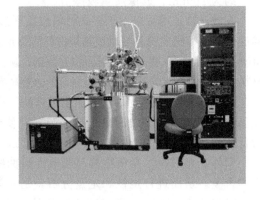

图 2-10　X 射线光电子能谱仪

2.3.3　能量色散 X 射线谱

能量色散 X 射线谱（EDS，能量色散 X 射线光谱仪如图 2-11 所示）能进行定性定量分析、元素面分布、线分布扫描、自动多点分析。可以原位分析胶黏剂粘接接头在不同温度和湿度下元素组成成分的变化，对研究胶黏剂粘接界面变化、提高粘接性能有重要意义。而且还可以原位计算出粘接接头不同温度的热分解动力、水分在粘接界面的扩散系数和扩散动力，为优化胶黏剂的制备工艺和配方提供理论依据。同时，通过理论上对胶黏剂粘接表界面进行分析研究，能够确定界面的宽度和组成成分及其变化行为，为提高粘接接头界面性能提供了新的分析方法。虽然这种方法的表征也只是提供一种相对的而不是精确的定量分析，但在实际应用中仍然具有重要的指导意义。

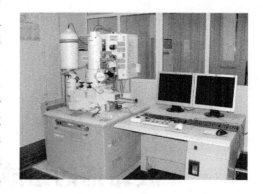

图 2-11　能量色散 X 射线光谱仪

2.3.4　微观力学测试技术

光学显微技术、电子显微技术和 X 射线成像等技术可直观判断粘接界面中胶黏剂的渗透性能，但却无法测定粘接界面的力学性能指标。微观力学测试技术则可以用于定量表征粘接界面各点的结合强度。可用于表征粘接界面性能的微观力学测试技术主要包括纳米压痕技术和动态模量成像技术。

（1）纳米压痕技术

纳米压痕技术也称深度敏感压痕技术，是最简单的测试材料力学性能的方法之一，可以在纳米尺度上测量材料的各种力学性能，如载荷-位移曲线、弹性模量、硬度、断裂韧性、应变硬化效应、黏弹性或蠕变行为等。

纳米压痕技术虽然能为粘接界面结构的分析提供重要信息，但在界面形貌和尺度的定量分析上仍受限于仪器分辨率。

（2）动态模量成像技术

纳米力学动态模量成像技术是一种研究界面结构形貌以及物理特性的定量测试方法，即采用一个振动的针尖接触和扫描试样的表面，通过转化针尖接收力的反馈，从而获取力学性能在扫描区域内的分布图，适用于多相材料的研究。纳米力学动态模量成像技术可以发现界面相的模量、树脂模量与纤维模量之间的变化情况，通过对储能模量成像图的统计分析可得到界面的形貌和界面平均厚度。

纳米力学动态模量成像技术表现出优良的数据稳定性，并且与材料宏观性能有较好的一致性。有研究表明，动态模量成像技术可以对复合材料表面进行测试，定量测定出纤维复合材料的模量分布图，能够清晰分辨出树脂区、纤维区和界面区。在牙齿、骨组织等相关医学领域，生物复合材料、微电子科学、表面喷涂、磁记录以及薄膜等相关的材料科学领域中，动态模量成像技术凭借操作方便、测量和定位分辨率高以及适合测试小尺寸试样等诸多特点，得到越来越广泛的应用。

由于许多复合材料都离不开胶黏剂，因此，在粘接界面研究方面，动态模量成像技术是可行的。

第 **3** 章

胶黏剂的组成与配方设计

3.1 胶黏剂的组成

　　胶黏剂的组成因其原料的来源和用途不同而存在很大差异。天然胶黏剂的组成比较简单，多为单组分；而合成胶黏剂则较为复杂，除了起基本粘接作用的物质外，为了满足特定的使用功能还需要加入各种配合剂。例如，为了加速固化、缩短粘接时间、降低反应温度，可以加入催化剂、促进剂等；加入防老剂则能够提高耐大气老化、热老化、臭氧老化等；加入填料不仅可以增加强度，还可以降低成本；而增塑剂或增韧剂的加入则能够降低胶层刚性，增加韧性；稀释剂的加入则可以降低黏度、改善施工性能。

　　一般来讲，胶黏剂包括主料、辅料和助剂等部分。其中主料主要有黏料（胶料）和固化剂，有了这两种原料，胶黏剂就能起到一般的粘接作用。当然，对于有些胶黏剂来说，在一定的外部条件下，无固化剂也能固化，如升高温度。辅料与助剂主要包括：促进剂、增韧剂、增塑剂、增稠剂、稀释剂、防老剂、阻聚剂、偶联剂、引发剂、光敏剂、消泡剂、防腐剂、填充剂、溶剂等。除了胶料是必不可少的外，其余的组分要视具体要求而定。

3.1.1 主料

（1）胶料

胶料也称为基料或黏料，是使两个被粘物结合在一起时起主要作用的组分，它决定着胶黏剂的基本性能。可用作胶黏剂胶料的有天然高分子化合物、改性天然高分子化合物、合成高分子化合物、低分子有机化合物、无机化合物等多种。

① 天然高分子化合物。可用于配制胶黏剂的天然高分子化合物有淀粉、糊精、桃胶、阿拉伯树胶、骨胶、皮胶、明胶、鱼胶、虫胶、植物蛋白、酪素、血粉、松香、沥青、天然橡胶等。

② 改性天然高分子化合物。一些天然高分子化合物经过适当的化学改性，可以用作胶黏剂的胶料，如硝酸纤维素、醋酸纤维素、羧甲基纤维素、松香酚醛树脂、改性淀粉、氯化橡胶等。

③ 合成高分子化合物。合成高分子化合物是胶黏剂当中性能最好、用量最多的胶料，包括合成树脂、合成橡胶、热塑性弹性体等。

④ 低分子有机化合物。有些合成胶黏剂的主要成分并不是高分子化合物或预聚体，而是低分子的有机化合物（或称为单体），但最终产物是高分子化合物，瞬间胶黏剂和厌氧胶黏剂便属于此类。

⑤ 无机化合物。硅酸盐、硝酸盐、硼酸盐、磷酸盐、氧化镁、氧化锌等无机化合物能够配制无机胶黏剂，无机胶黏剂具有独特的耐高温性能。

（2）固化剂

对于某些类型的胶黏剂，固化剂对胶黏剂的性能有着重要的影响，应根据胶黏剂中黏料的类型、粘接件的性能要求、具体的工艺方法、环保问题、健康危害和价格等选择较为理想的固化剂。

固化剂又叫硬化剂、熟化剂，是胶黏剂中最主要的配合材料。它直接或者通过催化剂与主体聚合物进行反应，在较短的时间内能将可溶、可熔的线型结构高分子化合物转变为不溶、不熔的体型结构，同时，固化剂参与化学反应而成为固化物的一部分。固化剂分子的引入，使分子间距离、形态、热稳定性、化学稳定性等都发生了显著变化。对于一些树脂如环氧树脂、脲醛树脂等固化剂是不可缺少的。

3.1.2　辅料与助剂

（1）促进剂

凡能加快胶黏剂固化反应速率的物质，均可称为促进剂。促进剂的加入能加速胶黏剂中主体聚合物与固化剂反应速率、缩短固化时间、降低固化温度、减少固化剂用量以及调节胶黏剂中树脂的固化速率。同时，促进剂的加入还可改善物理力学性能。例如：DMP-30 可使环氧-聚硫-低分子聚酰胺胶黏剂低于 15℃也能固化；2-乙基-4-甲基咪唑可降低双氰胺固化环氧树脂的温度。

（2）增塑剂与增韧剂

① 增塑剂。增塑剂是一类能增加胶黏剂的流动性，并使胶膜具有柔韧性的高沸点、难挥发性液体或低熔点的固体。增塑剂的黏度低、沸点高，因而能增加树脂的流动性，有利于浸润、扩散和吸附。增塑剂一般不与胶黏剂的主体成分发生化学反应，可以认为它是一个惰性的树脂状或单体状的"填料"，在固化过程中有从体系中离析的现象，靠削弱聚合物分子间力的物理作用来降低脆性，增加韧性，但胶黏剂胶膜的刚性、强度、热变形温度都会出现下降。增塑剂与胶黏剂的组分必须有良好的相容性，以保证胶黏剂性能稳定耐久。常用的增塑剂有：邻苯二甲酸二甲酯、邻苯二甲酸二乙酯、邻苯二甲酸二丁酯、邻苯二甲酸二戊酯、邻苯二甲酸二辛酯、磷酸三乙酯、磷酸三丁酯等。

② 增韧剂。增韧剂是一种含有活性基团、能与树脂发生作用的化合物，能与胶料起反应

成为固化体系的一部分，但固化后又不完全相容，有时甚至还要分相。增韧剂能改进胶的剪切强度、剥离强度、低温性能和柔韧性。增韧剂的活性基团直接参加胶料反应，既能改进胶黏剂的脆性、开裂等缺陷，又不影响胶黏剂的主要性能，同时还能提高胶的冲击强度和伸长率。如端羧基液体丁腈橡胶（CTBN）就是环氧树脂优良的增韧剂，环氧树脂-CTBN体系120℃固化后剥离强度为4.4～13.2kN/m，剪切强度为27～41MPa。常用的增韧剂有如下几种：不饱和聚酯树脂、聚硫橡胶、丁腈橡胶、液体丁腈橡胶、氯丁橡胶、聚氨酯等。

（3）稀释剂与溶剂

① 稀释剂。稀释剂是一种能降低胶黏剂黏度的易流动液体。加入稀释剂可以使胶黏剂具有良好的浸透力，能提高湿润性、改善胶黏剂的工艺性、降低胶黏剂的活性，从而延长胶黏剂的使用期。稀释剂大致分为两类，即能参与固化反应的活性稀释剂和只发生物理混合的挥发或不挥发的非活性稀释剂。活性稀释剂的分子中含有活性基团，在稀释胶黏剂的过程中要参加反应，并有气体逸出，能够改善胶黏剂的某些性能。活性稀释剂多用于环氧树脂胶黏剂中，其他类型的胶黏剂使用较少。非活性稀释剂在稀释过程中不参加反应，仅达到机械混合和降低黏度的目的。加入稀释剂后可以加入更多的填料，以改变胶黏剂性能，也能降低成本。

② 溶剂。是指能够降低某些固体或液体分子间力，而使被溶物质分散为分子或离子的液体，是溶剂型胶黏剂不可缺少的组分。一般的有机溶剂都有一定的毒性、易燃性、易爆性，对环境有污染，对安全有隐患。因此，溶剂型胶黏剂正逐步受到限制。

溶剂在橡胶胶黏剂中用得较多，在其他胶黏剂中用得极少。它的作用与非活性稀释剂的作用基本相同，只是在稀释的程度上有所差别。在胶黏剂中加入不同的溶剂，胶黏剂的黏度不同，物理性能也不同。

（4）填料

填料是胶黏剂重要的配合剂之一，对于改进胶黏剂的性能和降低产品成本有着十分重要的作用，具有补强、增稠、增容、阻燃、耐磨、增大硬度、降低收缩性、减少热膨胀系数，增加导热性、导电性、触变性，提高耐水性、耐热性、耐老化性，延长适用期等多种功能。

一般情况下，填料不与胶料、固化剂等组分发生化学反应，其主要作用如下。

① 提高力学性能。常用的填料，如金属粉末、金属氧化物等均可提高胶黏剂的压缩强度、尺寸稳定性，降低收缩率，但也会降低胶黏剂的某些性能，如剥离强度等。橡胶中加入炭黑、白炭黑、碳酸钙等可提高拉伸强度、硬度和耐磨性。

② 赋予胶黏剂新的功能。胶黏剂中加入银粉制成导电胶；用羰基铁粉制造导磁胶；用铜、铝粉作填料，改善胶黏剂的导热性；环氧树脂中加入铬酸锌，可提高强度的保持率，在填料中加50%的三氧化锑，可增强抗氧化破坏能力；加入$Zr(SiO_3)_2$可降低环氧树脂的吸水性；加入气相SiO_2可改善胶黏剂的触变性，改善工艺操作性能。

③ 减小接头应力。固化反应经常是放热反应，填料可以防止局部过热；粘接过程多数情况产生固化收缩，填料可以调节收缩，如脲醛树脂中加入面粉生产粘接板时，可以提高胶液的黏度，防止胶液向木材内过度浸透，造成缺胶和透胶。

④ 改善操作工艺。胶黏剂可以通过填料增稠获得触变性，可以调节固化速率，延长使用寿命，利于操作施工。

填料用量要适当，既要提供相应的功能，又要保证胶黏剂配方的整体优越性。在调胶配方中，填料会使胶黏剂的黏度增大，操作困难，胶液混合不匀，胶黏剂与被粘物的浸润性变差，导致粘接强度降低。

（5）偶联剂

在粘接过程中，为了使胶黏剂和被粘物表面之间形成一层牢固的界面层，使原来直接不能粘接或难粘接的材料之间通过这一界面层使其粘接力提高，这一界面层的成分称为偶联剂。

（6）其他助剂

为满足某些特殊要求，改善胶黏剂的某一特性，有时还加入一些特定的添加剂。加入防老剂以提高耐大气老化性；加入防霉剂以防止细菌霉变；加入增黏剂以增加胶液的黏附性和黏度；加入阻聚剂以提高胶液的贮存性；加入阻燃剂以使胶层不易燃烧，提高粘接制品的耐燃性。它们不是必备的组分，依据配方主成分的特性和胶黏剂的要求而定。

3.2　设计原则与影响因素

胶黏剂的配方设计是制备优良胶黏剂的重要方法，既是胶黏剂获得所需性能的主要途径，又是实现胶黏剂功能的必要手段。所谓配方设计，就是根据产品的性能要求和工艺条件，通过试验进行优化，合理地选择原材料，并确定各种原材料的用量与配比关系。

3.2.1　基本原则

胶黏剂的配方设计在其制备和应用中占有重要地位，是充分运用添加组分（添加剂或助剂）的性能改善树脂缺陷或不足的过程，是科学管理的重要手段。针对不同的品种和性能要求有不同的生产配方，但是，一些基本的设计原则是相同的，如：用最少物质消耗、最短时间、最小工作量，通过科学的配方设计方法，掌握原材料配合的内在规律，设计出实用配方。在配方设计过程中必须采用科学的方法、精心的分析、仔细的研究和反复试验才能设计出满足使用性能要求的配方，为此在配方设计时应坚持如下基本原则。

（1）了解胶黏剂的性能目标

胶黏剂的配方设计，实质上就是在胶黏剂的主体成分中加入一定种类和数量的辅助成分或称配合添加剂，使胶黏剂获得所需要的性能，达到不同条件下粘接的使用要求。只有充分明确胶黏剂所应具有的性能，才能有针对性地进行设计。

（2）明确被粘物的基本特性

胶黏剂是一个较为复杂的多相混合体系，对于不同的粘接对象应采用不同种类的胶黏剂。被粘物和密封基体的品种繁多，每类又有诸多品种，且具有相似或迥异的特性。了解被粘物的特性（如是高能表面还是低能表面，是多孔还是致密结构）和工作条件（如是干燥还是潮湿状态，高温还是低温）是实现高强度、持久性粘接的基础。例如，若被粘物是塑料，就需要弄清是热塑性还是热固性的，还要判断它们的具体品种，而且还要了解其所使用的环境（如是室内还是室外），只有这样才能有针对性地进行配方设计。例如，环氧树脂胶黏剂固化都需要一定的条件，包括压力、温度、时间。如果没有加热设备或难以加热或不允许加热，则不能配制中温、高温固化的环氧树脂胶黏剂。若是不具备加压条件或无法加压，就不能配制需要加热加压固化的环氧-丁腈、环氧-尼龙、环氧-酚醛、环氧-有机硅等胶黏剂。

被粘接件在使用时受到力的作用、环境因素的影响、介质的侵蚀等，具体包括以下因素。

① 受力情况。作用力的种类、大小、方向、频率；是拉伸、剪切、弯曲，还是剥离、

冲击、振动；是静态还是动态；是连续还是间断。

② 环境因素。热、光、氧、寒、湿度、室内、户外、湿热、酸雨、臭氧、盐雾、海水、辐射、真空、霉菌等。

③ 接触介质。酸、碱、盐、油、水、溶剂、气体等。

④ 介电性能。绝缘、导电、介电强度、介电常数、介电损耗角正切、体积电阻率、表面电阻率等。

⑤ 密封性能。承受压力大小、真空度高低等。

⑥ 耐老化性。热老化、湿热老化、大气老化、自然老化等。

⑦ 使用寿命。短期或长期。

⑧ 应用范围。连接、密封、堵漏、固定、灌封、防腐、修补、防潮、导电、阻尼、罩光、减振、隔热等。

⑨ 施工方法。刷涂、喷涂、辊涂、浸涂、漏涂、刮涂、挤注、灌封、热熔、撒涂、点涂、条涂等。

⑩ 固化方式。室温、加热、潮湿、水下、低温、油面、辐照、微波等。

（3）重视环保和经济性

近年来人们的环保意识不断增强，有毒、有害的胶黏剂已开始受到限制和抵制。如石英粉可产生硅沉着病（硅肺），闪石棉粉会致癌，苯类溶剂和一些氯化溶剂不仅毒性大，且易挥发。某些胶黏剂中所用脂肪胺类、芳香胺类以及部分酸酐等都有较大的毒性，此外，有些稀释剂如680、690也因具有较大的毒性而受到关注。

因此，在胶黏剂的配方设计中选用环境友好的原材料已经成为胶黏剂配方设计的一个重要方向，水基胶黏剂、低毒胶黏剂等系列产品将成为主流。

此外，在配方设计时除了考虑胶黏剂的性能，还必须认真考虑原材料的来源与成本问题。在满足使用性能的条件下，要选择原材料来源广、产地近、价格低廉的品种，这样才会在产品价格上具有竞争优势。

（4）注重解决主要矛盾

胶黏剂制备过程中的选材、配方设计、配制、粘接与后处理等工序，最终目的就是制备出质量优良，满足应用要求的制品。在选定黏料后，通过对黏料性能的了解和分析，用于制备所需制品的树脂可能存在许多缺陷或不足，这就应根据制品性能要求，找出主次矛盾加以解决，一般情况下，解决了主要矛盾，其他矛盾也迎刃而解。

（5）充分发挥添加组分的功能

这是配方设计的主要任务之一。添加组分在一定程度上能够有效地改善胶黏剂的特性。在添加组分时选择要力求准，用量要适当。要做到这一点，除具有丰富的实践经验外，还要吸取前人的经验教训，弄懂各添加组分功能，结合应用性能要求与本身特性，制订几套用量方案，再进行试验加以确定，用一个添加组分能解决的绝不用两个组分。

根据上述原则确定初步配方，再通过正交回归分析法，借助计算机辅助设计，优化出最佳配方。

3.2.2 影响因素

以前，配方设计主要是根据经验来进行的，在单因素的基础上进行改进，这样时间长、成本高，有时为了取得一个好的配方往往需要成百上千次的试验，耗时几个月甚至数年。如今，随着计算机的发展与普及，各种计算机软件不断出现，把科学的数理方法应用到胶黏剂配方优化设计上，产生了一个所谓统计配方方法，从而使胶黏剂的配方设计成为一门试验科学。这种方法依据数理统计理论，可使胶黏剂的配方设计由单因素的多次试验改为多因素的一次试验。如正交试验设计法、回归分析法的应用，不仅可以实现对配方试验的数据处理，优选配方，更重要的是只需通过少量的试验即可获取大量的有用信息，从而极大地简化了试验程序，加快了研究进程，节约了大量的人力、物力和时间。此外，通过计算机处理，还能够发现配方中各组分与胶黏剂性能的相关性与规律性，从而达到优化配方的目的。但是，基本的原始数据还是通过因素试验得到的，因此，即使是计算机广泛应用的今天，单因素试验仍然是胶黏剂配方设计的基础，这样方可实现经验规律与统计数学相结合。

（1）多因素之间的相互作用

一般来说，一个合理的胶黏剂配方应该包括主体材料、补强填充体系、防护体系、增强与增塑体系、特殊性能体系等多个方面。也就是说一个胶黏剂配方起码包括聚合物主体材料、促进剂、活性剂、增塑剂、防老剂、补强填充剂等基本组分，是个多组分构成的多相体系，这些基本组分之间的相互作用与影响将对胶黏剂的各种性能产生重大的影响。因此，在胶黏剂配方设计时，除了单因素和双因素变量设计外，在更多的情况下，要解决的是多因素之间交互作用对胶黏剂性能影响的试验问题。

（2）原辅材料之间的交互关系

交互作用是指胶黏剂配方中不同原辅材料之间所产生的协同效应、加合作用和抑制作用。例如不同的促进剂之间、各种防老剂之间、防老剂和促进剂之间的交互作用都很显著。增强协同效应和加合作用、减小抑制作用是胶黏剂配方设计中应该遵循的又一原则。由于交互作用比较复杂，常采用数理统计的方法进行配方设计，这样能够有效处理由于交互作用所产生的影响。在实际设计中一般有如下两种处理方法。

① 充分注意交互作用对胶黏剂主要性能的影响，在试验设计时尽可能地进行细化处理，甚至可以把它作为一个因素来处理。

② 把一对交互作用大的因素分别安排在不同的试验组中，这样能够有效地避开交互作用大的因素所产生的强烈影响，保持同组试验因素的相对独立性，从而使数据分析简易化。

（3）工艺因素影响的合理控制

众所周知，即使是同一个配方，采用不同的工艺所制备出来的胶黏剂的物理和化学性能往往存在较大的差异，由此可见工艺因素对胶黏剂的性能有较大的影响。在实际操作中，为了减小工艺因素对产品性能的影响，对于同一批次的配方试验，一定要在同一工艺条件下进行，否则将干扰统计分析，使数据的分析陷入混乱。例如，在酚醛树脂的配方与工艺设计时，相同的原材料，但在不同的反应温度和反应时间下所得到的酚醛树脂的分子量完全不同，其性能也当然有很大的差异。

对于那些具有重要作用的工艺因素，可以作为一个独立的因素参与试验设计，这样更有利于找出重要工艺因素与胶黏剂性能之间的规律性。

（4）试验方法的正确使用

当采用正交试验、回归分析等数学方法进行胶黏剂配方优化设计时，必须与配方设计经验规律相结合，因为试验经验在很大程度上对单因素试验起着极其重要的作用，当两者紧密结合时能够发挥最佳效能，获得较佳配方。

采用计算机进行配方设计，能够有效地把胶黏剂专业知识和数理统计方法结合在一起，这样不仅要求配方设计者需要掌握系统的胶黏剂的物理、化学理论基础，还要对所用的原材料十分熟悉，具有一定的配方经验；同时还要求掌握一定的数理统计知识，熟练使用数学分析软件，那种只强调数学的作用，忽视配方经验和专业基础的说法显然是十分片面的。

例如在使用正交表设计丙烯酸酯改性醋酸乙烯酯以提高其耐水性的最优配比时，可以得到产品性能相似、但生产成本截然不同的两种配方设计方案；没有实际配方设计经验的人，很容易造成高丙烯酸酯-高成本的不合理组合；而有配方经验的人则会改变因素水平的安排顺序，设计出低丙烯酸酯-低成本的组合配方。由此可见，运用数学方法可以科学地设计出胶黏剂配方，但要以丰富的专业知识和实际经验为依据。在丰富的实际经验的基础上，科学地运用数理统计知识，建立数学模型，进行优化设计，这样可以大大提高工作效率，获得性能优良的胶黏剂产品配方。

3.2.3　设计程序

（1）标准配方设计

胶黏剂标准配方也称基础配方，特点是配方简单，重现性较好。一般来讲，标准配方仅包括最基本的组分，由这些基本的组分组成的胶黏剂，既可反映出该种胶黏剂的基本工艺性能，又可反映出胶黏剂的基本物理性能。

基础配方的设计原则是：尽量简化配方，基本组分缺一不可，并采用传统的配合量以便对比。当某种新型胶黏剂被研制出来时，一般以其基础配方来检验其基本的加工性能和物理性能。基础配方的设计最好是以研制中所积累的经验数据为基础，将新技术应用于新产品生产和配方设计过程中，同时分析同类产品和类似产品现行生产中所用配方的优缺点。

（2）技术配方设计

技术配方又称性能配方，是为达到某种特殊性能要求而进行的配方设计，其目的是为了满足产品的性能要求和工艺要求，并提高胶黏剂的某种特殊性能。在进行技术配方设计时，是以标准配方为基础的，全面考虑各种性能的搭配，以满足制品的使用要求为准。例如，在脲醛树脂的技术配方设计时，需要改善其脆性，那么就可以在其标准配方设计的基础上，适当加入可以改善其脆性的单体进行接枝，如聚乙烯醇等，这时获得的配方就可以称为技术配方。

（3）生产配方设计

技术配方实际上是在试验室条件下研制的配方，其试验结果并不一定是最终的结果，往往在投入生产时会遇到一些工艺上的困难。因为在试验室小环境中所得到的参数在工业化大生产中会出现偏差，如温度、时间、压力等工艺参数的控制以及设备的性能等都是造成这些偏差的原因之一，这就需要在不改变基本性能的条件下，根据实际情况进一步调整配方，这时所获得的配方即为生产配方。生产配方是在标准配方和技术配方试验的基础上，结合实际生产条件所作的实用投产配方。生产配方要全面考虑使用性能、工艺性能、生产成本、设备条件等因素，最后选出的生产配方应能够满足工业化生产条件，使产品的性能、成本、长期连续工业化生产工艺达到最佳的平衡。

在调整生产配方时，一般是以不牺牲产品的性能为前提，但在某些情况下也不得不采取稍稍降低物理性能和使用性能的方法来调整工艺性能，也就是说将要在物理性能、使用性能和工艺性能之间进行平衡。例如，橡胶胶黏剂的工艺性能，虽然是个重要的因素，但并不是绝对的、唯一的因素，往往由技术发展条件所决定。随着生产工艺和生产装备技术的不断完善，准确的温度控制以及自动化连续生产过程的建立，可以改善制备过程，提高产品性能。但是在探讨生产配方时，必须要考虑到具体的生产条件和现行的工艺要求。也就是说，配方设计者要充分考虑到现行条件下配方在各个生产工序中的适用性。

3.3 基本设计内容

胶黏剂配方设计的基本内容概括如下。

① 研究、分析同类产品和近似产品生产中所使用的配方，确定符合胶黏剂性能要求的主剂的主要性能以及这些性能指标值的范围。根据对材料使用性能的要求，找出其不足或缺陷，并将要解决的问题按照主次加以排序。

② 制订基本配方，并在这个基础上选择改性技术或方法，制订连续改进配方。

③ 根据改性方法来选定能达到胶黏剂所指定性能的添加组分（又称为添加剂或助剂）并确定其用量，在试验室条件下制订出改进配方，并进行试验，选出其中最优的配方，作为下一步试制配方。

④ 进行中试，根据设备的具体情况进行适当调整，并对产品的理化性能进行检测。

⑤ 根据中试的结果进行进一步的调整，并确定最终的生产配方。

同时，胶黏剂的配方设计还要考虑到分子链结构、侧链基团、分子键能、分子量及其分布、结晶度、交联度等多个方面的因素。

3.3.1 主链结构设计

（1）主链结构

主链结构与胶黏剂的特性密切相关，是决定高分子胶黏剂性能的关键因素，构成主链的元素、价键种类及键能都极大地影响着胶黏剂的特性。在主链结构中，C—C 键最多，它构成了饱和、不饱和烃类的直链、环状结构；其他常见的分子链主要包括含硅分子链 Si—Si、Si—N、Si—O、Si—C—Si—O 等；含硼分子链 Si—C—B、B—O—P 以及 Al—O、Sn—O、Pb—O、Ti—O、Zr—O—Si 等。不同元素构成的分子链，其键能也不等，常用的高分子晶体分子链中重复单元的内聚能如表 3-1 所示。

表 3-1　常用高分子晶体分子链中重复单元的内聚能

基料	重复单元	内聚能/(kJ/mol)
聚乙烯	$-CH_2-CH_2-$	1300
聚异丁烯	$-CH_2-C(CH_3)_2-$	2100
聚异戊二烯(橡胶)	$-CH_2-C(CH_3)=CH-CH_2-$	1400
聚氯乙烯	$-CH_2-CHCl-$	2500
聚偏氯乙烯	$-CH_2-CCl_2-$	3500
聚乙烯醇	$-CH_2-CHOH-$	5100
聚酰胺 66	$-NH(CH_2)_6NHCO(CH_2)_4CO-$	3400
聚己二酸乙二醇酯	$-O(CH_2)_2OCO(CH_2)_4CO-$	1800
聚对苯二甲酸乙二醇酯	$-O(CH_2)_2OCOC_6H_4CO-$	1900
聚四氟乙烯	$-CF_2-CF_2-$	1600

（2）价键

主链的价键包括单键、双键、共轭双键等，它们构成支链及环状化合物。

① 单键。因为每个键都可发生内旋转而使得材料的柔性大，当单键键长和键角增大时，

分子链的内旋作用也随之增强。

② 双键。双键本身不能内旋转，而邻近的单键易于发生内旋转，因此对刚性影响不大，如聚丁二烯的柔性大于聚乙烯就是这个原因。

③ 共轭双键。因共轭双键的 π 电子云没有轴对称，当 π 电子云交盖程度最大时，位能最低。因此，分子链没有内旋转，刚性大，耐热性能优越，但其粘接性能较差。

④ 芳杂环。由于不易产生内旋转而导致分子链刚性较大，进而影响到粘接性能，但耐热性能好。如聚砜、聚苯醚、聚酰亚胺等。

（3）影响因素

影响高分子链柔顺性的因素主要包括链长、重键、取代基团和分子间作用力。

① 链长。分子链越长，相距稍远的链段间的牵制效应越小，位能低的内旋转构象数目越大，高分子链就越柔顺，粘接性能越好。

② 重键。为刚性链，含重键的分子链不易内旋转，粘接性能差。

③ 取代基团。当取代基团极性较小时，内旋转较容易，柔顺性好。当取代基团间距较远、空间位阻效应较小时，分子链较柔。当取代基为非极性基团时，一方面它使主链间距增大，链间作用力减弱，使分子链的柔顺性增强；另一方面，它增大了空间位阻效应，内旋转受到阻碍，分子链的柔顺性降低。两者作用结果取决于占优势的一方。

④ 分子间作用力。分子链之间的作用力越小，分子链越柔顺；极性主链因含有氢键而显刚性，因此非极性主链比极性主链更柔顺。

一些线型聚合物主链的刚柔性见表 3-2。

表 3-2 一些线型聚合物主链的刚柔性

主链	举例			
刚性聚合物主链	$-CF_2-CF_2-$	$\begin{array}{c}C\\ \parallel \\ O\end{array}$ 苯环 $\begin{array}{c}C\\ \parallel \\ O\end{array}$	$-C\equiv CH$, $-CH_2-$	$-CONH-$
柔性聚合物主链	$-O-$	$-CH_2-CH_2-$	$-CH_2-CH-$ 苯环	$-\overset{CH_3}{\underset{CH_3}{C}}-CH_2-$
高柔性聚合物主链	$-CH_2-S-$	$-CH_2-O-$	$-\overset{}{\underset{O}{C}}-CH_2-$	$-NH-CH_2-$

3.3.2 侧链基团设计

除主链之外，高分子侧链基团的种类、数量、位置等也是影响粘接性能的重要因素。侧链基团的极性强弱直接影响着分子的柔顺性，当侧链基团为极性基团时，聚合物分子内和分子间的吸引力强，聚合物的内聚强度高而分子柔顺性降低。例如，在聚丙烯、聚氯乙烯和聚丙烯腈中，侧链基团分别为甲基、氯原子和氰基，它们的极性分别为弱极性、极性和强极性，而它们的柔顺性次序为聚丙烯＞聚氯乙烯＞聚丙烯腈。

在胶黏剂分子结构设计时，可以按功能要求引入侧链基团进而达到对聚合物进行改性的目的，使胶黏剂获得较全面的性能。如适当引入极性基团可以提高粘接强度；引入氯、磷、氰基等可提高耐焰性；通过引入 F、Si、—O—键可提高密封胶的疏水性；此外，为改善丁腈橡胶的耐油性，可引入丙烯腈链等。

值得注意的是，侧链基团之间在主链上的间隔距离越远，它们之间的作用力及空间位阻作用越小，分子内旋转的阻力也越小。侧链基团的体积越大，位阻也越大，分子链刚性也较大。侧链链长在一定的范围内，侧链链长增大，位阻减小，柔顺性增大。但链长超过一定范围后，增长侧链并不利于内旋转，反而会使聚合物柔性减弱、粘接强度下降。例如纤维素的脂肪酸酯化合物，侧链链长为 6～10 个碳原子时，分子链的柔性及粘接性能较好，但超过 10 个碳原子时其性能会有所下降。

3.3.3　分子键能设计

由于胶黏剂基料存在内聚能，所以粘接接头破坏往往会形成内聚破坏。有研究表明，当聚合物的内聚能大于 $2.1 \times 10^4 \text{J/mol}$ 时，它与极性表面的黏附力才足够大，此类聚合物才可作为胶黏剂的基料。

分子内聚能密度（CED）可用式(3-1)表示：

$$(\text{CED})^{1/2} = \delta = \frac{\rho \sum G}{M} \tag{3-1}$$

式中，δ 为溶解度参数；ρ 为密度；G 为基团内聚能的平方根值；M 为聚合物的分子量。

高分子化合物的内聚能密度是分子链中各基团内聚能密度之和，常见有机化合物基团的内聚能见表 3-3。

表 3-3　常见有机化合物基团的内聚能

基团	内聚能/(kJ/mol)	基团	内聚能/(kJ/mol)
—CH₃	7.45	—NH₂	14.78
=CH₂	7.45	—Cl	14.24
—CH₂—	4.14	—F	8.62
=CH—	4.14	—Br	18.00
—O—	6.82	—I	21.10
—OH	30.35	—NO₂	30.14
—CHO	19.68	—SH	17.79
—COOH	37.56	—CONH₂	55.27
—COOCH₃	23.45	—CONH—	68.08
—COOC₂H₅	26.08		

3.3.4　分子极性、分子量及其分布设计

基料分子的极性越强，胶黏剂的粘接强度越高。此规律符合高能表面的粘接情况，对于低能表面，则往往与此相反。物理吸附的作用能如式(3-2)所示。

$$E = -\frac{2}{R^6}\left(\frac{\mu^4}{3kT} + \alpha\mu^2 + \frac{3\alpha^2 I}{8}\right) \tag{3-2}$$

式中，E 为吸附能；μ 为基料的极性；k 为与基料聚合物特性有关的常数；T 为吸附温度；R 为胶黏剂与被粘物间的距离；α 为吸附常数；I 为吸附的分子数目。

由式(3-2)可见，基料的极性越大，它们之间接触越紧密，物理吸附的分子数目越多，物理吸附对粘接的贡献越大。因此，可通过在胶黏剂基料分子中引入极性基团，或在胶黏剂配方中添加极性较大的树脂等方法来提高粘接强度。例如，氯丁橡胶中加入 45% 的对叔丁基酚醛树脂，可使棉帆布的粘接强度提高 40%～270%。

通常，高分子材料的极性大小可参照介电常数大小进行划分。一般情况下，介电常数在3.6以上的为极性材料，在2.8～3.6之间的为弱极性材料，在2.8以下的为非极性材料。

材料的极性大小也可以按照偶极矩大小来划分。例如，偶极矩大于1.5D（德拜）者为强极性材料，小于0.5D者为弱极性材料。常见基团的偶极矩值见表3-4。

表3-4　常见基团的偶极矩值

基团	偶极矩/D	基团	偶极矩/D
C—H	0.4	O—H(酚)	1.56
C—Cl	1.54	O—H	1.58
O—CH$_3$	1.23	N—NH$_2$	1.66
—NH$_2$	1.54	C=O	2.8
苯环	0	—NO$_2$	3.9
己烷	0	—C≡N	3.94

实际上，分子链中基团极性对粘接特性的影响极其复杂。例如，丁腈橡胶中，丙烯腈基团增多时，虽然极性增大，但同时也增大了分子链的刚性，分子扩散能力减弱了，致使与硝酸纤维素塑料的粘接强度反而下降。因此，在胶黏剂基料分子结构设计时，应当将分子的极性、基团的空间位阻及分子链的刚性等因素综合考虑，才可获得最佳的粘接性能。

当然，胶黏剂的分子量及其分布对粘接特性也有较大的影响。一般来说，当分子量较小时，胶黏剂具有较低的熔点、较小的黏度、良好的黏附性能，但内聚能较低，粘接内聚强度不高；当聚合物分子量较大时，难于溶解、熔点高、黏度较大、黏附性能较差，但内聚强度较大，可获得较高的粘接内聚强度。在胶黏剂基料选用和分子结构设计时，应当控制聚合物的分子量。因为只有所用的基料具有相应分子量大小或聚合度范围，胶黏剂才会有良好的黏附性和较高的粘接内聚强度。

基料的聚合度对内聚力的影响，可用式(3-3)表示：

$$\sigma = \sigma_\infty - \frac{K}{P_n}$$

(3-3)

式中，σ为聚合度等于P_n（数均聚合度）时，聚合物的拉伸强度；σ_∞为聚合度为无限大时的拉伸强度；K为与聚合物特性有关的常数；P_n为数均聚合度。

值得注意的是，聚合物的平均分子量相同而分子量分布不同时，其粘接强度也不同。低聚物含量较高时，接头破坏呈内聚破坏；高聚物含量较高时，接头破坏呈界面破坏。因此，在胶黏剂配方设计时，基料的分子结构确定后，应正确选用基料的分子量及其分布范围，才能获得粘接性能优良的胶黏剂。

3.3.5　结晶度设计

结晶度用来表示聚合物中结晶区域所占的比例，聚合物结晶度变化的范围很宽，一般为30%～80%，对聚合物的黏附性能有明显的影响。一般情况下，结晶度高的胶黏剂，其分子链排列紧密有序、孔隙率低、分子间的相互作用增强，且分子链难以运动，因此，其屈服应力、强度和模量都较高，但柔性和冲击强度则较低。同时，提高结晶度，软化点也相应提高，导致其力学性能对温度变化的敏感性降低。

从晶体学的角度来看，聚合物晶态的形成主要受其分子结构的影响，主要体现在：化学结构越简单，越易结晶；分子链越规整，越易结晶；链上取代基的空间位阻越小，越易结晶；链段间的相互作用力越大，越有利于结晶。而结晶性高的基料内聚力大，粘接强度相对较低。同时，极性高分子易于结晶，也容易导致粘接强度降低。因此，在选择或合成基料时，应根据分子结构情况，适当控制结晶度，以提高胶黏剂的黏附特性。同时，在胶黏剂改性中，也常采用接枝共聚方法，在保持胶黏剂极性的同时又能破坏其结晶性，从而可以达到提高粘接强度的目的。

3.3.6　交联度设计

在胶黏剂的设计中，常用交联度来表征高分子链的交联程度，与分子量无直接关系。当胶黏剂分子链之间的次价键力被主价键力代替，即在线型长链分子之间产生化学交联时，胶黏剂的粘接性能和其他性能将都发生重大变化。

一般来说，交联度小的弹性较好，交联度大的弹性差；交联度再增加，机械强度和硬度都将增加，但最终会失去弹性。这是因为在交联度不高的情况下，交联点之间分子链的长度远大于单个链段的长度，此时作为运动单元的链段仍可能运动，故胶黏剂仍可保持较高的柔性。随着交联点数目的增多，交联间距变短，交联点单键的内旋作用逐渐丧失，交联聚合物变硬，成为脆性产物。当胶黏剂经化学交联后，将丧失大分子链的整体运动和链间滑移的能力，即胶黏剂不再具有流动态，并丧失对被粘物的润湿和相互扩散能力，但在粘接体系已充分润湿或具有相互扩散作用的情况下，可以通过交联来提高胶层的内聚力进而改善粘接强度。

胶黏剂聚合物的交联作用，一般包括以下几种不同的类型。

① 在聚合物分子链上任意链段位置交联。例如，二烯类橡胶、硅氟橡胶等在硫化剂的存在下，均可在分子链上任意链段位置进行交联，这种交联作用形成的交联度取决于聚合物的主链结构、交联剂的种类及数量、交联工艺条件等。

② 通过聚合物末端的官能团进行硫化。这是各种遥爪型聚合物（分子链两端带有反应性官能团的低聚物，其官能团包括—COOH、—OH、—SH、—NH$_2$ 及环氧基团等）的独特性能，其交联作用由于发生于端基，交联后的网状结构不同于一般聚合物，其交联度取决于其分子量的大小。

③ 通过侧链官能团进行交联。交联度主要取决于侧链基团的数目。

④ 物理交联。一些嵌段共聚物可通过加热呈塑性流动后冷却，并通过次价键力形成类似于交联点的聚集点，从而增加聚合物的内聚力。

3.4　常用设计方法

3.4.1　单因素配方设计法

单因素配方试验设计主要就是研究某单一试验因素，如固化剂、增塑剂、促进剂等原材料在某一变量区间内，确定其最优值，要求根据实际经验恰当选定该因素的实际变量区间，然后在该范围内用最少的试验次数来确定其最佳用量。

在进行单因素试验时，性能指标 $f(x)$ 是变量 x 在变量区间 $[A, B]$ 中的函数，假设 $f(x)$ 在 $[A, B]$ 区间内只有一个极值点，即 $x = x_0$ 时 $f(x_0)$ 取得极值，在这种情况下这个极值点（最大值或最小值）即是要寻求的目标试验点，见图 3-1。

黏料中只需添加单一组分（助剂）就可完成配方的设计，这种配方设计一般常用去除法来确定添加组分及其用量。去除法的基本原理是：假定 $f(x)$ 在调整的区间 $[A,B]$ 中只有一个极值点，这个点就是所寻求的物理性能最佳点。通常用 x 表示因素取值，$f(x)$ 表示目标函数。根据具体问题要求，在该因素的最优点上，目标函数取最大值、最小值或某种规定要求的值，这些都取决于该胶黏剂的具体情况。

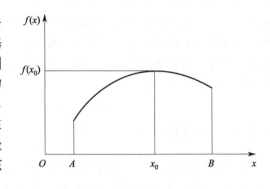

图 3-1　因素 x 与性能函数 $f(x)$ 的关系图

在寻找最优试验点时，常利用函数在某一局部区域的性质或一些已知的数值来确定下一个试验点。这样一步步搜索、逼近，不断去除部分搜索区间，逐步缩小最优点的存在范围，最后找到最优点。

在搜索区间内任取两点，比较它们的函数值，舍去一个。这样使搜索区间逐渐缩小到允许误差范围之内。常用的搜索方法如下。

（1）爬高法（逐步提高法）

爬高法是实际生产中最常用的方法之一，但其接近最佳范围的速度慢，适合于工厂小幅度调整配方，生产损失小，较为稳妥可靠。其方法是：先找一个起点 A（这个起点一般为原来的生产配方，也可以是一个估计的配方），在 A 点向该原材料增加的方向 B 点做试验，同时向该原材料减少的方向 C 点做试验。如果 B 点好，原材料就增加；如果 C 点好，原材料就减少。这样一步步改变，如爬到 W 点，再增加或减少效果反而不好，则 W 点就是要寻找的该原材料的最佳值。

选择起点的位置很重要，起点选得好，则试验次数可减少。选择步长的范围和大小也很重要，一般先是步长大一些，待快接近最佳点时，再改为小的步长。因此，爬高法对配方设计者的经验依赖性很大，经验丰富的设计者往往经过几次调整便能奏效。在实际应用时，一般采取"两头小、中间大"的办法，即先在各个方向上用小步试探一下，找出有利于寻找目标的方向；当方向确定后，再根据具体情况增加步长；到快接近最佳点时再改为小步。如果由于估计不正确，大步跨过最佳点，可退回一步，在这一步内改小步进行。一般来说，越接近变量的最佳范围，胶料质量随原材料的变化越缓慢。

（2）黄金分割法（0.618 法）

黄金分割法是根据数学上黄金分割定律演变来的。其具体做法是：先在配方试验范围 $[A,B]$ 的 0.618 点做第一次试验，再在其对称点（试验范围的 0.382 处）做第二次试验，比较两点试验的结果（指制品的物理力学性能），去掉不利因素以外的部分。在剩下的部分继续取已试点的对称点进行试验，再比较，再取舍，逐步缩小试验范围。

应用黄金分割法进行排除性试验，每次可以去掉试验范围的 0.328，这样就可以用较少的试验次数找到最佳配方范围，从而发现最佳配方方案。该法的每一步试验都要根据上次配方试验结果决定取舍，所以每次试验的原材料及工艺条件都要严格控制，不得有差异，否则无法决定取舍方向。该法试验次数少，较为方便，适于推广。

上述过程可以描述为：

$$x_1 = A + 0.618(B-A) \tag{3-4}$$

$$x_2 = A + B - x_1 \tag{3-5}$$

用 $f(x_1)$ 和 $f(x_2)$ 分别表示在 x_1 和 x_2 两个试验点上的试验值：若 $f(x_1)$ 的值优于 $f(x_2)$，就可以将 $[A,x_2]$ 去掉，剩下 $[x_2,B]$。

若 $f(x_2)$ 的值优于 $f(x_1)$，就可以将 $[A,x_1]$ 去掉，剩下 $[x_1,B]$，如图 3-2 所示。

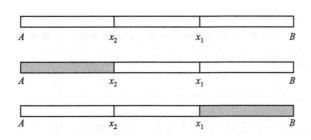

图 3-2　黄金分割法示意图

接着在余下的范围内继续寻求最佳值，在此会出现三种情况。

① $f(x_1) > f(x_2)$，在 x_3 处安排第三次试验，其对称公式的计算式为：$x_3 = B + x_2 - x_1$；

② $f(x_1) < f(x_2)$，上述计算公式则为：$x_3 = A + x_2 - x_1$。

③ $f(x_1) = f(x_2)$，可以同时去掉 $[A,x_2]$、$[x_1,B]$，只留下 $[x_2,x_1]$，然后在此区间内进行试验。

通过上述分析，在采用黄金分割法进行试验时，每一个试验配方均需要根据上一个试验结果来确定。因此，试验时的各个工艺参数都必须严格控制和记录，以免引起混乱。

（3）均分法

采用均分法的前提条件是：在试验范围内，目标函数是单调的，即应有一定的物理性能指标，以此标准作为对比条件。同时，还应预先知道该组分对胶黏剂的物理性能影响的规律，这样才能知道其试验结果，表明该原材料的添加量是多或少。

均分法与黄金分割法相似：在试验范围内，每个试验点都取在范围的中点上，将试验范围对分为两半，根据试验结果，去掉试验范围的某一半。然后再在保留范围的中点做第二次试验，再根据第二次试验结果，又将范围缩小一半，这样逼近最佳点范围的速度很快，而且取点也极为方便，所以这种方法又称为对分法。

均分法的具体操作方法为：根据配方经验确定试验范围，设试验范围在 $A \sim B$ 之间，在试验范围 $[A,B]$ 的中点安排试验，中点公式为：

$$x_1 = \frac{A+B}{2} \tag{3-6}$$

将第一次试验选在 $[A,B]$ 的中点 x_1 处。如果第一次试验结果显示 x_1 取大了，则去掉大于 x_1 的一半，第二次试验则选在 $[A,x_1]$ 的中点 x_2 处做。如果第一次试验结果表明 x_1 取小了，便去掉小于 x_1 的一半，此时第二次试验就取在 $[x_1,B]$ 的中点。如此继续下去，就能找到最佳的配方变量范围。在这个窄小的范围内等分的点，其结果较好又能相互接近时即可终止试验。

均分法的应用条件：

① 所寻求胶黏剂的性能指标具体，易于进行比较，否则无法对试验结果进行比较，也就无法决定试验范围的取舍。

② 要了解原材料的化学性能及其对胶黏剂物理性能的影响规律，并能够直接分析该原

材料的用量大小对试验结果的影响程度。

例如，考察丙烯酸酯对聚醋酸乙烯酯乳液耐低温性的影响，根据有关资料介绍，当其加入量为 0～4% 时均能提高聚醋酸乙烯酯乳液的耐低温性，但丙烯酸酯的价格较高，过多的加入将会使产品的成本急剧增加，在此就可以通过均分法进行试验和配方设计，具体试验结果见表 3-5。

表 3-5　均分法考察聚醋酸乙烯酯乳液抗冻试验表

试验次数	1			2	3	
丙烯酸酯的用量/质量份	0	2	4	3	2.5	1
−5℃时凝胶时间/min	4	26	19	22	25	23

第一次在变量范围 0～4 质量份的对分点 2 质量份做试验后，由于在质量份为 0 时，−5℃的凝胶时间仅为 4min，因此舍去 0～2 质量份，第二次在剩下的 2～4 质量份段中对分，此时的质量份为 3，但 −5℃时凝胶时间为 22min，出现下降。第三次试验补做 0～3 质量份和 0～2 质量份变量范围的对分点，结果显示，当丙烯酸酯的用量为 2.5 质量份和 1 质量份时，其 −5℃时凝胶时间相近。因此，在该配方中丙烯酸酯的用量在 1～2.5 质量份之间比较合适。当然，还可以继续进行试验以取得更加准确的数据。

（4）分批试验法

分批试验法可分为均分分批试验法和比例分割分批试验法两种。

① 均分分批试验法。把每批试验配方均匀地同时安排在试验范围内，将其试验结果比较，留下好结果的范围。在留下的部分，再均匀分成数份，再做一批试验，这样不断做下去，就能找到最佳的配方质量范围。在这个窄小的范围内，等分点结果较好，又相当接近时，即可中止试验。这种方法的优点是试验总时间短、速度快，但总的试验次数较多。例如：每批做 4 个试验，可以先将试验范围 $[A, B]$ 均分为 5 份，在其 4 个分点 x_1、x_2、x_3、x_4 处做 4 个试验，将 4 个试验结果进行比较，如果是 x_2 好，则留下 $[x_1, x_3]$ 的范围。然后将留下的部分再均分为 6 份，在未做过试验的 4 个分点上再做 4 个试验，如此不断地做下去，就能找到比较理想的配方。

② 比例分割分批试验法。与均分分批试验法相似，只是试验点不是均匀划分，而是按一定比例划分。该法由于试验效果、试验误差等原因，不易鉴别，所以一般工厂常用均分分批试验法，但当原材料添加量变化较小，而胶黏剂的物理性能却有显著变化时，用该法较好。

（5）其他方法

① 分数法。又称斐波那契（Fibonacci）法，是一种比黄金分割法更方便的试验方法。先给出试验点数，再用试验来缩短给定的试验区间，其区间长度缩短率为变值，其值大小由斐波那契数列决定。分数法适合于由一些不连续的、间隔不等的点所组成的试验配方设计，在这样的试验中，试验点只能采用某些特定的定数，将优选性能变为优选序号，这样就能快速准确地找到最佳配方。

② 抛物线法。通过其他的试验方法，配方试验范围已经缩小之后，还希望再继续精确时就可选用抛物线法。它是利用做三点试验后的三个数据，作此三点的抛物线，以抛物线顶点横坐标作为下次试验依据，如此连续试验而成。它是使用二次函数去逼近原来的函数，并取该二次函数的极值点作为新的近似点。如图 3-3 所示，在抛物线中的 x_1、x_2、x_3 三个点上所对应的函数值分别为 y_1、y_2、y_3，那么，该抛物线方程即可表示为：

$$y = \frac{(x-x_2)(x-x_3)}{(x_1-x_2)(x_1-x_3)} \times y_1 + \frac{(x-x_1)(x-x_3)}{(x_2-x_1)(x_2-x_3)} \times y_2 + \frac{(x-x_1)(x-x_2)}{(x_2-x_1)(x_3-x_2)} \times y_3$$

(3-7)

该抛物线的极值点为：

$$x = \frac{1}{2} \times \frac{y_1(x_2^2-x_3^2) + y_2(x_3^2-x_1^2) + y_3(x_1^2-x_2^2)}{y_1(x_2-x_3) + y_2(x_3-x_1) + y_3(x_1-x_2)}$$

(3-8)

那么，x_0 即为近似目标函数的最优点，第二个试验的试验点就在 x_0 处，其试验结果为 y_0，再利用 (x_0,y_0) 和其相近的 2 点再次形成二次多项式，求出近似的最优点。如此继续便可以得到较佳的配方。

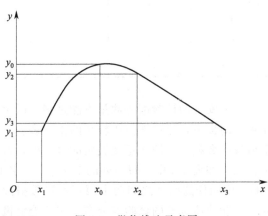

图 3-3　抛物线法示意图

在大多数的胶黏剂配方设计中，需要同时考虑两个或两个以上的变量因素对胶黏剂性能的影响规律，这即是多因素胶黏剂配方试验设计的问题。在设计方法上，与单因素试验配方的确定方法相类似，首先是根据经验和有关技术资料拟定新的基本试验配方，再根据实际需要进行调整和修订成标准试验配方。但在标准试验配方拟定中选择了两个或两个以上的不同组分因素，并考察这些因素对配方性能的影响规律，这无疑使研究问题变得复杂化，试验次数也将增多。

由于多因素交互影响比较复杂，需要借助于数理统计方法，这样可以克服传统配方设计法中试验点分布不合理、试验次数多、不能完全反映因素间交互作用等诸多缺点。目前，使用较多的方法是正交试验设计法和中心复合试验设计法，借助于专用的计算机软件可使这些方法大大简化，配方更加精确，更有利于科学试验设计方法的推广应用。下面就以正交试验和中心试验设计方法来进行讨论。

3.4.2　正交试验设计法

（1）正交试验的基本方法

正交试验设计法是研究多因素、多水平的一种设计方法，根据正交性从全面试验中挑选出部分有代表性的点进行试验，利用正交表进行多因素整体设计、综合比较和统计分析，也是一种高效率、快速、经济的试验设计方法，目前已广泛应用于包括胶黏剂配方设计在内的许多化工产品的配方设计之中。例如做一个三因素三水平的试验，按全面试验要求，须进行 $3^3 = 27$ 种组合的试验，且尚未考虑每一组合的重复数。若按 $L_9(3^4)$ 正交表安排试验，只需做 9 次，按 $L_{18}(3^7)$ 正交表也只需要进行 18 次试验，显然大大减少了工作量，因而正交试验设计在很多领域的研究中已经得到广泛应用。

正交表是正交试验设计法中合理安排试验并对数据进行统计分析的主要工具。常用的正交表有：$L_4(2^3)$、$L_8(2^7)$、$L_{12}(2^{11})$、$L_{16}(2^{15})$、$L_9(3^4)$ 等，具体的表格参见有关数理统计书籍。

正交表的符号以 $L_9(3^4)$ 为例说明如下：L 为正交表代号；9 为正交表横行数（代表试

验次数）；3 为标准正交表上可安排的因素水平数；4 为正交表纵列数（最多能安排的试验因素数）。见表 3-6。

表 3-6 $L_9(3^4)$ 正交表

水平　　因素　试验号	A	B	C	空白	性能指标
1	1	1	1	1	
2	1	2	2	2	
3	1	3	3	3	
4	2	1	2	3	
5	2	2	3	1	
6	2	3	1	2	
7	3	1	3	2	
8	3	2	1	3	
9	3	3	2	1	

　　胶黏剂配方设计的正交表，一般不宜过大，每批安排的试验配方数量不能过多，以免产生分批试验误差。在合理安排试验又能满足要求的前提下，尽可能使用较小的正交表。

　　正交表的每一列中，代表不同水平的数字出现次数相等。即在正交表头的每一列，若安排某种配方因素，该因素的不同水平试验概率相同。如表 3-6 中，每一列的 1 水平、2 水平、3 水平均出现 3 次，各因素的试验概率是一样的。说明任意两列之间两个因素水平数搭配均匀相等。使用正交试验，既可以减少试验次数，又能使所选择的试验点分布均匀，能够极大地提高工作效率。

　　（2）正交试验设计实例分析

　　氧化淀粉胶主要原料的选择试验。氧化淀粉胶的原料包括：淀粉、氧化剂、催化剂、糊化剂、交联剂及其他相关助剂，其中氧化剂、催化剂及交联剂是决定氧化淀粉质量的重要原料，为了得到高质量的淀粉胶，必须对氧化淀粉胶的氧化剂、催化剂、交联剂进行系统选择。

　　本例将以选择不同品种的氧化剂、催化剂、交联剂来进行正交试验说明。

　　第一步：选择正交试验表。这是一个 3 水平的试验，因此要选用 $L_n(3^t)$ 型正交表，本例共有 3 个因素，所以要选一张 $t \geqslant 3$ 的表，而 $L_9(3^4)$ 是满足条件 $t \geqslant 3$ 的最小的 $L_n(3^t)$ 型表，故选用 $L_9(3^4)$ 安排试验。

　　第二步：表头设计。根据正交试验的设计方法，在选定正交试验表后只需将所选用的因素填写在正交表的上方与列号对应的位置上，一个因素占一列，不同因素占有不同的列，就得到了表头设计表，见表 3-7。

表 3-7 $L_9(3^4)$ 正交试验表头

水平　　因素　试验号	A	B	C	空白

　　未放置因素或交互作用的列称为空白列，在方差分析中也称为误差列，这是为了减少试验误差所设置的。在正交试验中，一般都要求至少有一个空白列。表 3-8 为本例中各因素所确定的水平及编号。

表 3-8　本例中各因素所确定的水平及编号

因素	水平 1	水平 2	水平 3
氧化剂（A）	双氧水	高锰酸钾	次氯酸钠
催化剂（B）	硫酸铜	硫酸亚铁	氯化铁
交联剂（C）	甲醛	硼砂	乙二醛

第三步：明确试验方案。在完成表头设计之后，按水平数（本例中为 3）对实验进行分组，并按一定规则将水平号填入表格中，使各次实验所采用的各因素水平的排列组合没有重复，则正交表的每一行就是一个试验方案，于是就得到了表 3-6 所示的 9 个试验方案。

第四步：按照方案进行试验。按照正交表中各个试验号所规定的水平组合进行试验（在本例中有 9 个试验），并将所得到的试验结果填写在正交表的最后一列中，见表 3-6。

在使用正交表时需要注意两点：

① 必须严格按照规定的方案完成每一项试验，因为正交试验中的每一项试验都从不同角度提供了有用信息，即使其中某些试验事先根据专业知识可以肯定其结果不理想。

② 为了消除某些因素可能对试验结果所产生的影响（如试验中由于操作掌握不匀所带来的干扰以及外界条件所引起的系统误差等），试验时往往不按表上试验号的顺序进行试验，而按抽签方法决定进行试验的顺序，把试验顺序打乱，有利于消除这一类因素的影响。

第五步：计算极差、确定因素的主次顺序。

引进标记号：K_{ij}＝第 j 列上水平号为 i 的试验结果之和。则有：

$$\overline{K}_{ij} = \frac{1}{s} K_{ij}$$

式中，s 为第 j 列上水平号 i 出现的次数；$\overline{K}_{ij}$ 表示第 j 列的因素取水平 i 时进行试验所得结果的平均值。

定义 R_j 为第 j 列的极差或所在因素的极差：

$$R_j = \max_i \{\overline{K}_{ij}\} - \min_i \{\overline{K}_{ij}\}$$

对于本例 1，有：

$$\overline{K}_{11} = \frac{1}{3} K_{11} = \frac{1}{3}(y_1 + y_2 + y_3) = \frac{1}{3}(7.5 + 8.4 + 8.0) = 7.97$$

$$\overline{K}_{21} = \frac{1}{3} K_{21} = \frac{1}{3}(y_4 + y_5 + y_6) = \frac{1}{3}(6.0 + 6.5 + 5.2) = 5.9$$

$$\overline{K}_{31} = \frac{1}{3} K_{31} = \frac{1}{3}(y_7 + y_8 + y_9) = \frac{1}{3}(7.0 + 6.0 + 5.8) = 6.27$$

$$R_1 = \max\{K_{11}, K_{21}, K_{31}\} - \min\{K_{11}, K_{21}, K_{31}\} = 23.9 - 17.7 = 6.2$$

其他的计算过程在此不再重复，其结果见表 3-9。

表 3-9　正交试验结果及分析

水平　　因素 试验号	氧化剂（A）	催化剂（B）	交联剂（C）	空白（D）	综合得分（y）
1	1	1	1	1	7.5
2	1	2	2	2	8.4
3	1	3	3	3	8.0
4	2	1	1	3	6.0

续表

水平　　试验号	氧化剂(A)	催化剂(B)	交联剂(C)	空白(D)	综合得分(y)
5	2	2	3	1	6.5
6	2	3	1	2	5.2
7	3	1	3	2	7.0
8	3	2	1	3	6.0
9	3	3	2	1	5.8
K_{1j}	23.9	20.5	18.7	19.8	
K_{2j}	17.7	20.9	20.2	20.2	
K_{3j}	18.8	19	19.5	20.0	
$\overline{K}_{1j}$	7.97	6.83	6.23	6.60	
$\overline{K}_{2j}$	5.9	6.97	6.73	6.73	
$\overline{K}_{3j}$	6.27	6.33	6.50	6.67	
极差	6.2	1.9	1.5	0.4	
因素主次	I	II	III		
较优水平	水平 1	水平 2	水平 2		

注：综合得分为各试验样的总体得分，其中，初黏时间、贮存期、黏度、外观各占总分的 25%，最高分为 10 分。

通常，各列的极差是不相等的，这表明单个因素水平改变时对试验结果的影响是不同的，极差越大，说明这个因素的水平改变对试验结果的影响也就越大。极差最大的那一列因素，其水平的改变对试验结果影响最大，即是主要因素。本例中通过对正交试验筛选氧化淀粉胶的氧化剂、催化剂、交联剂得到较优的设计为 $A_1B_2C_2$，即氧化剂应选双氧水、催化剂应选硫酸亚铁、交联剂应选硼砂。

有时，空白列的极差 R_j 比所有因素的极差还要大，则说明因素之间可能存在不可忽略的交互作用，或者忽略了对试验结果有重要影响的其他因素，或者试验误差太大，需要进行具体分析。

第六步：结果分析与最优方案的确定。正交试验设计的配方结果分析可采用直观分析和方差分析。直观分析简便易懂，只需对试验结果做少量计算和比较就可得出最优的配方，但不能确定引起某因素各水平试验结果差异的原因，也不能估算试验的精度。而方差分析是通过偏差平方和、自由度等一系列的计算，将因素水平变化所引起的试验结果间的差异与误差波动所引起的试验结果间的差异区分开来，所得试验结果的可信赖度高。

图 3-4 是本例的直观分析图，三个因素各点高低相差不同，因素 A 的差异最大，表明该因素的三个水平对指标影响的差异大，说明此因素重要；而因素 C 各点高低相差小，表明此因素的三个水平对指标影响的差异小，即此因素是次要的，由此直观地分析出该胶黏剂配方中重要的因素和最好的水平。由于许多专业的数理统计书籍中对方差分析均有介绍，在此不再重复。

值得注意的是，在设计中，挑选因素的水平与胶黏剂所要求的指标有关，若是指标越大越好，则应该挑选使指标增大的水平，也就是 K_{1j}、K_{2j}、K_{3j}（或 $\overline{K}_{1j}$、$\overline{K}_{2j}$、$\overline{K}_{3j}$）中最大的水平；反之，则选择

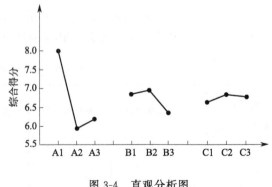

图 3-4　直观分析图

指标小的水平。在本例中，试验的最终目的是要使"综合得分"提高，因此需要选择大的水平。

在实际确定最优方案时，还应该区别因素的主次，对于主要因素，一定要按有利于指标的要求选取最好的水平。

此外，在设计较大型的胶黏剂试验配方时，应该先做一些小型的、探索性的配方试验，此时可以选用较小的正交表来制订试验计划，减小试验次数。同时，对同一正交表最好能安排同一批试验配方，以减少误差，提高可比性。对某些从未进行过试验的新型原材料或新的课题，这种小型的探索性试验就更为重要。

3.4.3 响应面试验设计法

（1）响应面设计的基本方法

在正交试验设计中并未能给出很直观的图形，因而也不能凭直觉观察其最优化点，虽然能找出最优值，但还是难以直观地判别优化区域。实际上，在多因素试验的分析中，可以建立分析试验指标（因变量）与多个试验因素（自变量）间的回归关系，这种回归可能表现为曲线或曲面的关系，故把这种方法称为响应面分析（RSM，也称响应曲面法）。

响应面分析法是一种优化工艺条件的有效方法，系采用多元二次回归方法为函数估计的工具，通过中心组合试验，多因素试验中的因素与水平的相互关系用多项式进行拟合，然后对函数的响应面进行分析，可精确地描述因素与响应值之间的关系，并运用图形技术将这种函数关系显示出来，可以供设计者凭借直觉的观察来选择试验设计中的最优化条件。响应面分析法已经在许多领域得到了应用。

要构造响应面并进行分析以确定最优条件或寻找最优区域，首先必须通过大量的探索性试验数据建立一个合适的数学模型（建模），然后再用此数学模型作图。最常用和最有效的方法就是多元线性回归方法，对于非线性体系可作适当处理化为线性形式。

例如在胶黏剂的试验中，粘接强度与主剂、固化剂和固化温度有关，可以通过回归分析建立粘接强度与工艺要素间的回归关系，从而求得最佳粘接效果（如本例中所要求的固化时间短、粘接强度高）。在回归分析中，粘接强度 y 可以表述为：

$$y = f(x_1, x_2, \cdots, x_l) + \varepsilon \tag{3-9}$$

式中，$f(x_1, x_2, \cdots, x_l)$ 为自变量 $x_1, x_2, \cdots, x_l$ 的函数，ε 为误差项。

在响应面分析中，首先要得到回归方程 $\hat{y} = f(x_1, x_2, \cdots, x_l)$，然后通过对自变量 $x_1, x_2, \cdots, x_l$ 的合理取值，求得使 $\hat{y} = f(x_1, x_2, \cdots, x_l)$ 最优的值，这就是响应面分析的目的。在由响应面所构建的模型中，如果只有一个因素（或自变量），响应（曲）面是二维空间中的一条曲线；当有两个因素时，响应面是三维空间中的曲面。求出模型后，可以以两因素水平为 x 坐标和 y 坐标，以相应的由式(3-9)计算的响应为 z 坐标作出三维空间的曲面（这就是二因素响应曲面）。

（2）响应面试验设计实例分析

使用三聚氰胺甲醛树脂、淀粉和纳米 SiO_2 改性低毒脲醛树脂，其中三聚氰胺甲醛树脂和纳米 SiO_2 有利于提高脲醛树脂的耐水性、降低游离甲醛的含量，而淀粉不仅可以降低游离甲醛的含量，而且还可以降低生产成本；但三聚氰胺甲醛树脂和纳米 SiO_2 的加入会提高生产成本，而淀粉的过多加入则会降低耐水性，因此，这是一个矛盾的问题。该配方设计的目的就是平衡三聚氰胺甲醛树脂、淀粉和纳米 SiO_2 的加入与生产成本和耐水性之间的关系，达到既可以降低生产成本又不大幅度降低耐水性的目的。

为了达到上述目标，需要取得部分原始数据，首先是对现有资料进行检索，设计出基本配方，然后在此基础上进行单因素试验，再在单因素试验的基础上根据 Box-Behnken 设计原则，采用相应的软件进行响应面分析，建立二次回归方程模型，对其求解而得到最优方案。目前，常用的分析软件有 Design-Expert 和 SAS 等，在本例中将使用 Design-Expert 进行分析。

第一步：单因素分析。根据资料检索发现：用甲醛与尿素的摩尔比为 1.15：1 时制备脲醛树脂，加入三聚氰胺甲醛树脂的质量分数为 1%～5%、纳米 SiO_2 的质量分数为 0.1%～0.5%、淀粉的质量分数是 6%～12%，保证所制备的改性脲醛树脂的性价比维持在一个相对合理的水平上，耐水性在 24～130min 之间。以此基本配方进行单因素的分析。

① 不同三聚氰胺甲醛树脂加入量的影响。当纳米 SiO_2 的质量分数为 0.4%、淀粉的质量分数为 8%，在加入不同质量分数的三聚氰胺甲醛树脂时，试件的耐沸水性如图 3-5 所示：随着三聚氰胺甲醛树脂的质量分数由 1% 增加到 5%，改性脲醛树脂的耐沸水时间由 38min 增加到 4% 的 106min，在 4% 后增幅减缓。这表明：三聚氰胺甲醛树脂能够有效地改善脲醛树脂的耐沸水性能，但过多的三聚氰胺甲醛树脂对脲醛树脂的耐水性影响较小。

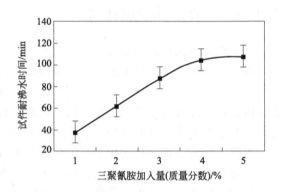

图 3-5　三聚氰胺加入量对试件耐沸水的影响

② 不同纳米 SiO_2 加入量的影响。当加入三聚氰胺甲醛树脂的质量分数为 4%、淀粉的质量分数为 8%，在加入不同质量分数的纳米 SiO_2 时脲醛树脂耐沸水性能如图 3-6 所示。随着纳米 SiO_2 质量分数的增加，改性脲醛树脂的耐水时间迅速增加，但随着纳米 SiO_2 质量分数的不断增加，达到 0.4% 后耐水时间增幅趋缓。这表明：纳米 SiO_2 的加入可以改善脲醛树脂的耐水性，但过多的加入并无大的益处，从生产成本方面来考虑加入量为 0.4% 左右比较合适。

③ 不同淀粉加入量的影响。当三聚氰胺甲醛树脂的质量分数为 4%、纳米 SiO_2 的质量分数为 0.4%，在加入不同质量分数的淀粉时脲醛树脂耐沸水性能如图 3-7 所示。随着淀粉质量分数的增加，改性脲醛树脂的耐沸水时间开始减小，当质量分数超过 8% 后，下降量迅速增加。这表明：淀粉的加入会降低改性脲醛树脂的耐水性，由于在 8% 之前下降缓慢，表明在此范围内加入淀粉可以降低生产成本，但对耐沸水性能的影响较小。因此，将 8% 作为单因素的试验点。

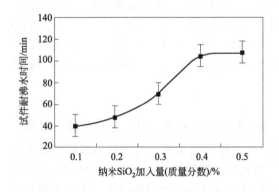

图 3-6　纳米 SiO_2 加入量对试件耐沸水的影响

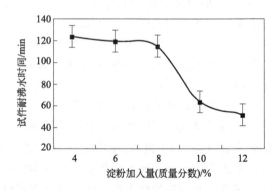

图 3-7　淀粉加入量对试件耐沸水的影响

第二步：响应面设计。

① 设计水平和编码。为了使液化工艺更加科学，在单因素试验的基础上，根据 Box-Behnken 设计原则，选择三聚氰胺甲醛树脂的质量分数、纳米 SiO_2 的质量分数和淀粉的质量分数 3 个对杨木液化影响较大的因素，以用改性脲醛树脂胶粘接试件在水中煮沸的时间为响应值，设计 3 因素、3 水平共计 15 组试验来进行响应面分析，如表 3-10 所示。

表 3-10　响应面试验设计中的水平和编码

变量	编码	编码水平		
		-1	0	1
三聚氰胺甲醛树脂的质量分数/%	A	3	4	5
纳米 SiO_2 的质量分数/%	B	0.3	0.4	0.5
淀粉的质量分数/%	C	6	8	10

将设计好的水平和编码输入 Design-Expert7.1.3 中，得到的界面如图 3-8 所示。

② 输入响应值的名称，本例中为耐沸水的时间，单位是 min，如图 3-9 所示。

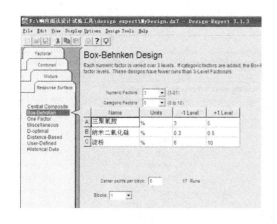

图 3-8　3 因素、3 水平的 Box-Behnken 设计界面　　图 3-9　Box-Behnken 设计的响应值界面

③ 打开因素和水平交互试验表，见图 3-10。图 3-10 中安排了 17 组试验，考虑到后 5 组是完全相同的，因此只采用 3 组，故本例中只进行 15 组试验。

④ 按照设计方案进行试验。按照图 3-10 中的因素和水平，响应面试验的 15 组试验结果见图 3-11。通过试验，得到了图 3-11 右边的耐沸水时间数据，将数据输入 Design-Expert 软件所生成的数据表中，进行数据分析。

第三步：多元回归模型分析与验证。

① ANOVA 分析。通过 ANOVA 分析，得到如图 3-12 所示的模型及方差数据，从图中可知，本试验所建立的模型的平方和为 1197.14，自由度为 9，均方为 113.02，F 值为 14.95，P 值为 0.0041，表现为显著，而失拟项表现为不显著，且复相关系数 $R^2 = 0.9642$，接近 1，离散系数为 3.29，这表明模型与实际情况基本吻合。

② 建立回归方程。通过 ANOVA 分析，得到如图 3-13 所示的二次回归方程模型数据，并得到模型方程。

$$R_1 = 102.53 + 5.4A + 4.61B + 0.99C + 1.17AB + 1.92AC - 13.44A^2 - 6.02B^2 - 2.67C^2$$

$$(3-10)$$

Std	Run	Factor 1 A 三聚氰胺 /% 4	Factor 2 B 纳米二氧化硅 /% 0.4	Factor 3 C 淀粉 /% 8	Response 1 R1 耐沸水时间 min
1	9	3.00	0.30	8.00	
2	12	5.00	0.30	8.00	
3	16	3.00	0.50	8.00	
4	11	5.00	0.50	8.00	
6	10	5.00	0.40	6.00	
7	2	3.00	0.40	10.00	
8	17	5.00	0.40	10.00	
9	13	4.00	0.30	6.00	
10	14	4.00	0.50	6.00	
11	4	4.00	0.30	10.00	
12	3	4.00	0.50	10.00	
13	6	4.00	0.40	8.00	
14	7	4.00	0.40	8.00	
15	5	4.00	0.40	8.00	
16	8	4.00	0.40	8.00	
17	1	4.00	0.40	8.00	

图 3-10　Box-Behnken 设计的因素和水平交互试验表

Std	Run	Factor 1 A 三聚氰胺 /% 4	Factor 2 B 纳米二氧化硅 /% 0.4	Factor 3 C 淀粉 /% 8	Response 1 R1 耐沸水时间 min
1	9	3.00	0.30	8.00	76.8
2	12	5.00	0.30	8.00	82.4
3	16	3.00	0.50	8.00	81.4
4	11	5.00	0.50	8.00	91.7
5	15	3.00	0.40	6.00	79.5
6	10	5.00	0.40	6.00	89.3
7	2	3.00	0.40	10.00	79.7
8	17	5.00	0.40	10.00	97.2
9	13	4.00	0.30	6.00	88.3
10	14	4.00	0.50	6.00	99.5
11	4	4.00	0.30	10.00	87.9
12	3	4.00	0.50	10.00	99.7
13	6	4.00	0.40	8.00	100.3
14	7	4.00	0.40	8.00	104.6
15	5	4.00	0.40	8.00	102.7

图 3-11　Box-Behnken 设计的试验结果

ANOVA for Response Surface Quadratic Model
Analysis of variance table [Partial sum of squares - Type III]

Source	Sum of Squares	df	Mean Square	F Value	p-value Prob > F	
Model	1197.14	9	133.02	14.95	0.0041	significant
A-三聚氰胺 /%	233.28	1	233.28	26.21	0.0037	
B-纳米二氧化硅 /%	170.20	1	170.20	19.13	0.0072	
C-淀粉 /%	7.80	1	7.80	0.88	0.3921	
AB	5.52	1	5.52	0.62	0.4665	
AC	14.82	1	14.82	1.67	0.2533	
BC	0.090	1	0.090	0.010	0.9236	
A^2	667.12	1	667.12	74.97	0.0003	
B^2	133.66	1	133.66	15.02	0.0117	
C^2	26.26	1	26.26	2.95	0.1465	
Residual	44.49	5	8.90			
Lack of Fit	35.21	3	11.74	2.53	0.2961	not significant
Pure Error	9.29	2	4.64			
Cor Total	1241.63	14				

Std. Dev.	2.98	R-Squared	0.9642
Mean	90.73	Adj R-Squared	0.8997
C.V. %	3.29	Pred R-Squared	0.5295
PRESS	584.21	Adeq Precision	11.617

图 3-12　ANOVA 分析所得的模型及方差数据

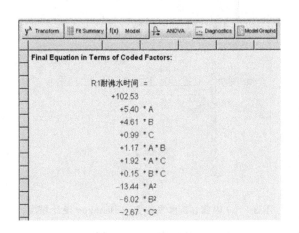

图 3-13　二次回归方程模型数据

通过对回归方程进行分析，得到 A、B、C 三因素对改性脲醛树脂胶耐沸水性的影响程度为 C＞B＞A，即淀粉的加入量对耐水性的影响最大，三聚氰胺甲醛树脂的影响最小。同时，二次回归方程的二次项系数均为负数，可见有最大值。

③ 求解回归方程。对回归方程求偏导数，得到方程：

$$5.4+1.17B+1.92C-26.88A=0 \tag{3-11}$$

$$4.61+1.17A+0.15C-12.04B=0 \tag{3-12}$$

$$0.99+1.92A+0.15B-5.34C=0 \tag{3-13}$$

对式(3-11)~式(3-13) 求解，即可得到 A、B、C 的值，代入二次回归方程式中，便可得到 R_1 值，该值即为改性脲醛树脂胶加入三种改性剂后的最佳耐水时间（具体计算数据在此省略）。

应当指出，上述求出的模型只是最小二乘解，不一定与实际体系相符，也即计算值与试验值之间的差异不一定符合要求，因此，求出系数的最小二乘估计后，应进行检验。对于二因素以上的试验，可以在三维或二维空间中加以描述。

④ 二维和三维响应面分析。模型的响应面图见图 3-14～图 3-19。从图中可以发现：三聚氰胺甲醛树脂、纳米 SiO_2 和淀粉三因素的交互作用对改性脲醛树脂胶耐沸水性能的影响非常明显；当某一因素固定时，随着其他两因素的变化，改性脲醛树脂胶耐沸水的性能将发生变化，从二次回归方程中 A^2、B^2、C^2 的系数为负值可知，A、B、C 均有极大值，即最佳值，从三维响应面图中也可以证明这一点。

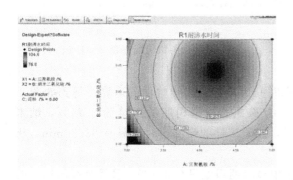

图 3-14　A、B 两因素的等高曲线图

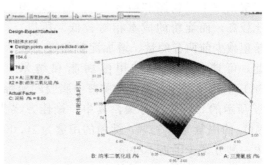

图 3-15　A、B 两因素的三维响应面图

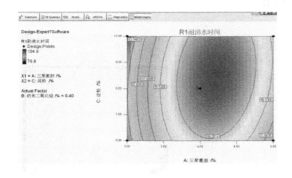

图 3-16　A、C 两因素的等高曲线图

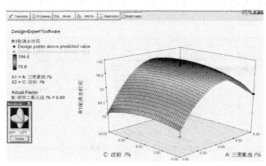

图 3-17　A、C 两因素的三维响应面图

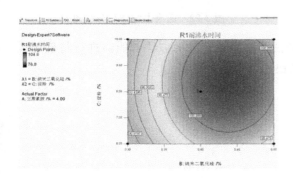

图 3-18　B、C 两因素的等高曲线图

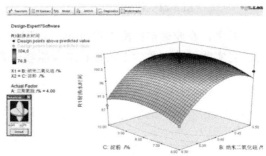

图 3-19　B、C 两因素的三维响应面图

⑤ 最佳结果分析。Design-Expert 软件可以直接对最佳结果进行分析，在本例中由于所选取的条件不一样，可以得到几种不同的结论。

第一种：三聚氰胺甲醛树脂、纳米 SiO_2 和淀粉的用量均在取值范围之内，考察改性脲醛树脂的耐沸水时间最长，得到最佳配方，如图 3-20 所示。

其中，三聚氰胺甲醛树脂的用量为4.24%，纳米 SiO_2 的用量为0.44%，淀粉的用量为8.56%，此时改性脲醛树脂胶的耐沸水时间为104.264min，期望值达到了0.998，说明是一种较好的配方。

Criteria　Solutions　Graphs

Solutions 1

Constraints

Name	Goal	Lower Limit	Upper Limit	Lower Weight	Upper Weight	Importance
三聚氰胺 /%	is in range	3	5	1	1	3
纳米二氧化硅 /%	is in range	0.3	0.5	1	1	3
淀粉 /%	is in range	6	10	1	1	3
R1耐沸水时间	maximize	76.8	104.6	1	1	3

Solutions

Number	三聚氰胺 /%	纳米二氧化硅 /%	淀粉 /%	R1耐沸水时间	Desirability	
1	4.24	0.44	8.56	104.264	0.988	Selected

图 3-20　最佳配方表

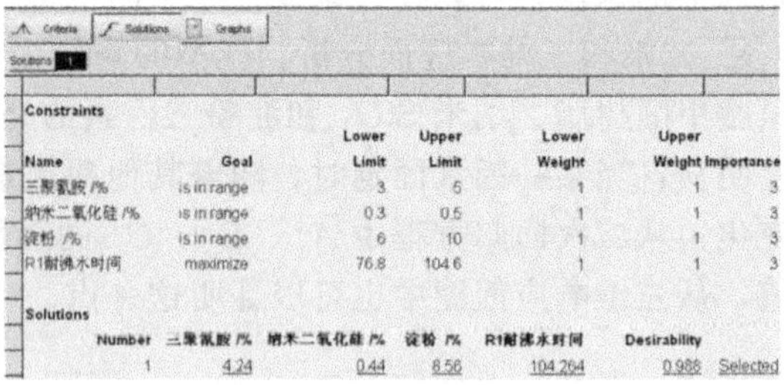

第二种：从生产成本的角度来考虑，三聚氰胺甲醛树脂和纳米 SiO_2 的成本均比较高，而淀粉的成本相对较低，所以，希望减少前两者的量，增加淀粉的量。因此，可选择三聚氰胺甲醛树脂和纳米 SiO_2 的用量最小，而改性脲醛树脂胶的耐沸水时间为最长，通过软件的运算，得到如图3-21所示的5组较佳方案，其中，最佳方案为：三聚氰胺甲醛树脂的用量为3.74%，纳米 SiO_2 的用量为0.35%，淀粉的用量为10.00%，此时试件的耐沸水时间只有93.86min，比第一种方案少了近10min。

图3-22是第二种最佳方案的等高线图，图中显示期望值只有0.739，且等高线所围成的图形离圆心较远，说明该方案以试件的耐沸水性来评价并不十分理想，只是生产成本较低，至于选择哪一种方案，可以根据市场情况进行调节。

Criteria　Solutions　Graphs

Solutions 1 2 3 4 5

Constraints

Name	Goal	Lower Limit	Upper Limit	Lower Weight	Upper Weight	Importance
三聚氰胺 /%	minimize	3	5	1	1	3
纳米二氧化硅 /%	minimize	0.3	0.5	1	1	3
淀粉 /%	maximize	6	10	1	1	3
R1耐沸水时间	maximize	76.8	104.6	1	1	3

Solutions

Number	三聚氰胺 /%	纳米二氧化硅 /%	淀粉 /%	R1耐沸水时间	Desirability	
1	3.74	0.35	10.00	93.8579	0.739	Selected
2	3.75	0.35	10.00	94.0068	0.739	
3	3.74	0.35	10.00	93.9524	0.739	
4	3.70	0.35	10.00	93.2899	0.738	
5	3.70	0.34	10.00	92.9443	0.738	

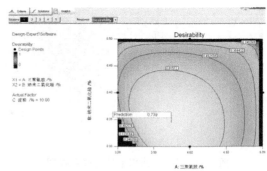

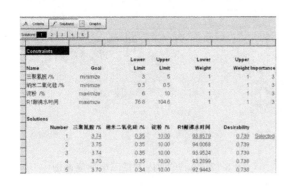

图 3-21　低成本配方表

图 3-22　低成本配方等高线图

总之，在胶黏剂的配方设计中，运用数学的方法是最有效的方法，能够进行精确的设计。将实践经验和数学方法进行结合能够达到快速、完美的效果。

第 **4** 章

粘接强度及粘接结构设计

4.1 粘接强度及破坏类型

4.1.1 粘接强度

粘接强度又称胶粘强度，是指在外来作用下，使粘接件中的胶黏剂与被粘接材料界面或其邻近处发生破坏所需要的应力。由于粘接力无法以破坏的形式测得，因此，通常评价粘接体系力学性能的指标是粘接强度而不是粘接力。

粘接强度是粘接体系破坏时所需的应力，其大小不仅取决于胶黏剂的性能、被粘接材料的性质、粘接工艺，而且还与接头形式、受力情况（种类、大小、方向、频率）、环境因素（温度、湿度、应力、介质）和测试条件、试验技术等有关。

根据粘接接头受力情况的不同，粘接强度具体可分为剪切强度、拉伸强度、不均匀扯离强度、剥离强度、压缩强度、冲击强度、弯曲强度、扭转强度、持久强度、疲劳强度、抗蠕变强度等。在静态力学性能中最重要的是剪切强度和剥离强度。

（1）剪切强度

剪切强度是指粘接件破坏时，单位粘接面积所能承受的剪切力，其单位可用 MPa 表示。剪切强度按测试时的受力方式又可分为拉伸剪切强度、压缩剪切强度、扭转剪切强度和弯曲剪切强度等。

通常给出的剪切强度数据都是单搭接拉伸剪切强度。压缩剪切多用于测试较厚材料的粘接强度；扭转剪切只发生完全的剪切，而无扯离力，受试样大小和胶层厚度的影响很小，比拉伸剪切和压缩剪切优越得多，宜用于代替螺接和螺栓固定的强度测试。

（2）拉伸强度

拉伸强度又称均匀扯离强度、正拉强度，是指粘接件受力破坏时，单位面积所承受的拉伸力，单位为 MPa。

因为拉伸比剪切受力均匀得多，所以一般胶黏剂的拉伸强度都比剪切强度高很多。在实际测试时，试样在外力作用下，由于胶层的变形比被粘接材料大，加之外力作用的不同轴性，很可能产生剪切，也会有横向压缩，因此，在扯断时就不可能出现同时断裂。若能增加试样的长度和减小粘接面积，便可降低扯断时剥离的影响，使应力分布更为均匀。弹性模量、胶层厚度、试验温度和加载速度对拉伸强度的影响基本与剪切强度相似。

（3）剥离强度

剥离强度是在规定的剥离条件下，使粘接件分离时单位宽度所能承受的最大负荷，其单位用 kN/m 表示。

剥离的形式多种多样，一般可分为 L 型剥离、U 型剥离、T 型剥离和曲面剥离。随着剥离角的改变，剥离形式会发生也变化。当剥离角小于或等于 90℃ 时为 L 型剥离，大于 90℃ 或等于 180℃ 时为 U 型剥离。这两种形式适合于刚性材料和挠性材料粘接的剥离。T 型剥离用于两种挠性材料粘接时的剥离。

剥离强度受试样宽度和厚度、胶层厚度、剥离速度、剥离角度等的影响。金属试样的宽度对剥离强度无影响，而挠性材料则不同，例如橡胶伸长变形较大，相当于剥离界面处的宽度减少，会引起边缘应力集中，而使剥离强度降低。为了避免这种影响，可在橡胶上衬一层布，试验表明，衬布比不衬布测得的剥离强度要高，在橡胶薄的试样中表现更为明显。这是因为橡胶衬布伸长变形减小，有效剥离宽度较大，剥离界面力的分布比较均匀，所以衬布能够比较准确地反映剥离强度的真实结果。

（4）不均匀扯离强度

不均匀扯离强度表示粘接接头受到不均匀扯离力作用时所能承受的最大负荷，因为负荷多集中于胶层的两个边缘或一个边缘上，故是单位长度而不是单位面积受力，单位是 kN/m。

（5）冲击强度

冲击强度意指粘接件承受冲击负荷而破坏时，单位粘接面积所消耗的最大功，单位为 kJ/m^2 或 J/m^2。冲击强度实际上是断裂能，而不是强度。

按照接头形式和受力方式的不同，冲击强度又分为弯曲冲击、压缩剪切冲击、拉伸剪切冲击、扭转剪切冲击和 T 型剥离冲击等。冲击强度的大小受胶黏剂韧性、胶层厚度、被粘接材料种类、试样尺寸、冲击角度、环境湿度、测试温度等影响。此外，胶黏剂的韧性越好，冲击强度越高。当胶黏剂的模量较低时，冲击强度随胶层厚度的增加而提高。

（6）持久强度

持久强度就是在一恒定温度下，在规定时间内，单位粘接面积所能持续承受的最大静负荷，单位为 MPa。通常又把在 10000h 的持久强度称为持久强度极限。持久强度受加载应力和试验温度的影响，随着加载应力和温度的提高持久强度下降。

（7）疲劳强度

疲劳强度是指对粘接接头重复施加一定负荷至规定次数时不引起破坏的最大应力，通常把在 10^7 次时的疲劳强度称为疲劳强度极限。

一般来说，剪切强度高的胶黏剂，其剥离、弯曲、冲击等强度总是较低的；而剥离强度大的胶黏剂，它的冲击、弯曲强度较高。不同类型木材用胶黏剂，各种强度特性也有很大差异。

4.1.2　受力分析

粘接接头在使用过程中的受力情况比较复杂，除了受到机械力的作用外，还和所使用的环境密切相关，是诸多因素共同作用的结果。当粘接部分发生破坏时，界面的破坏实际上总是伴随着被粘接材料或胶黏剂的表面层的破坏，可见粘接强度既与胶黏剂及被粘接材料的表面层强度有关，也与胶黏剂和被粘接材料之间的粘接强度有关。

在设计粘接接头时首先应了解受力的方向和接头之间的关系，当受力的方向和接头的类型不同时，粘接面上所受的应力也是不同的。粘接接头在实际的工作状态中受力情况很复杂，但各种复杂粘接接头胶层的受力形式，都可分解为 5 种基本受力方式，即剪切力、拉伸力、压缩力、剥离力、不均匀扯离（劈裂）力等。实际受力是几种应力的组合与变化，如图4-1 所示。在一般情况下，胶黏剂承受剪切和均匀扯离作用的能力比承受不均匀扯离和剥离作用的能力大得多。

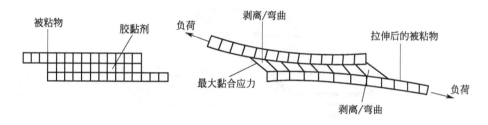

图 4-1　实际受力的粘接接头

（1）剪切力

剪切力与胶层平行，是粘接面比较理想的受力情况，实质为两个方向相反的拉伸力或压缩力，此时应力作用在整个粘接面积上，分布比较均匀，故可获得最大的粘接强度。这种受力形式的接头最常用，因为它不仅粘接效果好而且简单易行，易于推广应用。

（2）拉伸力

拉伸力也称均匀扯离力，当作用力垂直作用在粘接平面时，可以均匀分布在整个粘接面上。当全部粘接面积承受应力时即可得到最大的粘接强度。但这种受力情况在实际使用中是很难碰到的，即很难保证外力全部垂直作用在粘接面上，一旦外力方向偏斜，应力分布就马上由均匀变为不均匀，使粘接接头遭到破坏。

（3）不均匀扯离力

当粘接件发生不均匀扯离时，应力虽然配置在整个粘接面上，但分配极不均匀，应力集中比较严重。作用力主要集中在胶层的两个或一个边缘上，而不是整个粘接面，或者说是局部长度上所受的是偏心拉伸力。这种类型的接头，其承载能力很低，一般只有理想拉伸强度的 1/10 左右，而实际断裂也是从应力集中的局部开始的。

（4）压缩力

压缩力与胶层垂直，均匀分布在整个粘接面积上，纯粹承受压缩负荷，不容易破坏，但此类接头的应用有限。

（5）剥离力

两种刚性不同的材料受扯离作用时，称为"剥离"。当试件受扯离作用时，应力集中在胶缝的边缘附近，而不是分布在整个粘接面上，剥离力与胶层呈一定角度，力作用在一条线上，容易产生应力集中，粘接强度比较低。因此，粘接构件设计中最重要的一条原则就是：使设计的粘接件在剪切状态下使用，并尽量减少任何劈裂载荷。

在设计粘接件时，有许多方法都可用来减少剥离应力，如图 4-2 所示。图 4-2(a) 在易发生剥离的粘接件部位使用机械紧固件；图 4-2(b) 是一种航天工业中经常采用的方法，二倍叠加法或三倍叠加法，即在易剥离、易疲劳和易发生破坏的区域添加额外的粘接；图 4-2(c) 以薄被粘接材料包裹厚被粘接材料的边部；图 4-2(d) 使薄被粘接材料所要贴合的部位为铣型，这样就消除了产生剥离的边缘，但这种方法会带来昂贵的加工费用；图 4-2(e) 是加宽薄被粘接材料（对剥离更为敏感）的边缘部分，宽的粘接件对剥离力具有更强的抵抗能力。

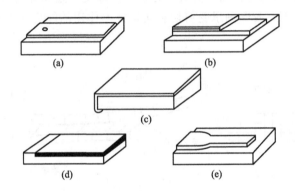

图 4-2　能够减少剥离应力的粘接接头设计

以上所述只是接头承受的机械力，除此之外，在使用时还会同时受到热应力和环境因素的作用。热应力是由使用温度变化引起膨胀或收缩产生的，特别是当被粘接材料与胶黏剂热膨胀系数相差悬殊时影响很大，表 4-1 给出了一些被粘接材料与胶黏剂的热膨胀系数。

表 4-1　常用被粘接材料与胶黏剂的热膨胀系数

被粘接材料	热膨胀系数/($\times 10^{-5}\,℃^{-1}$)	胶黏剂	热膨胀系数/($\times 10^{-5}\,℃^{-1}$)
碳钢	1.1～1.3	环氧树脂胶黏剂（无填料）	5～6
不锈钢	1.1～1.7	环氧树脂胶黏剂（有填料）	2.5～4
铸铁	0.9～1.2	酚醛树脂胶黏剂	2～4
铜	1.7	聚氨酯胶黏剂	10～20
黄铜	1.8～2.1	厌氧胶黏剂	12～14
紫铜	1.7～1.8	α-氰基丙烯酸酯胶黏剂	7～8
青铜	1.8	快固丙烯酸酯胶黏剂	13
铝	2.3～2.4	硅橡胶胶黏剂	20～25
钛	0.9	无机胶黏剂	1.2～1.4
银	2.0		
玻璃	0.7～1.2		
陶瓷	0.4		
聚苯乙烯	6～8		
ABS	5～10		
有机玻璃	5～9		
聚氯乙烯（硬）	5～20		
尼龙	8～9		
聚乙烯	10～25		

4.1.3　粘接接头的破坏类型

在粘接接头形成及使用过程中，由于胶黏剂固化造成的体积收缩，被粘接材料、胶黏剂不同的热膨胀系数以及受到环境介质的作用等，都造成接头中的内应力，而内应力的分布也是不均匀的。外应力和内应力的共同作用，构成粘接接头在受载时极为复杂的应力分布。同时，由于粘接接头内部缺陷（如气泡、裂缝、杂质）的存在，更增加了问题的复杂性，造成了局部的应力集中。当局部应力超过局部强度时，缺陷就能扩展成裂缝，进而导致接头发生破坏。

对于不同的粘接材料，接头被配合的形式与情况也不一样。一般来讲，在木制品粘接接头的破坏过程中，会出现粘接界面破坏、内聚破坏、混合破坏和木材破坏等四种破坏形式，见图 4-3。以上四种形式不是同时发生的，而是分别发生的，对于同一种粘接接头，有可能在不同条件下发生不同的破坏形式。

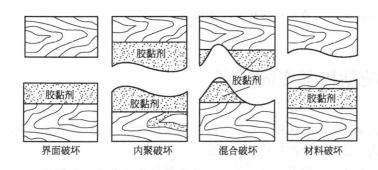

图 4-3　木制品胶黏剂粘接接头的四种破坏形式

① 界面破坏。当胶黏剂和被粘接木材的内聚强度均高于界面结合强度时，由于胶黏剂和被粘接木材之间结合力极弱，粘接接头破坏时造成界面脱胶。

② 内聚破坏。胶黏剂内聚强度低于界面结合强度和被粘接木材的内聚强度时，胶层会破坏。

③ 混合破坏。胶黏剂内聚强度、界面结合强度和被粘接木材的内聚强度基本相同时，粘接接头受到外力作用时，造成胶层和木材同时遭到破坏的现象。

④ 材料破坏。被粘接材料的内聚强度低于界面结合强度和胶黏剂内聚强度，受到外力时造成粘接材料被破坏。

而对于金属来说，金属的强度一般都会大于胶黏剂的强度，因此金属材料接头破坏时往往是胶层被破坏。

理想的破坏形式是 100% 的内聚破坏，这种破坏能获得最大的强度。破坏模式不是判断接头用途的唯一标准，但是对分析接头破坏的原因很有用，可以确定破坏是否是由弱边界层或表面处理不好引起的。

4.1.4　粘接接头的破坏机理

脆性固体强度理论认为，在脆性固体内部存在着固有的缺陷，外力作用下在这些固有缺陷的周围会发生应力集中并造成微小的裂缝，裂缝不断地扩展引起整个材料破坏。根据能量守恒原理，在裂缝扩展时外力所做的功至少必须等于裂缝生长所产生的新表面的表面能。表面能可用固体表面张力与裂缝生长所产生新表面的表面积的乘积来计算，外力所做的功可用造成材料形变所积存的弹性能来衡量。材料破坏的临界条件是：在材料的一个小单元的单位体积内，外力造成材料形变所积存的弹性能的减少速度至少必须等于由裂缝产生的表面能的增长速度。

将上述理论推广，对像木材这种高聚物材料来说，假定生长着的裂痕表面薄层上有塑性流动发生，断面仍显脆性性质，则也可按上述理论进行相似的处理。此时表面能以裂痕生长时表面周围薄层所做的塑性流动功来代替，这样木制品粘接接头的破坏也可用此理论来描述。

实际粘接接头的破坏有两个阶段。

① 胶层、界面层中的缺陷造成的裂缝由于受外力以及外加环境对它的作用等因素的影响，以极缓慢的速度增长。

② 当裂缝增加到它的临界长度时，即在裂缝端部造成的应力集中超过了它的裂缝增长力时，裂缝则快速扩展，致使粘接接头立即破坏。

4.2　影响粘接强度的因素

影响粘接强度的因素有多种，不仅与胶黏剂本身的结构和性能有关，同时，还与被粘接材料的表面结构、接头设计和粘接工艺有关。

就胶黏剂本身而言，胶料的分子量大、胶黏剂交联密度高、有韧性以及具有较多的极性基团等都可以提高粘接强度；而对于被粘接材料的表面结构来说，适当的粗糙度、较高的极性也可以有效地提高粘接强度。其次，接头设计、胶层厚度、固化温度、固化压力、固化时间、环境因素等粘接工艺也是重要的影响因素。

4.2.1　胶黏剂的影响

（1）胶料结构的影响

胶料的结构对胶黏剂的性能起着主导作用，决定着胶黏剂的基本性能。如含有—NHCOO—、—CN、—COOH、—CONH—、—Cl、—COOC—等基团的胶料所配制的胶黏剂，由于含有极性基团，因此既具有很高的内聚强度，又有很强的粘接力，对提高粘接强度极为有利。但在不同的使用条件下其所起的作用并不相同，如含有酯键（—COOC—）、酰胺键（—CONH—）、氨酯键（—NHCOO—）的胶黏剂耐水性较差，就不适于长期在潮湿环境下使用。

胶黏剂的品种不同，它们的化学结构或单元结构也不同，用于粘接后得到的粘接制品的性能也大不相同。如含有苯环和杂环的胶料，因柔顺性差、空间位阻大，影响分子的扩散，因而粘接力降低。而结晶度大的胶料内聚力虽大，但粘接能力差，配制的胶黏剂粘接强度不够高。例如，用酚醛树脂胶制造的粘接板，其粘接强度、耐沸水性都很好，而用脲醛树脂胶制造的粘接板，虽然有一定的粘接强度，但是粘接试件不耐沸水煮，在沸水作用下很快就失去粘接强度，这是由两种树脂胶的性质不同所决定的。因此，选择胶黏剂时一定要注意胶料的基本性能。

（2）树脂含量的影响

树脂（黏料）是形成粘接层和产生粘接作用的主要物质，胶黏剂中的树脂含量少，就难以形成完整的粘接层，也难以产生完全的粘接。所以，为了得到良好的粘接，胶黏剂必须有适当的树脂含量。如日本工业标准规定，聚醋酸乙烯酯乳液的树脂含量在 40% 以上，脲醛胶黏剂的树脂含量，常温固化用的在 60% 以上，加热固化用的在 43% 以上。

（3）胶料分子量的影响

一般来说，胶料的分子量低、黏度小、流动性大、易于润湿、便于粘接，但因内聚力小、粘接强度低、容易引起胶层的内聚破坏。若分子量很大时，其黏度也大，对被粘物表面的润湿性较差，内聚力更大，也不利于获得高的粘接强度。因此，只有中等分子量的胶料，用于配制胶黏剂才是比较合适的，既有较大的粘接力，又有一定的内聚力，不仅粘接性好，而且强度也高。

为了获得理想的粘接效果，可以将不同分子量的同类树脂混合使用，便会得到中等分子量的胶料。例如 E-51 环氧树脂分子量低、黏度小、润湿性好，粘接力虽比 E-44 环氧树脂大，但内聚力小，而 E-44 环氧树脂则恰好相反。若将 E-51 环氧树脂与 E-44 环氧树脂按 5:5 或 6:4 或 4:6 质量比混合使用，则因互相取长补短而能获得较高的粘接强度。对于热塑性胶黏剂而言，由于其在粘接前后分子量不再变化，胶黏剂本身的平均聚合度（平均分子量）就直接决定了它的粘接性能（粘接强度等）。因此这种胶黏剂的平均聚合度必须严格加以控制。

一般来说，胶料的分子量要有一个适当的范围，太低太高皆不好。除了分子量外，分子量分布也有影响，一般而言，分子量分布稍宽些为好。

（4）表面张力的影响

胶黏剂的表面张力关系到其本身的渗透性和浸润性，从而影响到粘接。表面张力越低的胶黏剂对木材越容易润湿。在粘接板用的脲醛树脂胶中加入少量的阴离子表面活性剂，降低脲醛树脂胶的表面张力，粘接强度会有一定的提高。在粘接某些润湿性能差的木材时，可加入 0.1% 以下的表面活性剂改善粘接性能。

（5）增塑剂的影响

加入增塑剂可以提高胶料分子的扩散能力，增加粘接力，有利于粘接。而增塑剂用量过大，则会降低内聚强度。同时，低分子物过多，也会降低粘接力而导致粘接强度下降。在胶黏剂中加入适当的填充剂，不仅可以降低生产成本，还可以改善粘接性能，如降低收缩率、减小热膨胀系数、提高耐热性等。因此，增塑剂加入量不能太大，适当为宜。对于非活性增塑剂，特别应注意相容性要好，不然离析后会逐渐渗透扩散集中于粘接界面而引起脱胶。

（6）填充剂的影响

在一定的用量范围内剪切强度随填充剂量的增加而提高，但剥离强度却会受到影响。因此，对于粘接承受剥离力的试件时，应尽量不加或少加填充剂。如果加入的填充剂具有活性，例如加入经偶联剂处理的硅微粉，对于提高粘接强度的效果会更明显。

（7）溶剂的影响

溶剂型胶黏剂的溶剂要有很好的溶解性，否则容易出现分层、离析、结块、凝胶等缺陷，这将导致不能很好地润湿被粘接材料表面而严重影响粘接效果，有时甚至根本无法完成粘接。

对于混合溶剂，各组分的比例和溶解能力的配合一定要适当，同时要注意良溶剂的挥发速率应低于非溶剂的挥发速率，以防止因良溶剂首先挥发而发生相分离所导致的胶液凝聚、不润湿、自身聚集等缺陷。

同时，尽量选用低凝固点的溶剂，不然在低温的冬春季节容易凝成团，给施工带来困难，即使易于施工，也会因温度低而造成胶黏剂涂布后表面立刻凝聚，溶剂难以挥发，无法达到润湿的目的而影响粘接效果。例如氯丁胶黏剂可很好溶解于甲苯：120 号汽油：醋酸乙酯＝2：4.5：3.5 和醋酸乙酯：丙酮：汽油＝3.5：2：4.5 等两种混合溶剂中，但在温度低于－5℃时后者便会出现凝胶现象。为了保证其低温的稳定性，可加适量的二氯乙烷和二氯甲烷等溶剂进行调节。

（8）黏度的影响

胶黏剂的黏度对胶黏剂的流动性、浸润性及涂布等方面有重要的影响。在使用低黏度的胶黏剂时，被粘接材料的表面容易浸润，这对粘接是有利的，但如果在涂胶之后立即进行热压，则会因温度的升高使胶黏剂的黏度大幅度下降，造成胶液流失、胶液渗入过多的现象，使残留的树脂不足以形成连续均一的粘接层，造成缺胶。缺胶不但会减少有效的粘接面积，还必然会在缺胶部位产生应力集中，这对粘接极其不利，是造成粘接质量不良的原因之一。所以涂胶后等待一段时间后再进行热压，就是为了使胶液蒸发掉一部分水分以增加胶液的黏度。如果黏度太大将会造成涂布困难，对于无溶剂型胶黏剂，可将被粘物表面用热风预热，使涂布后的胶黏剂黏度降低，易于流动湿润被粘表面。如果是溶剂型胶黏剂，则可用适当的溶剂进行稀释。

胶黏剂的黏度与温度有关，一般是温度高时黏度低，温度低时黏度高。胶黏剂的黏度适当与否，与被粘体的结构类型、性能和粘接操作条件等有关。在采用乳液型的胶黏剂时，由于存在着结构黏度的问题，所以黏度指数的范围对于涂胶方法的选择十分重要。黏度指数大的，辊涂效果差，对木材的浸透效果也差，因此用于制造粘接板的乳液型胶黏剂的黏度指数应低于 0.60。

（9）pH 值的影响

胶黏剂的 pH 值直接关系到粘接层的性能，胶黏剂无论呈酸性或碱性对粘接都是不利的。一般而言，胶层酸性太强或碱性太大，对木材纤维及胶黏剂本身都有不良的影响，容易使木材或高聚物本身发生降解而引起粘接强度下降。例如，在脲醛树脂中加过量酸性催化剂时将会加快其老化；采用有机磺酸类等强酸性催化剂的常温固化型酚醛树脂对木材进行粘接时，也会促使木材老化。因此，在可能的条件下应尽量使用 pH 值适中的胶黏剂。

（10）贮存期的影响

胶黏剂在贮存的过程中，会缓慢地发生自聚而导致粘接力随着贮存时间的延长而有所下降，例如氯丁胶黏剂在长时间贮存后会失黏，而长期贮存的 α-氰基丙烯酸酯胶黏剂有时虽未聚合，但已失去粘接能力。因此，不要使用接近或超过贮存期的产品，最好使用新近生产或现行配制的胶黏剂，这样才能满足使用要求，获得比较理想的粘接效果。

4.2.2 被粘接材料表面性能的影响

（1）表面结构的影响

由黏附理论可知，胶黏剂粘接强度主要是胶黏剂与被粘接材料之间的机械连接、分子间的物理吸附、相互扩散以及化学键等因素综合作用的结果。这些因素与胶黏剂的结构特征和被粘接材料的表面结构都有密切的联系。

如粘接木材时，粘接强度就与两块被粘接木材之间的纤维方向有关。根据木材的切割方向不同，木材的断面可分为横断面、径切面和弦切面 3 种；同样的，木材的方向也可分为纤维向、切线向和半径向 3 种。对于不同的纤维走向，木材的各种物理力学性能显著不同。在进行粘接操作时，木材的纤维向可以是相互垂直、相互平行或相互呈某一角度。由于木材在不同的纤维方向上具有不同的收缩膨胀性，所以在对木材进行粘接时，被粘接木材纤维方向所呈角度越大，所产生的内应力就越大，粘接强度就越低。在实际应用时，要尽可能地使两块被粘接材料之间的纤维方向保持平行，或尽量减少其夹角。

（2）粗糙度的影响

胶黏剂与被粘接材料表面粘接的前提是两者必须达到分子水平的接触，这与被粘接材料的表面结构即粗糙度等因素密切有关。表面粗糙度，是指加工后的零件表面上具有的较小间距和微小峰谷所组成的微观几何形状特征，一般是由所采取的加工方法和（或）其他因素形成，是材料表面重要的性质，直接影响其粘接性能。

通常，润湿的好坏可以用来衡量胶黏剂的粘接性能，胶黏剂在被粘接材料表面的接触角小时具有较好的润湿能力。同时，胶黏剂在被粘接材料表面的接触角还随表面粗糙度而变化。一般来讲，固体材料表面经过加工后，看起来很光滑，但经放大观察依然是凹凸不平。当表面粗糙度增加时，由于毛细管渗透的加强而有利于胶黏剂的润湿。如在木质材料粘接中，表面粗糙度就直接影响粘接性能。

（3）表面能的影响

液体具有与表面有关的额外能量称为表面能，Adamson 从分子的角度解释了为什么具有表面能。在粘接过程中，表面能起着十分重要的作用，固体表面自由能大对粘接是有利的，当被粘接材料表面具有相当高的表面能时，胶黏剂与被粘接材料表面具有良好的作用力，能充分浸润被粘接材料表面。以胶黏剂对木材表面的浸润性为例，将胶黏剂涂在木材表面上，由于表面能的作用，大致经历这样四个步骤：①胶黏剂首先浸润木材表面；②胶黏剂向毛细管渗透；③胶黏剂中的溶剂，如水等被吸收到细胞壁中；④由于胶黏剂的黏度上升而停止渗透，残存在木材表面的胶黏剂形成粘接层。其中①～③的过程全部受到木材表面能的影响。所以，为了提高粘接强度，可以通过物理或化学的方法来提高被粘接材料的表面能。

（4）表面活性的影响

不同的胶黏剂与不同的被粘接材料粘接时，胶黏剂对被粘接材料的机械连接、分子间的相互扩散、物理吸附以及化学键等对粘接强度的影响程度存在较大的差异，如对柔性的塑料来说，大分子的相互扩散起较大作用；对金属而言，在粘接界面形成的某些化学键对粘接强度的影响较大。

在一般情况下，粘接界面的化学键不易形成，特别是对于一个惰性的被粘接材料表面更是如此。但一些高活性的被粘接固体表面却可以在粘接界面上与胶黏剂分子发生化学反应而形成化学键结合，其粘接强度及粘接接头的耐久性都会得到显著提高。例如，当用酚醛-丁腈胶黏剂粘接金属时，由于在粘接界面上产生化学吸附，使胶黏剂的黏附性能得到明显改善。

对于一些难于粘接的塑料制品，如聚乙烯、聚丙烯、尼龙、聚缩醛等，可以通过敏化处理来增加粘接表面的活性基团，从而达到粘接的目的。

（5）表面清洁度的影响

经化学或物理方法处理后的表面放在空气中常常吸附有水分、尘埃、油污和氧化物等而被污染，导致胶黏剂的粘接强度和耐久性降低。例如，对铝而言，当表面的污物除去后，接触角大大降低，此时铝表面上所覆盖的憎水性污染物已被具有较高表面自由能的吸附层取代了。因此，为了使胶黏剂与被粘接材料表面紧密接触，不允许被粘接材料表面有油垢或污染物的存在。

除上述几个因素会影响黏附性能外，被粘接材料的表面几何形态对其也会产生影响，如喷砂处理抛光后再用机械加工糙化后的粘接强度会更高。

4.2.3 粘接接头的影响

接头设计是否合理将直接影响到粘接质量。所采用的接头，应尽量避免剥离、弯曲、冲击，不要使应力集中于粘接面的末端或边缘。因为粘接接头应力分布不均匀程度越大，所能承受的载荷就越小，粘接强度无疑也就越低。同时，尽量避免采用简单的对接，如果实属必要，应当设法加固。常用的接头形式为搭接、斜接，若能将粘接与机械连接联合使用，则更有利于提高粘接强度。有关接头的设计将在 4.3 节中进行详述。

4.2.4 粘接工艺的影响

（1）胶层厚度与涂胶量的影响

胶层的厚度以适中为宜，并不是越厚越好。胶层过薄，固化过程中容易产生缺胶；而胶层过厚，胶黏剂内聚强度低于被粘接材料，同样会使粘接强度下降。如环氧树脂胶黏剂，保证胶层厚度为 0.1～0.15mm，剪切强度最高。为保证胶层厚度，可以适当地加入填料。

在粘接多孔隙材料时，如果使用黏度小、渗透性好的胶黏剂，要是涂胶量没有足够的余量，在加压粘接的情况下，难以形成均匀连续而薄的胶层。如果胶黏剂的黏度大，涂胶后在渗透不充分的情况下粘接，则形成的胶层厚度较大。胶层厚时，易在胶层内残留气泡，影响粘接强度，同时胶层的内应力增大，因此胶黏剂的黏度、树脂含量和涂胶量之间的关系十分复杂。同时，涂胶量应随胶种、被粘接材料的特性、粘接工艺的变化而变化。如对粗糙的表面，应采用黏度较大的胶黏剂，涂胶量也应适当加大，以保证形成连续的胶层；而对结构紧密又平滑的表面，胶黏剂的黏度可以适当小些，涂胶量也应少一些。

（2）陈化时间与温度的影响

陈化（晾置）时间是指构件涂胶到进行胶压所经历的时间，这主要是针对溶剂型胶黏剂而言的。在此段时间内，胶黏剂在被粘接表面将进行浸透、迁移、干燥等过程，可使胶黏剂中的溶剂充分挥发，并获得良好的浸润效果。陈化所用的时间长短及条件是否合适，将会对下一步所进行的加压固化周期和最终粘接强度造成影响。适当的晾置时间可以获得良好的粘接强度；晾置时间过短或温度过低，部分溶剂存在于胶黏剂中，在固化过程中不能完全从胶黏剂内部挥发出去，从而在胶层中产生空隙，造成缺陷，严重影响粘接强度；而在一定温度下晾置时间过长或温度过高，也会使胶黏剂过早发生部分交联，有效粘接面积显著减小或胶层过厚，导致粘接强度下降。

（3）配胶工艺的影响

含有相容性不好的树脂或质重的填充剂，贮存时容易分层或沉淀，在使用前需混合搅拌均匀。双组分或多组分胶黏剂在配制时，各组分一定要按规定比例称量准确，混合均匀，否则固化剂少了就会欠固化而发黏；固化剂多了，反应剧烈而变脆，这些都会使粘接强度大为降低。同时，尤其是要控制水分含量，以免胶黏剂本身的内聚强度降低。

（4）固化温度的影响

胶黏剂的固化通常要保证一定的条件使胶黏剂充分交联，并达到一定的粘接强度。其中固化温度是重要的因素之一，适当的固化温度可以使胶黏剂中的分子链段充分交联和伸展，并使固化过程中产生的小分子挥发出去，这样不仅可以获得良好的剪切强度，更主要的是可以获得良好的剥离强度。而固化温度过低往往会使胶黏剂中的小分子难以挥发出去，甚至形成缺陷，显著降低粘接强度；如果温度过高，胶黏剂分子交联速度过快，胶黏剂分子链段无法完全伸展，小分子还没有从胶黏剂中挥发就已经固化，同样会形成缺陷，影响粘接效果，特别是剥离强度相对较低。在进行加热固化的情况下，干燥设备内的空气温度、风速、相对湿度等将对胶层的固化产生重要的影响。干燥设备内的空气温度越高，干燥速度越快，但温度太高又会引起部分树脂发生固化，甚至表面还会出现气泡，所以固化温度不宜太高。

（5）粘接压力的影响

粘接压力同样扮演着重要的角色。压力可以使胶黏剂和被粘接材料表面密切接触，并保证胶层的厚度适当。胶压时所施加的压力大小应根据胶黏剂的性质、涂胶量、装配时间以及材料特性与粘接界面状态等因素决定。粘接压力大小影响胶层的形成状态：压力大，胶层薄，粘接强度就大，但压力过大，胶液会从粘接面流失，容易产生缺胶现象，反而使粘接强度下降。同时，压力过大，容易造成粘接接头被压缩变形。但粘接压力过低同样会使胶黏剂中的挥发性小分子存留在胶层内以及造成胶层过厚，降低粘接强度。

在制造普通粘接板时，对于相对密度大的木材，压力一般取 1.4~1.8MPa，对于相对密度中等的木材，压力一般取 1~1.4MPa，对于相对密度小的木材，压力一般取 0.7~1.9MPa。

当然，适当的固化时间也是获得良好粘接的必要条件。固化时间过短，胶黏剂固化不完全，胶黏剂分子交联密度低，导致粘接强度降低，甚至不固化。

由此可见，粘接工艺是获得良好粘接质量的重要因素之一。

4.3　粘接接头设计基础

当两个物体用胶黏剂粘接时，被粘接的部分称为粘接接头，它是由被粘接材料和夹在其间的胶层所构成的，起着传承应力的作用。粘接强度除了与胶黏剂本身的性能有关外，还与粘接接头的状况有着密不可分的关系，受接头形式、几何尺寸和加工质量的影响，粘接接头结构的合理与否是达到理想粘接效果的关键因素之一。

对于胶黏剂粘接的接头必须进行专门的设计，尽量规避其缺点，避免过多应力集中现象的出现。只有充分发挥胶黏剂自身的特性，将两者有机地结合起来才能获得良好的粘接效果。粘接接头的设计就是对接头的几何形状、尺寸大小的确定以及接头的表面处理等，其目的是使粘接接头与被粘接材料具有几乎相同的承载能力。

4.3.1　粘接接头

在粘接接头中，发生在界面区的粘接作用仍是以离子、原子或分子间的作用为基础。界面区可能产生的作用力有机械结合力、化学键力、分子间作用力等。分子间作用力是产生粘接的主要作用力，此外，化学键力等都能导致粘接作用的产生。粘接接头的界面形成是一个复杂的物理和化学过程。一般认为：发生粘接必须具备两个条件，一是胶黏剂与被粘接材料表面的分子必须紧密接触，这是产生粘接的关键；二是胶黏剂对被粘接材料表面的浸润，这是使胶黏剂分子扩散到被粘接材料表面并产生粘接作用的必要条件。在粘接过程中，由于胶黏剂具有大量的极性基团，在压力的作用下，胶黏剂的分子借助布朗运动向被粘接材料表面扩散，当胶黏剂分子与被粘接材料表面分子间的距离接近 $1\mu m$ 时，分子间的作用便开始起作用，最后在粘接界面上形成粘接力。这两个过程不能截然分开，在胶液变为固体前都在进行。不难看出，促进胶黏剂与被粘接材料表面分子的接触是产生粘接的关键，而胶黏剂对被粘接材料表面的浸润则是使胶黏剂分子扩散到表面并产生粘接作用的必要条件。

4.3.2 接头设计的影响因素

（1）接头的受力形式

一般情况下，粘接接头的拉伸、剪切和压缩的强度比较高，而剥离、弯曲、劈裂强度相对比较低，因此，在粘接接头结构设计时应尽量使胶层承受拉伸和剪切负载，或者设法将其他形式的力转换为能够承受的剪切力或拉伸力。如在设计板材的粘接接头时，将接头设计成承受剪切负载的搭接接头就比较理想。又如，剥离和不均匀扯离都为线性受力，受力时应力严重集中，将导致粘接接头在受到剥离和不均匀扯离力的作用时承载能力明显下降。因此，在设计粘接接头结构时，应尽量避免剥离和不均匀扯离受力，若是无法实现，应该采取必要的加固措施予以改善或弥补。如酚醛胶布板、层压塑料、玻璃钢板、石棉板、纤维板、复合膜等层间强度很低，如果采用搭接或平接，容易出现层间剥离，而使粘接强度降低，此时宜用斜接形式。此外，在承受较大作用力的情况下，可采用复式连接的形式。

（2）有效的粘接面积

在条件允许的情况下，增大粘接面积能够有效地提高胶层承受载荷的能力，尤其对提高结构粘接的可靠性更是一种有效的途径。如增加宽度（搭接）能在不增大应力集中系数的情况下，增大粘接面积、提高接头的承载力。像修补裂纹时开 V 形槽、加固时的补块等都是增大粘接面积的有效途径。

（3）避免应力集中

粘接件的破坏很多都是应力集中所引起的，而基材、胶黏剂与被粘接材料弹性模量的不同，粘接部位胶黏剂的分布不均匀以及在使用过程中所受外力的不均匀都是引起应力集中的原因之一。因此，在接头设计时，应该尽量减少应力集中的出现，比较实用的办法是各种局部的加强，如剥离和劈裂破坏通常是从胶层边缘开始，这样就可以在边缘处采取局部加强或改变胶缝位置的设计来达到减少应力集中的目的。

（4）材料的合理配置

粘接热膨胀系数相差较大的材料时，温度的变化会在界面上产生热应力和内应力，从而导致粘接强度下降。如在粘接不同热膨胀系数的圆管时，若配置不当就可能自行开裂。一般应该将热膨胀系数小的圆管套在热膨胀系数大的圆管的外面。所以，在粘接前注意粘接材料的搭配也是很有必要的。对于木材或层压制品的粘接还要防止层间剥离。

（5）胶层的均匀与连续

在粘接过程中所出现的胶层缺胶、厚度不均、气孔等缺陷都会造成应力集中而降低粘接强度。因此，在粘接接头设计时必须使所设计的接头结构能够保证胶黏剂形成厚度适当、连续均匀的胶层，不包裹空气，易排除挥发物。同时，应当为胶黏剂固化时收缩留有必要的自由度，以减小内应力。

（6）施工的难易程度

粘接接头的结构设计要根据施工现场的实际情况，考虑到施工的方便性，如涂胶、叠合、加压、加热固化等操作都能容易进行，如果所设计的接头形式尽管性能很好，但实际制造困难，费用太高，也不可能被采用。同时，粘接接头要与其他零件发生联系，不能给装配带来困难，也要为以后的维修着想，而且还要考虑检测方便。此外，接头的形式也要适当地照顾一下美观性。

4.3.3　粘接接头的设计形式及特征

虽然在实际中使用的接头形式根据具体情况可以有各种形式，但不外乎都是几种基本类型的单独或相互组合的结果。因此，只要掌握了基本类型接头的性能和特点，便能根据具体情况设计出比较满意的接头结构。常用的接头形式主要有对接、斜接、搭接、套接、嵌接、角接、T 接等几种。

（1）对接

对接就是被粘接材料的 2 个端面或 1 个端面与主表面垂直的粘接。这种结合方式可以基本上保持工件原来的形状，因此适合于修复破损件，如热塑性塑料制品的溶剂或热熔粘接就常采用对接粘接。但对接粘接不适用于那些容易产生弯曲形变和应力集中的工件，如金属和热固性塑料制品。原因是其对横向载荷十分敏感，难以承受轴向拉力；同时还会因粘接面积小，承载能力低而导致粘接不牢。当然可以通过穿销、补块等措施加固。在粘接接头设计中应尽量避免使用对接。对接接头如图 4-4 所示。

图 4-4　对接接头

（2）斜接

斜接是为了扩大粘接面积而将两被粘接材料端部制成一定角度的斜面，涂胶之后再对接的粘接方式，是一种比较好的接头形式，如图 4-5 所示。由于斜接承受的是剪切力，分布比较均匀，随着粘接面积的增加承载能力有所提高，不但纵向承载能力较强，而且横向承载能力也较好，还能保持原来的形状。但斜接角一般不大于 45°，斜接长度不小于被粘接材料厚度的 5 倍。

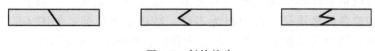

图 4-5　斜接接头

（3）搭接

搭接就是 2 个被粘接材料部分叠合粘接的形式，搭接粘接面积大，承载能力强。搭接工件承受的主要是剪切力，分布比较均匀。单搭接接头因结构简单而应用广泛，其强度随搭接宽度的增大而成正比例增加。但搭接长度不是越长越好，根据理论计算和试验测试得知，在一定的搭接长度内，搭接接头的承载能力随着搭接长度的增加非线性提高较快，而搭接长度较大时，承载能力增加变缓，当达到某一定值后就不再提高了，如图 4-6 所示。通常，提高搭接接头粘接强度的有效方法是增加接头宽度，一般来讲，搭接接头长度应不小于被粘接材料厚度的 4 倍，不大于宽度的 0.5～1 倍。

将搭接长度（L）与被粘接材料厚度（t）之比 L/t 定义为"接头因子"，图 4-7 为剪切强度与 L/t 间的关系，L/t 减小有利于改善胶层的受力情况。

（4）套接

套接就是将被粘接材料的一端插入另一被粘接材料的孔内形成销孔或环套结构，适用于圆管或圆棒与圆管的粘接。其特点是受力情况好，粘接面积大，承载能力强。为了确定套接插管的中心位置，控制好胶层的厚度，可以使用专门的工具进行定位。

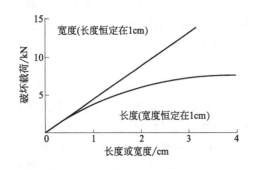

图 4-6　搭接长度或宽度对接头
破坏载荷的影响

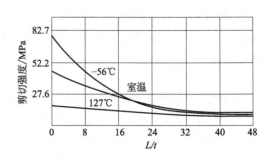

图 4-7　剪切强度与 L/t 间的关系

插入深度也和搭接长度一样不是越长越好，一般不超过管子外径的 1.5～2.0 倍，也可用下面的经验公式计算：

$$L = 0.8D + 6 \tag{4-1}$$

式中，L 为插入管深度，mm；D 为插入管外径，mm。

值得注意的是，插管（或圆棒）与圆管内径的间隙不应超过 0.3mm，否则将会因胶层太厚而降低粘接强度。

（5）嵌接

亦称镶接，是将一被粘接材料镶入另一被粘接材料空隙之中，是一种比较理想的粘接方式。因为一般都要开槽，所以也称槽接。这种类型接头外表美观、受力良好、粘接面积大、粘接强度高。

（6）角接

角接就是两被粘接材料的主表面端部形成一定角度的粘接，一般都为直角。这种接头加工方便，但简单的角接受力情况极为不好，粘接强度很低，如图 4-8 中所示的（a）、（b）类型的接头，经过适当的组合补强后才能使用，如图 4-8 中所示的（c）、（d）类型。

（7）T 接

角接还有一种特殊的粘接形式就是 T 形粘接，简称为 T 接，接头如图 4-9 中（a）、（b）所示。单纯的 T 接接头受到不均匀扯离和弯曲力的作用时，粘接强度极低，一般需要进行增强后方可使用，如图 4-9 中（c）、（d）所示。

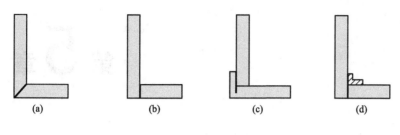

图 4-8　角接接头

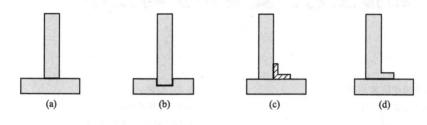

图 4-9　T 接接头

第 **5** 章

粘接工艺、安全防护与贮存

5.1 粘接的基本操作技术

5.1.1 粘接前的准备

粘接操作技术包括：粘接前的技术准备、表面处理、配胶、施胶、陈化、粘接等基本操作工序。

粘接技术准备包括结构设计、接头设计、胶黏剂的选择、材料的准备、粘接工艺的确定等，具体内容参阅有关章节。

5.1.2 表面处理

随着胶黏剂与粘接技术的飞速发展，胶黏剂在各行各业的应用越来越广泛。被粘接构件、零部件的表面，在经过一系列的加工、运输及贮存后都会有异物污染层，诸如氧化物、氢氧化物、润滑油、防锈油、脱模剂、灰尘等，这些均会妨碍胶黏剂对被粘接表面的湿润，如果直接进行粘接，就会因为这些附着物结构疏松、内聚力低而降低粘接强度。为了获得粘接强度高、耐久性能好的粘接制品，往往需要对粘接表面进行适当的处理，使之具有洁净、高表面能、高活性、粗糙度适中的粘接表面。

表面处理就是用机械、物理、化学等方法清洁、粗糙、活化被粘接表面，增大表面积，改变表面性质，获得最佳表面状态，以使胶黏剂能够良好湿润、牢固粘接、耐久使用。

一般来说，暴露在空气中的金属、玻璃、陶瓷等表面，一般都吸附一定的水分和气体，而被一层水膜所覆盖，不仅影响胶黏剂的湿润，而且在加热固化过程中还会产生气泡，降低粘接强度。另外，真正光滑的表面并不完全有利于粘接，适当的粗糙度不仅可以增大粘接面积，还能够增强机械嵌合作用，从而提高粘接强度。此外，对于一些非极性材料，如聚乙烯、聚丙烯、聚四氟乙烯等，一般的胶黏剂很难发挥粘接作用，需要进行专门的表面敏化处理，在其表面引入极性基团，这样才可以达到粘接的效果。

（1）表面水分

许多材料具有多孔性、易吸水和排水，并有干缩湿胀的特点，这些均会影响到粘接强度，造成制品变形、开裂、剥离。同时，有些胶黏剂易与水分发生反应。因此，构件粘接前需要进行干燥，除去水分后才可进行粘接。通常可以采用擦拭、干燥、热风等方法。

（2）表面粉尘

可用刷子刷、压缩空气吹或用干净的布擦拭等。

（3）表面平整

当被粘接表面不平整时，胶黏剂不易形成厚度均匀的胶膜而使应力不均匀，最终导致粘接缺陷。因此被粘接物表面的平整度十分重要。

由于被粘接材料的性质不同，粘接表面处理的方式也不一样。以木制品为例，其表面虽经刨光或砂光，但总有些没有完全脱离的木质纤维残留在表面，它们一经吸收水分或溶剂会润湿膨胀而竖立刮手，并影响表面涂胶的均匀性，因此涂胶前一定要去除毛刺。对一般木制品只要经几次砂磨即可，高级木制品可用如下的方法处理。

① 在表面刷上稀的虫胶清漆［虫胶：酒精＝1：（7～8）］，这样毛刺不但能竖起，而且发脆，很容易用砂磨除净。

② 用润湿的清洁抹布擦拭表面，使毛刺吸水膨胀而竖起，待表面干燥后用细砂纸或旧砂纸将其磨光。如在水中略加些骨胶水，效果更好。

③ 采用火燎法，即用排笔刷上一层薄薄的酒精，立即用火点着。经过火燎的毛刺变硬发脆，易于砂磨除净，此法只适用于处理平面。

对于金属构件的粘接面，可以采用刨、铣、砂、抛光等方法将粘接面加工平整。

（4）表面污物

受胶痕、油迹等污物弄脏的粘接表面，可先用砂纸打磨将其磨光，再用棉纱蘸汽油等有机溶剂擦洗。若仍然清洗不净时，可用机加工的方法将表面污物清理干净。

对于金属材料表面的氧化物，可采用烯酸清洗来去除。

（5）表面油脂

油脂是影响粘接质量的主要因素之一。金属、塑料等材料表面的油脂可采用酸洗和碱洗的方法。而对于油脂和蜡等含量多的木材，为改善湿润性和粘接性，可用 10％ 的苛性钠（NaOH）水溶液或用甲苯等溶剂刷洗粘接面，或用浸过上述溶剂的棉布擦拭粘接面进行脱脂处理，处理后的木材的粘接强度比未处理的粘接强度有所提高，但油脂含量少的树种无明显改善。处理后的表面不宜存放过久，待洗液挥发干燥后，即可进行涂胶粘接。

对于松木这一类含脂较多的木材，松脂的存在会影响涂胶的均匀性及黏性。在气温较高的情况下，松脂还会从木材中溢出，造成涂层发黏。清除松脂常用的方法是用有机溶剂清洗，如用酒精、松节油、汽油、甲苯和丙酮等清洗，也可用碱洗，如用 5％～6％ 的碳酸钠溶液或 4％～5％ 烧碱溶液清洗，使松香皂化，再用刷子或海绵蘸热水擦洗干净。待表面干净后，在清洗部位刷 1～2 道虫胶漆，防止木材内层的松脂继续渗出。

（6）金属除锈与粗化

金属材料在空气中由于氧、水分及其他介质作用下会引起氧化、腐蚀或变色。锈蚀和氧化膜将妨碍胶黏剂对基体的湿润，需要清除，露出基体的新鲜表面。同时，为了增加粘接面积、提高粘接强度，通常要求表面具有适当的粗糙度（聚乙烯例外）。对于金属材料，在除锈的同时，往往也会达到粗化的目的。除锈的方法有手工法、机械法、化学法、电解法等。

① 手工除锈。依靠人力使用砂布、砂纸、锉刀、刮刀、砂轮、钢丝刷、不锈钢丝刷等简单的工具进行打磨，通过擦、锉、刮、磨、刷等方式除去金属表面的氧化膜和锈蚀并获得一定的粗糙度。这些方法最简单，用之最普遍，但效率低，只适用于对粘接强度要求不太高或作为预处理的情况。

② 机械法除锈。利用机械设备及工具如手提式钢板除锈机、电动砂轮、风动刷、电动刷、砂带机、除锈枪、喷砂机、磨光轮、角向磨光机等除去金属表面的锈蚀和氧化膜。这些机械通过摩擦与喷射金属表面而除锈。

利用喷砂机喷射出高速砂流撞击金属表面的锈蚀而使其剥落，是效率最高、效果最好的一种材料表面处理方法，可以除掉氧化皮、锈蚀、型砂、积炭、焊渣、旧漆层等污物。喷砂材料，不仅可以除锈，还可以使金属材料表面得到粗化。

为了得到较均匀粗糙的表面，所用砂料应当筛选，尽量使粒度大小基本一致，并要将砂料烘干，因为干燥砂粒能获得最大的摩擦效应，且能够防止湿砂对金属表面的不良影响。

③ 化学除锈。利用化学反应方法把金属表面的锈蚀和氧化膜溶解剥落。金属锈蚀产物主要是金属的氧化物及氢氧化物，可被酸或碱溶解。化学除锈特别适用于小型和比较复杂的工件，或者是无喷砂设备条件的场合。对于不同的金属材料，化学除锈液的配方也不同。

④ 电解除锈。把零件放在电解液中，通以直流电发生电化学反应除锈。可以分为阳极除锈、阴极除锈和阴极与阳极混合除锈 3 种。阳极电化学除锈就是被处理的金属作为阳极，通电后在阳极上产生的氧气的机械力把金属表面的锈层剥落下来。但使金属基体在除锈的同时受到较大腐蚀，所以很少采用。阴极除锈是被处理的金属作为阴极，通电后阴极上产生氢气还原氧化铁，使它易溶于酸液中，加上氢气的机械力使锈层脱落，其优点是金属基体一般不受腐蚀。但因为有氢气产生，则存在氢脆问题。

（7）高聚物表面改性

高聚物的表面改性可以通过等离子体处理来实现。这是一种由离子、电子和中性粒子组成的部分或全部反应活性很大的离子化气体。其主要特征是处理时间短（几秒到几分钟），只在固体材料表面薄层发生反应，而材料内部基本不受影响。

等离子体产生的高能粒子和光子与聚合物表面发生强烈相互作用，其结果是除去有机污染物，使表面清洁，通过消融和蚀刻消除弱界面层并增大粘接面积；表面分子接枝或交联，形成膜层改善耐热性和粘接强度；表面氧化出现新的活性基团，产生酸碱相互作用和共价键结合；提高表面湿润性，消除弱界面层，促进表面形成共价键。

因此，将这一特性用于高分子材料的表面改性，具有重要的实际意义。尤其是低表面能材料如聚烯烃、聚四氟乙烯、聚对苯二甲酸乙二醇酯、尼龙、硅橡胶等，可使粘接强度提高十倍到几百倍。

（8）防止渗漏

在粘接多孔材料时，由于大量孔隙的存在会导致粘接面缺胶，因此要进行防渗漏处理。如在粘接斜面或疏松多孔的的木材时，要预先涂以防渗剂或底层胶。

5.1.3　配胶

（1）配制方法

粘接制品经过表面处理之后，要尽快进行粘接以防止粘接表面再次被污染。配胶是粘接前的重要工序，是将树脂或其他黏料与固化剂、溶剂等按一定比例调制成胶黏剂的方法。

对于单组分胶黏剂，一般是可以直接使用的，但是对于那些相容性差、填料多、存放时间长的胶黏剂会沉淀或分层，在使用之前必须要混合均匀。若是溶剂型的胶黏剂，还会因溶剂挥发使浓度变大，因此还得用适当的溶液稀释。多数胶黏剂都是以水为溶剂，也有用乙醇、丙酮和甲苯等作溶剂的。

对于双组分或多组分胶黏剂，必须在使用前按规定的比例严格称取。有些胶黏剂会因为固化剂（交联剂）用量不够而导致胶层固化不完全；固化剂用量太大，又会使胶层的综合性能变差，如变脆。所以，为了保证较好的粘接性能，各组分的相对误差最好不要超过 2%～5%。配制时在大多数情况下都是按质量比，但对液态组分按体积比，用量杯量取也很方便。各种胶黏剂的具体配制方法，可按各胶黏剂的有关规定。

成品胶黏剂有溶液、乳液和悬浮液等。黏料的状态有树脂状黏稠液体，也有块状、片状、粒状和粉末状固体等。根据胶黏剂种类不同，一般有如下几种配制方法：

① 乳液类胶黏剂可原液使用，也可以加适量温水稀释后使用；

② 像脲醛树脂等化学反应型胶黏剂，需要加入固化剂等组分配制成胶黏剂；

③ 一般固体状黏料，必须用水或有机溶剂将其配制成溶液或悬浮液，有的还需要加入其他组分才能配制成胶黏剂。

配制胶黏剂所用容器要考虑价格和重复使用的可能性。必须注意，在操作过程中，胶黏剂对所有与其接触的容器，都会表现出良好的黏附性。一般可采用金属镀铬容器、聚乙烯塑料容器、玻璃杯或特制的纸杯等。配制时胶黏剂各组分需充分混合均匀。

配胶时要注意取各组分的工具不能混用，调胶的工具也不能接触盛胶容器中未用的各组分，以防失效变质。特别注意不要有油污、水或其他污染物。

手工搅拌时，搅拌棒的运动轨迹宜用 8 字形和 O 字形交替进行，搅拌棒和刮板可用竹、木或塑料等制作。刮板端部圆角应和容器底部圆角大小相同，以保证在搅拌时不漏掉角落部位的混合物。

对于黏度较大的胶黏剂，必须用较大的搅拌力才能将各组分混合搅拌均匀。对于用量较少和中等的用户，可用手电钻或台式钻床作搅拌的动力。搅拌时，可用适当大小的搅拌器，插入手电钻或台钻的钻夹内（或主轴锥孔中），以约 100r/min 的速度旋转，用手移动盛胶桶，将搅拌器插入胶液中进行搅拌，搅拌器可用带叶片的螺旋形搅拌器或用 6～8mm 钢丝煨成的 T 字形、8 字形或方框形搅拌器等。对于连续大批量的生产可采用连续计量的自动计量混合装置。

（2）活性期和配胶量

将固化剂（或溶剂或其他配合成分）等混合到树脂中制成胶黏剂以后，从可以使用的时刻开始，直到黏度增加到（或凝胶）不能涂布使用时为止的这段时间即为胶黏剂在能保持其适当的使用状态的时间——"活性期"。化学反应型胶黏剂，即需要加固化剂的胶黏剂，如脲醛树脂等活性期较短，一般在数十分钟到数小时。

单组分溶液型或乳液型胶黏剂的活性期一般都较长（数日至数个月），有的就等于贮存期，如经过改性的聚醋酸乙烯酯乳液胶黏剂的贮存期可达两年以上。

配胶量根据不同胶的适用期、季节、环境温度、施工条件和实际用量大小来决定，做到随用随配。对于室温快速固化胶黏剂，一次配制量过多，放热量大，容易过早凝胶，影响涂胶，也会造成浪费。对于固化剂用量范围大的胶黏剂，在夏天气温高时选用含量小的配方，反之选用含量高的配方，如异氰酸酯改性聚醋酸乙烯酯乳液胶黏剂。对于一些在常温下反应缓慢的胶黏剂，可以一次配足所需要的使用量，而对一些室温下反应快或固化反应放热量大的胶黏剂则应该少配、勤配。

配制好的胶黏剂，必须在活性期内使用完，超过这个时间以后，特别是在发现其黏度已明显增大等异状情况时，就不能再使用。

5.1.4　施胶

施胶就是以适当的方法和工具将胶黏剂涂布或铺（撒）在被粘接制品的表面。施胶操作正确与否，对粘接质量很有影响。

液态胶黏剂涂布的难易与黏度大小相关，而所要求的黏度也因施胶方式的不同而异：用于刮涂的胶黏剂的黏度可适当大些，而刷涂的胶黏剂则可以稍低，喷胶的黏度则更低；对于无溶剂型胶黏剂，如果黏度太大或因温度较低变得黏稠而造成涂布困难，可将被粘物表面用热风预热，使涂布后的胶黏剂黏度降低，易于流动湿润被粘表面；如果是溶剂型胶黏剂，则可用适当的溶剂进行稀释。

施胶时最好顺着一个方向，涂胶速度不能太快，以利于气体和水分的排除，尽量保持厚薄均匀，往复涂胶会使胶黏剂严重聚集，胶层包裹气泡和缺胶，结果导致粘接强度下降。

为了使胶黏剂充分湿润被粘物，一般要求两个表面都要施胶，同时，施胶的遍数由胶黏剂和被粘物的性质不同来定。一般木制品的粘接施一遍胶即可，对于需要多遍施胶的产品，不可操之过急，要等第一遍胶的溶剂基本挥发之后方能进行下遍施胶。

涂胶方法较多，但常用的有以下几种。

① 刷涂法。用毛刷把胶黏剂涂刷在粘接面上，要单方向涂胶，速度要慢，不要产生气泡。这是最简单易行也是最常用的方法，适用于单件或小批量生产和施工。

② 喷涂法。用涂胶枪将胶液喷涂在被粘物表面上。对于低黏度的胶黏剂，可以采用普通油漆喷枪进行喷涂。对于那些活性期短、清洗困难的高黏度胶黏剂，可以采用增强塑料工业中用的特制喷枪。喷涂法的优点是涂胶均匀、工效高，缺点是胶液损失大（约 20%～40%），溶剂散失在空气中污染环境。在刨花板和纤维板的生产中常常用喷涂法。

③ 浸渍法。将被粘物浸泡在胶液中，涂布在整个被粘物表面上，在压制木质复合板和竹粘接板时常使用浸渍法。

④ 自流法。采用淋雨式自动装置。此法非常适用于扁平的板状零件，工效甚高，适用于大批量生产。为使胶液不至于堵塞喷嘴，所用胶液必须有适当的黏度和流动性，如图 5-1 所示。

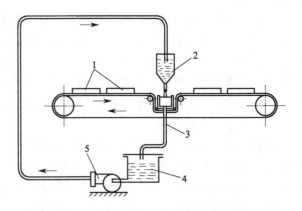

图 5-1　自动淋胶装置

1—被涂工件；2—喷嘴；3—回流管；4—贮胶罐；5—泵

⑤ 辊涂法。用浸过胶的辊筒，将胶转移到需涂抹的被粘物表面上，适用于热熔胶的涂抹。

如图 5-2 所示，将胶辊的下半部浸入胶液中，上半部露在外面直接或通过印胶辊间接与工作面接触，通过工件等带动胶辊转动把胶液涂在粘接面上。欲达到不同的涂胶效果，胶辊表面可以开出不同的沟槽和花纹，也可以改变胶辊压力或用刮板控制涂胶量。胶辊可以用橡胶、木材、毛毡或金属制造。在粘接板和人造板的二次加工中使用最多。

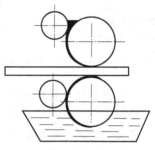

图 5-2　辊涂机示意图

⑥ 刮涂法。用金属或非金属刀，将糊状或膏状的胶黏剂刮抹于被粘物表面上。对于高黏度的胶体状和膏状胶黏剂和对于像地板类的粘接件等，可利用刮胶板进行涂胶。刮胶板可用 1~1.5mm 厚弹性钢板、硬聚氯乙烯板等材料制作。

⑦ 注入法。将胶黏剂装入专用的容器内，用压力（机械、气动、手工）注入接缝的泄漏处，对密封堵漏应用较多。在速生木材的改性中，常将浸渍法和注入法相结合，将改性用的胶黏剂等高分子聚合物注入木材中以提高木材的性能。

⑧ 分开涂胶法。有的双组分胶，可分别涂于两个被粘表面上，然后叠合在一起。

⑨ 热熔涂胶法。一般采用专门的涂胶装置，如板式家具的封边机，对于小批量的生产，可使用专门的热熔胶枪，将胶棒放入，通电热熔后，把胶注到被粘物表面上。

在粘接时，施胶量的多少直接决定着胶层的厚薄，胶层宜薄勿厚，只要能完全浸润被粘物表面就可以了。胶层过厚，非但无益，反而有害。这是因为胶层较薄时，缺陷少、变形小、收缩小、内应力小，应力分布均匀而有利于提高粘接强度。当然也不是胶层越薄粘接强度越高，这必须是在保证不缺胶的前提下。一般认为胶层厚度控制在 0.08~0.15mm 为宜。

在粘接木材时，其涂胶量随木材的种类和表面状态而变化。同时也随胶黏剂的种类、形态、涂胶方法的不同而有所不同。

5.1.5　晾置和陈放

将胶黏剂涂刷在粘接面上以后，应在空气中静置一段时间，以使胶黏剂扩散、浸润、渗透和使溶剂蒸发。将从涂胶完成开始，直到将两个粘接面贴合时为止的这段静置工艺过程，称为晾置。晾置可以使溶剂挥发，黏度增大，促进固化。每种胶黏剂施胶后晾置与否、晾置条件和时间长短都因胶黏剂的品种和被粘物的不同而异。经过晾置后，粘接板生产的下一步骤是将两个粘接面互相贴合，但不加压紧力，而令其静置存放一段时间。将从粘接面互相贴合（装配）时开始，直至人为地加上预定压紧力为止的这段静置存放的工艺过程，称为陈放。在陈放时间内，胶黏剂的水分（或溶剂）基本停止蒸发，但扩散、浸润和渗透作用还在缓慢进行。陈放的时间同样根据胶黏剂的种类而异。

在实际操作中根据胶黏剂种类的不同，有以下三种处理方法：

① 不需要晾置和陈放，涂胶后立即贴合并压紧。如皮胶、骨胶和热熔胶等。

② 涂胶后需要晾置，也允许陈放。属于这一类的有溶剂型、乳液型和含有有机溶剂的化学反应型胶黏剂，如聚醋酸乙烯酯乳液。

③ 两面涂胶，晾置达指触干燥程度（即用指尖接触涂膜，似黏非黏程度），贴合后立即压紧，不需要陈放。属于这一类的有溶液型橡胶类胶黏剂，如用氯丁橡胶粘接防火板。

表 5-1 是胶黏剂在正常条件下，典型的晾置时间。这一时间在实际操作时，应根据温度、湿度和被粘接材料含水率的不同稍作调整。

表 5-1　各种胶黏剂的晾置和陈放时间　　　　　　　　　　单位：min

胶黏剂	晾置	陈放	胶黏剂	晾置	陈放
聚醋酸乙烯酯溶液	5	10	酚醛类酸化	20	30
聚醋酸乙烯酯乳液	10	20	酚醛类单组分型	20	30
脲醛类	20	30	热熔胶黏剂	5	—

对于溶剂种类和含量不同的胶黏剂，其晾置的温度也不一样，有的只需室温晾置，有的在室温晾置一段时间后还要加热干燥，要根据施工说明严格执行。例如酚醛树脂胶黏剂，应当先室温晾置，再在低温下烘干。晾置时间的长短取决于所含溶剂的挥发速率，既不能过长，也不要太短；既要溶剂挥发干净，又要有黏性，保证能粘得住。

晾置和陈放的环境应通风良好、清洁干净。特别要注意空气的湿度，高湿度的环境会因溶剂挥发而使表面温度降低，水汽凝聚于表面，影响粘接性能。如聚氨酯胶黏剂对水尤其敏感，在高湿度环境下固化会使胶层产生气泡，导致粘接强度明显降低。

5.1.6　粘接

制品的粘接是将施胶后或经过适当晾置的制品表面合拢在一起的操作，也称为装配。对于液态无溶剂的胶黏剂，合拢后最好错动几次，以利排除空气。而溶剂型胶黏剂，粘接时一定要看准时机，过早过晚都不好。一些初始粘力大或固化速率极快的胶黏剂，合拢时要一次对准位置，不可来回错动。合拢后适当压紧，以挤出微少胶液为好，表示不缺胶，如果发现有缝或缺胶应及时补胶填满。

5.1.7　固化

固化又称硬化，是胶黏剂通过溶剂挥发、熔体冷却、乳液凝聚的物理作用，或交联、接枝、缩聚、加聚的化学作用变为固体，并且有一定强度的过程。固化是获得良好粘接性能的关键过程，只有完全固化，强度才会最大。固化可分为初固化、基本固化、后固化。初固化是指在一定温度条件下，经过一段时间达到一定的强度，表面已硬化、不发黏。但此时固化并未结束，再经过一段时间，反应基团大部分参加反应，达到一定的交联程度，称为基本固化。后固化是为了改善粘接性能，或因工艺过程的需要而对基本固化后的粘接件进行的处理，一般是在一定的温度下保持一段时间，能够补充固化，进一步提高固化程度，并可有效地消除内应力、提高粘接强度。对于粘接性能要求高的情况或具有可固化条件的都应进行后固化。为了获得固化良好的胶层，需要控制好固化温度、时间和压力。

（1）固化温度

固化温度是指胶黏剂固化所需的温度。胶黏剂固化都需要一定的温度，每种胶黏剂都有特定的固化温度，不同品种胶黏剂的固化温度不同。有的能在室温固化，如家具制造中使用的聚醋酸乙烯酯乳液就可以在常温下固化；有的则需要高温才能固化，如未加固化剂的酚醛树脂。低于固化温度时固化时间将延长甚至不能固化，适当地提高温度会加速固化过程，并且能提高粘接强度。对于室温固化的胶黏剂，如能加温固化，除了能够缩短固化时间、增大固化程度外，还能大幅度提高强度、耐热性、耐水性和耐腐蚀性等。

加热固化升温速率不能太快，升温要缓慢，加热要均匀，最好阶梯升温，分段固化，使温度的变化与固化反应相适应。所谓分段固化就是室温放置一段时间，再开始加热到某一温度，保持一定时间，再继续升温到所需要的固化温度。加热固化不要在涂胶装配后马上进行，需凝胶之后再升温。如果升温过早，温度上升太快，温度过高，会导致胶黏剂的黏度迅速降低，使胶的流动性太大而溢胶过甚，造成缺胶，达不到加热固化的有利效果，还会使被粘物错位。

加热固化一定要严格控制温度，切勿温度过高，持续时间太长，导致过固化，使胶层炭化变脆，损害粘接性能。

加热固化到规定时间后，不能将粘接件立即撤出热源，急剧冷却，这样会因收缩不均，产生很大的热应力，带来后患。如在压制粘接板时，急剧冷却很容易出现"放炮"。缓慢冷却到较低的温度后方可从加热设备中取出，最好是随炉冷却到室温。

同时，加压要均匀一致，施压时也要合适。当胶黏剂的流动性尚大时，施压会挤出更多的胶，应在基本凝胶后施压。

（2）固化时间

固化时间是指在一定的温度压力下，胶黏剂固化所需的时间。由于胶黏剂的品种不同，其固化时间差别很大，有的可在室温下瞬间固化，如 α-氰基丙烯酸酯胶黏剂、热熔胶黏剂；有的则需几小时，如室温快速固化环氧胶黏剂；还有的要长达几十小时，如室温固化聚醋酸乙烯酯乳液。

固化时间的长短与固化温度密切相关。升高温度可以缩短固化时间，降低温度可以适当延长固化时间，不过要是低于胶黏剂固化的最低温度，无论多长时间也不会固化。无论是室温固化还是加热固化，都必须保证足够的固化时间才能固化完全，获得最大粘接强度。

胶黏剂在固化的同时产生粘接作用，所以在胶黏剂的固化过程中，确保粘接面之间密合是保证产生粘接作用的重要条件。这就要求在胶黏剂开始固化之前，必须向粘接面施加压紧力，这不仅能够提高胶黏剂的流动性、润湿性、渗透性和扩散性，而且还可以保证胶层与被粘物紧密接触，防止气孔、空洞和分离，还会使胶层厚度更为均匀。

压紧时间可根据具体情况设定为可等于固化时间或少于固化时间。等于固化时间是在胶黏剂完全固化后卸除压紧力；而少于固化时间则是在胶黏剂基本固化时卸除压紧力，然后再固化一段时间，这样可以提前发现粘接缺陷，并提高夹具的利用率。

（3）固化压力

固化压力（压紧力）大小与胶黏剂的种类和被粘接构件的密度等因素有关。施加压力一般是以贴合或陈放之后开始，直至胶黏剂完全固化或基本固化之后才卸除压力。一般来说，在粘接过程中，常用胶黏剂的粘接压力值都有较宽的范围，在选择时可根据被粘接材料的种类而定。

对于木制品来说，由于是多孔材料，具有一定的压缩量，所以对高密度材取较大的压紧力值，对低密度材取较小的压力值：高密度材取 $1.4 \sim 1.8 \mathrm{MPa}$；中密度材取 $1 \sim 1.4 \mathrm{MPa}$；低密度材取 $0.7 \sim 1 \mathrm{MPa}$。

该压力值随材种和表面状态不同而有一定的变化。胶黏剂的种类不同，其压力的选定范围也不同。聚醋酸乙烯酯乳液即使使用比较低的压力，也能得到较高的粘接强度。

加压方法有多种形式，选择时要根据被粘体的种类、形状特点和粘接特点进行选择。一般常用的压紧方法如下。

① 弹簧夹。适用于厚度不大的长条状粘接件，可用多个夹具沿粘接面周边压紧。

② 多块重物压紧。压力分布比较均匀，方法笨重，适用于单件小批生产。

③ 砂袋压紧。压力分布均匀，适用于薄板类粘接或表面装饰性粘贴等压紧。可用布袋或麻袋装砂子作为压紧工具。

④ 钉压紧。这是木制品粘接中最简单的一种加压方法。在钉孔无碍美观时，适用于薄板类的粘接压紧。钉子不要钉到底，粘接后将钉拔出，以便于对粘接件进行机械加工。为使压力分布均匀，钉子要通过长条状板和方块状垫板钉入，当板厚大于 4mm 时可不用垫板。

（4）胶层的快速固化

① 化学法。利用快速固化的胶黏剂，如动物胶（骨胶、皮胶）、两液胶（白乳胶、脲醛胶）、热熔胶等快速固化胶黏剂，以减少胶层固化的时间。

② 预热法。预先将被粘接的构件加热，使之贮备一定的热能，待粘接后，将热能传递给胶层，以加速胶层的固化。此法简单，受热快，特别是粘接金属构件时很有效。但对于像木材这样热容量低、贮藏热能有限的材料效果并不佳，而对骨胶、皮胶层固化有着良好的效果。

③ 低压电加热法。低压电加热主要用于薄板粘接，即在粘接件的两面铺设一条软金属带，然后加压，通低压电，直至胶层固化。

④ 高频介质加热。高频介质加热是将被粘接构件及其胶层作为电介质，放入高频电场的两极之间，通过高频电，使电介质内部分子在高频电场作用下，反复极化，产生剧烈的交变运动，并互相摩擦，从而将电能转变为热能，导致整个电介质温度升高，而加速固化。目前这种加速固化的方法使用较多，但只适合于非导电材料的粘接。

5.1.8 检验

粘接之后，应当认真检验粘接质量。在现有技术条件下，检验方法主要有目测法、敲击法、溶剂法、仪器法、试压法、测量法、超声波法、X 射线法、声阻法、液晶法、激光法等，但尚无较为理想的非破坏性检验。

① 目测法。用肉眼或放大镜仔细观察胶层周围有无翘曲、鼓起、剥离、脱胶、裂缝、孔洞、疏松、缺胶、错位、炭化、接缝不良等。若是挤出的胶是均匀的，表明没有缺胶现象，否则有可能缺胶。也可以用手接触胶层，若胶层发黏，表示未固化（厌氧胶例外），但要注意的是，有时不发黏也不一定完全固化。

② 敲击法。这是一种检测大面积粘接缺陷的方法。用圆木棒或小锤轻击粘接部位，发出清脆的声音表明粘接良好；声音变得沉闷沙哑，表明里面很可能有大的气孔、夹空、离层和脱粘等缺陷。

③ 溶剂法。可用溶剂法检查、判断胶层是否完全固化。最简单的方法是用脱脂棉浸丙酮，敷在胶层暴露部分的表面，1~2min 后看胶层是否软化或粘手。如果胶层不软化、不粘手、不溶解、不膨胀，表明胶层表面已完全固化，否则未固化或未完全固化。此法只适合热固性胶黏剂。

④ 仪器法。用声阻仪检查粘接脱粘或弱界面层；用 X 射线探伤检查蜂窝结点、芯格压塌、进水及发泡胶质量等。对于大的粘接构件还可以使用超声波来发现内部缺陷。

⑤ 试压法。对于密封件如机体、水套、油管、缸盖等的粘接堵漏，可用水压法或油压法检测有无漏水、漏油现象。一般是输入一定压力的水或油后保持 3~5min，若没有明显的

压力下降则表明达到了粘接与堵漏的目的。

⑥ 测量法。对于形状和尺寸修复的粘接，可用量具测量是否已达到所要求的尺寸。

5.1.9　修整和后加工

经初步检验合格的粘接构件，为了便于装配和使外观美观，需要进行适当的整修加工，清除多余的胶黏剂，将粘接表面磨削得光滑平整。

对于金属粘接构件可以进行锉、车、刨、磨等机械加工，但在加工过程中要尽量避免胶层受到冲击力和剥离力。而对于木质构件，由于胶黏剂的强度大于木材本身的强度，因此可以直接在机床上进行锯、刨、铣、钻、砂等加工，而不会影响构件的粘接质量。

5.1.10　粘接质量缺陷及处理

由于影响粘接质量的因素很多，在粘接接头中有时难免会出现一些缺陷，了解这些缺陷的表现及其解决方法，便可以减少或避免缺陷的产生，从而提高粘接质量和良品率。

（1）粘接缺陷

根据缺陷的大小可分为宏观缺陷和微观缺陷。宏观缺陷主要有颜色变化、杂质、裂纹、裂缝、压痕、起泡、小坑、起皱、焦化、分层、脱胶等。微观缺陷包括微小气孔、微裂纹、疏松结构等。宏观缺陷往往是小面积的、局部的、不连续的，而微观缺陷则是大面积的、连成片的。从大量的破坏试验结果来看，真正引起结构破坏的还是微观缺陷。

（2）对应处理方法

针对不同的粘接缺陷，表 5-2 中列出了相应的解决方法。

表 5-2　常见的粘接缺陷及解决方法

缺陷表现	可能原因	解决方法
胶层发黏	温度太低，未完全固化	提高固化温度
	固化剂使用不当，变质或量少	换用合适、适量、质好的固化剂
	配胶时混合不均匀	增加混合时间，充分搅拌
	固化时间不够	延长固化时间
	溶剂型胶黏剂晾胶时间短，叠合太早	延长晾胶时间，选择最佳叠合时刻
	增塑剂析出表面	选择相容性好的增塑剂
	厌氧胶溢胶未清除	清除未固化的溢胶
	不饱和聚酯树脂胶表面未覆盖	涂胶表面用涤纶薄膜覆盖
胶层粗糙	配胶混合不均匀	增大混合力度，确保均匀一致
	胶黏剂变质或失效	改用好的胶黏剂
	用了超过适用期的胶黏剂	不使用超过适用期的胶黏剂
	各组分相容性不好	选择相容性好的胶黏剂
	涂胶温度过低	被粘接物表面预热
	填充剂粒度太大或量多	增加填充剂细度，适当减少用量
	环境湿度过大	通风干燥
胶层太脆	增韧（塑）剂漏加或少加	加入适量的增韧（塑）剂
	固化剂用量过大	固化剂用量适当
	固化温度高，过固化	严格控制固化温度
	固化速率太快	降低升温速率
	树脂含量过高	降低树脂含量

缺陷表现	可能原因	解决方法
胶层太薄	涂胶量过少	适当增加涂胶量
	压力太大	减小夹持压力
	初始固化温度过高	控制固化温度适当
胶层疏松	溶剂型胶黏剂涂布后晾置时间太短,干燥不充分	适当延长晾置时间
	一次涂胶太厚	均匀多次涂胶
	被粘物表面有水分	用电吹风干燥
	黏度太大,涂胶时包裹空气	加热或稀释后涂胶
	填充剂未干燥,含水分过多	填充剂充分干燥,除去水分
	固化时压力不足	适当增加固化压力
	粘接操作环境湿度大	通风干燥或更换场所
	固化湿度太高	固化温度适当
接头裂缝	接触面配合不好	接头要事先预置
	涂胶量不足,遍数少	固化前检查,缺胶补填
	黏度太低,胶液流失	加入增稠剂或减小配合间隙
	压力太大,胶被挤出	压力不要过大,且要均匀
脱粘	表面处理不合适	认真进行表面清理,切勿手触,清洁处理件
	表面粗糙过度	适当地粗化表面
	胶黏剂选用不当	选择合适的胶黏剂
	晾置时间过长	控制晾置时间适当
	表面处理后停放时间过长	表面处理后适时粘接
	使用了超过适用期的胶黏剂	勿用超过适用期的胶黏剂
	胶黏剂的收缩率太大	选收缩率小的胶黏剂
	胶黏剂黏度过大	加热或稀释降黏
	重新粘接时未处理干净	将残胶清理干净
	脱脂溶剂用量过大或被污染	减少溶剂用量,使用清洁溶剂
接头错位	放置位置不适当	放好位置
	施压时间过早	初固化,黏度增加后施压
	加热固化升温太急	阶梯升温
	未有夹持限位	用夹具定位

5.2 安全防护

5.2.1 有毒物质及毒性的评定

所谓有毒物质是指以小剂量进入人体,就能通过物理或化学作用导致健康受损的物质。有毒化学物质进入人体而产生损害称为中毒。按其作用不同中毒可分为急性中毒和慢性中毒。急性中毒是有毒物质侵入人体短时间内发生的中毒现象;慢性中毒是有毒物质长时间侵入人体而逐渐发生的中毒现象。慢性中毒是逐渐发展的,中毒开始时无明显症状。

评价急性中毒的指标常采用半数致死量（LD_{50}）或半数致死浓度（LC_{50}），表示在规定时间内通过指定感染途径,使一定体重或年龄的受试动物半数死亡的最小毒物浓度或剂量,是衡量有毒物质毒性大小的重要参数。LD_{50} 的单位为 mg/kg 体重。LD_{50} 数值越小,毒性越大。按各类物质 LD_{50} 数值,可将其毒性进行分级,如表 5-3 所示。

表 5-3　毒性等级表

等级	大鼠一次口服 LD$_{50}$ /(mg/kg)	兔涂皮 LD$_{50}$ /(mg/kg)	人的可能致死量 /(mg/kg)
剧毒	<1	<10	0.06
高毒	10.50	$10\sim100$	4
中毒	$50\sim500$	$100\sim1000$	30
低毒	$500\sim5000$	$1000\sim10000$	250
实际无毒	$5000\sim15000$	$10000\sim100000$	1200
基本无毒	>15000	>100000	>1200

5.2.2　各种胶黏剂的毒性

胶黏剂一般是由树脂、单体、固化剂等主料和稀释剂、引发剂、溶剂、防老剂、促进剂、偶联剂、着色剂、填充剂等辅料与助剂组成，其中用于溶解、稀释和表面处理的有机溶剂多是有毒且易挥发的有机物。同时，胶黏剂在固化时有的会释放出有毒的低分子物质。此外，有的固体填充剂也有毒性。由此可见，一般的胶黏剂或多或少都会对人体和环境有一定的伤害。胶黏剂的种类繁多，不同品种的胶黏剂，因其所含成分不同，毒性程度也不相同。

（1）环氧树脂胶黏剂

环氧树脂胶黏剂由环氧树脂和固化剂组成，固化后一般是无毒的，而未固化时一些组分还是有某种程度上的毒性。

① 主料。常用的环氧树脂为 E 型环氧树脂，半数致死量 LD$_{50}$（大鼠经口）为 11400mg/kg，基本无毒，但原料双酚 A 被疑为环境激素物质，如果主料中游离双酚 A 含量过高就会对环境造成一定影响。而脂环族环氧树脂毒性还要大些，例如 YJ-132（6206）环氧树脂的 LD$_{50}$（大鼠经口）为 2830mg/kg。

此外，环氧树脂在加热时会逸出微量的环氧氯丙烷，将对呼吸道、皮肤和眼睛产生刺激作用，其 LD$_{50}$（大鼠经口）为 90mg/kg，属于中等毒性物质。

② 固化剂。尤其是胺类固化剂是未固化环氧树脂胶黏剂毒性的主要来源。曾沿用多年的乙二胺固化剂挥发性大、蒸气压高，对口腔、呼吸道黏膜和肺部都有严重的刺激作用，皮肤接触后会引起瘙痒、水肿，甚至产生红斑、溃烂。将原有的胺类固化剂进行改性是降低毒性或实施无毒的重要途径。常用胺类固化剂的 LD$_{50}$ 指标见表 5-4。

表 5-4　常用胺类固化剂的 LD$_{50}$（大鼠经口）指标

固化剂名称	LD$_{50}$/(mg/kg)	固化剂名称	LD$_{50}$/(mg/kg)
乙二胺	$620\sim1160$	二氨基二苯基甲烷	$160\sim830$
己二胺	789	异佛尔酮二胺	1030
二亚乙基三胺	$2080\sim2330$	端氨基聚醚	$500\sim1660$
三亚乙基四胺	4340	ATU(螺环二胺)加成物	$1900\sim2400$
四亚乙基五胺	$2100\sim3900$	120 固化剂	$3600\sim4500$
五亚乙基六胺	1600	591 固化剂	4800
二乙氨基丙胺	1410	810 水下固化剂	>5000
低分子量的酰胺	$1750\sim3850$	T$_{31}$ 固化剂	$6730\sim8790$
间苯二胺	$130\sim300$	三乙醇胺	$6517\sim7891$
间苯二甲胺	$625\sim1750$	缩胺-105	3490
MA 水下固化剂	2950		

从表 5-4 中可见间苯二胺的毒性也很大，主要是会造成皮炎和哮喘，使用时不能与皮肤接触。目前多用间苯二甲胺代替间苯二胺，性能相差不多，但毒性大为降低，其 LD_{50}（大鼠经口）为 $625\sim1750mg/kg$。

二氨基二苯基甲烷也是毒性较大的固化剂之一，但目前尚未发现有致癌性；邻苯二甲酸酐是环氧树脂用酸酐类固化剂，LD_{50}（大鼠经口）为 $4020mg/kg$，其粉尘和蒸气对眼睛、皮肤和呼吸道都有刺激性，会导致眼结膜炎、皮肤瘙痒、声音嘶哑、咳嗽、哮喘等。

③ 稀释剂。环氧树脂胶黏剂中的稀释剂分为活性稀释剂和惰性稀释剂。其中的活性稀释剂多为含环氧基的低分子化合物，挥发性大，对皮肤有较强的刺激作用，可引起皮炎，甚至溃烂。其中丁二烯双环氧毒性最大，LD_{50} 为 $88mg/kg$。惰性稀释剂中磷酸三甲酚酯有较大的毒性。

④ 填充剂。环氧树脂胶黏剂中的某些填充剂也有一定的毒性，硅微粉被人吸入积累后产生硅沉着病；闪石棉粉带毛刺的细纤维会引起呼吸道疾病，被定为致癌物质；铬酸盐对肺和其他器官都很有害；纳米填充剂对肺部造成的伤害比普通有害的粉尘更加严重和怪异。

（2）酚醛树脂胶黏剂

酚醛树脂胶黏剂的毒性主要是合成酚醛树脂所用的原料苯酚和甲醛产生的，因为酚醛树脂中含有游离的苯酚和甲醛，而且当胶黏剂在高温高压下固化时还会释放。

① 苯酚。苯酚为白色晶体，熔点为 $40\sim41℃$，其蒸气具有芳香味，在自然界中能被分解。当酚负荷超过自然界的自净能力时，不仅会污染环境，危害各种生物的生长和繁殖，还会危害人体健康。当人体接触苯酚时将对皮肤、黏膜有强烈的腐蚀作用，也可抑制中枢神经系统或损害肝、肾功能。水溶液比纯酚易经皮肤吸收，而乳剂更易吸收。苯酚多以蒸气或液体形式通过呼吸道、皮肤和黏膜侵入人体。当浓度低时能使蛋白质变性，浓度高时能使蛋白质沉淀，故对各种细胞都有直接危害。苯酚对皮肤、黏膜有强烈腐蚀性，以皮肤灼伤最为多见，如热苯酚液体溅到皮肤上引起烧伤，并吸收中毒。若是溅入眼内，立即引起结膜和角膜灼伤、坏死。苯酚 LD_{50}（大鼠经口）为 $317mg/kg$，长期吸入低浓度苯酚会出现呕吐、吞咽困难、唾液增加、腹泻、耳鸣、神志不清等。

② 甲醛。甲醛是一种气体，具有强烈的刺激气味，对呼吸道、黏膜和皮肤都有很大的危害，能够引起慢性呼吸道疾病、鼻咽癌、结肠癌、脑瘤、月经紊乱、妊娠综合征、白血病；引起细胞基因突变、DNA 单链内交联和 DNA 与蛋白质交联及抑制 DNA 损伤的修复、新生儿染色体异常；引起青少年记忆力和智力下降等。

（3）聚氨酯胶黏剂

聚氨酯胶黏剂的毒性主要来自合成聚氨酯时的单体异氰酸酯。异氰酸酯的蒸气对呼吸道、皮肤和眼睛均有严重刺激作用，同时也是一种催泪剂。人吸入异氰酸酯蒸气会出现咽部干燥、瘙痒，咳嗽、哮喘、呼吸困难等。同时，比较常用的甲苯二异氰酸酯溅入眼里或落在皮肤上不仅有刺激，而且还会烧伤。

（4）氯丁橡胶胶黏剂

氯丁橡胶胶黏剂目前仍然是以溶剂型为主，所用的溶剂如甲苯、二甲苯、正己烷、1,2-二氯乙烷都有不同程度的毒性。

① 苯。苯是毒性很大的无色透明易挥发液体，为致癌物质，长期接触有可能引发白血病和膀胱癌等疾病。吸入苯蒸气过多会出现自主神经系统功能失调、多汗、心跳过速或过慢、血压波动，造成急性中毒，严重时会昏倒，出现细胞成熟障碍，发生再生障碍性贫血。慢性苯中毒能引起神经衰弱，损害造血系统，造成贫血、白细胞数持续下降、血小板减少和

有出血倾向。如果皮肤长期接触苯，皮肤干燥、发红，出现疮疹、湿疹等。

② 甲苯与二甲苯。甲苯为较易挥发的有刺激性气味的液体，毒性次于苯，对皮肤和黏膜刺激性大，对神经系统作用比苯强，长期接触有引起膀胱癌的可能。但甲苯能被氧化成苯甲酸，与甘氨酸生成马尿酸排出，不会产生积累中毒，故对血液并无毒害。短期内吸入较高浓度甲苯会出现眼及上呼吸道明显的刺激症状，眼结膜及眼部充血、头晕、头痛、四肢无力等症状。GB 18583—2008 和 GB 19340—2014 两个强制性国家标准都对甲苯在溶剂型胶黏剂中的用量做了限制。

二甲苯对眼及上呼吸道黏膜有刺激作用，高浓度时对中枢神经系统有麻醉作用。短期内吸入较高浓度二甲苯可出现眼及上呼吸道明显的刺激症状、眼结膜及咽部充血，头晕、头痛、恶心、呕吐、胸闷、四肢无力、意识模糊、步态蹒跚。工业用二甲苯中常含有苯等杂质。

③ 防老剂 D。又称防老剂丁，学名为 N-苯基-β-萘胺，有较大的毒性，不仅对眼睛、皮肤、黏膜和上呼吸道有刺激性、对皮肤有致敏作用，而且是致癌物质，危害身体健康。

（5）快固丙烯酸酯胶黏剂

快固丙烯酸酯胶黏剂的主要单体是甲基丙烯酸甲酯，无色透明，其毒性并不大，但具有难闻气味，使人恶心、头痛。对眼睛有一定的刺激性，在皮肤上局部涂覆能引起轻微刺痛。如果吸入蒸气量多，严重时会引起神经衰弱、呼吸困难。对肝脏有些影响，但并无显著的积累中毒现象。

（6）不饱和聚酯胶黏剂

不饱和聚酯树脂胶黏剂中主要的有毒物质是交联剂苯乙烯，具有难闻气味，已被定为致癌物质。长期接触会使人头痛，对皮肤有刺激作用。蒸气对眼睛、鼻子和呼吸道有一定的刺激作用。同时，促进剂 N,N-二甲基苯胺和 N,N-二乙基苯胺除本身有致癌性，加热还会放出苯胺气体。有研究表明，接触苯胺的人患膀胱癌的概率是一般人的 30 倍。

（7）溶剂型胶黏剂

溶剂型胶黏剂配制时需要有机溶剂，其中多数都有不同程度的毒性。除了上面提到的苯和甲苯，三氯甲烷、四氯化碳、环己酮等在使用时也都应予以注意。

① 三氯甲烷。三氯甲烷又称氯仿，为无色透明易挥发液体，沸点为 61.2℃。蒸气对眼、鼻、喉有刺激作用，对中枢神经系统有麻醉、刺激性，并能损害心、肝、肾，被怀疑为致癌物质。半数致死量（大鼠经口）1194mg/kg，在浓度为 120g/m^3 时连续吸入 5～10min 即可死亡。在光和热的作用下能被空气中的氧气氧化生成氯化氢和剧毒的光气（碳酰氯），加入 1%～2% 的乙醇可消除生成的光气。

② 四氯化碳。无色透明易挥发液体，沸点为 76.8℃，有类似氯仿的微甜气味。毒性很大，对肝和肾有严重的损害，为公认的肝脏毒物。急性四氯化碳中毒多因生产劳动中吸入其高浓度蒸气所致，以中枢性麻醉症状及肝、肾损害为主要特征。一次吸入高浓度的蒸气可迅速出现昏迷、抽搐，严重者可突然死亡。人吸入 0.21～0.78g/m^3 蒸气，会感觉极度疲乏，面色苍白、神志昏迷，甚至导致死亡。乙醇有增毒作用，能促进人体吸收四氯化碳。

③ 甲醇。甲醇为易挥发的无色透明液体，沸点为 64.6℃。甲醇对人体的毒性作用由甲醇及其代谢产物甲醛和甲酸引起，以中枢神经系统损害、眼部损害及代谢性酸中毒为主要特征。甲醇本身具有麻醉作用，对神经细胞有直接毒性作用。吸入蒸气会感到头痛，引起呕吐、视力模糊，正常人一次饮用 10mL 纯甲醇或 2 日内分次口服累计达 124～164mL 可致失明；一次口服 30mL 以上就会死亡。

④ 环己酮。环己酮为无色油状液体，沸点为 155.7℃，气味难闻，使人恶心，有麻醉作

用，对肝和肾有一定的损害，LD_{50}（大鼠经口）为 1535mg/kg。环己酮属低毒类化学物质，吸入人体后可从尿中排出，在体内不会积累。但在空气中浓度达 $40mg/m^3$ 时，对人的眼、鼻、咽喉有刺激作用。

⑤ 三氯乙烯。三氯乙烯为无色透明液体，沸点为 86.7℃，毒性较大，是中枢神经系统蓄积性麻醉剂，加热或高温时与氧反应生成剧毒的光气，并对肝、肾和心有损害。急性中毒的患者出现醉酒样、头痛、头晕、易激动等表现，重症出现中毒性脑病及肝、肾和心脏损害，恢复期可出现神经抑郁、类偏执型精神病。三氯乙烯是致癌物，虽未被禁用，但一定要慎用。

5.3　胶黏剂的贮存

合成胶黏剂主要以高分子物质为主体（有的还需加一定的溶剂），靠化学反应或物理作用来实现固化，最终达到粘接的目的。这些高分子物质在贮存的过程中会缓慢地发生变化，因此，胶黏剂都有一定的贮存期，这与贮存条件，如温度、湿度、通风等密切相关。

温度和湿度是影响胶黏剂贮存的关键因素，大部分有机胶黏剂即使不加入固化剂，在较高的温度条件下也会发生聚合，从而缩短贮存期；而有些胶黏剂对水分特别敏感，即使是微量的水分也能使其失去作用，如聚氨酯遇水就会发生反应。

为了确保胶黏剂在规定的期限内性能基本不变，应严格控制贮存条件。对于不同的胶黏剂，因其性质不同，贮存条件也不尽相同，因此要分别对待。

① 环氧树脂胶黏剂。应在通风、干燥、阴凉、室温环境下贮存，期限为半年至 1 年。

② 脲醛树脂胶黏剂。一般的贮存期为 3 个月，若贮存在较低的温度下可延长其贮存期，加入 5％的甲醇还可提高贮存的稳定性。

③ 氯丁胶黏剂。贮存期为 3～6 个月。盛装容器应密闭性好，室温下贮存，不可高温（＞30℃）或低温（＜5℃）。由于其中含有易挥发的有机溶剂，还必须远离火源。

④ 酚醛树脂胶黏剂。应装在密闭的容器中，贮于阴凉、远离火种的地方，一般期限为半年到 1 年。

⑤ 聚氨酯胶黏剂。多异氰酸酯胶液应装入棕色瓶中，避光低温贮存。不能用金属容器，不能用橡胶或软木塞盖，并严防水分进入，否则会发生聚合变质。预聚体聚氨酯胶黏剂切忌低温贮存，以防凝结。甲组分可存放期为 2 年，乙组分要注意防潮，并避免与水或其他含活泼氢的物质接触，贮存期为半年到 1 年。

⑥ α-氰基丙烯酸酯胶黏剂。应在密闭、低温、干燥、避光、阴凉处存放，期限为 1 年。以玻璃瓶盛装要比塑料瓶装的贮存期长。

⑦ 厌氧胶。应存放在阴凉避光处，贮存期为半年。包装容器的材料为聚乙烯，切勿使用铁制容器，并不可装满，以免因隔绝空气而聚合变质失效。

⑧ 第二代丙烯酸酯胶黏剂。应密闭贮存，两组分需隔离，放于阴凉、通风、低温、干燥处，贮存期为半年到 1 年。

⑨ 聚醋酸乙烯酯乳液（白乳胶）。可用玻璃、陶瓷和塑料包装，避免直接装入铜铁容器。由于在低温下容易破乳，因此应存放在温度为 5～30℃的环境里，贮存期 1 年。

⑩ 热熔胶黏剂。应避光、隔热，于室温下贮存。

⑪ 无机胶黏剂。吸湿后容易成团，因此应密闭贮存，且防潮。

第**6**章

理化性能检测及树脂结构分析

6.1 基本理化性能及检测

6.1.1 外观

胶黏剂的外观主要包括色泽、状态、宏观均匀性、是否含有杂质等，在一定程度上能直观地反映出胶黏剂的品质，简易的方法是通过直接观察来了解外观情况：对于流动性较好的胶黏剂，可将试样倒入干燥洁净的烧杯中，用玻璃棒搅动后并将玻璃棒提起进行观察，那些胶液流动均匀、连续、无疙瘩、结块或其他杂质的试样属于合格产品，对于含有较多填料的胶黏剂在取样前应混合均匀；而一些黏度较大、流动性较差的胶黏剂，可将其放在干净的玻璃板上，用玻璃棒摊平，观察其外观。

胶黏剂外观的检测参照 GB/T 14074—2017。

① 仪器：试管内径（16±0.2)mm，长 150mm。

② 操作步骤：在（25±1）℃下，将试样 20mL 倒入干燥洁净的试管内，静置 5min，用眼睛在天然散射光或日光灯下对光观察。

注意：如温度低于 10℃，发现试样产生异状时，允许用水浴加热到 40～45℃，保持 5min，然后冷却到（25±1）℃，再保持 5min 后进行外观的测定。若观察分层现象需静置 30min 后进行。

③ 外观观察项目：颜色、透明度、分层现象、机械杂质、浮油凝聚体等。

6.1.2　密度

密度能反映胶黏剂混合的均匀程度，是计算胶黏剂涂布量的依据。实际生产中，常用重量杯和简易法测定胶黏剂的密度，按照 GB/T 13354—1992 执行。

6.1.2.1　重量杯法

重量杯测量法是用容量为 37.00mL 的重量杯测定液态胶黏剂密度的方法：用 20℃下 37.00mL 的重量杯所盛液态胶黏剂的质量除以 37.00mL 而得到胶黏剂的密度。本方法特别适用于测量黏度较高或组分的挥发性较大、不宜用密度瓶法测定密度的液态胶黏剂。

（1）仪器和设备

重量杯：20℃下容量为 37.00mL 的金属杯（国产的符合标准的重量杯名为"QBB 密度杯"）；恒温浴或恒温室：能保持（23±1）℃；电子天平：精为 0.001g；温度计：0～50℃，分度 1℃。

（2）试验步骤

① 准备足以进行 3 次试验的胶黏剂样品。

② 用挥发性溶剂清洗重量杯并干燥。

③ 保持重量杯的溢流口开启，在 25℃ 以下把搅拌均匀的胶黏剂试样装满重量杯，然后将盖子盖紧，并用挥发性溶剂擦去溢出的胶黏剂。

④ 将盛有胶黏剂试样的重量杯置于恒温浴或恒温室中，使试样恒温至（23±1）℃。

⑤ 用溶剂擦去溢出的胶黏剂，用电子天平称取装有试样的重量杯，精确至 0.001g，并计算出胶黏剂的质量。

⑥ 每个胶黏剂样品测试 3 次，以 3 次数据的算术平均值作为试验结果。

（3）计算方法

液态胶黏剂的密度 ρ 按式(6-1) 计算：

$$\rho = \frac{m_2 - m_1}{37} \qquad (6\text{-}1)$$

式中，ρ 为液态胶黏剂密度，g/cm^3；m_1 为空重量杯的质量，g；m_2 为装满胶黏剂试样的重量杯质量，g；37 为重量杯容量，cm^3。

6.1.2.2　密度计法

（1）主要仪器

密度计：精度 $0.01g/cm^3$；量筒：500mL；温度计：0～50℃ 水银温度计，分度值为 0.1℃。

（2）操作步骤

① 把试样温度调到（20±1）℃（此温度保持到测定结束），将试样沿玻璃棒慢慢地注入

清洁干燥的量筒中，不得使试样产生气泡和泡沫。

② 将密度计慢慢地放入试样中，注意不要接触筒壁。

③ 当密度计在试样中处于静止状态时，记下液面与密度计交界处的数据，若试样为透明液体时记下液面水平线所通过密度计刻度的读数，精确到 $0.01g/cm^3$，如图 6-1 所示。

④ 平行测定三次，测定结果之差不超过 $0.02g/cm^3$。取三次有效测定结果的算术平均值，精确到 $0.01g/cm^3$。

图 6-1　密度计
放置示意图
1—密度计；
2—试样；
3—量筒

6.1.2.3　简易测量法

（1）试验仪器

医用注射器：15～30mL；电子天平：精度为 0.001g；温度计：100℃，分度 0.1℃；恒温水浴锅：精度 0.1℃；鼓风恒温烘箱。

（2）试验步骤

① 取医用注射器 1 支，用无水乙醇清洗，干燥后精确称出质量 W_1。

② 用注射器装满测试温度范围的蒸馏水，排除气泡，保持一定体积，称出质量 W_2。

③ 将注射器的蒸馏水倒出，并烘干，并用欲测的胶黏剂清洗 1～2 次，与装蒸馏水同样的条件装满胶黏剂，排除气泡，称得质量 W_3。

④ 胶黏剂的密度 ρ 按式（6-2）进行计算：

$$\rho = \frac{W_3 - W_1}{W_2 - W_1} \tag{6-2}$$

连续测定 3 次，取算术平均值。

6.1.3　固含量

固含量是胶黏剂中非挥发性物质的含量，又称不挥发物含量，也称为固含量，是胶黏剂在一定温度下加热后剩余物质的质量与试样总质量的比值，以百分数表示。

ASTMD553 和 JISK6839 都是固含量的测定方法。在我国，胶黏剂不挥发物含量的测定方法按 GB/T 2793—1995 进行。

（1）仪器和设备

鼓风恒温烘箱：温度波动不大于 ±2℃；温度计：0～150℃，分度 1℃；称量容器：60～80mm 玻璃表面皿；分析天平：精度为 0.001g；干燥器：装有变色硅胶的干燥器。

（2）试验温度、试验时间和取样量

① 氨基系树脂胶黏剂：试验温度（105±2）℃，试验时间（180±5）min，取样量 1.5g。

② 酚醛树脂胶黏剂：试验温度（135±2）℃，试验时间（60±2）min，取样量 1.5g。

③ 其他胶黏剂：试验温度（105±2）℃，试验时间（180±5）min，取样量 1.0g。

（3）试验步骤

① 用已在试验温度恒重并称量过的容器称取胶黏剂试样，精确到 0.001g，并把容器放入已按试验温度调好的鼓风恒温烘箱内加热至规定时间。

② 取出试样，放入干燥器中冷却至 20℃，称其质量。

（4）结果表示

固含量按下式计算：

$$X = \frac{m_1}{m} \times 100\%　\qquad (6-3)$$

式中，X 为固含量，%；m_1 为加热后试样的质量，g；m 为加热前试样的质量，g。

试验结果取两次平行试验的平均值，试验结果保留 3 位有效数字。

6.1.4　黏度

6.1.4.1　黏度杯法

（1）仪器和设备

黏度杯：1～4 号杯，容量大于 50mL；秒表：精度为 0.2s；量筒：50mL；恒温箱：能保持（23±0.5）℃。

（2）试样

试样均匀无气泡，数量能满足黏度杯测定的要求。

（3）试验步骤

① 将黏度杯清洗干净（要特别注意黏度杯的流出孔），在空气中干燥或用冷风吹干，并将试样和黏度杯放在恒温箱中恒温。

② 把黏度杯垂直固定在支架上，在黏度杯的流出孔下面放一只 50mL 量筒，流出孔距离量筒底面 20cm。

③ 用手堵住流出孔，将试样倒满黏度杯。

④ 松开手指，使试样流出。记录手指移开流出孔至量筒中试样达到 50mL 时的时间，即为试样的黏度。

⑤ 再重复测定 1 次，两次测定值之差不应大于平均值的 5%，结果以算术平均值表示，取有效数字 3 位，以 s 为单位。

此外，以涂-4 黏度杯测得的黏度可以换算为动力黏度，见表 6-1。

表 6-1　涂-4 杯黏度与动力黏度的换算

涂-4 杯黏度/s	动力黏度/(mPa·s)	涂-4 杯黏度/s	动力黏度/(mPa·s)	涂-4 杯黏度/s	动力黏度/(mPa·s)	涂-4 杯黏度/s	动力黏度/(mPa·s)	涂-4 杯黏度/s	动力黏度/(mPa·s)
16	47	32	110	54	210	80	300～310	124	480
18	50	35	120	57	225	85	340	128	510
20	56	38	140	61	240	88	350	133	520
22	65	41	150	65	250	94	370	136	530
24	74	42	165	67	270	98	400	137	540
28	85	45	180	73	280	104	430	138	550
30	100	50	200	76	290	110	465	143	580

6.1.4.2　旋转黏度计

（1）仪器和设备

旋转黏度计：如图 6-2 所示；恒温浴：能保持（23±0.5）℃；温度计：分度为 0.1℃；容器：直径不小于 6cm，高度不低于 11cm 的容器或旋转黏度剂上附带的容器。

（2）试样

试样均匀无气泡，数量能满足旋转黏度计测定的要求。

（3）试验步骤

① 将盛有试样的容器放入恒温浴中，使试样温度与试验温度相同，并保持温度均匀。

② 将旋转黏度计的转子垂直浸入试样中心部位，并使液面达到转子液位标线。

③ 开动旋转黏度计，读取旋转时指针在圆盘上不变时的读数。

④ 每个试样测定 3 次，取其中最小的读数，精确到小数点后两位，以 Pa·s 或 mPa·s 为单位。

6.1.4.3 改良式奥氏黏度计

改良式奥氏黏度计如图 6-3 所示，根据所测黏度范围的不同，各部位尺寸有所变异，见表 6-2。

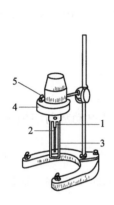

图 6-2 NDJ-1 型旋转黏度计示意图

1—转子接头螺杆；2—转子；
3—保护架；4—分度圆；5—水准器

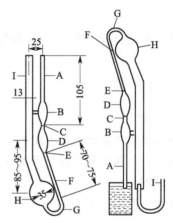

图 6-3 改良式奥氏黏度计及抽样示意图

（图中尺寸单位为 mm）

A—管身；B—上球；C，E—标线；D—下球；
F—毛细管；G—弯管部分；H—扩张部分；I—管身

表 6-2 改良式奥氏黏度计各部位尺寸

编号	A、C 内径/mm	F 内径/mm	B 容量/mL	D 容量/mL	测定范围/(mPa·s)
200	2.8~3.6	1.02±0.02	3.0~3.3	3.0~3.3	20~80
300	2.8~3.6	1.26±0.02	3.0~3.3	3.0~3.3	50~200
350	3.0~3.8	1.48.±0.02	3.0~3.3	3.0~3.3	100~400
400	3.0~3.8	1.88±0.02	3.0~3.3	3.0~3.3	240~960

操作步骤如下。

① 将试样 100g 左右移入烧杯中，再把烧杯置于（20±0.1）℃恒温水浴中待测。测定时黏度计的选用应根据试样的流动时间而定。试样的流动时间须在 50~300s 范围内。黏度计应仔细洗涤干净并烘干。

② 将黏度计倒置，使管 A 上口浸没在试样中（见图 6-3），用吸气球抽气，使试样升至标线 E 时停止抽气，并立即将黏度计倒转回正常位置。

③ 将盛有试样的黏度计夹在恒温水浴装置的夹子上，黏度计上半部分应保持垂直状态，水面浸没黏度计的上球 B，保温 15min 后开始测定。

④ 用橡胶管接到黏度计管 A 上口，然后用吸气球抽气，使试样液面升到标线 C 以上，当试样液面流至标线 C 时按动秒表，液面流至标线 E 时，按停秒表，记录时间 t（以 s 计算）。

⑤ 在全部操作过程中温度应保持恒定，重复测定 3 次，平行测定结果之差不大于 0.2s，求出平均值。

计算：树脂黏度 η 按下式计算：

$$\eta = K \frac{\rho}{\rho_0} \tag{6-4}$$

式中，η 为黏度，mPa·s；K 为黏度计常数；ρ 为试样密度，g/m^3；ρ_0 为水在 4℃ 下的密度，g/m^3。

注：黏度计常数 K 是用已知黏度的标准油样来测定。不同直径的黏度计应选用相应黏度的标准油样。黏度计常数按式(6-5)计算：

$$K = \frac{\eta_{标} \times 100}{t} \tag{6-5}$$

式中，K 为黏度计常数；$\eta_{标}$ 为标准油样黏度（运动黏度），$\times 10^{-6} m^2/s$；t 为时间，s。

6.1.5　pH 值

（1）原理

玻璃电极和干汞电极在由同一待测溶液构成的原电池中其电动势与溶液的 pH 值有关，通过测量原电池的电动势即可得出溶液相应的 pH 值。

（2）试剂

蒸馏水：按 GB/T 6682—2008 的要求；缓冲溶液：按 GB/T 9724—2007 规定的要求配制。

（3）仪器

酸度计：精度为 0.1pH 单位；恒温浴：能保持（25±1）℃；烧杯：容积为 100mL；量筒：容积为 50mL。

（4）试样

每种胶黏剂样品取 3 个试样，每个试样约为 50mL。

（5）试验步骤

① 按说明书的要求在使用前用标准缓冲液进行校对，使其读数与标准缓冲液（pH7.0）的实际值相同并稳定。

② 将盛有试样的烧杯放入恒温浴中，待其温度达到稳定平衡后用蒸馏水将玻璃电极冲洗干净并擦干，再用试液洗涤电极，然后插入试样中进行测定。

③ 在连续 3 个试样测定中，pH 值的差值不应大于 0.2，否则需进行重新测定。取 3 个试样 pH 值的算术平均值作为试验结果，精确到小数点后一位。

注意：若试样的黏度超过 20Pa·s，可将 25mL 试样与 25mL 蒸馏水混合均匀后作为待测试样；对于干性的胶黏剂，取 5g 试样放入有 100mL 水的烧瓶中，充分溶解后作为试样。

在实际生产过程中和最后成品的检验经常使用 pH 试纸和 pH 比色计来测定 pH 值。用 pH 值试纸测定的方法简单、方便，但当被测液颜色较深时容易形成较大的误差，而用比色的方法可以克服这一缺点。目前，常用的比色法有混合指示剂和万能指示剂两种。混合指示剂的测定方法为：将待测液装入小试管内至刻度线，加 2 滴混合指示液，振动均匀后，观察其颜色来确定 pH 值。混合指示剂的配制方法为：0.125g 甲基红和 0.4g 溴麝香草酚蓝，溶于 150mL 乙醇中，其颜色所对应的 pH 值见表 6-3。

表 6-3　混合指示液显色范围

pH 值	7.6	7.0	6.5	6.0	5.6～5.7	5.5	5.2～5.4	5.0
色泽	蓝色	绿色	橄榄绿色	黄色	橙黄色	橙色～红色	红色～橙色	红色

万能指示剂的测定方法与混合指示剂的测定方法相同，只是根据比色板或标准比色管比色来确定 pH 值。

6.1.6　适用期

适用期也称为使用期或可使用时间，是指胶黏剂配制后能维持其可用性能的时间。适用期是化学反应型胶黏剂和双液型橡胶胶黏剂的重要工艺指标，对于胶黏剂的配制量和施工时间很有指导意义。

6.1.6.1　影响适用期的因素

一般来讲，适用期与固化时间成正比例关系，适用期越长，固化时间越长。影响适用期的因素主要有如下几点。

（1）树脂的各项技术指标

如固含量高低，固化剂的配比（双组分胶黏剂）、黏度大小、分子量大小（缩聚程度）、pH 值的高低、施工环境的温度等。对于同一种树脂，含量高、黏度大、分子量大的，适用期相对要短，其中，对于双组分胶黏剂来说，固化剂用量的多少对适用期有很大的影响，表 6-4 列出了脲醛树脂黏度的大小、固化剂的用量与适用期的关系。

表 6-4　黏度大小、固化剂的用量与适用期的关系（室温为 25℃）

树脂黏度（格氏）/s	1.8	2.0	2.6	3.0
氯化铵用量/%	0.5	0.5	0.5	0.5
适用期/min	143	134	67	35

（2）加入固化剂的种类和数量

在固化剂用量相同的情况下，加入不同种类的固化剂后胶黏剂的适用期不同。以脲醛树脂为例，加入的固化剂的酸性越强，胶的适用期越短。表 6-5 中的数据显示，脲醛树脂中所加入的固化剂虽然都是 1%，但使用氯化铵的适用期是磷酸的 60 倍。

表 6-5　不同固化剂对适用期的影响

固化剂名称	氯化铵	硫酸铵	甲酸	磷酸
用量/%	1	1	1	1
适用期	3h	3h	40min	3min

（3）环境温、湿度

增加温度、降低湿度可以加快反应型胶黏剂的化学反应速率，可以加快胶黏剂中溶剂的挥发，因此，温度越高，湿度越低，适用期越短。

此外，即使是同一种胶黏剂，配方不同，其适应期也不相同。例如，脲醛树脂的适应期除与上述基本因素相关外，还与甲醛（F）和尿素（U）的摩尔比 n_F/n_U 有关，n_F/n_U 越高，固化时间越短，当 $n_F/n_U=2/1$ 时固化最快；当 n_F/n_U 大于 2.5 时，由于脲醛树脂中含的较多的游离甲醛在高温下会发生分解反应而影响网状结构的形成，反而导致固化时间延长。

胶黏剂的适用期长，就有充裕的时间来完成施工过程。若适用期短，对于从施胶到完成粘接作业时间长的制品来讲，会因为胶黏剂的先期固化而导致产品质量下降或出现开胶现象，而且也容易造成胶黏剂的浪费。因此，在使用适用期短的胶黏剂时要少调，且随调随用，这样既可以提高粘接质量，又能避免胶黏剂的浪费。

在实际操作过程中，可以采取灵活多变的方法，可以减少损失。调制好的脲醛树脂胶黏剂若不能及时用完，可向胶中加入一定量的碱液，将 pH 值调至 7，或加入一些氨水调节至中性，再次使用时可再按比例加入适量固化剂。

6.1.6.2 适用期的测定方法

（1）手工测定方法

化学反应型胶黏剂一般在混合后便放热，一般将从混合开始到放热温度达到 60℃ 的时间定义为适用期。也有规定自混合后 5min 开始测黏度，至黏度上升到初始黏度的 1.5 倍或 2 倍的时间视为适用期。

适用期的测定有手工方法，也有用凝胶计时仪来测定的。一般按照 GB/T 7123.1—2015 规定的胶黏剂适用期的测定方法执行。

① 仪器和设备。黏度计：任何类型的转子黏度计；恒温槽：温度波动范围为 ±2℃；电子天平：精度为 0.1g。

② 试验环境。满足试验温度的要求，如有环境湿度要求，相对湿度控制在（50±5）%。

方法一　旋转黏度计法

a. 准备：按照 GB/T 20740—2006 进行取样、制备及检查。每个方法至少测试三个样品。

b. 在（23±2）℃ 试验温度下调节胶黏剂的所有组分，使组分温度与环境温度一致。

c. 按胶黏剂配制使用说明书称取一定量（推荐 200g）的胶黏剂，将各组分充分混合后开始计时，作为适用期的起始时刻。

d. 用平面（非圆面）刮刀在（60±10）s 内将试验样品混合均匀，注意烧杯底部及边缘区域的也要充分混合。混合完成后，立刻用黏度计测试胶黏剂的黏度。

e. 以混合后第一次黏度测试的时间作为起始时间，该测试值可认为是代表化学反应的表观黏度变化的开始。根据预期的可操作时间进行间隔测试。

f. 测试次数和混合搅拌力度对黏度及可操作时间都有影响，因此，在测试过程中要选择合适的时间间隔、混合搅拌速度及转速。

g. 胶黏剂的可操作时间为混合结束至达到规定黏度值之间的时间，通常规定黏度值为初始黏度的两倍。

胶黏剂黏度按 GB/T 2794—2013 规定的方法进行测定，粘接强度按照相应的标准所规定的方法进行测定。

（2）机械测定方法

方法二　挤出法

a. 在规定的试验环境下，用规定的水浴槽调节各组分胶黏剂至规定的温度。通常为

(23 ± 2)℃。

b. 按照制造商的说明书准备胶样，直接称重样品至一次性塑料管中，用合适搅拌器充分混合，以 (600 ± 100)r/min 的混合速度混合 (60 ± 10)s。推荐混合量为 200g。

c. 快速去除圆管螺纹端的密封，旋上挤出喷嘴，推入活塞，把管子放入挤出枪中。快速设置要求的挤出压力。

d. 通过静态混合器快速挤出一定量的胶黏剂到称量铝盘中，以排出管中的空气和端部的未混合胶黏剂。

e. 开启秒表，以设定的压力在特定时间内挤出刚混合的胶黏剂到铝盘中，称量铝盘，记录挤出的胶黏剂质量。

f. 以合适的间隔时间重复上述步骤至挤出胶黏剂的量下降到一个商定量。从开启秒表至达到商定量之间的时间为可操作时间。

6.1.7　固化速率

固化速率通常是由固化所需要的时间来表征的，对固化所需要时间的要求与适用期正好相反。固化快，可缩短粘接时间，提高生产效率。

在测定时称取 $0.5\sim2$g 胶黏剂试样放在加热板上，温度一般为 150℃，自始至终应该保持恒温，用铲刀不断地翻动，观察胶黏剂在加热过程中的硬化情况，当胶黏剂变为不熔无流动的状态时，记下时间，则为固化速率。

对于脲醛树脂乳胶来说，固化时间是指乳胶加入固化剂后在 100℃沸水中从乳胶放入开始到乳胶固化所需要的时间。其测定步骤如下：用烧杯称取 50g 胶黏剂（精确到 0.1g）试样，用 5mL 移液管加入 2mL 25%的 NH_4Cl 溶液或产品说明书要求的固化剂，搅拌均匀后，立即向试管中移取 10g 调制好的乳胶（注意不要使试样粘在管壁上），插入搅拌棒，将试管放入有沸水的短颈烧瓶中，开始计时。试管中试样液面要低于瓶中沸水水面 20mm，迅速搅拌，直到搅拌棒突然不能提起或乳液突然变硬时，按停秒表，记录时间。测定过程应在加入氯化铵溶液（或其他固化剂）后 10min 内完成。

将每个试样固化时间平行测定三次，平行测定结果之差不超过 5s。取三次有效测定结果的算术平均值，精确到 1s，即得到该乳胶的固化时间。

6.1.8　贮存期与黏度变化率

贮存期是在一定条件下胶黏剂仍能保持其操作性能和规定强度的存放时间，贮存期的长短与原材料的配比、制备工艺、贮存环境等多种因素有关。贮存期的测定可按 GB/T 14074—2017 进行。

6.1.8.1　贮存期

（1）取样

按 GB/T 6678—2003 和 GB/T 6680—2003 规定进行。

取样时宜将试样搅拌均匀，保证样品的代表性。各单元被抽取数量应基本相同，总抽取样品数量不少于三次检验所需的量；若需保留样品则应再增加保留样品数。

（2）操作步骤

试样在进行初始黏度测定后，分别称取试样 10g（精确到 0.1g）于试管中和试样 400g（精确到 0.1g）于锥形烧瓶中。按表 6-6 所规定的温度，将试管和锥形烧瓶放入恒温水浴中，试样的上液面应在低于水浴液面 20mm 处。记下开始时间，约 10min 后，盖紧塞子，每小时取出试管观察一次试样的流动性。每隔 1h 从锥形烧瓶中取出试样冷却至 25℃，测定黏度，计算黏度变化率，直至黏度增长率达到 200％为止。记录处理时间 t，以小时（h）为单位。

表 6-6　不同树脂处理温度

树脂类型	材料温度/℃
脲醛树脂	70 ± 2
三聚氰胺甲醛树脂	70 ± 2
酚醛树脂	60 ± 2

（3）贮存天数计算

贮存稳定性测定按表 6-6 规定条件试验，树脂黏度增长率达到 200％所需时间 t（h）即代表树脂贮存 稳定性。脲醛树脂以 $t\times10$，酚醛树脂以 $t\times6$ 所得数值，即相当于密封包装的树脂在温度 10～20℃，阳光不直接照射处贮存的天数。

6.1.8.2　黏度变化率计算

乳液黏度变化率按式（6-6）计算：

$$V=\frac{\eta-\eta_0}{\eta_0}\times100\%\qquad(6-6)$$

式中，V 为黏度变化率，％；η 为处理后的黏度，mPa·s；η_0 为处理前的黏度，mPa·s。

6.1.9　热熔胶软化点的测定

（1）原理

把确定质量的钢球置于填满试样的金属环上，在规定的升温条件下钢球进入试样，从一定的高度下落，将钢球触及底层金属挡板时的温度视为软化点。

（2）仪器设备

① 软化点测定装置。如图 6-4 所示，其中钢球直径为 9.53mm，质量为（3.50 ± 0.05）g；烧杯容量约为 800mL，直径为 90mm，高度不小于 140mm。

② 瓷板。光洁。

③ 瓷坩埚。容量为 50mL。

④ 传热介质。不与被测试样起反应，如使用水浴、甘油浴或硅油浴。

（3）试样制备

取一定量的试验室样品放在瓷坩埚内，然后将瓷坩埚置于适当的传热介质中。加热样品至熔化，记录开始熔化的温度。继续加热使其完全熔化，直至其温度超过开始熔化的温度 25～50℃。在熔化和升温的整个阶段应搅动试样，使其完全成为均匀且无气泡的液体。另外，

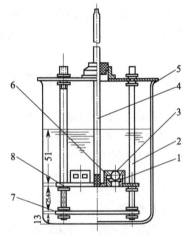

图 6-4　软化点测定装置

1—试样环；2—环架；3—钢球
4—温度计；5—烧杯；6—钢球定位环
7—金属平板；8—环架金属板

把试样环加热到与熔化试样相同的温度，再将其放在瓷板上，为避免与其黏合，瓷板可稍微涂些甘油或硅油。

用足够量熔化的试样填满试样环，使其在冷却之后稍有多余部分。在空气中冷却30min，然后用稍加热的刀除去多余试样。

（4）试验步骤

准备好仪器，悬挂好温度计，使温度计的底部位于试样环平面，并与两环的距离相等，调节环架呈水平状。

① 软化点温度低于80℃的试样的测试。用比估计温度低10℃的蒸馏水装满容器，要浸没试样环，水面应高出试样环50mm，在恒温的水浴中保持15min，然后用夹钳把预先浸在水浴中达到同一温度的钢球放入钢球定位环上。

均匀升温，升温速率为（5±1）℃/min。加热水浴，直至钢球穿过试样环进入试料。当被试料包围的钢球触及到环架的下承板时，要及时记录温度计所显示的温度。

在试验过程中，如果试样发生连续降解的话，则可充入惰性气体进行保护。

② 软化点温度高于80℃的试样的测试。软化点温度高于80℃的试样制备和操作方法与软化点温度低于80℃的试样测试相同，但要使用甘油浴或硅油浴进行加热。

6.1.10　不挥发物含量

为了确定胶黏剂的涂胶量，含有溶剂的胶黏剂必须测定组分中的不挥发物含量。测定方法如下：称取1～1.5g试样置于干燥洁净的称量容器中，转移至通风橱中，用250W的红外灯加热，干燥至试样不流动后，转移到恒温箱［当溶剂为丙酮、乙酸乙酯、乙醇等时，恒温在（80±2）℃；当溶剂为甲苯、汽油等时，恒温在（110±2）℃］内加热1.5h后，在干燥器中冷却至室温，在精度达万分之一的天平上称重。然后再次将试样放入恒温箱中加热0.5h后，在干燥器中冷却至室温，称至两次称重的质量差不大于0.01g为止。不挥发物含量（X）的计算公式如下：

$$X = \frac{W_后}{W_前} \times 100\% \tag{6-7}$$

式中，$W_前$和$W_后$分别代表试样在干燥前和干燥后的样品质量。

6.1.11　耐化学试剂性能

耐化学试剂是衡量胶黏剂耐久性的指标之一，胶黏剂耐化学试剂性能的检测按照GB/T 13353—1992执行。

（1）方法

按 GB/T 2790—1995、GB/T 2791—1995、GB/T 6328—1998、GB/T 6329—1996、GB/T 7122—1996、GB/T 7124—2008、GB/T 7749—1987 和 GB/T 7750—1987 中胶黏剂强度测定方法的规定制备一批试样，再将该批试样任意分为两组，一组试样在一定的温度条件下浸泡在规定的试验液体里，浸泡一定时间后测定其强度；另一组试样在相同温度条件的空气中放置相同的时间后测定其强度。两组强度值之差与在空气中强度值的百分比即为胶黏剂耐化学试剂性能的强度变化率。

（2）设备

① 使用所采用的测定方法中规定的试验机和夹具。

② 浸泡试件的试验容器应能密封，具有良好的耐压性，并耐溶剂的腐蚀。

（3）试样

根据所采用的测定方法确定试样形式、试样制备要求和每组试样个数。

（4）试验液体

① 耐化学试剂试验应采用产品使用时所接触的同样浓度的化学试剂。

② 耐烃类润滑油的溶胀性能试验应在橡胶标准试验油 1 号、2 号、3 号中选择试验液体，应符合表 6-7 的规定（橡胶标准试验油的理化性能的测定按 GB/T 262—2010，GB/T 265—1988 及 GB/T 267—1988 中所规定的方法进行）。

表 6-7　橡胶标准试验油理化性能

项目	理化性能指标		
	1 号	2 号	3 号
苯胺点/℃	124±1	93±3	70±1
运动黏度/($\times 10^{-6} m^2/s$)	20±1	20±2	33±1
闪点（开口杯法）/℃	243	240	163

注：1 号、2 号试验油运动黏度的测量温度为 99℃；3 号试验油为 37.8℃。

③ 蒸馏水。除本章所列出试验液体外，可根据需要选用其他液体。

（5）试验条件

① 目前，常采用的浸泡温度有：（23±2）℃，（27±2）℃，（40±1）℃，（50±1）℃，（70±1）℃，（85±1）℃，（100±1）℃，（125±2）℃，（150±2）℃，（175±2）℃，（225±3）℃。

② 在下列推荐时间里选择浸泡时间：$24_{-0.25}^{0}$h，70_{0}^{+2}h，（168±2）h，168h 的倍数。

③ 试验液体的体积应不少于试样总体积的 10 倍，并确保试样始终浸泡在试验液体中。

④ 试验液体只限使用 1 次。

⑤ 试样制备后的停放条件、试验环境、试验步骤、试验结果的计算均应符合使用的测定标准的规定。

（6）试验步骤

① 按照测试标准规定的量将试验液体倒入容器内。

② 把 1 组试样沿容器壁放置于容器内。

③ 将容器密闭，做高温试验的要先调节恒温箱，使恒温箱温度达到试验条件所选定的温度，将容器放入恒温箱内再开始计时。

④ 浸泡时间应符合试验条件（5）中②的规定。

⑤ 室温试验时，每隔 24h 轻轻晃动容器，使容器内试验液体的浓度保持一致。

⑥ 达到规定时间后从容器中取出试样。做高温试验的，应先从恒温箱内取出密闭容器，冷却至室温后再取出试样。

⑦ 当试验液体是（4）中②的试验油时，用一合适有机溶剂或蒸馏水洗净试样上的试剂，并用干净的滤纸将试样擦干。

⑧ 按（5）中⑤测定试样的强度并计算出算术平均值。

⑨ 在和（6）中③相同的试验温度下，把另一组试样在空气中放置和（6）中④相同的时间后，按（5）中⑤测定试样的强度并计算出算术平均值。

（7）试验结果

胶黏剂耐化学试剂强度变化率（％）按式(6-8)计算，并将计算结果精确到 0.01。

$$\Delta\delta = \frac{\delta_0 - \delta_1}{\delta_0} \times 100\% \tag{6-8}$$

式中，$\Delta\delta$ 为胶黏剂耐化学试剂强度变化率，％；δ_0 为在空气中放置后试样强度的算术平均值；δ_1 为经化学试剂浸泡后试样强度的算术平均值。

6.1.12　水混合性

胶黏剂的水混合性是指水溶性胶黏剂（如酚醛和脲醛树脂）用水稀释到析出不溶物的限度。

水混合性的测定方法：在 250mL 三角烧瓶中称取 5g 试样，插入 0～100℃量程水银温度计，将三角烧瓶放入（25±0.5）℃水浴中，使试样温度达到 25℃，再用 50mL 量筒量取预先恒温到 25℃的蒸馏水，在搅拌下慢慢加入三角烧瓶中，将混合物摇匀后，再加水，直到混合液中出现微细不溶物或三角烧瓶内壁上附着有不溶物时，读取加入的水量。

水混合性按式(6-9)计算：

$$L = W/m \tag{6-9}$$

式中，L 为水混合性，倍数；m 为试样的质量，g；W 为加入的水量，g。

6.1.13　接触角测试

采用光学接触角仪器对试样的动态接触角进行测试，接触角基面为木材径切面，即将树脂液滴（3μL）滴到木材径切面进行测试。对液滴左接触角和右接触角进行动态测量，持续测试时间为 60s，测试频率为 $10s^{-1}$，然后取左右瞬时接触角的平均值作为液滴的接触角。

6.1.14　凝胶时间测定

液态的树脂或胶液在规定的温度下由能流动的液态转变成固体凝胶所需的时间称为凝胶时间，可按照 GB/T 14074—2017《木材工业用胶粘剂及其树脂检验方法》中的"聚合时间测定法"进行测定。测试温度分别为 120℃、130℃，每组试样重复测定四次。

6.2　重要有害物质检测

6.2.1　TVOC 检控

在标准的大气压下，熔点低于室温、初馏点或沸点范围在 50～250℃之间的有机化合物称为挥发性有机化合物（VOC, votatile organic compound）。胶黏剂在制备过程中大部分使用了大量的有机化合物、单体、溶剂、助剂等原辅材料，这些材料大多数熔点和沸点较低。与此同时，在胶黏剂与涂料施工与固化过程中残余的单体、溶剂和助剂等的挥发会污染空气。这些有毒、有害气体被称为总挥发性有机物 TVOC（total votatile organic compound）。TVOC 分为烷类、芳烃类、烯类、卤烃类、酯类、醛类、酮类和其他等八类，这些气体严重威胁着人们的身体健康。据估计，涂料和胶黏剂释放的挥发性有机化合物是空气 VOC 的主要来源，占大气污染物的 $5\%\sim10\%$。因此，有必要对胶黏剂中的有机挥发物进行检测与控制。

装饰装修用胶黏剂属于工业胶黏剂的一种，是建筑工程上必不可少的材料。产品主要包括白乳胶、木地板胶、壁纸胶、塑料地板胶、防水胶、密封胶等。针对此类产品，可开展装饰装修用胶黏剂的有害物质检测，主要内容包括：苯、甲苯、二甲苯、游离甲醛、甲醇、氯代烃、重金属等。

适用于室内装饰装修用胶黏剂 VOC 的检测方法与标准主要有：国际通用标准 ASTM D3960—2005、GB 30982—2014 建筑胶黏剂有害物质限量、GB 18583—2008 室内装饰装修材料胶黏剂中有害物质限量。

实际上，甲苯、二甲苯等有机溶剂与助剂，随着施工的结束和放置时间的延长会逐步被散发与稀释，最终消失。而有些有毒物质，如游离苯酚、甲醛的释放却是一个长期的过程，对人体的毒害也最大。因此，游离酚与醛的检控工作在胶黏剂的使用中尤为重要。

6.2.2　游离醛的检测

在氨基树脂中，有部分甲醛在树脂制造中没有参加反应，呈游离状态，称之为游离醛。树脂游离醛含量高、固化快，但适用期短，不仅给操作带来不便，而且还会造成环境污染，危害人体健康。表 6-8 列出了脲醛树脂中游离醛含量与固化时间和适用期的关系。

表 6-8　脲醛树脂中游离醛含量与固化时间和适用期的关系

游离醛含量/%	固化时间/s	适用期/min
1.57	35.4	300
2.06	28.4	265

树脂中游离醛含量越低越好，降低游离醛含量有以下几种方法。

① 降低甲醛与尿素的摩尔比，摩尔比愈低，游离醛含量愈低。

② 制胶时用氨水作催化剂或以部分氨水代替一部分氢氧化钠作催化剂，游离醛含量可比原来降低 1% 左右。

③ 在制胶时加入一定量的碳酸氢铵或氨水也可以降低游离醛含量。

④ 从工艺着手，控制反应温度，减慢反应速率，可使游离醛含量降低。

⑤ 在合成树脂时加入能与甲醛反应的共聚物，如苯酚、三聚氰胺、聚乙烯醇、硫脲等也可达到降低游离醛含量的目的。

6.2.2.1　酚醛树脂中游离甲醛的测定

（1）原理

树脂中游离甲醛与盐酸羟胺作用，生成等量的酸，然后以氢氧化钠中和生成的酸，从而计算出游离甲醛的含量。

$$HCHO+NH_2OH \cdot HCl \longrightarrow CH_2 =\!\!=NOH+HCl+H_2O$$
$$NaOH+HCl \longrightarrow NaCl+H_2O$$

（2）仪器

试验室一般仪器。

（3）试剂与溶液

10% 的盐酸羟胺溶液；0.1% 溴酚蓝指示剂；$0.1mol/L$ 氢氧化钠标准溶液。

（4）操作步骤

称取试样 2g（准确至 0.0001g）于 150mL 烧杯中，加 50mL 蒸馏水（如为醇溶性树脂可加乙醇与水的混合溶剂或纯乙醇溶解）及 2 滴溴酚蓝指示剂，用 0.1mol/L 盐酸标准溶液滴定至终点，在酸度计上 pH 值等于 4.0 时，吸入 10％的盐酸羟胺溶液 10mL，在 20～25℃下放置 10min，然后以 0.1mol/L 氢氧化钠标准溶液滴定至 pH 值等于 4.0 时为终点。

同时以 50mL 蒸馏水或者乙醇与水（或纯乙醇）作溶剂代替试液进行空白试验。树脂中游离甲醛含量可按式(6-10) 计算：

$$F = \frac{(V_1 - V_2) \times c \times 0.03003}{m} \times 100\% \tag{6-10}$$

式中，F 为游离甲醛含量，％；V_1 为滴定试样所消耗氢氧化钠标准溶液体积，mL；V_2 为空白试验所消耗氢氧化钠标准溶液体积，mL；c 为氢氧化钠标准溶液浓度，mol/L；0.03003 为甲醛的毫摩尔质量，g/mmol；m 为试样质量，g。

6.2.2.2　氨基树脂游离甲醛的测定

（1）原理

在样品中加入氯化铵溶液和一定量的氢氧化钠，使生成的氢氧化铵和树脂中的甲醛反应，生成六亚甲基四胺，再用盐酸返滴定剩余的氢氧化铵，从而计算出游离甲醛的含量。

$$NH_4Cl + NaOH \longrightarrow NaCl + NH_4OH$$
$$6CH_2O + 4NH_4OH \longrightarrow (CH_2)_6N_4 + 10H_2O$$
$$NH_4OH + HCl \longrightarrow NH_4Cl + H_2O$$

（2）仪器

试验室一般仪器。

（3）试剂与溶液

0.1％混合指示剂：两份 0.1％甲基红乙醇溶液与一份 0.1％亚甲基蓝乙醇溶液混合摇匀；溴甲酚绿-甲基红混合指示剂：三份 0.1％溴甲酚绿乙醇溶液与一份 0.2％甲基红乙醇溶液摇匀；10％氯化铵溶液；1mol/L 氢氧化钠溶液；1mol/L 盐酸标准溶液。

（4）操作步骤

称取 5g 试样（准确至 0.0001g）于 250mL 碘量瓶中，加入 50mL 蒸馏水溶解（若样品不溶解于水，可用适当比例的乙醇与水混合溶剂溶解，空白试验条件相同），加入混合指示剂 8～10 滴，如树脂不是中性，应用酸或碱滴定至溶液为灰青色；加入 10mL 10％氯化铵溶液（相对氢氧化钠过量），摇匀；立即用吸管（10mL）加入 1mol/L 氢氧化钠溶液 10mL，充分摇匀盖紧瓶塞，在 20～25℃下放置 30min；用 1mol/L 盐酸标准溶液进行滴定，溶液由绿色→灰青色→红紫色，以灰青色为终点。同时进行空白试验。

注意在放置过程中塞紧瓶塞，用水封口以防氨的逃逸。

由反应式可知各物质的物质的量对应关系为 $3CH_2O \sim 2NaOH \sim 2NH_4OH \sim 2HCl$，则树脂中游离甲醛含量按式(6-11) 计算：

$$F = \frac{\frac{3}{2} \times [c_{NaOH}V_{NaOH} - c_{HCl}(V_{HCl} - V_{空})] \times 0.03003}{m} \times 100\% \tag{6-11}$$

式中，F 为游离甲醛含量，％；$\frac{3}{2}$ 为甲醛与氢氧化钠的摩尔比；c_{NaOH} 为氢氧化钠溶液浓度，mol/L；V_{NaOH} 为氢氧化钠溶液体积，mL；c_{HCl} 为盐酸标准溶液浓度，mol/L；$V_空$ 为空白试验所消耗盐酸标准溶液体积，mL；V_{HCl} 为滴定试样所消耗盐酸标准溶液体积，mL；0.03003 为甲醛的毫摩尔质量，g/mmol；m 为试样质量，g。

6.2.3 游离酚含量的测定

游离酚是指酚醛树脂中没有参加反应的苯酚。对于不同含量的游离酚的测定方法有所不同，下面就分别加以介绍。

6.2.3.1 游离酚含量在 1% 以上时的测定方法

（1）原理

用水蒸气蒸馏法使树脂中未参与反应的苯酚与水一起馏出，用溴量法测定，其反应如下：

$$5KBr + KBrO_3 + 6HCl \longrightarrow 3Br_2 + 6KCl + 3H_2O$$
$$C_6H_5OH + 3Br_2 \longrightarrow HOC_6H_2Br_3 + 3HBr$$
$$Br_2 + 2KI \longrightarrow 2KBr + I_2$$
$$I_2 + 2Na_2S_2O_3 \longrightarrow 2NaI + Na_2S_4O_6$$

（2）仪器

试验室一般仪器。

（3）试剂与溶液

碘化钾，分析纯；盐酸，分析纯；乙醇，分析纯；溴酸钾 $\left(\frac{1}{60}\text{mol/L}\right)$-溴化钾（0.1mol/L）溶液（溴化钾过量）；0.5% 淀粉指示剂；0.1mol/L 硫代硫酸钠标准溶液。

（4）操作步骤

① 在分析天平上称取 2g 样品，精确至 0.0001g，置于 1000mL 圆底烧瓶中，以 20mL 蒸馏水溶解（若试样为醇溶性固体树脂，则称取 1g 试样置于烧瓶内，加入 25mL 乙醇，摇动烧瓶使树脂完全溶解）。

② 连接蒸汽发生器、冷却器及量瓶等，具体蒸馏装置见图 6-5。

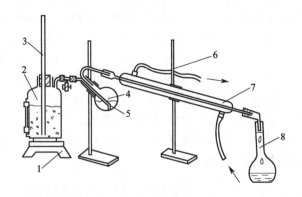

图 6-5　测定游离苯酚装置

1—电炉；2—蒸汽发生器；3—安全导管；4—圆底烧瓶；
5—试样；6—支架；7—直形冷凝器；8—容量瓶

③ 升温开始蒸馏，要求在 40～50min 内蒸馏物达到 500mL，取一滴蒸馏液滴入少许饱和溴水中，如果不发生浑浊即停止蒸馏。

④ 取下量瓶加蒸馏水稀释至 1000mL。用吸管吸取 50mL 蒸馏液于 500mL 碘量瓶中，然后用吸管加入 25mL 的溴酸钾 $\left(\frac{1}{60}\text{mol/L}\right)$-溴化钾溶液和 5mL 浓盐酸，迅速盖上瓶塞并用水封瓶口，摇匀，放置暗处 15min。

⑤ 加入 1.8g 固体碘化钾，用少许蒸馏水冲洗瓶口，再放置暗处 10min。

⑥ 用 0.1mol/L 硫代硫酸钠标准溶液滴定至淡黄色时，加 3mL 淀粉指示剂继续滴定至蓝色消失，即为终点。

⑦ 进行空白试验（如果测定醇溶性树脂，需配制 2.5% 乙醇水溶液，吸取 50mL 做空白试验）。

由反应式可知各物质的物质的量对应关系为 $C_2H_5OH \sim KBrO_3 \sim 3Br_2 \sim 6Na_2S_2O_3$，则树脂中游离酚含量按式(6-12)计算：

$$P = \frac{\left[c_{KBrO_3}V_{KBrO_3} - \frac{1}{6}c_{Na_2S_2O_3}(V_{Na_2S_2O_3} - V_{空})\right] \times 0.09411}{m} \times 100\% \tag{6-12}$$

式中，P 为游离苯酚含量，%；$\frac{1}{6}$ 为 $KBrO_3$ 与 $Na_2S_2O_3$ 的摩尔比；c_{KBrO_3} 为 $KBrO_3$ 的浓度，mol/L；V_{KBrO_3} 为 $KBrO_3$ 溶液的体积，mL；$V_{空}$ 为空白试验所消耗硫代硫酸钠标准溶液体积，mL；$V_{Na_2S_2O_3}$ 为滴定试样所消耗硫代硫酸钠标准溶液体积，mL；$c_{Na_2S_2O_3}$ 为硫代硫酸钠溶液的浓度，mol/L；0.09411 为苯酚的毫摩尔质量，g/mmol；m 为试样质量，g。

6.2.3.2　游离酚含量在 1% 以下时的测定方法

（1）原理

苯酚含量在 1% 以下时，用一般容量分析法测定时，准确性差。因此，应用分光光度计，利用物质吸收光子的数量，测出该物质含量，这是一种快速、灵敏、操作简便的方法。

（2）主要仪器

分光光度计（72 型或其他同类型）；试验室一般仪器。

（3）试剂和溶液

当日配制的 2% 4-氨基安替比林溶液；新近配制的 2% 铁氰化钾溶液；2mol/L 氨水溶液；苯酚，分析纯。

（4）标准曲线的绘制

配制 0.1mg/mL 标准浓度的苯酚溶液 500mL，取 50mL 量瓶 10 个，分别加入 1mL、2mL、3mL……10mL 标准溶液，加蒸馏水稀释至刻度。然后分别加入 1mL 2mol/L 氨水溶液、0.5mL 2% 4-氨基安替比林及 1mL 2% 铁氰化钾溶液摇匀。5min 后在分光光度计上520nm 处，用厚度为 1cm 的比色皿测定其光密度值。同时用未加标准溶液的试剂溶液做空白试验。将所得到的光密度值和各自的标准溶液浓度绘制成线性标准曲线，纵坐标为光密度值，横坐标为苯酚标准溶液含量。

（5）试样测定

称取试样 2g，用水蒸气蒸馏法制得蒸馏液，并将蒸馏液稀释至 1000mL，吸取 50mL 放入 100mL 三角烧瓶中，加 1mL 2mol/L 氨水溶液、0.5mL 2% 4-氨基安替比林及 1mL 2%

铁氰化钾溶液。搅拌 5min 后，按绘制标准曲线的标准溶液测定条件来测定其光密度，试验结果取两次测定的平均值。树脂游离苯酚含量按式(6-13) 计算：

$$P = \frac{a}{1000 \times m} \times 100\% \qquad (6\text{-}13)$$

式中，P 为游离苯酚含量，%；a 为根据标准曲线查得的该光密度值所对应的苯酚质量，mg；m 为试样质量，g。

6.3 含水率的测定

（1）原理

试样溶解于甲酚中，加热蒸馏，水分随苯一起馏出，经冷却后由于水的密度大而沉于接收管下部，量其体积即可得出树脂中的含水率。

（2）仪器

含水率测定装置见图 6-6，属于试验室一般仪器。

（3）试剂

甲酚，分析纯（经无水硫酸钠脱水）；苯，分析纯（经无水氯化钙脱水）。

（4）操作步骤

称取试样 10g（如是固体，则粉碎成小颗粒或剪成小块），放入水分测定装置的圆底烧瓶中，加入 60mL 甲酚使其溶解（可在水浴 50～60℃下加热溶解），溶解后加入 80mL 的苯和少量浮石使其沸腾均匀，并接上冷器管及水分接收器，接通冷却水，加热至沸腾，起初回流速度每秒 2 滴，大部分水出来后，每秒 4 滴，直至接收器中的水量不再增加时，再回流 15min。

树脂含水率按式(6-15) 计算：

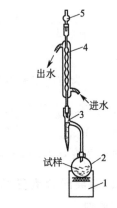

图 6-6　树脂含水率测定装置
1—电炉；2—烧瓶；3—水分接收器；
4—冷凝器；5—干燥器

$$W = V\rho/m \times 100\% \qquad (6\text{-}14)$$

式中，W 为树脂含水率，%；V 为水分接收器中的水量，mL；ρ 为水的密度，$1g/cm^3$；m 为树脂试样的质量，g。

6.4 耐热及阻燃性能检测

（1）耐热性

耐热性检验主要有恒定温度试验和高低温交变试验。恒定温度试验可在电热鼓风干燥箱或普通热老化试验箱中进行，温度可取 80℃、100℃、120℃、150℃、200℃ 或更高。高低温交变试验最好在自动控制温度和温度能周期变化的高低温试验箱内进行。一般采用的低温为 −60℃，高温则是最高使用温度。

（2）阻燃性

随着安全环保法规的日益严格，胶黏剂的阻燃性愈显重要，目前尚无国家标准，但可以参考塑料燃烧性能试验方法：GB/T 2406.1—2008/ISO 4589-1：1996、氧指数法和 GB/T 8323.2—2008/ISO 5659-2：2006。

其他的如耐辐射性可参考 ASTM D1879—2006（2014 年重新批准），耐霉菌性参照 GB/T 1741—2007，耐腐蚀性参照 ASTM D3310—2000（2014 年重新批准）。

6.5　树脂结构与性能分析

6.5.1　傅里叶变换红外（FTIR）光谱测试

使用傅里叶变换红外（FTIR）光谱分析仪，分析测定不同树脂的红外光谱图，从而分析加入不同固化剂树脂的化学结构变化。取适量制备好的树脂粉末和溴化钾充分混合研磨，将其压制成薄片，然后放入傅里叶变换红外光谱仪中进行扫描。以空白溴化钾作为背景，扫描次数为 32 次/秒，分辨率为 $4cm^{-1}$，扫描光谱范围为 $400\sim4000cm^{-1}$。

6.5.2　热重（TG）分析测试

热重法又称热失重法，是在程序升温的条件下，测量质量与温度依赖关系的一种技术。物质会随着温度的升高而发生相应的变化，如水分蒸发失去结晶水，低分子的挥发物逸出，物质的升华、分解、还原、氧化和蒸发等。如果将其质量变化和温度变化的信息记录下来，就可得出物质的质量随温度变化曲线，即热重曲线（TG 曲线），其纵轴表示质量（m），从上至下为减重，横轴为时间（t），从左至右增加。

使用热重分析仪对胶黏剂进行热重分析，试样在 120℃下固化 2h 后粉碎，测定条件为：氮气气氛（气流量 50mL/min），10℃/min 升温速率，升温至 700℃。

6.5.3　差示扫描量热法（DSC）分析

差示扫描量热法是在程序控制温度下测量输入到样品和参比物的功率差与温度的关系。差示扫描量热仪记录的曲线称 DSC 曲线，它以样品吸热或放热的速率即热流速为纵坐标，以温度 T 或时间 t 为横坐标，可以测定多种热力学和动力学参数，如比热容、反应热、转变热、相图、反应速率、结晶速率、高聚物纯晶度、样品纯度等。该法使用温度范围宽（$-175\sim725℃$）、分辨率高、试样用量少，适用于无机物、有机化合物及药物分析。

6.5.4　定量液体核磁（^{13}C-NMR）检测分析

^{13}C 核磁共振被简称碳核磁共振，是应用碳的核磁共振谱，它类似于质子核磁共振，能辨识有机化合物里的碳，就像 H-NMR 一样，因此 ^{13}C-NMR 是有机化学中了解化学结构的重要工具。^{13}C-NMR 只能检测碳 13 的同位素（自然含量只有 1.1％），碳 12 是不能被核磁共振检测的，因为它的自旋为零。

检测分析光谱测试将样品溶于重水（D_2O）溶剂中，在室温条件下延迟时间 8s，扫描频率 75.51MHz，每个波谱扫描 8000 次，分辨率为 0.1。

第 **7** 章

酚醛树脂胶黏剂

　　酚醛树脂胶黏剂是合成高分子胶黏剂中使用最早、用量最大的品种之一。它是由酚类（如苯酚、间苯二酚、叔丁酚等）与醛类（如甲醛、乙醛、多聚甲醛等）在催化剂存在下经缩聚反应制得的。酚醛树脂胶黏剂最初用于粘接木材、制造粘接板等。由于其具有粘接强度高、耐高温、耐水、耐油、价格便宜、容易生产、易于改性等特点，应用日益广泛。

7.1 分类与应用

7.1.1 分类

　　酚醛树脂胶黏剂品种较多，因合成原料、合成条件与性能不同及应用要求不同，分类方法也不相同，很难进行统一的分类和命名。一般可将其分为酚醛树脂胶黏剂（或纯酚醛树脂胶黏剂）和改性酚醛树脂胶黏剂两大类。也可按酚醛树脂使用的固化温度不同进行分类，即高温固化型、中温固化型和常温固化型酚醛树脂胶黏剂。

　　① 高温固化型酚醛树脂胶黏剂。以强碱为催化剂，反应介质 pH 值＞10，在 130～

150℃固化；用弱碱为催化剂，反应介质 pH 值＜9，形成的初期酚醛树脂用酒精溶解，在130～150℃固化。

② 中温固化型酚醛树脂胶黏剂。以碱为催化剂，反应介质 pH 值＞12，在反应釜中缩聚到接近中期树脂的程度，在 105～115℃固化。

③ 常温固化型酚醛树脂胶黏剂。以强碱为催化剂，形成初期酚醛树脂，以有机溶剂溶解，在酸性条件下常温固化。

也可以按照溶剂类型分类，可分为水溶性和醇溶性酚醛树脂等。醇溶性酚醛树脂是由苯酚和甲醛以氢氧化钠为催化剂制得的甲阶酚醛树脂；水溶性酚醛树脂是由苯酚和甲醛在氢氧化钠催化作用下制得的酚醛树脂水溶液，游离酚含量低（＜2.5%），减小了污染和毒害，是重要的未改性酚醛树脂胶黏剂，多用于人造板的制造与加工。

7.1.2　应用

酚醛树脂胶黏剂最主要的用途之一是用于高级粘接板的制造，一般涂胶量在 110～50g/m^2 之间，热压温度为 115～150℃，热压压力为 1.05～2.0MPa，在刨花板和纤维板的生产中也大量使用酚醛树脂。在酚醛树脂胶黏剂中，间苯二酚-甲醛胶黏剂的粘接强度最大，大于木材本身的结构强度，在粘接接头暴露在大气的各种条件下，能够保持原有的粘接强度，且耐疲劳，蠕变小，耐沸水及各种非腐蚀性的溶剂。

在机械制造方面，酚醛树脂胶黏剂也显示出了其独特的优势：如在铸造加工中，酚醛树脂用作型砂胶黏剂，其中，采用高邻位酚醛树脂和聚氨酯作主要成分的冷芯盒法由于具有高的芯砂质量和快速固化等优点而得到广泛应用，其配方大致如下：100kg 的 H31 石英砂、0.8kg 的酚醛树脂（固含量 65%）和 0.8kg 的二异氰酸酯（质量分数为 87%～88%），用三乙胺或二甲胺作催化剂。将石墨粉与热固性酚醛树脂胶黏剂组成的糊精浇注到模具内，在常压下成型，可制备石墨零件或材料。同时，将液体或粉状酚醛树脂胶黏剂、磨料和填料混合，粘接磨料可制备砂轮。

酚醛树脂经过改性后，强度和韧性大大提高，使用温度范围扩大到−55～260℃，短期内耐温达 350℃，常用作结构胶黏剂，能承受较大载荷应力，多用于金属材料的粘接。酚醛-缩醛、酚醛-丁腈橡胶、酚醛-环氧胶黏剂在航天航空中用于飞机的钣金粘接和蜂窝结构的粘接，也用于宇宙飞船上的隔热组件和过渡舱的制造等。由于酚醛树脂胶黏剂具有良好的耐热性能和低廉的成本，在车辆制造方面，特别是在汽车刹车片的制备和粘接工艺中必不可少，几乎不存在生锈的问题，具有其他胶黏剂无法替代的作用。同时，由于酚醛树脂中含有大量极性的羟甲基，使之对金属、非金属都具有良好的粘接性能，也常用作密封胶。酚醛树脂密封胶固化后具有刚性大、耐老化、耐油、耐水、耐化学介质等优点。由热固性酚醛树脂 125 份（质量份）、二氧化硅［粒度为50μm（300 目）］45 份、丁腈 26 橡胶 100 份、石棉粉 75 份、古马隆树脂（甲阶段）12.5 份、丙酮 700 份配制的单组分酚醛树脂密封胶黏剂可用作设备、容器的修补、填缝和密封。

在建筑方面，由间苯二酚 6.87 份（质量份，下同）、甲醛 3.77 份、水泥 16.2 份、砂63.65 份、甲醇 4.62 份、水 4.62 份掺混，可制备高强度的聚合物水泥混凝土，间苯二酚和甲醛在混凝土硬化过程中同时发生缩合作用。此外，酚醛树脂胶泥具有粘接力强、耐磨蚀、防水、绝缘性好等优点，在建筑工程上广泛用于内外墙面、地坪的粘接板材面层和勾缝，或用于基础、贮槽的涂抹及防腐。

在电子电器方面，酚醛树脂胶黏剂的体积电阻率为 10^{12}～10^{13}Ω·cm（相对湿度为50%，温度为 20℃），介电强度为 0.98～15.7MV/m，可用作绝缘密封胶，用于绕组线圈、电容、电阻变压器和半导体元件等。绝缘性能好的酚醛树脂胶黏剂配以其他组分，还可用来粘接启动器、普通灯泡、变压器以及印制电路板等。

7.2 基本性能

与脲醛树脂胶黏剂相比，酚醛树脂胶黏剂的耐水性、耐老化性、耐热性都比较好，粘接强度高，可制备成固态或液态形式。固态产品可部分或全部溶解于醇、酮等溶剂中，也可配制成水溶性、醇溶性和油溶性树脂。

各类酚醛树脂分子结构各不相同，其物理性质也各异。典型的热塑性酚醛树脂外观为近似于松香状的固体，室温下具有脆性，容易粉碎。一般而言，分子量高的，滴落温度（熔点或软化点）和熔体黏度相应增高，凝胶时间降低。同时，酚醛树脂苯环上的羟基与亚甲基的相对位置和支链结构的变化均会影响其物理性质。

热固性酚醛树脂中，甲醛过量，苯环上具有足够的活性羟甲基基团，只要加热即可直接交联。热塑性酚醛树脂的固化需加入固化剂，如六亚甲基四胺、多聚甲醛等。其中，六亚甲基四胺用作固化剂最为普遍，用量为树脂的 8%～15%。固化后的酚醛树脂为网状结构，能发生硝化和磺化反应，不耐浓硫酸和硝酸等强氧化性介质，耐碱性差。酚醛树脂制品具有良好的耐热性能，一般可在 120℃下长期使用。

酚醛树脂胶黏剂主要有以下特性。
① 极性大，粘接力强，对金属和非金属都有良好的粘接性能。
② 酚醛树脂由大量的苯环组成，又能交联成体型结构，故有较大的刚性和优异的耐热性。
③ 耐老化性好，包括高温老化和自然老化。
④ 耐水、耐油、耐化学介质、耐霉菌。
⑤ 制造容易，且本身易于改性，也能够对其他胶黏剂进行改性。
⑥ 粘接强度高，用途广泛。
⑦ 电绝缘性能优良。
⑧ 抗蠕变，尺寸稳定性好。
⑨ 脆性大，剥离强度低。
⑩ 需高温高压固化，收缩率较大。
⑪ 固化时气味较大。

以苯酚和甲醛缩聚制备的酚醛树脂应用最广，制品的粘接强度、耐水、耐热、耐腐蚀等性能都很好。可制成Ⅰ类粘接板、航空粘接板、船舶板、车厢板、木材层积塑料等产品，但成本比脲醛树脂胶黏剂高，胶层颜色较深，固化温度要求较高（140℃以上），固化时间长，在使用上受到一定限制，通过改性后可进一步提高其性能。几种改性酚醛树脂胶黏剂的性能见表 7-1。

表 7-1 几种改性酚醛树脂胶黏剂的性能

胶黏剂	工作温度/℃		剪切强度/MPa	抗剥离	抗冲击	抗蠕变	抗溶剂	抗潮湿	粘接特性
	最高	最低							
环氧-酚醛	177	−253	22	差	差	良	良	良	刚性
酚醛-丁腈橡胶	150	−73	21	良	良	良	良	良	坚韧和中等韧性
酚醛-氯丁胶	93	−57	21	良	良	良	良	良	坚韧和中等韧性
酚醛-缩醛	107	−51	14～34	最佳	良	中等	中等	良	坚韧和中等韧性

7.3　合成原料与合成原理

7.3.1　合成原料

合成酚醛树脂的主要原料是酚类和醛类以及催化剂等。苯酚、二甲酚、间苯二酚、多元酚等酚类均可以用于酚醛树脂的合成；醛类则有甲醛、乙醛、糠醛等；催化剂有盐酸、草酸、硫酸、对甲苯磺酸、氢氧化钠、氢氧化钾、氢氧化钡、氨水、氢氧化镁和乙酸锌等。原料的质量对酚醛树脂的性能有直接影响，酚醛树脂主要原料的性能和要求如下。

（1）苯酚

俗名石碳酸，分子式为 C_6H_6O，无色或白色晶体，外观为无色针状结晶或白色结晶熔块，有特殊气味，具有腐蚀性，有毒，在空气中易变成粉红色。在室温时稍溶于水，在 65℃以上时能与水混溶，易溶于乙醇、乙醚、氯仿、甘油、二硫化碳等。

（2）甲醛

分子式为 HCHO，无色气体，有特殊的刺激气味，对人的眼鼻等有刺激作用，易溶于水和乙醇，其质量分数为 35%～40% 的水溶液称为福尔马林。在工业生产中通常使用的是浓度为 37%（质量分数）的甲醛水溶液。对甲醛的技术要求是：外观无色或微黄色透明无沉淀的液体；甲醛含量（质量分数）≥36%；甲醇含量≤12%；甲酸含量≤0.05%。

在酚醛树脂合成中，碱液主要是氢氧化钠的水溶液，要求其外观为白色或微红色、无机械杂质的液体。而酸性催化剂则主要采用盐酸，在树脂脱水干燥时盐酸可以蒸发出去。生产酚醛树脂对盐酸的技术要求为：无色或黄色透明液体，盐酸含量≥31%。

7.3.2　合成原理

酚醛树脂的合成反应分两步，首先是苯酚与甲醛的加成反应，随后是缩合及缩聚反应。

7.3.2.1　加成反应

苯酚和甲醛通过加成反应生成一羟甲基酚，在适当的条件下，一羟甲基酚还可以和甲醛继续反应而生成二羟甲基酚和多羟甲基酚：

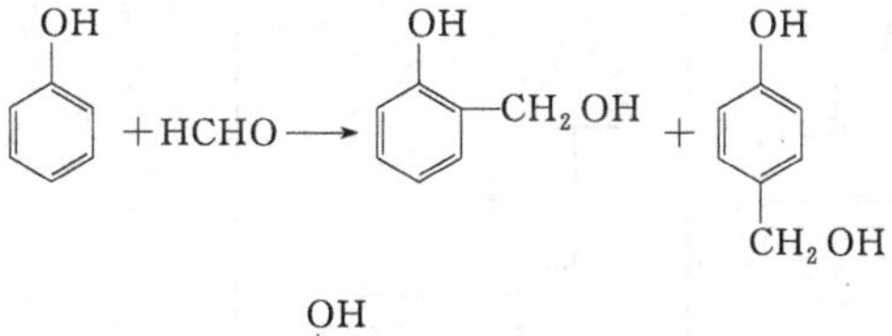

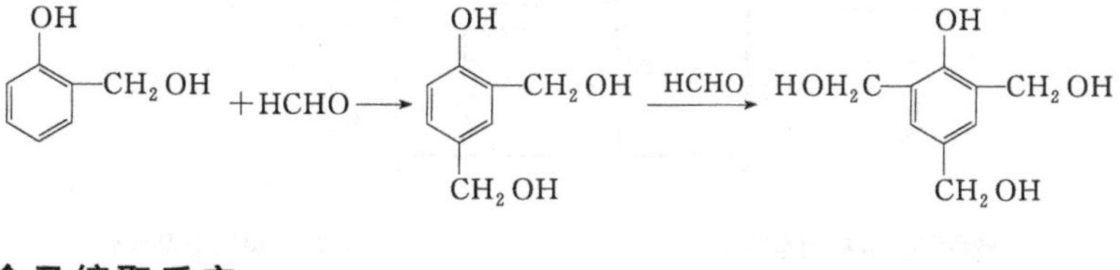

7.3.2.2　缩合及缩聚反应

随着反应条件的不同，缩合及缩聚反应可以发生在羟甲基苯酚与苯酚分子之间，也可以发生在各个羟甲基苯酚分子之间，包括：

上述产物再继续缩合，即生成不溶、不熔的体型酚醛树脂。

7.4 生产工艺

7.4.1 生产工艺流程

（1）管道式连续生产法

管道式连续生产法的工艺流程见图7-1。在生产过程中，先将苯酚、甲醛液及氢氧化钠

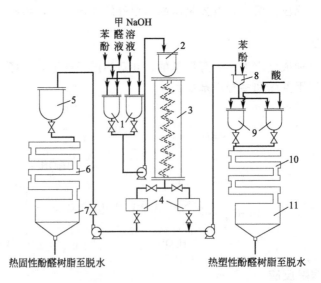

图 7-1 酚醛树脂胶黏剂管道式连续生产法工艺流程

1,9—混合器；2,5—高位槽；3—蛇管式反应器；4—贮槽；6,10—反应器；7,11—澄清槽；8—计量槽

溶液装入混合器 1 中（之一），进行混合（混合器内装有涡轮式搅拌器），然后用泵打入高位槽 2 中，由高位槽再进入用热水加热的蛇管式反应器 3，反应物料通过蛇管时即形成酚醇，并借重力流入贮槽 4，酚醇由贮槽 4 用泵打入高位槽 5（高位槽内装有涡轮式搅拌器），由此处再进入连续操作的反应器 6，在器内则形成热固性酚醛树脂。树脂与水的混合物在澄清槽 7 内分离，树脂收集于中间贮器中，然后送去干燥。

苯酚与甲醛液系按照制备热固性酚醛树脂的用量比例在混合器 1 中混合，因此在制备热塑性酚醛树脂时，当酚醇由贮槽 4 打入计量槽 8 后，须添加制备热塑性酚醛树脂所需量的苯酚。酚醇、苯酚及酸性催化剂系在装有涡轮式搅拌器的混合器中混合。

（2）塔式连续法

此连续生产工艺过程如图 7-2 所示。甲醛、苯酚和催化剂（如草酸）从贮槽中输送到一级反应器，其加入量可自动计量和控制，反应器外部有加热夹套，酚醛在搅拌下发生反应。在二级反应器中继续反应，反应常在 700kPa 压力、120～180℃温度下进行，由于温度高而提高了反应速率。反应混合物离开二级反应器后就进入闪蒸釜（也用作蒸汽和液体分离器），闪蒸的蒸汽经冷凝在收集器中收集，闪蒸器液相分两层，上层为含少量酚的水，可吸送到收集设备单元，而底层即树脂被泵送到真空蒸发器中进一步除水，蒸馏出的水（常含其他组分）经冷凝后也进入收集单元。而脱水树脂被放到水冷却输送带上冷却并成片，即得到片状酚醛树脂。

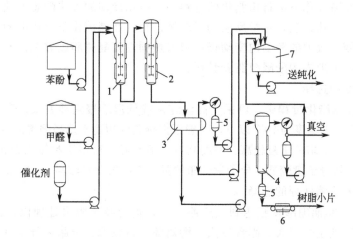

图 7-2　酚醛树脂连续生产工艺过程

1——级反应器；2—二级反应器；3—闪蒸釜；4—真空蒸发器；

5—冷却器；6—冷却运输成片机；7—含酚水收集器

7.4.2　合成工艺类型

合成的工艺类型和方法是影响酚醛树脂胶黏剂质量的一个重要方面。如甲醛的投料方式就是关键因素，在反应中是采取一次投料还是分几次投料的方法，对酚醛树脂胶黏剂中的游离酚含量、固含量等影响较大。因此，恰当地选择工艺类型是制备高质量、低消耗酚醛树脂胶黏剂的一个重要方面。

（1）缩聚次数的选择

① 一次缩聚。在弱碱（如氨水）的催化下，苯酚与甲醛一次投料进行缩聚反应，形成酚醛树脂胶黏剂。此工艺的特点是反应平稳，易于控制，有利于降低树脂的水溶性，便于脱水浓缩，但不利于降低游离酚含量。

② 二次缩聚。在强碱（氢氧化钠）的催化下，甲醛分两次投料与苯酚进行缩聚反应，形成酚醛树脂胶黏剂。这样有助于减缓反应中产生的自发热，易于控制，同时有利于减少游离酚含量，提高树脂质量。

在实际生产中，可以根据需要来选择一次缩聚还是二次缩聚，一般醇溶性酚醛树脂胶黏剂多采用一次缩聚工艺，水溶性酚醛树脂胶黏剂则多采用二次缩聚。

（2）催化剂的选择

生产酚醛树脂胶黏剂采用的催化剂如下。

① 强碱性催化剂。催化作用较强，反应速率快，能增加树脂的水溶性。但树脂中会残留游离碱，若碱含量较多，会降低粘接强度。同时，甲醛在强碱溶液中，易发生歧化反应，这对保持介质 pH 值的稳定性和反应速率是非常不利的。在现代水溶性酚醛树脂胶黏剂的生产中，为保证树脂质量，避免发生歧化反应，强碱的投入也是采用分次投料的方法。

② 弱碱性催化剂。催化作用缓和，反应平稳，易于控制。若用氨水作催化剂，树脂的水溶性下降，便于脱水浓缩。

苯酚与甲醛在碱催化下进行树脂化的过程中，可用冷却的方法随意地使反应在任何阶段停止。以后只需要加热升温，化学反应仍可继续进行。在碱催化下形成的酚醛树脂，甲醛与苯酚的摩尔比即使在较大的范围内变动仍可形成热固性酚醛树脂胶黏剂。在木材加工中，一般多使用碱性催化下形成的酚醛树脂胶黏剂。

（3）缩聚温度的选择

苯酚与甲醛在树脂化过程中，可采用高温缩聚或低温缩聚两种方式。高温缩聚的温度为90℃以上，低温缩聚的温度为70℃以下，一般根据树脂的用途来选择缩聚温度。高温缩聚树脂的分子量分布较窄，平均分子量较高、黏度高、水溶性好，适用于粘接板及刨花板等的制造。低温缩聚树脂的平均分子量较低，分子量分布较宽、游离酚含量较高、黏度低，适于浸渍用。

（4）浓缩与未浓缩处理的选择

① 浓缩处理。初期酚醛树脂达到反应终点后，进行减压脱水处理以达到规定的固体含量。这种树脂的特点是黏度大、固含量高、游离酚含量较低、树脂无分层现象。但生产周期长、能耗大、成本高。此类树脂主要用于粘接板的制造。

② 未浓缩处理。初期树脂达到反应终点后，不进行脱水处理。这种树脂的特点是固体含量低、黏度低、游离酚含量较高。但生产周期短、能耗小、成本低。此类树脂主要用于刨花板、纤维板等的制造。

7.4.3　生产工艺过程

（1）原料准备

① 苯酚的准备。选购工业一级苯酚，技术标准和化验方法参照国家标准 GB/T 339—2019。桶装的苯酚可采用蒸汽浴、热水浴等加热方式将其熔化。熔化的苯酚用齿轮泵打入有保温装置的高位贮槽备用。

② 甲醛的准备。选购含量为 37% 左右的甲醛水溶液。因甲醛易自聚形成多聚甲醛而

形成沉淀，所以大型甲醛贮罐内应有蒸汽加热管和搅拌装置（或用泵促进循环流动）以避免产生多聚甲醛（多聚甲醛的存在将会影响配料的准确性以及缩聚反应的活性）。甲醛的技术标准及化验方法应参照国家标准 GB/T 9009—2011。将甲醛泵入高位贮槽备用。

（2）反应釜内加料

① 按树脂生产配方要求，依次分别对苯酚、甲醛进行计量后加入反应釜。

② 搅拌均匀后，测 pH 值。根据配方要求及原料混合液的 pH 值，加入适当量的酸性催化剂，最终 pH 值一般控制在 1.9～2.3 范围内。

（3）缩聚反应

① 加热。向反应釜夹套内通蒸汽加热，缓慢升温至 60℃，在升温过程中不断搅拌，由于是放热反应，物料温度将自动升至 90℃以上并达到沸腾状态（约 98℃）。反应温度将通过控制夹套内通蒸汽压力及冷却水的流量等方法来调节。反应的放热量一般为 586.1kJ/kg（苯酚与甲醛），放热反应速率会因酸的种类而有所不同，如草酸较缓慢，盐酸较激烈。

② 缩聚。缩聚反应在物料沸腾状态下进行，在缩聚反应过程中，上升蒸气通过冷凝器冷凝后回流。根据冷凝液量及清澈度（由清变浑）一般可以判断出缩聚反应的进程。必要时，在缩聚后期可补加一定量催化剂，以促进缩聚反应后期的反应速率。

随着反应进行，树脂分子量逐步升高，并不溶于水中。反应物开始分为两个液相，静置时可分为明显两层，上层为以水为主的水溶液，下层为树脂。缩聚反应自回流液出现混浊开始约 30min 后即可取样测黏度或相对密度，一般用涂 4-杯测试黏度，当黏度为 20～40s（60℃）时即可作为缩聚操作终点。

（4）脱水

反应物系中的水来自甲醛中所含的水和酚以及缩聚反应所生成的水，为了获得合格的固体酚醛树脂，必须脱除这些水分。另外，脱水过程也可以同时带出反应物系中的残余酚、醛、甲醇、催化剂等，有利于酚醛树脂质量的提升。在脱水过程中，酚醛树脂的分子量还会有稍稍增大的现象，这是需要注意的问题。为了顺利脱水，一般在真空减压下进行，且随水分的逐渐脱除，反应物系黏度不断上升，真空度和物料温度均将不断提高。在脱水过程中，要时刻注意釜内树脂透明和黏度变化情况，并多次取样检测，直至合格。

（5）放料

当达到脱水终点后，立刻打开反应釜通向大气的阀门，从釜底将树脂放至料盘或料车。比较理想的做法是将树脂排放至不锈钢冷却运输带以及连续冷却造粒机中。

（6）树脂性能的检测

作为产品，酚醛树脂有许多重要的性能指标，主要包括熔点（或软化点、滴点）、聚合速率、游离酚和游离醛含量、水分含量、溶液黏度、粒子细度等，这些均需要进行检测，并在产品性能指标中加以说明。

（7）树脂粉碎、包装

Novolak 树脂完全冷却硬化后为浅黄至棕色半透明脆性固体，若放料后成大、小片料，则须经粗碎、细碎成树脂粉，以便于其下游材料和制品生产企业的应用。

7.4.4 常用酚醛树脂生产工艺

（1）水溶性酚醛树脂胶黏剂

① 原材料与配方见表 7-2。

表 7-2　水溶性酚醛树脂胶黏剂原材料与配方

原料	配比/质量份	原料	配比/质量份
氢氧化钠水溶液(0.1mol/L)	128	水	68
甲醛溶液(37%)	60.5	苯酚	47

② 制备方法

a. 将针状无色苯酚晶体加热到 43℃，熔化后将它加入三口烧瓶中，搅拌，加入氢氧化钠水溶液和水，溶液呈粉红色，并出现少许颗粒，升温至 45℃ 并保温 25min。

b. 加入甲醛总量的 80%。溶液呈现棕红色，固体颗粒减少，约 3min 后，溶液为深棕色透明液体，并于 45～50℃ 保温 30min，在 80min 内由 50℃ 升至 87℃，再在 25min 内由 87℃ 升至 95℃，在此温度保温 25min。

c. 在 30min 内由 95℃ 冷却至 82℃，加入剩下的甲醛，溶液稍许浑浊又马上消失，于 82℃ 保温 15min。

d. 在 30min 内把温度从 82℃ 升至 92℃，溶液在约 6min 后呈现胶状，颜色为深棕色，于 92～96℃ 保温 20min 后，取样测定黏度为 (100～200) $\times 10^{-5} m^2/s$ 时，立即通冷却水，温度降至 40℃ 时，出料。产品为深棕色黏稠状液体。

③ 性能见表 7-3。

表 7-3　水溶性酚醛树脂胶黏剂的基本性能

检测项目	技术指标	检测项目	技术指标
外观(目测)	红褐色透明黏稠液体	游离甲醛/%	0.5～1.0
固含量/%	43～48	黏度(25℃)/(Pa·s)	120～400
游离酚/%	≤2.5		

④ 应用。用于制造高级粘接板。

(2) 醇溶性酚醛树脂胶黏剂

醇溶性酚醛树脂胶黏剂是苯酚与甲醛在氨水存在下进行缩聚反应而制得，经减压脱水，树脂溶于乙醇中的棕色透明黏稠液体，可用乙醇继续稀释，但遇水易浑浊并出现分层现象。该树脂主要用于纸张及单板的浸渍，以生产船舶和高级耐水粘接板。醇溶性酚醛树脂基本性能见表 7-4。

原料配方：苯酚：甲醛＝1：1.2（摩尔比），苯酚：氨水＝100：6.8（质量比），乙醇适量。

表 7-4　醇溶性酚醛树脂的基本性能

检测项目	技术指标	检测项目	技术指标
外观(目测)	红褐色透明黏稠液体	游离甲醛/%	0.5～1.0
固含量/%	43～48	黏度(25℃)/(Pa·s)	120～400
游离酚/%	≤2.5		

合成工艺如下：①将已熔融的苯酚小心地加入反应釜；②开动搅拌器，再加入甲醛，温度保持在 40～45℃，搅拌 10～15min；③加入氨水，使反应液在 20min 内升温至 65℃，并在此温度下保温反应 20min；④继续升温，并保持在 60min 内升温至 95℃（注意防止暴沸，仔细观察釜内反应的变化），并维持反应 20min 左右；⑤当釜内的反应液出现浑浊现象后，

在 94～96℃条件下继续反应 25min；⑥停止加热并进行减压脱水（注意内温不得高于 65℃），反应液透明后内温不超过 75℃；⑦反应液透明后 20min，取样测聚合速率不大于 70s 时，停止脱水，加入乙醇，其质量约等于苯酚的质量，同时内温保持在 65～75℃，待树脂全部溶解后，冷却至 50℃下即可放料。该树脂要求贮存于密闭的铁桶中，场所严禁烟火，常温下可贮存 2～4 个月。

（3）高邻位酚醛树脂

用缓和的酸性催化剂二价金属钙、镁、锌等乙酸盐，在甲醛：苯酚＝1：0.8（摩尔比）的配比下反应。甲醛常用高浓度水溶液如 50％，并分批或逐渐加入，通常分二批进行，以减少放热和出现凝胶，即缩聚阶段和高温蒸馏阶段（达 145℃）。用甲苯和二甲苯作共沸溶剂，这样易于除水，能有效地控制反应热和反应速度；可使用双催化剂系统。

在 pH＝4～7 下，控制 P：F＝1：（1.5～1.8），用金属盐催化剂系统，加入甲醛水溶液或多聚甲醛，缩合水通过共沸溶剂（甲苯或二甲苯）除去，反应需 6～8h，温度为 100～125℃，脱水至含水量＜2％，得到中性树脂。在室温下，树脂固含量高、黏度低、贮存比较稳定。也可以用气体甲醛通入熔融的苯酚或取代酚来制备高邻位快速固化的酚醛树脂。

（4）间苯二酚树脂

具体合成工艺为：

① 无催化剂条件下合成。在有搅拌器、温度计、滴液漏斗的四口烧瓶中，加入 16.5g（0.15mol）间苯二酚及 40mL 水，加热搅拌到 60℃，使间苯二酚全部溶解后，提高温度到 80～90℃，用滴液漏斗滴加甲醛水溶液 8.5g，滴毕，在 90℃反应 6h，减压蒸馏除水后得到黄色透明的固体产物 A。

② 在草酸催化下合成。将催化剂草酸 0.1g 滴加溶于甲醛的水溶液中，其余反应条件均和工艺①相同，产物为红色透明的固体产物 B。

③ 在间苯二酚铝盐催化下合成。在四口烧瓶中加入 16.5g（0.15mol）间苯二酚，加热搅拌至 110℃，直到间苯二酚完全熔融后，加入 1g 新制的 $Al(OH)_3$，在 120～130℃反应 4h，固体 $Al(OH)_3$ 消失；加入 40mL 水，待体系均一后将温度维持在 80～90℃，从滴液漏斗滴加甲醛水溶液 8.5g（0.1mol），然后在 90℃反应 10h，减压蒸馏去除体系中的水，得到棕红色透明的固体产物 C。

上述树脂的性能如表 7-5 所示，从表 7-5 中可知，无催化剂及草酸催化剂作用下合成树脂 A 和 B 的颜色较浅，溶解性能好；而在间苯二酚铝盐催化下合成树脂 C，颜色较深，在醇、铜等有机溶剂中的溶解性能都不太好。

表 7-5　不同催化剂对产物性能的影响

树脂代号	催化剂	产物性状	软化温度 /℃	溶解性能			
				乙醇	丙酮	乙二醇	1% NaOH 溶液
A	无	黄色透明的固体	25～28	溶解	溶解	溶解	溶解
B	草酸	红色透明的固体	38～40	溶解	溶解	溶解	溶解
C	间苯二酚盐	棕红色透明的固体	42～44	有少量不溶物	有少量不溶物	溶解	溶解

间苯二酚树脂在进行胶合前，需要将其转化为热固性树脂，为此需加一定量的甲醛（多用三聚甲醛粉末或其与木粉的混合物）以提供交联固化过程中所需要的羟甲基。间苯二分冷热固化均可，由于其固化速度快，也可作为一般甲阶酚醛树脂的固化促进剂。

间苯二酚-甲醛树脂具有较好的胶合性能，且其粘接强度大于木材本身的结构强度。当粘接头暴露在大气中的多种条件下，间苯二酚-甲醛树脂均能够保持原有的粘接强度。具有良好的耐疲劳、耐水特别是耐沸水以及耐化学试剂等优点，能承受负载而不产生蠕变，在室温下可实现快速固化。因此，凡是要求高强度、耐水耐候性好、能室温固化的室外用木材胶黏剂多采用间苯二酚-甲醛树脂。

（5）苯酚、间苯二酚共缩合树脂

间苯二酚树脂是一种能够实现低温固化的胶黏剂，耐水耐候性优异、粘接强度高，但是间苯二酚价格昂贵，因而限制了这种胶黏剂的应用，而间苯二酚-苯酚-甲醛树脂却弥补了间苯二酚价格昂贵的缺点。

间苯二酚-苯酚-甲醛树脂的配方如下（数字为摩尔比）：

| 甲醛 | 1 | 间苯二酚 | 0.2 |
| 苯酚 | 0.8 | 氢氧化钠 | 适量 |

制备工艺：将苯酚与甲醛按一定的摩尔比混合均匀，用氢氧化钠将 pH 值调至 10，以油浴加热升温至 65℃左右，缓慢滴加间苯二酚进行共聚反应（间苯二酚物质的量为苯酚的 1/4），不断搅拌，控制温度不超过 65℃，控制好间苯二酚的加入时间，待完全加入后，缓慢反应 30min，降温，将反应物取出。

合成树脂的性能指标：

| 外观 | 黏性的深红色胶液 | 凝胶时间 | 175s |
| 固含量 | 58.5% | 剪切强度 | 6.86MPa |

由于该胶具有良好的耐候性、耐水性、耐温性及粘接强度等特点，适用于室外木结构工程材料的胶接，在木材胶黏剂中占有重要的地位。

7.5 影响质量的因素

7.5.1 酚类官能度的影响

官能度是指某化合物在化学反应中所具备的活性部位的数目。由于酚与醛的反应是亲核加成反应，反应中酚为亲核试剂，因此，随着苯环上取代基的数目、种类及取代部位的不同，酚类的官能度可以为 3、2、1、0。因此，具有 3 官能度的酚可以形成体型聚合物，而单官能度的酚则不能进行缩聚反应，常见的 3 官能度的酚有苯酚、间苯二酚，3,5-二甲苯酚，2,6-二甲苯酚等。

7.5.2 酚类取代基的影响

苯环上的取代基种类对反应速率有很大影响，若取代基为供电子基（如甲基、乙基、羟基、氨基等）则反应速率加快，当取代基为吸电子基时（如硝基、氰基等）反应速率则变慢。

酚类与甲醛的反应能力与反应速率和甲基在苯环上的位置和数量有关。表 7-6 列出了不同酚与甲醛的反应能力。

表 7-6 不同酚与甲醛的反应能力

酚的种类	反应速率常数	相对反应能力	酚的种类	反应速率常数	相对反应能力
3,5-二甲酚	0.0630	7.77	2,5-二甲酚	0.00570	0.70
间甲酚	0.0233	2.87	对甲酚	0.00287	0.35
2,3,5-三甲酚	0.0121	1.49	邻甲酚	0.00211	0.26
苯酚	0.00811	1.00	2,6-二甲酚	0.00130	0.16
3,4-二甲酚	0.00673	0.83			

从表 7-6 中可以看出：间甲酚的反应能力是苯酚的 2.87 倍；3,5-二甲酚的反应能力是苯酚的 7.77 倍；3,5-二甲酚的反应能力是 2,5-二甲酚的 11 倍，是 2,6-二甲酚的约 49 倍。另外，取代基的体积及相对取代位置所形成的空间位阻也影响反应速率，它们使反应变得困难。

7.5.3 苯酚与甲醛摩尔比的影响

从酚醛树脂的分子结构可以看出，生产热固酚醛树脂时，苯酚与甲醛的摩尔比一定要小于等于 1，若大于 1 则因不能产生足够的羟甲基而致使缩聚反应无法进行到底，到一定阶段后反应即会停止。摩尔比≈1 时，只能生成线型树脂。

值得注意的是：酚与醛之间首先发生加成反应而得到羟甲基苯酚，在酸性条件下，羟甲基与另一个苯酚分子上邻、对位的氢原子发生脱水反应，使两个酚环以亚甲基"桥"连接起来。按照理论计算，要形成理想的网状热固性酚醛树脂，即每个酚环上三个邻、对位全部与甲醛发生缩合反应，其苯酚和甲醛的摩尔比应为 1：1.5。当苯酚和甲醛的摩尔比为 1：2时，反应生成的产物是二羟甲基酚和三羟甲基酚。

7.5.4 pH 值的影响

理论与实践证明，pH 值小于 7 有利于亲核加成，pH 大于 7 则有利于缩合反应，即碱性条件下加成比缩合快，酸性条件下缩合比加成快。在理论上，将 pH＝3.0～3.1 称为酚醛树脂的"合成点"，即在此范围内很难发生反应，在此基础上调节 pH 值，反应立即发生。苯酚与甲醛在不同 pH 值介质中反应的机理及生成物结构与性能均不相同。当反应介质 pH值＞7、反应混合物中醛与酚的摩尔比大于 1 时，酚和醛首先发生加成反应，生成多种羟甲基苯酚，并能进一步反应生成树脂状产物，如果反应更深入，则发生交联，最后获得网状结构的大分子。当醛与酚的摩尔比小于 1 时，似乎醛的量太少，不足以构成网状结构，但在实际反应中，得到的仍然是多羟甲基苯酚，因为在碱性介质中酚醛是稳定的，酚醛中羟甲基与苯酚上活泼氢的反应速率比甲醛与苯酚邻、对位上氢的反应速率小，不易进一步缩聚，而只能生成二羟甲基苯酚和三羟甲基苯酚，以至于一部分苯酚未参加反应而成为"游离酚"。同时，因反应可以发生在邻位或对位，故产物是不同位置上多种异构体的混合物，它们可以继续与甲醛及苯酚反应，由于醛量不足，当醛消耗完毕后，得到分子量 300～1000 的树脂产物。

当醛与酚摩尔比小于 1，不会有多余的甲醛构成—CH_2OH，所以这种支链型混合物在长期或反复的加热下，不会转变成网状结构的大分子，因而是热塑性的。

如果在酸性催化剂下，醛与酚的摩尔比大于 1 时，则反应进行得很快，并且无法控制，因而得到交联结构的树脂。

7.5.5　催化剂与反应产物的关系

催化剂与反应产物的关系比较密切，使用不同的催化剂得到的树脂结构不同。酸性催化剂（HCl、H_2SO_4、$PhSO_3H$ 等）与碱性催化剂［$NH_3 \cdot H_2O$、$NaOH$、$Ba(OH)_2$ 等］的使用将分别得到线型与体型树脂。有些催化剂本身还可能加入分子链中去，有些能与酚或醛络合的金属离子催化剂可使产物具有专一性的结构，例如 $Ba(OH)_2$ 催化苯与甲醛缩合可得到高邻位酚醛树脂。

7.5.6　反应温度和反应时间的影响

苯酚与甲醛混合时，化学反应即开始，但在低温下，即使在催化剂存在下反应仍进行得很缓慢，达到一定的聚合度所需时间长，而在高温下反应迅速，达到一定的聚合度所需时间短。在树脂化过程中，初期酚醛树脂的质量对木材粘接质量影响最大，因此树脂生产阶段的反应温度与反应时间是不可忽视的因素。

一般在反应初期升温速率不宜太快，使苯酚与甲醛能形成一羟甲基酚、二羟甲基酚等。在这个过程中将伴随有大量反应热放出而使反应混合物的温度迅速升高，所以反应混合物在反应釜内升温至 55～65℃之后即可停止通入蒸汽，让反应中放出的热量来提高反应釜内的温度。

虽然苯酚与甲醛的缩聚反应一般是在沸腾情况下进行的，但强烈的沸腾不仅不能带来任何好处，反而会增加蒸汽与冷却用水的消耗量。而且，树脂的形成不是简单地由羟甲基酚变成树脂，而是连续不断地形成许多缩聚程度不同的中间产物，经过大分子的破裂、小分子的缩聚而形成分子量分布比较均匀的最终产物。同时，较长的反应时间有利于分子量的均匀分布，以此来改善树脂贮存期和树脂粘接后的力学性能。

在反应中后期，主要是分子量较低的产物相互缩聚，此时反应中的放热要比反应初期酚与甲醛反应时释放的热量小很多，因此必须及时通入蒸汽以保证混合物的沸腾。此阶段树脂形成的特点是随着缩聚程度的提高分子量增大，因此树脂的黏度逐渐增加。

反应温度和升温速率还与催化剂催化作用的强弱有关。当使用催化作用缓和的氨水时，若采用快速升温，往往由于升温过快，反应激烈，缩聚不充分，造成树脂分子大小相差悬殊，游离酚含量高，树脂质量下降。但在缓慢地阶段性升温时，即使使用催化作用较强的氢氧化钠，苯酚与甲醛的反应仍能比较充分，随后又能比较缓慢地形成树脂，缩聚程度比较均匀，游离酚比较少，树脂得率高。由此可见，在实际生产中，选用的反应温度和催化剂要相互匹配。

7.6　酚醛树脂胶黏剂的改性

7.6.1　酚醛-丁腈橡胶胶黏剂

在丁腈橡胶中加入硫化剂和补强剂，混炼后与酚醛树脂共同溶于乙酸乙酯中制备的溶液型胶黏剂，可以兼具二者的优点。在该反应体系中，除催化剂之外，有时还需要添加橡胶硫化剂和硫化促进剂，如硫黄、氧化锌、过氧化物、有机促进剂等。同时，加入填充剂（如石棉、炭黑、石墨、二氧化硅、金属粉末、金属氧化物、玻璃纤维等）调节热膨胀系数，提高弹性模量、粘接强度和抗冲击性能、耐热性等，还可调节胶黏剂的黏度。

酚醛-丁腈橡胶胶黏剂的溶剂选择，必须考虑贮存稳定性、毒性、易燃性、挥发性及成本等。通常使用混合溶剂，如乙酸乙酯、乙酸丁酯和甲乙酮等。

在固化过程中，一方面酚醛树脂和混炼丁腈橡胶可以分别固化和硫化，另一方面固化时酚醛树脂的羟甲基与混炼丁腈橡胶的氰基发生加成反应，可以提高交联密度，成为一种结构型胶黏剂，从而使胶黏剂的耐热性和内聚强度得到提高，其长期使用温度可达 150℃以上，甚至达到 200℃。

酚醛-丁腈橡胶胶黏剂具有以下优点。

① 酚醛-丁腈橡胶胶黏剂具有较高的粘接强度，柔韧性好，尤其是具有良好的抗剥离性能，其剥离强度和不均匀扯离强度在结构胶中是比较高的。

② 使用温度范围比较广，能在 60～150℃长时间使用，某些品种的使用温度可高达 250～300℃。酚醛-丁腈橡胶胶黏剂在粘接铝合金时，室温剪切强度在 20MPa 以上，−60℃时剪切强度在 30MPa 左右，200℃时剪切强度能保持在 10MPa 左右。

③ 有极佳的耐老化性能，良好的耐油、耐溶剂性能，耐气候、耐水、耐化学介质，而且是一种抗盐雾性能良好的结构胶黏剂。

④ 使用范围广，除了用来粘接机身的平条板和机翼的蜂窝结构外，也可用来密封油箱，粘接汽车刹车片、离合器等。可用来粘接橡胶-橡胶、塑料-塑料、金属-金属（铝、钢、镁、铅和锌板等）、金属-橡胶等材料。

表 7-7 为酚醛-丁腈橡胶胶黏剂的基本配方，其中使用的丁腈橡胶是高丙烯腈丁腈橡胶，其与酚醛树脂配合具有很宽的范围，酚醛树脂用量增多，可以提高耐热性，但抗冲性能降低。如质量比为 1:1，可以得到均衡的粘接性能，常用的促进剂是 $SnCl_2 \cdot 2H_2O$，防老剂为苯二酚，溶剂为酯、酮的混合物。

表 7-7　酚醛-丁腈橡胶胶黏剂的基本配方

组成	基本配方/质量份		组成	基本配方/质量份	
	胶液	胶膜		胶液	胶膜
丁腈橡胶	100	100	防老剂	0～5	0～5
甲阶酚醛树脂	0～200		硬脂酸	0～1	0～1
线型酚醛树脂	0～200	75～100	炭黑	0～50	0～50
氧化锌	5	5	填料	0～100	0～100
硫黄	1～3	1～3	增塑剂	—	0～10
促进剂	0.5～1	0.5～1	溶剂	固含量 20%～50%	

7.6.2 酚醛-氯丁橡胶胶黏剂

酚醛-氯丁橡胶胶黏剂主要组分为酚醛树脂（常用对叔丁酚-甲醛树脂）与氯丁混炼胶。酚醛-氯丁橡胶胶黏剂初黏力较高，成膜性好，胶膜柔韧，大多数可在室温或稍高的温度条件下固化。对许多材料，如木材、橡胶、金属、玻璃、塑料、纤维织物等有粘接力，是重要的非结构胶。既可配成胶液，也常制成薄膜使用。酚醛-氯丁橡胶胶黏剂对金属结构材料的粘接有良好的抗振动、抗疲劳和耐低温等性能。若采用高温固化，对金属的粘接强度在室温下可达 27.44MPa，其强度随温度升高而下降，作为金属结构胶多用于90℃以下。

7.6.3 酚醛-缩醛胶黏剂

利用热塑性的聚乙烯醇缩醛树脂改性酚醛树脂，制得的胶黏剂称为酚醛-缩醛胶黏剂。酚醛-缩醛胶黏剂具有机械强度高、柔韧性好、耐寒、耐疲劳、耐大气老化性能突出的特点。在固化过程中，缩醛的羟基可以和酚醛树脂的羟甲基缩合，从而提高交联密度，但缩醛本身耐热性能差，耐温性仅120℃。这类胶黏剂的优点是黏度低、韧性好、耐久性能优异和工艺性能好，大量用于耐高温刹车片的粘接。

用于改性酚醛树脂的缩醛专指聚乙烯醇缩醛，其结构通式为：

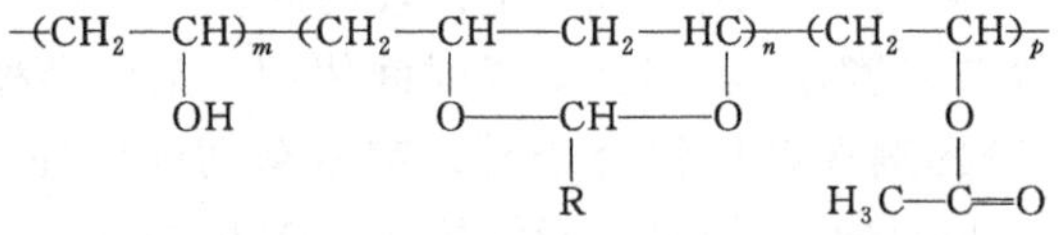

根据 R 基的不同，具体品种有聚乙烯醇缩丁醛、缩甲醛、缩甲乙醛、缩糠醛等。有研究表明，聚乙烯醇缩丁醛改性的酚醛树脂胶黏剂的韧性较好，而聚乙烯醇缩甲醛改性的酚醛树脂的耐热性较好。聚乙烯醇缩甲醛含有羟基，能与酚醛树脂的羟甲基发生缩合反应生成接枝共聚物：

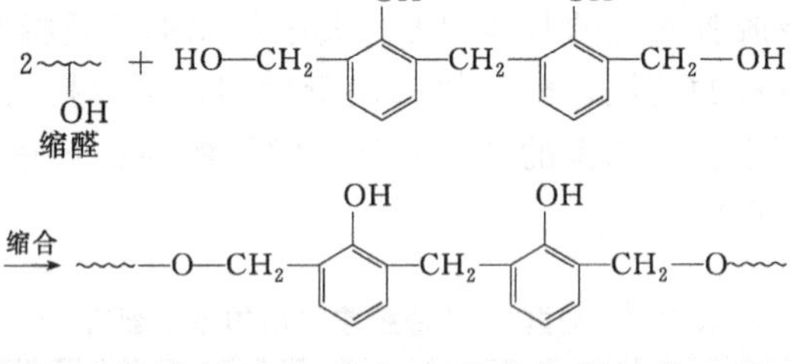

羟基与酚醛树脂中的羟甲基进行缩合反应，形成交联结构。聚乙烯醇缩醛的种类、羟基含量的多少、分子量大小等均对胶的性能有较大的影响。常用缩醛的分子量为数万到20万，分子量越大，剪切强度越高，但剥离强度下降。聚乙烯醇缩甲醛较缩丁醛的高温剪切强度大，耐蠕变性好，但剥离强度较低。

酚醛-缩醛胶黏剂综合了二者的优点，形成了具有优良的抗冲击强度及耐高温老化性能的结构胶。酚醛-缩醛胶黏剂的优点如下。

① 在高、低温下粘接强度高。酚醛-缩醛胶黏剂耐低温性能良好，在 −55℃ 下还有25MPa 以上的剪切强度。也可长期经受215℃高温的作用而保持一定的强度，但是作为结构

胶使用时只能用到120℃左右，高于此温度其剪切强度与剥离强度就大大下降。酚醛胶黏剂改性前后剪切强度比较见表7-8。

表 7-8　酚醛胶黏剂改性前后剪切强度比较

被粘材料	剪切强度/MPa		
	酚醛树脂	聚乙烯醇缩醛	酚醛-缩醛
木材-金属	3.9	4.9	5.9
金属-金属	9.1	20.2	30.8

② 耐大气老化性能优良。实践已经证明，酚醛-缩醛胶黏剂的耐大气老化性能非常好。用这种胶黏剂粘接的试样，在各种条件下长时间自然老化，其剪切强度都没有什么明显的下降；而在同样的条件下，环氧-尼龙胶黏剂的强度下降就较明显，见表7-9。

表 7-9　酚醛-缩甲醛树脂与环氧-尼龙树脂的性能比较

胶黏剂种类	试验室(温度70℃,相对湿度95%～100%)		大气老化		
	时间/h	强度增减	地点	时间	强度增减
酚醛-缩甲醛	720	−16%	欧洲高寒地区	9 年 7 个月	5.0%
			高温高热的尼日利亚	4 年 9 个月	0
环氧-尼龙	500	−79.2%	欧洲高寒地区	4 年 11 个月	−8.5%

③ 耐疲劳性能强。酚醛-缩甲醛胶黏剂与酚醛铆接件相比的耐疲劳性见图7-3。

7.6.4　酚醛-环氧胶黏剂

为了形成交联的体型结构，可在酚醛树脂中加入环氧树脂，使得酚醛树脂酚核上的酚羟基和羟甲基与环氧树脂中的环氧基及羟基发生缩合反应，这样不仅增长了链段，还可以提高酚醛树脂的粘接强度，改善酚醛树脂的粘接性，降低收缩率和固化产物的交联密度，使分子的柔韧性增加。

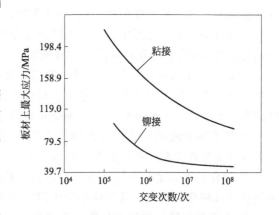

图 7-3　酚醛-缩甲醛胶黏剂粘接与铆接的耐疲劳性

酚醛-环氧胶黏剂由热固性酚醛树脂、双酚 A 型环氧树脂及其固化剂和促进剂、稳定剂、填料等所组成。通常用热固性树脂与环氧树脂并用，而用羟甲基被烷基化的热固性酚醛树脂更能改善与环氧树脂的混溶性。环氧树脂多采用分子量较高的双酚 A 型固体树脂，如 ShellEPon、Epon1001、Epon1007 等。

酚醛树脂和环氧树脂的配比可在很大范围内改变，要获得较好的高温性能，以酚醛树脂与环氧树脂质量比为 3～5 为宜，通常在配方中加入铝粉，对改善粘接强度和耐热性都有显著作用，表 7-10 列出了几个典型配方。

表 7-10　酚醛-环氧胶黏剂的典型配方　　　　　　　　　　　　单位：质量份

PPL-873		Epon422		Epon422	
Epon1007	20	Epon1001	33	Epon1004	75
热固性酚醛树脂	160	热固性酚醛树脂	100	热固性酚醛树脂	25
羧基萘甲酸	3	铝粉	100	H_3PO_4	1
没食子酸丙酯	2	喹啉铜	1		
溶剂	20				

　　如果采用环氧树脂和橡胶对酚醛树脂进行双改性，所制备的胶黏剂不仅具有良好的剪切强度，而且还具有优异的韧性，例如：J-116 耐高温结构胶黏剂，主要成分为环氧树脂、酚醛树脂和改性橡胶，这种胶黏剂可以在 180～200℃ 长期使用，主要用于航空、航天领域耐高温材料的结构粘接。

7.6.5　间苯二酚-甲醛树脂胶黏剂

　　间苯二酚-甲醛树脂胶黏剂通常为双组分。甲组分是间苯二酚与甲醛的乙醇与水的溶液，质量分数为 50%；乙组分是由多聚甲醛与填料的混合物，多聚甲醛能慢慢地溶解在醇和水里，降解得到甲醛，填料用木屑、胡桃壳粉、白土或石棉纤维。使用时，甲乙按计量混合，实际上乙组分可过量，固化后生成高交联的不熔、不溶树脂。

　　间苯二酚有两个酚羟基，增强了苯环邻位及对位的活性，其羟甲基衍生物活性很大，在常温常压下无催化剂存在时也可以继续和甲醛反应，形成结构复杂的高聚物。间苯二酚与甲醛反应的速度及产物取决于甲醛与间苯二酚的摩尔比、溶液的浓度及温度、催化剂、pH 值及反应介质。醛与酚的摩尔比为 0.5～0.7 时，才能得到稳定的树脂。间苯二酚-甲醛树脂胶黏剂在中性条件下就可固化，而在中度碱性条件下固化更为有利。在碱性催化剂作用下，即使固化温度为 0℃ 也能获得较高的粘接强度。

　　间苯二酚-甲醛树脂可用于木材、纤维、纸品、橡胶、塑料和金属的粘接，以及高档粘接板、强力人造丝、窗帘布、尼龙帘子与橡胶的粘接等，其粘接强度大于木材结构强度，能耐疲劳、耐沸水及非腐蚀性溶剂，承受负载而不产生蠕变，并具有以下特点：

　　① 能在酸性或碱性催化剂作用下室温迅速固化，用碱性催化剂时，很适宜粘接木材，避免木材受酸性介质的作用而发生水解破坏。

　　② 固化后可以耐各种气候条件的老化，粘接木材时能满足所有规格的最高要求，可用来制造高级粘接板以及建筑中的各种木质结构的粘接。

　　③ 由于具有较好的粘接性能、耐热性、介电性能，且无毒，因此，可作为补牙、镶牙材料，加热仪器的零件及金属、橡胶、塑料的粘接。

　　为了降低间苯二酚-甲醛树脂胶黏剂的脆性，可用聚乙烯醇缩丁醛树脂或其他弹性体进行改性。

第 **8** 章

脲醛树脂胶黏剂

脲醛（UF）树脂是目前用量最大的氨基树脂，是由脲（又称尿素，常用 U 表示）与甲醛（F）在碱性或酸性催化剂作用下缩聚生成初期树脂，然后在固化剂或加热作用下形成不溶、不熔的末期树脂。脲醛树脂具有如下特点。

① 由于含有大量的羟甲基和酸氨基，能溶于水，并有较好的粘接性能。

② 可室温或加温 100℃ 以上很快固化。

③ 与酚醛树脂相比，固化后胶层没有颜色，不污染制品。

④ 粘接强度比动植物胶高。

⑤ 工艺性好，使用方便，但耐水性和粘接强度低于酚醛树脂胶。

⑥ 脆性大，固化过程中易产生内应力引起龟裂。

⑦ 固化时会放出刺激性的甲醛。

脲醛树脂原料来源丰富、价格便宜，对木质纤维素有优良的黏附力，内聚强度优异，已基本上取代了血胶和豆胶，广泛用于木材、粘接板、层压板、刨花板、竹木制品的粘接及单板拼接。如家具、包装箱、纺织器材、家用电器的木质外壳等，用量占人造板工业中所用合成树脂胶总量的 65%～75%。用于木材工业的脲醛树脂胶黏剂，有液状和粉状两种。液状脲醛树脂胶黏剂是黏稠状，固含量随制造条件不同而异，贮存期为 2～6 个月，超过贮存期，胶黏剂液逐渐变稠，甚至发生凝胶而失去效用。粉状脲醛树脂胶黏剂需经喷雾干燥而得。由于它的低分子量缩聚物能溶于水，不需特殊溶剂，且能缩短固化时间，不论在常温或加热条件下均能很快固化、使用方便，贮存期可长达 1～2 年之久。具有较高的粘接强度，较好的耐水性、耐腐蚀性。树脂呈无色透明黏稠液体或乳白色液体，不会污染木材粘接制件。但是，这种胶黏剂中含有游离甲醛，能使所制木器或装饰板长期不断地挥发对人有害的甲醛，而室内空气中的甲醛已经成为人类健康的第一杀手。

8.1 合成原理

尿素与甲醛都是富于反应活性的物质，尿素是阴离子反应体，甲醛是阳离子反应体。尿素和甲醛之间的反应分为两个阶段，第一阶段是在中性或弱碱性介质中，首先进行加成（羟甲基化）反应，生成一羟甲基化合物、二羟甲基化合物和三羟甲基化合物。第二阶段是在酸性介质中，羟甲基化合物之间脱水缩合，生成水溶性树脂，此树脂状产物在加热或酸性固化剂存在下即转变成网状结构树脂。

8.1.1 加成反应

在中性或弱碱性介质中，尿素与水合甲醛首先进行加成（羟甲基化）反应，生成初期中间体一羟甲基衍生物，然后再生成二羟甲基衍生物，这些羟甲基衍生物是构成未来缩聚产物的单体。

1mol 的尿素与不足 1mol 的甲醛进行反应，生成一羟甲基脲：

$$\underset{\text{尿素}}{H_2N-\overset{\overset{\displaystyle O}{\|}}{C}-NH_2} + \underset{\text{水合甲醛}}{HO-CH_2-OH} \longrightarrow \underset{\text{一羟甲基脲}}{H_2N-\overset{\overset{\displaystyle O}{\|}}{C}-NHCH_2OH} + H_2O$$

1mol 的尿素与大于 1mol 的甲醛进行反应生成二羟甲基脲：

$$O=C\begin{smallmatrix} NH_2 \\ \\ NH_2 \end{smallmatrix} + \begin{smallmatrix} HO-CH_2-OH \\ \\ HO-CH_2-OH \end{smallmatrix} \longrightarrow \underset{\text{二羟甲基脲}}{O=C\begin{smallmatrix} NH-CH_2OH \\ \\ NH-CH_2OH \end{smallmatrix}} + 2H_2O$$

当甲醛过量时还可以进一步生成三羟甲基脲、四羟甲基脲。

8.1.2 缩聚反应

合成脲醛树脂时的缩聚反应（或树脂化反应）是羟甲基化合物形成大分子的反应。在酸性或碱性条件下都可以进行，但在碱性条件下，缩聚反应速率非常慢，工业上均在弱酸性条件下进行。

甲醛的水合物甲二醇在氢离子存在下生成羟甲基阳离子 $\overset{+}{C}H_2OH$，这个阳离子与尿素中氮的非共用电子对配位，再使 H^+ 脱离，生成一羟甲基脲：

$$O=C\begin{smallmatrix} NH_2 \\ \\ NH_2 \end{smallmatrix} + \overset{+}{C}H_2OH \longrightarrow O=C\begin{smallmatrix} \overset{+}{H_2N}-CH_2OH \\ \\ NH_2 \end{smallmatrix} \longrightarrow O=C\begin{smallmatrix} NH-CH_2OH \\ \\ NH_2 \end{smallmatrix} + H^+$$

一羟甲基脲脱水生成亚甲基脲正离子，亚甲基脲正离子与尿素结合生成亚甲基二脲，即进行如下的缩合反应：

羟甲基脲作为缩聚反应的单体，发生缩聚反应，生成脲醛树脂。

单体上的氨基可以继续与 CH_2OH 反应生成羟甲基氨基，继续与其他氨基发生缩合反应，这样直链分子发生分支生成高分子直到构成网状结构。羟甲基和羟甲基之间会生成亚甲基醚键，经加热可脱除甲醛生成亚甲基：

$$-CH_2OH + -CH_2OH \longrightarrow CH_2OCH_2- + H_2O$$
$$-CH_2OCH_2- \longrightarrow CH_2- + CH_2O$$

随着树脂化反应的继续进行，分子量逐渐增大，黏度也随缩聚程度的增大而增大。多生成线型结构，分子量一般为 700 左右，分子中含有具有活性的羟甲基和氢离子。

在适当的 pH 值和温度下，固化的脲醛树脂中常存在亲水性的游离羟甲基，这是脲醛树脂耐水性差的原因。

8.2　合成原料

合成脲醛树脂的主要原料是尿素和甲醛。

尿素学名碳酰胺，分子式：$CO(NH_2)_2$，无色针状结晶，呈弱碱性，易溶于水、甲醛、乙醇和液体氨。尿素是一元碱，在稀酸或稀碱中很不稳定，在稀碱中加热 50℃ 以上时放出氨，在稀酸溶液中放出二氧化碳。尿素在熔点温度以下相当稳定，在略微超过它的熔点之上加热时，则分解出氨和氰酸。若加热不强烈，氰酸和脲结合形成缩二脲。

甲醛的分子式为 HCHO，常温下为气体。有强烈的刺激作用，也会刺激皮肤，引起灼伤，甲醛剧烈中毒会使人失去知觉。甲醛易溶于水，含量为 37% 的水溶液称为福尔马林，其水溶液为甲二醇、聚甲醛、甲醇、甲酸及水的混合物。工业甲醛水溶液的合格品甲醛含量为 36.5%～37.4%。甲醛是一种反应性很强的化合物，能与一系列其他羟甲基化合物如聚乙烯醇、淀粉和纤维素等发生反应。

合成脲醛树脂所用原料量需根据甲醛与尿素的摩尔比来进行计算。如果原料的摩尔比已确定，则可根据尿素与甲醛的纯度按式(8-1)计算出一定量尿素进行反应时所需甲醛溶液的量，式(8-1)也适用于三聚氰胺树脂和酚醛树脂。

$$G = MN \frac{W}{M'} \times \frac{P}{Q} \tag{8-1}$$

式中　G——甲醛水溶液用量，kg；

　　　M——甲醛摩尔质量，g/mol；

　　　N——甲醛与尿素的摩尔比；

　　　P——尿素的纯度，%；

　　　W——尿素量，kg；

　　　Q——甲醛的浓度（质量分数），%；

M'——尿素摩尔质量，g/mol。

例1：某脲醛树脂合成配方为尿素与甲醛的摩尔比为 1∶1.5，尿素加入量为 100kg，（尿素的纯度为 98%），甲醛水溶液浓度为 36.8%，通过以上公式，计算得到甲醛水溶液为 199.73kg。

例2：某脲醛树脂合成配方为：甲醛一次加入，尿素均分两批加入（尿素的纯度为 98%），甲醛水溶液（浓度为 37%）共 500g 首先加入，第一次尿素加入后，甲醛与尿素的摩尔比为 1.8∶1，反应一段时间后加入第二批尿素，使最终的摩尔比为 1.5∶1，可计算出第一批尿素投入量为 209.8g，第二批尿素投入量为 251.7g。

8.3 生产工艺

8.3.1 基本生产流程

国内生产脲醛树脂均采用间歇式反应釜，即在一个反应釜内完成制备树脂的全过程。具体生产工艺流程如图 8-1 所示。

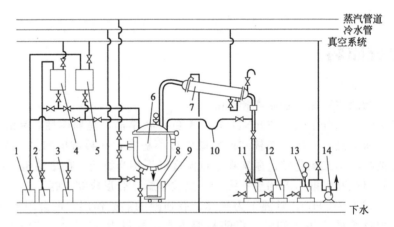

图 8-1 间歇式合成树脂制备车间工艺流程图

1—熔尿素桶；2—甲醛桶；3—碱或醇桶；4，5—高位计量罐；6—反应釜；
7—换热器；8—树脂桶；9—磅秤；10—U 形回流管；
11—贮水罐；12—干燥罐；13—缓冲罐；14—真空泵

8.3.2 关键工艺程序

（1）缩聚次数的选择

在脲醛树脂的制备过程中，可以分为一次缩聚和二次缩聚。一次缩聚是将全部的尿素一次加入与甲醛进行的缩聚反应。最好先用蒸汽或少量水将尿素溶解后，缓缓加入进行反应。这样可以避免由于放热反应而使反应温度急剧升高所造成的不利影响。

二次缩聚则是在树脂合成时，尿素分两次加入，与甲醛进行二次缩聚反应。这样可以减缓尿素加入后的放热反应，使反应平稳且易于控制。二次缩聚工艺有利于形成二羟甲基脲和降低游离甲醛含量。

（2）缩聚温度的选择

缩聚反应的温度可以分为低温缩聚和高温缩聚两种。在低温缩聚反应中，尿素与甲醛的反应温度自始至终控制在 45℃ 以下，所生成的树脂外观为乳状液。树脂化速度与甲醛的浓度有关，甲醛浓度低，树脂化速度慢；甲醛浓度高，树脂化速度快，但贮存性能不佳，树脂有分层现象，质量较差。

对于高温缩聚，反应体系温度一般在 90℃ 以上，所形成的树脂外观为黏稠液体。树脂贮存期长，一般为 2～6 个月。贮存中无分层现象，使用方便。

（3）反应各阶段 pH 值的选择

pH 值是影响产品质量的主要因素。在脲醛树脂的合成中，根据反应体系中 pH 值的变化可分为以下几个方面。

① 碱-酸-碱工艺。尿素与甲醛首先在弱碱性介质（pH＝7～9）中反应，完成羟甲基化形成初期中间产物，而后使反应液转为弱酸性介质（pH＝4.3～5.0），达到反应终点时，再把反应介质 pH 值调至中性或弱碱性（pH＝7～8）贮存。

② 弱酸-碱工艺。尿素与甲醛自始至终在弱酸性介质中（pH＝4.5～5.0）反应，树脂达到反应终点后，把 pH 值调至中性或弱碱性贮存。

③ 强酸-碱工艺。尿素与甲醛自始至终在强酸性介质（pH＝1～3）中反应，要特别注意尿素的加入速度不能过快，否则反应极难控制。另外随着反应液 pH 值的降低必须相应提高甲醛（F）与尿素（U）的摩尔比，在反应液 pH 值接近 1 时，甲醛与尿素的摩尔比要大于 3，同时反应温度也要相应降低。当树脂达到反应终点后，把 pH 值调至中性或弱碱性贮存。

（4）浓缩与不浓缩的选择

在树脂达到反应终点后进行减压脱水可以使树脂浓缩，浓缩树脂的特点是黏度大、固体含量高、游离甲醛含量低、粘接性能好等。未经过浓缩处理的树脂，其固含量低、游离甲醛含量高、胶液黏度小，但生产成本低。

8.3.3　典型工艺类型

（1）液态脲醛树脂胶的生产

① 原材料准备。尿素和甲醛溶液是脲醛树脂的主要原材料，树脂生产厂批量购进这些原材料时应按国家标准取样进行定量分析，成品树脂的质量与其相关。

将尿素与甲醛溶液混合，物料比例是按树脂制造的配方和甲醛含量的分析结果。将计算的甲醛投料量加入反应釜中，调节甲醛溶液所要求的 pH 值，再将需要的尿素投料量加入反应釜中，并搅拌至尿素完全溶解。

② 加成反应。羟甲基脲生成阶段是在不断搅拌下将反应混合物加热到一定温度并在此温度下保持一定时间的过程。工业上生产脲醛树脂的这个阶段，温度一般在 80～100℃，保温时间在 30～60min。

由于是放热反应，反应混合物加热到 5～60℃ 时要停止加热，借反应过程放出的热使混合物温度进一步提高。由于在这个阶段的温度接近沸点，为保持原始组分的配比，应开启冷凝器的回流阀，使生成的含甲醛蒸气通过冷凝器收集而返回到反应釜中。

③ 缩聚反应。在这一阶段，缩聚产物的生成条件（主要为介质的 pH 值和反应温度）直接影响成品树脂的主要性能。因此，酸性缩聚阶段要特别注意。根据尿素与甲醛的摩尔比、反应温度和缩聚所要求的程度，在 pH 值为 4～5.5 的条件下，反应 20～60min。

在此阶段，树脂溶液生成相应的亚甲基化缩聚物，它既要具有好的水溶性和一定的贮存稳定性，又要在粘接时能进一步交联形成大分子。因此缩聚物的分子量是影响树脂性能的重要因素。

脲醛树脂的分子量大小实质上是对反应终点的控制，但在实际生产中要使用测定分子量的方法来确定反应终点是很困难的，因需要很精密的特殊仪器，操作也很复杂，又费时，因此尚不适应缩聚反应进程中的控制，而往往采用间接的方法来控制树脂的分子量。

由于缩聚反应的时间越长，树脂的分子量越大，其黏度随之提高，与水的可溶性也逐渐降低，反之亦然，四者之间有一定的相互关系。所以目前生产中普遍采用多次测定浑浊点或水数以及按反应时间来确定此阶段的反应终点。

根据树脂溶液与水相溶性的变化来确定反应终点，这种方法最简便，也不需要特殊仪器。其具体操作是取一定数量冷却到 25℃的树脂试样（一般 2mL）于刻度试管中，逐渐加入 25℃的水稀释，摇匀，直到溶液出现稳定的浑浊为止。稀释用水的体积与树脂试样体积之比，称为水数。另一种方法是，在试管中装入 20℃的水，将一滴树脂试样滴入水中。如果很快呈透明状在水中分散，表明树脂缩聚程度低，还应继续反应；假如树脂滴很快下沉到试管底部而不分散，则表示反应终点已过；树脂滴到水柱中部呈白色雾状散开，说明反应终点合适。

以黏度确定反应终点应用较普遍。采用的仪器有改良奥氏黏度计、恩格拉黏度计、涂-4杯黏度计、格氏管等。由于黏度随温度而变化，所以测定黏度时一定要注意控制温度。这些都是行之有效的方法。

以反应时间控制反应终点的方法也较常用。但由于反应时间受 pH 值、温度等影响很大，因此要按 pH 值等条件而定。这种方法准确性较差。

④ 真空脱水。真空脱水可以提高树脂的浓度，减少运输成本。按照常用的要求，将树脂的固含量控制在 60%～70%。在真空脱水过程中还能脱除部分游离甲醛和甲醇。真空脱水工艺在提高树脂浓度的同时也能提高树脂的黏度。

真空脱水前，需将树脂调节至中性，并将树脂液冷却到 70℃左右。密封反应釜的加料孔，关闭冷凝器的回流阀，打开连向真空泵的阀门，开动真空泵。在开始时由于负压的作用，树脂剧烈沸腾起泡，为防止树脂通过冷凝器抽入冷凝水收集器，此时要调节连通大气的阀门。当停止起泡时，即刻关上阀门，使真空度逐渐增至最大。由于水分蒸发消耗热量，树脂液温度开始下降，为保持一定的温度，需不时地给反应釜补充加热。

常用的真空脱水工艺为：温度 65～70℃，真空度 10～50kPa。根据甲醛溶液的浓度、起始组分配比和成品树脂的浓度，脱水量一般为反应釜中投料量的 20%～30%。真空脱水时间要根据反应釜体积、系统的密闭性和冷凝器的冷却效率而定。一般 3t 的反应釜真空脱水时间约为 1.5～2.0h。

⑤ 补加尿素进行后缩合。为了降低树脂中游离甲醛的含量，可加入尿素进行后缩合反应。尿素的加入方法对甲醛与尿素能否充分结合有明显的影响。同样数量的尿素分三次投料，比整批加入时树脂中游离甲醛含量减少一半。每加一批尿素均促进平衡向生成脲醛化合物方向移动。此外，在反应混合物中甲醛含量过剩时尿素与甲醛 [摩尔比 1：（1.8～2.2）时]，进行合成可避免树脂状产物过早发生凝胶。

通常采用尿素二步加入法。在真空脱水前补加尿素可使更多甲醛结合，但是这种补加方法会引起树脂黏度的提高、固化时间延长，对树脂贮存稳定性有不良影响。此外，在真空脱水前补加尿素会降低反应釜的装料系数，导致设备生产率降低。

目前较为常见的方法是在真空脱水后，树脂后缩合阶段补加尿素。温度一般在 60～

65℃，保持 30min，在此阶段，介质 pH 值在 6.5～7.5。

补加尿素缩合阶段结束后，将树脂冷却到 20～25℃。有的脲醛树脂在冷却时还需加入稳定剂（如氨水及其他）。

（2）粉状脲醛树脂胶的生产工艺

粉状脲醛树脂胶与液状脲醛树脂胶相比，主要优点：一是贮存期长，可达 1～2 年，而液状脲醛树脂胶一般为 3～6 个月；二是便于运输，可用纸袋或塑料袋包装，大大降低包装成本和运输费用；三是使用方便，加水溶解后可同液状脲醛胶一样使用。

尽管人造板的甲醛释放量可以达到标准，但是低甲醛含量液状脲醛树脂胶的贮存期普遍比高甲醛含量的普通脲醛胶短，较长的有 2～3 个星期，短的只有 5～7 天。而粉状脲醛树脂胶既可生产低甲醛释放量的人造板，又有长贮存期的优点，具有较好的发展前景。

粉状脲醛树脂胶的生产方法有三种：一是先浓缩，然后用热空气进行静态干燥，将干燥后得到的固体小块用粉碎机碎成粉状脲醛树脂胶；二是采用真空干燥；三是喷雾干燥。前两种方法干燥时间长，操作费用高，而喷雾干燥时间短，产品质量好，直接得到粉末产品，所以目前主要以喷雾干燥法为主。但在喷雾干燥中粘壁事故很难避免，而且胶粉不易清除，同时，由于干燥强度小，设备结构复杂，投资大。因此，有人针对喷雾干燥生产粉状脲醛树脂胶的不足，研究了惰性粒子流化床干燥工艺，探索一种更适合工业化生产的方法。粉状脲醛树脂胶的生产实例如下。

① 配方见表 8-1。

表 8-1 粉状木材用脲醛树脂胶黏剂配方

原料	配比/质量份	原料	配比/质量份
甲醛(37%)	200～280	聚乙烯醇	1～1.5
尿素(98%)	80(第一次加入)	氢氧化钠(30%)	适量
	20(第二次加入)	甲酸(20%)	适量
三聚氰胺	8～20		

② 制备工艺

a. 将甲醛水溶液加入反应釜中，在不断搅拌下加入氢氧化钠溶液调节 pH 值为 7.5～8.0。升温至 40℃，加入第一次尿素和聚乙烯醇。

b. 升温，在 80～90℃保温 30min，将第二次尿素和三聚氰胺加入。

c. 继续反应，在 80～90℃下保温 15min 后加入 20% 甲酸溶液调节 pH 值为 4～6，继续保温至溶液黏度为 15～30s 即为反应终点。立即用氢氧化钠溶液调节 pH 值为 7～8.5，温度降到 40℃时过滤出料。

d. 上述脲醛树脂溶液搅拌均匀后离心喷雾干燥，得到游离醛含量小于 0.05%，粒度 80～120 目的粉状脲醛树脂胶。

e. 在脲醛树脂胶粉中，加入复合固化剂、甲醛捕捉剂、无机增强填料、耐老化改性剂、活性调节剂混合后得到新型粉状木材胶黏剂，其配方见表 8-2。

其中，由氯化铵、过硫酸铵、柠檬酸、六亚甲基四胺、硫酸锌组成复合固化剂；由三聚氰胺、尿素、脱脂豆粉、淀粉组成的是甲醛捕捉剂；由高岭土、滑石粉、膨润土、硅藻土组成的是无机填料；由磷酸氢二铵、磷酸钠组成的是耐老化改性剂；由氧化镁、硼砂、硼酸组成的是活性调节剂。

表 8-2　粉状脲醛树脂复合固化剂及填料配方

原料	配比/质量份	原料	配比/质量份
脲醛树脂粉	100	三聚氰胺	0.5～2
氯化铵	2～10	脱脂豆粉	2.0～8.0
过硫酸铵	0.5～2	淀粉	0～10
柠檬酸	0～1	高岭土	0～5
六亚甲基四胺	0～1	滑石粉	0～2
硫酸锌	0～1	膨润土	0～3
三聚氰胺	1～3	硅藻土	0～5
尿素	0～3	磷酸氢二铵	2～8
硫酸铵	0～2.5	硼砂	0～2.5
氧化镁	0～1	硼酸	0～2.5

此新型粉状木材胶黏剂的优点是：固化快，粘接强度高；游离醛含量小于 0.02%，趋于无毒；冷热压均可达到理想效果；耐水、耐气候性好；运输方便、贮存期长；与木材色泽相近，不污染木材。

③ 产品性能指标见表 8-3。

表 8-3　粉状木材用脲醛树脂胶黏剂性能指标

项目	性能指标	项目	性能指标
外观	淡黄色粉末	常压剪切强度(加压 20h 后)/MPa	≥15
活性期(20℃)/h	2	室温固化时间(20℃)/h	8
耐水剪切强度(浸冷水 20h 后)/MPa	≥10	贮存期(20℃)/d	≥12

8.3.4　常用配方与工艺

在脲醛树脂的生产过程中，如何提高树脂的耐水性和韧性、降低游离甲醛的含量是需要考虑的关键因素。因此，在配方设计和工艺设计上要着重予以考虑。表 8-4 是最普通的一个实例。

① 配方见表 8-4。

表 8-4　脲醛树脂胶黏剂配方

原料	纯度/%	用量/g	甲醛与尿素摩尔比
甲醛	37	1000	
尿素(1)	98	397.42	1.9
尿素(2)	98	123.34	1.45
尿素(3)	98	108.49	1.2
聚乙烯醇	工业	4.5	
氢氧化钠	30	适量	

② 制造工艺。将甲醛水溶液加入反应釜中，调节初始 pH 值至 8.4～8.6，开动搅拌器，加入第一批尿素及聚乙烯醇，30～45min 内升温至 85℃，并在此温度保温。反应 30min 后，加入第二批尿素反应至 14～15 s，调节 pH 值至 5.0～5.3 并缩聚 60min 左右，缩聚至 18～20 s；调节 pH 值 7.5 后加入第三批尿素，降温 60℃后调节 pH 值至 8.0～8.5，40℃出料。

③ 树脂性能指标见表 8-5。

表 8-5　树脂性能指标

项　　目	性能指标	项　　目	性能指标
固含量/%	48～52	黏度(涂-4 杯,30℃)/s	25～30
pH 值	6.8～7.3	游离醛含量/%	0.13～0.14
羟甲基含量/%	10.5～11.5	适用期(20℃)/h	7～10
固化时间(100℃)/s	87～95	贮存期/月	1～1.5

该树脂最大的特点是游离甲醛含量低,主要用于刨花板生产,也可以用于胶合板生产。

8.4　性能影响因素

在脲醛树脂的合成过程中,原料组分的摩尔比、反应体系的 pH 值、原料的质量及反应温度和反应时间以及投料方式等都将直接影响胶黏剂的性能。

8.4.1　摩尔比的影响

① 与生成羟甲基脲的关系。脲醛树脂胶是尿素（U）与甲醛（F）加成生成的羟甲基脲失水缩聚而成的,因此,固化产物的性能与甲基脲有关,尤其是二羟甲基脲,直接影响交联程度。1mol 尿素与不足 1mol 甲醛反应,只能生成一羟甲基脲,继续缩聚形成线型树脂。若 1mol 尿素与大于 1mol 甲醛反应时,除生成一羟甲基脲外还能生成二羟甲基脲,甚至还能生成少量的三羟甲基脲,二羟甲基脲是形成树脂交联的主体,因此,为保证有足够的二羟甲基脲,尿素与甲醛的摩尔比（n_U/n_F）应在 1：(1.1～1.2) 之间。

② 与树脂耐水性的关系。固化后的脲醛树脂分子中仍然存在着游离的羟甲基、氨基以及酰氨基等亲水性基团,影响其耐水性。甲醛与尿素的摩尔比（n_F/n_U）越小,游离的羟甲基量越少,游离氨基量越多;反之,游离的羟甲基越多,游离的氨基越少。提高甲醛与尿素的摩尔比,有利于提高树脂的耐水性。n_F/n_U 高于 2.0 时,由于树脂中含有大量未反应的羟甲基亲水基因,当树脂固化后,羟甲基不断吸水,造成粘接质量下降,产品耐水性下降。

③ 与游离甲醛含量的关系。尿素与甲醛的摩尔比（n_U/n_F）增加,树脂中游离甲醛含量降低,例如尿素与甲醛摩尔比为 0.56、0.60、0.63 时,游离甲醛含量依次为 2.17%、2.01%、1.58%。

④ 与树脂固化时间的关系。由于线型初期脲醛树脂固化主要是分子链间的交联过程,因此分子链上游离羟甲基数目是固化速率的主要决定因素。由此可见,尿素与甲醛的摩尔比（n_U/n_F）越小,树脂的固化速率越快。

⑤ 与树脂含量的关系。尿素与甲醛摩尔比（n_U/n_F）相同的脲醛树脂,无论聚合度如何,树脂的固含量大致相同。当 n_U/n_F 不同时,n_U/n_F 高的树脂的固含量比摩尔比低的树脂的固含量高。

⑥ 与树脂稳定性的关系。甲醛与尿素摩尔比（n_F/n_U）越高,树脂贮存稳定性越好。因为 n_F/n_U 越高含羟甲基基团越多,甚至还有醚键化合物,所以稳定性好。而 n_F/n_U 越低含氨基、亚氨基基团越多,没有参加反应的氨基、亚氨基比较活泼,因此稳定性差。

8.4.2 pH 值的影响

脲醛树脂形成的基本原理表明，在反应体系 pH 值不同的情况下，得到不同的产物。

① 加成反应阶段。在碱性介质中反应按以下方式进行：

$$H_2N-\overset{\overset{O}{\|}}{C}-NH_2 \xrightarrow[-H^+]{OH^-} H_2N-\overset{\overset{O}{\|}}{C}-NH^- \xrightarrow{HCHO} H_2N-\overset{\overset{O}{\|}}{C}-NHCH_2O^- \xrightarrow[OH^-]{H_2O} H_2N-\overset{\overset{O}{\|}}{C}-NHCH_2OH$$

pH 值为 11~13 时，可生成一羟甲基脲；pH 值为 7~9 时，生成稳定的羟甲基脲；尿素与甲醛摩尔比<1 时，生成一羟甲基脲白色固体，溶于水；尿素与甲醛摩尔比>1 时，除一羟甲基脲外，还生成二羟甲基脲，白色结晶体，在水中溶解度不大。如果甲醛过量很多，也可生成三羟甲基脲和四羟甲基脲。

在酸性介质中反应按以下方式进行：

$$HC-H \xrightarrow{H^+} HOCH_2^+ \xrightarrow{H_2N-\overset{\overset{O}{\|}}{C}-NH_2} HOCH_2NH\overset{\overset{O}{\|}}{C}-NH_2$$

$$\xrightarrow{H_2N-\overset{\overset{O}{\|}}{C}-NH_2} H_2NCH_2OH-\overset{\overset{O}{\|}}{C}-N\begin{matrix}CH_2-NH-\overset{\overset{O}{\|}}{C}-NH_2 + H_2O \\ \overset{\overset{O}{\|}}{C}-NH-\overset{\overset{O}{\|}}{C}-NHCH_2NH-\overset{\overset{O}{\|}}{C}-NHCH_2OH + H_2O\end{matrix}$$

pH 值为 4~6 时，生成亚甲基脲和以亚甲基连接的低分子化合物。因此，也常常用尿素与甲醛一直在弱酸性介质中进行加成和缩聚反应的方法来制造脲醛树脂。

② 缩聚反应阶段。在酸性条件下，主要生成亚甲基和少量醚键连接的低分子混合物，酸性愈强反应速率越快。缩聚时的 pH 值越低，游离醛越高，水混合性降低，适用期短。但 pH 值太高时，由于亚甲基化反应不完全，交联度不够，粘接强度会受到一定影响。

在碱性条件下，缩聚反应时的活泼基团降低，形成二亚甲基醚，二亚甲基醚再进一步分解放出甲醛，形成亚甲基键。

在实际生产中，一般采用先弱碱后弱酸的制备工艺。这样有利于在反应初期生成稳定的羟甲基脲，进而在弱酸环境下进行缩聚反应生成以亚甲基为主体的、带有羟甲基基团的分子量不同的线型和支链型的初期树脂。

8.4.3 原料质量的影响

（1）尿素质量的影响

由于硫酸盐、缩二脲与游离氨对树脂的物理化学性质有很大的影响。硫酸盐含量不能高于 0.01%，否则反应液升温快，并使反应体系的 pH 值降低的极限值更低。如当硫酸盐含量为 0.035%~0.05% 时，反应液温度很快升到沸点，从而使反应液失去透明性而变成乳白色，同时还会降低树脂的粘接强度。

尿素中的缩二脲对胶黏剂贮存中的粘接强度影响明显，例如缩二脲含量为 1% 时，贮存两个月后强度就明显下降，含量应控制在 0.8% 以下。

游离氨对树脂的物理化学性质影响最大，含量不能大于 0.015%。游离氨含量越高，贮存稳定性和粘接强度也降低得越快。

（2）甲醛溶液的影响

在相同的配方和生产工艺条件下，37％甲醛反应最快，30％甲醛反应很慢。甲醛浓度增大，反应速率加快，树脂的固含量也越大。

甲醛溶液中的甲酸和甲醇对反应也有很大影响。甲酸主要影响反应体系的 pH 值，甲醇则在反应中与羟甲基脲竞争而阻碍缩聚反应。这些极性分子的存在还能影响固化树脂的耐水性。甲醛溶液中含有较多的铁质时，能加速甲醛氧化生成甲酸，并影响树脂的固化时间。

8.4.4 反应温度的影响

提高反应温度，能加快反应速率，在其他条件相同时，反应温度和反应速率呈直线关系。在酸性介质中，由于反应剧烈进行，反应温度控制不当易导致暴沸，且使产品黏度过大；在缩聚反应阶段，易造成分子量过大和分子量大小不均匀，游离醛含量高，黏度过大等生产事故。反应温度也不能过低，否则会造成反应时间延长、缩聚反应过慢、树脂聚合度低、黏度小、分子量太小、树脂固化速率过慢而使胶层的力学性能降低等不良后果。

一般来讲，脲醛树脂的缩聚反应温度一般控制在 70～100℃。开始时将反应液升温至 50～60℃后即停止加热，由于放热反应温度会自行升至 90℃左右，待放热反应过去后，再将温度调节至 90～96℃之间进行反应，比较适宜。

8.4.5 反应时间的影响

反应时间关系到树脂缩聚度大小和固含量，从而影响到其粘接强度、耐水性等其他性能。对于某一特定要求的脲醛树脂来说，反应时间也是特定的。反应时间过长，树脂的聚合度高、分子量过大、黏度变大、水溶性变小、贮存稳定性下降。反应时间的长短要根据尿素与甲醛摩尔比、催化剂、pH 值和反应温度等条件而定；反应时间过短，缩聚反应不完全、固含量低、黏度小、游离醛含量高、胶层机械强度低，还容易出现假黏度。在实际生产中，脲醛树脂的反应时间是以测定反应终点来控制的，反应终点的控制决定着产品的物理化学性能。准确地控制好反应终点，就能制出好的产品来，否则就容易造成次品或质量事故。

8.5 改性方法

8.5.1 改进耐水性

影响脲醛树脂胶耐水性能的主要因素是脲醛树脂中存在一些亲水基团，如羟基、氨基、亚氨基等。因此，在一定范围内，减少上述亲水基团的数量或降低亲水基团的亲水性是提高脲醛树脂耐水性的有效方法，可以通过共混的方法向脲醛树脂中加入粘接性能好的疏水性树脂，如聚乙烯醇缩醛、酚醛树脂、三聚氰胺甲醛（MF）树脂以及少量 Epon828 环氧树脂，同时还可以引入环状衍生物，如 uron 环等；此外，还可以利用麸朊、凝胶淀粉、淀粉碳酸酯等天然高分子材料及造纸厂废液制成的碱木素、水解木素、木质素磺酸盐（铵盐、钙盐）来进行改性。当然，也可以加入能参与尿素和甲醛共聚的化合物，如苯酚、三聚氰胺、间苯二酚、苯胺及糠醛等，通过共缩聚的方法向树脂中引入疏水基团。若在树脂合成后期加入一些醇类如丁醇、糠醇等使羟甲基醚化，也可以提高脲醛树脂的耐水性。如果同时采用物理共混和共缩聚方法改性脲醛树脂，则效果更好。

近年来国外还将多异氰酸酯引入氨基树脂-胶乳体系中，所得胶黏剂的耐沸水、耐老化等综合性能优良，该胶特别适合于含水量30%～70%的湿木材的黏合。

外加填料也是改善脲醛树脂耐水性的途径之一。在调胶时加入一些填料，如木粉、豆粉、面粉、草木灰、氧化镁、膨润土等，也可以提高耐水性能。向脲醛胶中加入 $Al_2(SO_4)_3$、$AlPO_4$、白云石、矿渣棉及 NaBr 等无机盐或填料，也可明显提高其耐水性。常见改性品种如下。

（1）糠醇改性

糠醇改性脲醛树脂由糠醇改性的脲醛树脂、固化剂（氯化铵、硝酸铵等）及一些助剂组成。它与纯脲醛树脂相比，耐水性好，具有一定的耐酸、耐碱能力，粘接强度也比脲醛胶高，剪切强度可达9.8MPa。糠醇改性脲醛树脂实例如下。

① 配方见表8-6。

表 8-6　糠醇改性脲醛树脂配方

原料	配比/质量份	原料	配比/质量份
甲醛(37%)	100	甲酸	适量
尿素	30	氢氧化钠(40%)	适量
糠醇	25		

② 制备工艺。将甲醛加入反应釜，用氢氧化钠溶液调 pH 值至8.0。加入尿素，快速升温至95～97℃，反应约30min，加入糠醇，搅拌均匀，当温度回升至95～97℃时，慢慢加入甲酸，将 pH 值调至4～5，继续加热，直至取出几滴反应物滴入清水中，成珠状下沉而无薄雾时为止。用氢氧化钠溶液调 pH 值至8～9，再加热5min，冷却出料。

（2）苯酚改性

由苯酚改性脲醛树脂、固化剂和其他配合剂组成。苯酚与甲醛在碱性介质中，形成羟甲基酚，羟甲基酚与甲醛和尿素形成的羟甲基脲缩聚，形成共聚树脂。在脲醛树脂胶黏剂中引入了苯环，一方面增多了反应部位，减少了分子中的—OH 数目；另一方面通过酚羟基的缩合，引进了柔性较大的—O—链，改善了产品的耐水性和脆性。同时，胶固化后增加了较多的苯环邻对位刚性链，提高了产品的机械强度。

日本的铃木仁在关于粘接板用胶黏剂组成的专利中采用乳液酚醛树脂胶作为改性剂，这种酚醛树脂胶在使用前将 pH 值调到3以下，然后再与氨基树脂胶混合使用，得到了耐水粘接强度高、具备预压性能、活性期长的粘接板用胶。而 Tanaka 的发明则是用碱性的酚醛树脂胶与脲醛树脂胶混合使用，也得到了耐水、粘接强度高的粘接板。苯酚改性脲醛树脂胶实例如下。

① 配方。中国专利 CN85109503A 介绍了一种苯酚、尿素、甲醛为主要原料直接合成水溶性苯酚改性脲醛树脂的制备方法。在碱性条件下，由苯酚和甲醛缩合成低聚物，然后加入尿素，制得改性树脂，其耐水性和耐热性得到较好改善。具体配方见表8-7。

表 8-7 苯酚改性脲醛树脂胶配方

原料	配比/质量份	原料	配比/质量份
苯酚	240	氢氧化钠(30%)	13
甲醛(36.5%)	1040	固化剂	8
尿素	332		

② 制备工艺。将反应釜预热至 40℃，加入熔融的苯酚和氢氧化钠溶液，搅拌下加入甲醛溶液。调节 pH 值至 8.0，缓慢升温至 90℃，升温速率为 0.8℃/min。在 90℃ 以上反应 20min，加入尿素。当树脂滴入水中出现较好的云雾状时，迅速降温，于 60℃ 加入固化剂。最后将树脂冷却至室温。生产周期 3h，树脂收率 99.7%。

③ 树脂的性能指标如表 8-8 所示。

表 8-8 苯酚改性脲醛树脂胶性能指标

项目	性能指标	项目	性能指标
固含量/%	49.6	固化时间(150℃)/s	67
黏度(涂-4 杯)/s	14	游离酚含量/%	≤0.4
pH 值	8.2	贮存期(25℃)/月	2

该改性胶具有制备工艺简单，生产周期短，游离甲醛、游离酚含量低，耐水、耐热性好，贮存期长等特点。应用于干法中密度纤维板（MDF），板的甲醛释放量＜50mg/100g，而且纤维板表面提前固化层明显低于脲醛或三聚氰胺改性脲醛树脂。可广泛应用于 MDF、刨花板、碎料板、装饰板和层压板等。

（3）聚乙烯醇改性

在尿素和甲醛缩合的反应中加入聚乙烯醇，使其与甲醛或脲醛的初期缩合物进行反应，在酸性条件下生成聚乙烯醇缩甲醛，改善了脲醛树脂的结构，也降低了脲醛树脂中亲水基团游离羟甲基的含量，提高了脲醛树脂的耐水性。同时，由于聚乙烯醇本身就是一种较好的胶黏剂，能够增加树脂的初期粘接力。经过聚乙烯醇改性的脲醛树脂胶的剪切强度明显高于普通脲醛树脂胶，改性的树脂胶剪切强度为 4.0MPa，而普通树脂胶为 2.7~2.8MPa。改性胶在 25℃ 水中浸泡 24h 的剪切强度为 2.5MPa，而普通胶为 1.5MPa。可见脲醛树脂胶通过聚乙烯醇改性后其耐水性有明显提高。

用少量聚乙烯醇改性脲醛树脂，用于刨花板生产也是可行的，改性后脲醛树脂的水溶性和初黏性可大幅提高。对拌胶均匀、减少施胶量都起到主要作用，尤其适合带预压工艺、无垫板装板的刨花板生产。具体实例如下。

实例 1

① 聚乙烯醇改性脲醛树脂胶配方见表 8-9。

表 8-9 聚乙烯醇改性脲醛树脂胶配方一

原料	配比/质量份	原料	配比/质量份
甲醛(37%)	720	水	90
尿素	300	氢氧化钠(30%)	适量
聚乙烯醇(1799)	3	磷酸溶液	适量
聚乙烯醇(1788)	6	甲醛与尿素摩尔比	1.78

② 制备工艺。将甲醛加入反应釜，用氢氧化钠溶液调节 pH 值为 8.5，加入尿素和聚乙烯醇（1799），升温至 80℃，保温反应 1h。用磷酸溶液调节 pH 值为 5.5，继续在 80℃进行缩聚反应 1.5h，然后取样测终点，至浊点即为终点，加入聚乙烯醇（1788）的水溶液，用氢氧化钠溶液调 pH 值为 7～8，搅拌 30min，冷却，出料。

在加入尿素和聚乙烯醇后，随着反应的进行，体系的 pH 值会逐渐降低，黏度逐渐增大，颜色也由无色透明逐渐变黄再变乳白色，关键是控制反应温度和体系的 pH 值。反应温度不宜太高，否则生成的树脂分子量分布宽，结构差异大，而且反应不易控制；反应温度太低，则反应速率慢，生产周期长。反应初期控制反应体系 pH 值为弱碱性，考虑到脲醛反应机理，—OH 的存在不仅有利于缩聚反应的主要单体——一羟甲基脲、二羟甲基脲的生成，而且对缩聚物的分子量分布和结构均匀性都有利。在反应后期控制反应体系的 pH 值为弱酸性，如果反应体系的 pH 值小于 5.0，则缩聚反应难以控制，生成的树脂稳定性差，而且还会使部分羟甲基脲，尤其是一羟甲基脲转化成不溶性的非树脂状产物——亚甲基脲或多亚甲基脲。

甲醛与尿素摩尔比（n_F/n_U）也是一个重要因素。n_F/n_U 低时，生成的树脂贮存稳定性下降，树脂与水的相容性也随之降低，n_F/n_U 过低（$\leqslant 1$）时，加成物主要是一羟甲基脲，不能形成网状结构；当甲醛比例过高时，生成的树脂游离醛含量高，树脂容易吸潮。研究证实，n_F/n_U 为 1.5～2.0 时较合适，一般在 1.78 较理想。

实例 2

刘援越介绍了一种脲醛树脂胶生产中合理使用聚乙烯醇的方法，建议在甲醛调 pH 值前加入聚乙烯醇 1799（加量为总胶量的 0.7%），45℃反应 30min 聚乙烯醇能全部溶解，增黏效果好，贮存稳定。

① 配方见表 8-10。

表 8-10 聚乙烯醇改性脲醛树脂胶配方二

原料	配比	原料	配比
甲醛(37%)	7100kg	氢氧化钠(30%)	适量
尿素(分三次投入)	4000kg	氯化铵(20%)	适量
聚乙烯醇	75kg	n_F/n_U	1.3

② 制备工艺

a. 投入甲醛溶液，搅拌。加入聚乙烯醇，通蒸汽加热，温度达 45℃停止加热，维持 30min，让聚乙烯醇全部溶解。

b. 用氢氧化钠溶液调 pH 值到弱碱性，加第一批尿素。加热到 60℃，再加第二批尿素，继续加热，控制升温速率 1.5℃/min，到 90℃反应 45min。

c. 用氯化铵溶液调 pH 值到弱酸性，进行缩聚反应。用 26℃水测雾点，用氢氧化钠溶液调 pH 值至弱碱性，冷却到 80℃。

d. 加入第三批尿素，反应 20min，冷却到 40℃以下出料。

③ 性能指标见表 8-11。

（4）间苯二酚改性

间苯二酚活性较大，可与初期脲醛树脂反应形成间苯二酚脲醛共聚树脂，在反应过程中，酰胺键水解，造成亲水性基团减少，并在树脂结构中引入较稳定的苯环，因而提高了脲醛树脂胶黏剂的耐水性。自从 1943 年间苯二酚-甲醛（RF）树脂应用以来，主要生产船用粘接板以及在恶劣环境中使用的结构件。由于苯酚和间苯二酚两者结构相近，不少研究者利用间苯二酚改性 PF 树脂，提高其固化速率，降低固化温度，主要有两种方法。①将 RF 树脂和 PF 树脂按一定比例进行共混；②间苯二酚、甲醛二者共缩聚，这类胶的主要特点是能达到低温或室温固化。

表 8-11　聚乙烯醇改性脲醛树脂性能指标

项目	性能指标	项目	性能指标
固含量/%	50~51	固化时间(100℃)/s	45~50
pH 值	7.5~8.5	游离醛/%	<0.5
黏度(涂-4 杯)/s	40~45	水混合性/倍	>2

（5）三聚氰胺改性

三聚氰胺具有一个环状结构和 6 个活性基团（通常只有 3 个参加反应），这就在很大程度上促进了脲醛树脂的交联，并在初期脲醛树脂中形成三氮杂环，进而形成三维网状结构。同时封闭了许多吸水性基团，如—CH_2OH 等，从而大大提高了脲醛树脂的耐水能力和耐热性。

中国专利 CN1105694A 介绍了一种不脱水三聚氰胺改性脲醛树脂胶，其优点是配方合理，n_F/n_U＝1.3~1.47，加入的三聚氰胺占尿素总量的 2.1%~5%，比纯脲醛树脂的耐水性好，强度高，并改善了胶层脆、易老化的缺点；生产工艺简单，周期短，尿素分四批加入，使树脂反应稳定，游离甲醛释放量低，对环境污染小；树脂不脱水而加入填料，使生产成本大幅降低。具体实例如下。

① 配方见表 8-12。

表 8-12　三聚氰胺改性脲醛树脂胶黏剂配方

原料	配比/质量份	原料	配比/质量份
甲醛(37%)	800	三聚氰胺	8.7~20.4
尿素	300~320(第一次加入)	甲酸(40%)	适量
	35~50(第二次加入)		
	4~50(第三次加入)	氢氧化钠(40%)	适量
	23~34(第四次加入)		

② 制备工艺

a. 将计量好的甲醛一次加入反应釜，搅拌，用氢氧化钠溶液将 pH 值调至 8.0~8.2。

b. 加入第一批尿素和三聚氰胺，加热升温至 50℃，停止加热，靠自然放热升温到 88~92℃，当温度达到 88℃，保温 30min。

c. 加入第二批尿素，用甲酸溶液调 pH 值到 5.4~5.6，继续保温 15~25min。

d. 保温完毕，用甲酸溶液调 pH 值至 4.8~5.0，测黏度，当达到 14~16s（涂-4 杯）时加入第三批尿素。

e. 继续测黏度，当黏度达到 19~21s（涂-4 杯）时停止反应，用氢氧化钠溶液调 pH 值为 7.0~7.2，冷却到 60℃加入第四批尿素，搅拌 30min 后继续冷却到 35℃以下，调 pH 值为 7.0~7.2，出料。

③ 树脂的性能指标见表 8-13。

表 8-13 三聚氰胺改性脲醛树脂胶黏剂性能指标

项目	性能指标	项目	性能指标
固含量/%	52～55	固化时间(100℃)/s	50～60
pH 值	7.0～7.2	适用期/h	≥6
黏度(涂-4 杯)/s	19～21	贮存稳定性(70℃)/h	≥6
游离醛含量/%	≤0.35		

④ 调胶工艺。树脂制备完毕后，在生产使用时要进行调制，调胶配方（质量份）见表8-14。

表 8-14 三聚氰胺改性脲醛树脂胶黏剂调胶配方

原料	配比/质量份	原料	配比/质量份
树脂	100	盐酸(10%)	1.8～2
玉米淀粉	5～10	氯化铵	0.2～1
石蜡乳液(30%)	10		

将树脂加入调胶罐中，开动搅拌，转速为 150～200r/min，加入玉米淀粉。搅拌 10min后加入石蜡乳液，搅拌 5min 后加入 10%盐酸，再加入氯化铵搅拌 5min，停止搅拌静置5min 后输入胶泵即可。调胶后树脂的性能指标见表8-15。

表 8-15 三聚氰胺改性脲醛树脂胶黏剂调胶后的性能指标

项目	性能指标	项目	性能指标
固含量/%	55～58	固化时间(100℃)/s	50～60
pH 值	4.5～5.5	适用期/h	≥4
黏度(涂-4 杯)/s	35～45		

（6）合成胶乳改性

利用各种合成胶乳对 UF（脲醛树脂），甚至对 MUF（三聚氰胺改性脲醛树脂胶）进行改性，改性后，胶黏剂的耐水性及耐久性达到甚至超过 PF。可用于这种胶黏剂体系的合成胶乳较多，如丁苯胶乳、羧基丁苯胶乳、丁腈胶乳、氯丁胶乳以及各种丙烯酸酯胶乳等，其中以苯及羧基丁苯胶乳效果最佳，且成本低廉。羧基丁苯胶乳改性脲醛胶黏剂的配方实例如下。

① 配方见表8-16。

表 8-16 羧基丁苯胶乳改性脲醛胶黏剂的配方

原料	用量/kg	原料	用量/kg
羧基丁苯胶乳改性脲醛树脂	100.0	尿素	0～2.0
复合固化剂	0.5～2.0	面粉	0～20.0

② 制备工艺

a. 羧基丁苯胶乳改性脲醛树脂胶黏剂的合成。将计量好的甲醛加入反应釜，用氢氧化钠调节 pH 值至 7.7±0.2，加入一次尿素、聚乙烯醇，升温至 90℃±2℃，在此温度下保温30min，调节反应液 pH 值至 4.5±0.1；反应 5～10min，不断测黏度，当黏度达到要求时，调节 pH 值至 5.5±0.1。加二次尿素，降温至 80℃±2℃，保温至黏度达到要求，调节 pH值至 6.2±0.1，降温至 60℃±2℃。加三次尿素、玉米淀粉等，在 60℃±2℃温度下反应

30min，调节 pH 值至 7.3±0.1，降温至 40℃±2℃；加入计量好的羧基丁苯胶乳和四次尿素（使 $n_F/n_U=1.15$），搅拌 30min 后，调节 pH 值至 7.5±0.2，放料。

b. 胶乳剂调制。因胶黏剂自身游离甲醛含量低，用传统固化剂氯化铵已不能适应生产的需要，为此选用以有机酸为主要成分的复合固化剂作为羧基丁苯胶乳改性脲醛树脂胶黏剂的固化剂。此固化剂的特点是：胶黏剂的适用期长，高温固化速率快，固化后胶层耐老化性能好。

③ 性能指标见表 8-17。

利用羧基丁苯胶乳对脲醛树脂胶黏剂进行改性，同时在脲醛树脂合成过程中加入一定数量的玉米淀粉等改性剂，进一步提高改性脲醛树脂的综合性能，降低生产成本。羧基丁苯胶乳改性脲醛树脂胶黏剂具有游离甲醛含量低、生产工艺简单等特点，生产出的粘接板的粘接强度和甲醛释放量均满足国家标准。

表 8-17　乳胶改性脲醛树脂胶的性能指标

项目	性能指标	项目	性能指标
固含量/%	52～55	游离醛含量/%	≤0.12
pH 值	7.3～7.5	适用期/h	≥4
黏度(20℃)/(mPa·s)	200～350	贮存期/h	≥10

8.5.2　降低游离甲醛

(1) 降低 n_F/n_U

降低 n_F/n_U 是降低脲醛树脂甲醛释放量最常用的方法。通过改变甲醛和尿素的摩尔比（n_F/n_U），可以控制游离甲醛含量，一般情况下，n_F/n_U 越低，游离甲醛含量越低。Fizzi 报道 E_1 级刨花板所用的脲醛树脂 n_F/n_U 在 0.9～1.1 之间，0.96 最好。根据作者的经验，E_1 级粘接板、细木工板所用的脲醛胶，n_F/n_U 在 1.1～1.2 之间为好。E_1 级 MDF 用脲醛胶的 n_F/n_U 与刨花板类似。

(2) 改进制备工艺

除了 n_F/n_U 外，合成工艺对脲醛树脂的性能有较大影响。研究结果表明尿素的添加方法及添加尿素时的 pH 值对合成树脂的稳定性、黏度的影响特别大。在 UF 树脂合成中，当 n_U/n_F 值为 (1:1.05)～(1:1.3)，并采用多阶段缩聚工艺，可使树脂中游离甲醛含量下降至 0.05%～0.1%，涂胶后在空气中甲醛含量不高于 0.03～0.06mg/m³，大大减少了甲醛对空气的污染。一般来讲，尿素采用 2～3 次添加为好；加入第一批尿素后，n_F/n_U 为 2.0～2.2，可增加二羟甲基脲含量，粘接强度较好；在相同 n_F/n_U 情况下，最后一批尿素的加量大，得到的脲醛树脂游离甲醛含量较低。

(3) 采用复合固化剂体系

对于低 n_F/n_U 的脲醛树脂胶，由于游离甲醛含量低，使用 NH_4Cl 等酸性盐固化剂不能使脲醛树脂的 pH 值下降至使其完全固化，采用含酸类固化剂的复合固化剂体系可以控制胶层的酸度，使其固化完全。赵临五等人研制的三聚氰胺（M）用量 8.5%（以 UF 树脂计）、$n_F/(n_U+n_M)$ 1.01～1.03 的 E_1 级粘接板用脲醛树脂胶，仅以 1% NH_4Cl 为固化剂压制的杨木三合板甲醛释放量为 0.5mg/L 左右，但粘接强度达不到 Ⅱ 类粘接板的国家标准，而采用 1% NH_4Cl 加 0.5% 酸性固化剂（磷酸、草酸、甲酸、酒石酸等）构成双组分固化剂体系，粘接强度大幅提高，均符合国家标准要求，甲醛释放量仅为 0.2～0.43mg/L，符合 E_0

级粘接板要求。

（4）加入甲醛捕集剂

在 UF 胶黏剂中加入甲醛吸收剂，从而降低胶液中游离甲醛含量，并可吸收胶黏剂固化过程中析出的甲醛及木制品使用过程中因胶黏剂水解等原因而产生的甲醛，从而从根本上解决了甲醛的污染问题。甲醛捕集剂的品种较多，从广义上讲，凡是在常温下能与甲醛发生化学反应的物质，均可用作甲醛捕集剂，效果显著的有以下几种。调胶时加入尿素、三聚氰胺、硫代硫酸钠、亚硫酸（氢）钠、单宁、凹凸棒粉、膨润土、硫脲、聚丙烯酰胺等，可有效地消除固化时释放的甲醛。德国 BASF 公司的"液态 Kaupotal950"、Zika 公司的"Rewelit220"均为商品捕集剂。

Fizzi 提出生产 E_1 级刨花板用脲醛胶的制备方法。制备一种 n_F/n_U 为 2 或更高的低缩合脲醛预聚体的混合物为促进剂。制备 n_F/n_U 为 0.4～0.5 的低缩合脲醛预聚体的混合物为捕集剂。将促进剂和捕集剂加到刨花板用脲醛胶中，由于促进剂可以提高粘接强度，而捕集剂可以降低甲醛释放量，平衡胶混合物中脲醛树脂、促进剂和捕集剂用量，可以改变刨花板的强度和甲醛释放量。如果需要较好的强度，只要增加促进剂的比例；如果需要降低甲醛释放量，只需增加捕集剂的比例。这一体系的优点是不需要改变三种成分的基本制造过程，只需调节混合比例，即可适应不同应用条件。促进剂和捕集剂的比例一般为脲醛树脂固体的 10%～30%。

为了改善脲醛树脂的基本性能，降低游离甲醛含量，国内的许多学者做了大量的研究。高宏提出了用尿素和甲醛制备具有不同结构和性能的主体树脂、固化剂和甲醛捕集剂，通过三种组分的组合调节粘接板的粘接强度和甲醛释放量。主体树脂是 n_F/n_U 为 1.20，以烧碱、氨水、甲酸等为催化剂，采用碱-酸-碱多次缩聚工艺制得的 UF 树脂，含有较多的活性羟基，—CH_2—O—CH_2—结构较少。甲醛捕集剂由甲醛和尿素（n_F/n_U 为 0.4）在常温碱性条件下反应制成，是一羟基脲和尿素的混合物，热压时在高温酸性条件下能与游离甲醛和醚键断裂放出的甲醛迅速反应，降低甲醛释放量，并参与树脂的交联固化。

（5）对人造板进行后处理

一般用氨水、尿素、盐酸羟胺、亚硫酸（氢）钠等对人造板进行后处理，可以有效降低其甲醛释放量。如福州福人木业有限公司用 UF 胶生产的 E_2 级 MDF，经流水线用氨水处理后甲醛释放量小于 9.0mg/100g，成为 E_1 级 MDF，其成本比用三聚氰胺改性的 UF 胶生产的 E_1 级 MDF 便宜。在人造板的使用过程中，如在涂料中加入尿素、氨、酪蛋白等可与甲醛反应的物质也能有效降低甲醛释放量，同时进行贴面和封边处理也能有效地降低甲醛释放量。如基板不封边，室内甲醛浓度可达 1.44mg/m³，用微薄木贴面、封边后，甲醛释放量则降至 0.12mg/m³；三聚氰胺层压板贴面不封边，甲醛释放量为 0.23mg/m³；封边后，甲醛释放量为 0.024mg/m³；PVC 薄膜贴面，封边为 0.036mg/m³。

低毒脲醛树脂胶实例如下。

① 配方见表 8-18。

表 8-18　低毒脲醛树脂胶黏剂配方

原料	配比/质量份	原料	配比/质量份
甲醛（37%）	175.7	氢氧化钠（30%）	适量
尿素（100%）	65.0（第一次加入）	酸	适量
	35.0（第二次加入）	尿素与甲醛的摩尔比	1：1.3

② 制造工艺

a. 将配方中的甲醛溶液加入反应釜中，用 30％氢氧化钠溶液调 pH 值为 7.0～7.5。

b. 加入第一次尿素后开始加热，升温到 90～92℃。并在此温度下保持 30min。此时反应液 pH 值应降至 6.0～6.5。

c. 用酸调 pH 值至 4.2～4.5，在 90～92℃下反应 20～30min。当试样与水混合变乳白时即停止反应。

d. 此时反应液黏度应为 15～18s（涂-4 杯，20℃）。立即用 30％氢氧化钠溶液调 pH 值为 6.7～7.0，并冷却至 70～72℃。

e. 开始真空脱水。在 pH 值为 6.7～7.0、温度为 65～70℃下脱水量达到 22％（对原料投入总量）时，折射率应为 1.450，即停止脱水。

f. 加入第二次尿素，在 60℃补充缩合 30min。

g. 冷却到 40℃以下放料。

③ 树脂质量指标见表 8-19。

表 8-19　低毒脲醛树脂胶黏剂性能指标

项目	性能指标	项目	性能指标
固含量/％	66±1	pH 值	6.5
黏度(20℃)/(mPa·s)	200～350	折射率	1.462～1.467
固化时间/s	40～55	游离醛含量/％	0.1～0.3
贮存期/月	2		

8.5.3　提高稳定性

贮存期短是脲醛树脂的主要缺点之一。研究表明脲醛树脂的稳定性与合成工艺、缩聚物的分子结构及 pH 值有关。在一定范围内，由于高 n_F/n_U 时含羟基多，甚至有醚键化合物，稳定性好，因此 n_F/n_U 越高，树脂稳定性越好；而低 n_F/n_U 时脲醛树脂含氨基、亚氨基多，未参加反应的氨基、亚氨基多，稳定性相对较差。

一般来讲，树脂聚合度越大，水溶性越差，贮存期越短；缩聚物中所含氨基、亚氨基越多，越容易发生交联，树脂的稳定性也越差；树脂固含量越高，黏度越大，稳定性越差。另外，高温（90℃）缩聚比低温（40℃）缩聚所得的树脂贮存期要长。

脲醛树脂在贮存过程中，体系的 pH 值会逐渐降低，从而导致早期固化，在实际生产中经常调节树脂 pH 值保持在 8.0～9.0，可延长脲醛树脂的贮存期。同时，向脲醛树脂中加入 5％的甲醇、变性淀粉及分散剂、硼酸盐、镁盐组成的复合添加剂等也可以减缓聚合反应的发生，提高脲醛树脂的贮存稳定性。

另外，尿素和甲醛的质量对脲醛树脂的稳定性也有一定影响。当尿素中缩二脲含量低于 0.8％时，对脲醛树脂反应基本性能没有什么影响，但当其高于 1％时，贮存两个月后粘接强度明显下降。工业甲醛溶液中一般含甲醇 6％～12％，甲醇除对甲醛有阻聚作用外，还影响脲醛树脂的缩聚反应速率和贮存稳定性。当甲醇含量低于 6％时，脲醛树脂反应速率慢，贮存稳定性差；而高于 6％时反应速率则比较平衡，树脂的贮存稳定性较好。

8.5.4　改善耐老化性

脲醛树脂的老化是指固化后的胶层逐渐产生龟裂、开胶脱落的现象。影响脲醛树脂老化的因素是多方面的，其中主要原因是固化后的脲醛树脂中仍含有部分具有亲水性的游离羟甲基，能进一步分解释放出甲醛，引起胶层收缩，并随着时间的推移，亚甲基键断裂导致胶层开胶。

为改善脲醛树脂的脆性，可以向脲醛树脂中加入一定量的热塑性树脂，如聚乙烯醇缩甲醛、聚醋酸乙烯酯乳液、乙烯-醋酸乙烯酯共聚乳液等。也可以在脲醛树脂合成过程中加入乙醇、丁醇及糠醇，将羟甲基醚化；或是将苯酚、三聚氰胺等与尿素缩聚，均可提高其抗老化能力。此外，在调胶时向脲醛树脂中加入适当比例的填料如面粉、木粉、豆粉、膨润土等，能够削弱由于胶层体积收缩引起的应力集中，从而降低开胶脱落的现象。另外，采用氧化镁、草木灰作为除酸剂，降低胶层中酸的浓度，既可改善耐老化性能，又可提高耐水性。

第 **9** 章

三聚氰胺甲醛树脂胶黏剂

　　三聚氰胺树脂胶黏剂是三聚氰胺甲醛树脂（MF）胶黏剂的简称，由三聚氰胺（M）和甲醛（F）通过加热或常温固化缩聚而成，是一种性能优良的胶黏剂和浸渍用树脂。由于成本较高，在木材工业中常与脲醛树脂、聚醋酸乙烯酯等胶黏剂配合使用。三聚氰胺甲醛树脂胶黏剂在加热情况下，有自固化性能，即不用添加固化剂也可交联固化。同时，也可采用加入强酸固化剂在室温固化，但速度极慢。

　　三聚氰胺于 1843 年就被 Liebig 发现，但直到 1922 年 Franklin 用双氰胺和氮反应制得三聚氰胺以后，其工业化生产才得到推广和应用。三聚氰胺树脂胶黏剂具有很高的粘接强度、较高的耐沸水能力（能经受 3h 的沸水煮沸）；且热稳定性高、硬度大、耐磨性优异、高温下保持颜色和光泽的能力佳；固化速度快、低温下固化能力强；耐化学药剂污染能力较强、电绝缘性好。通过改性后的三聚氰胺胶黏剂中游离甲醛的含量可以大幅度下降，耐热和耐水性优于酚醛树脂和脲醛树脂，但贮存期短，胶层脆性大，一般需改性使用。常用的改性方法是在三聚氰胺树脂合成过程中加入适量的对甲苯磺酰胺，所得树脂可用于塑料装饰板表层的浸渍、贴合等。

　　三聚氰胺胶黏剂也是一种良好的改性剂，可对脲醛树脂、酚醛树脂、环氧树脂、有机硅树脂等多种高分子材料进行改性，以提高其性能。三聚氰胺树脂胶黏剂及其改性产品在木材工业中主要用于制造高级胶合板、刨花板、纤维板以及普通的胶合和浸渍用树脂，但三聚氰胺树脂胶黏剂价格较高。

9.1　合成原料

　　合成三聚氰胺树脂胶黏剂的主要原料是三聚氰胺和甲醛。三聚氰胺又称三聚氰酰、蜜胺。纯三聚氰胺为白色粉末状结晶物，分子式为 $C_3H_6N_6$，化学结构式为：

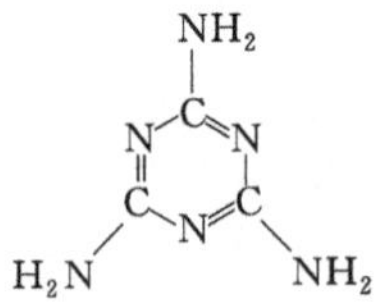

三聚氰胺为弱碱性，易溶于液态氨、氢氧化钠及氢氧化钾的水溶液，难溶于水（在100℃水中仅溶解 5％），低毒，常态下较稳定。但易水解，在水解过程中生成三聚氰酸，使得 pH 值发生较大的变化，对树脂的合成有较大的影响。

三聚氰胺为环状结构，6 个官能度，且氨基的全部氢原子都显活性：

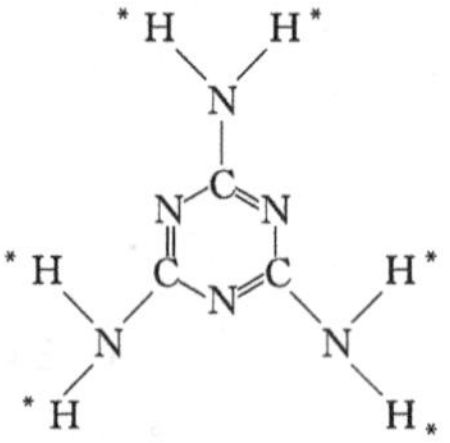

9.2　合成原理

在三聚氰胺树脂胶黏剂的制备中，主要是三聚氰胺和甲醛所进行的加成反应和缩聚反应。三聚氰胺甲醛树脂随反应物的量比不同而得到不同的产物。

9.2.1　加成反应

三聚氰胺分子中存在 6 个活泼氢原子，在一定的条件下能够直接与甲醛分子进行加成反应，形成一～六羟甲基三聚氰胺。三聚氰胺和甲醛以 1∶3 摩尔比在中性或弱碱性介质中通过羟甲基化和缩聚，使三聚氰胺与甲醛进行加成反应，形成三聚氰胺甲醛树脂低聚物。在三聚氰胺的分子中结合的羟甲基越多，则形成的树脂的稳定性则越好。在中性或弱碱性条件下，一般来说，当 pH＝7 时，反应较慢；pH＞7 时，反应加快。三聚氰胺进行加成形成各种羟甲基化三聚氰胺同系物，其反应式可表示为：

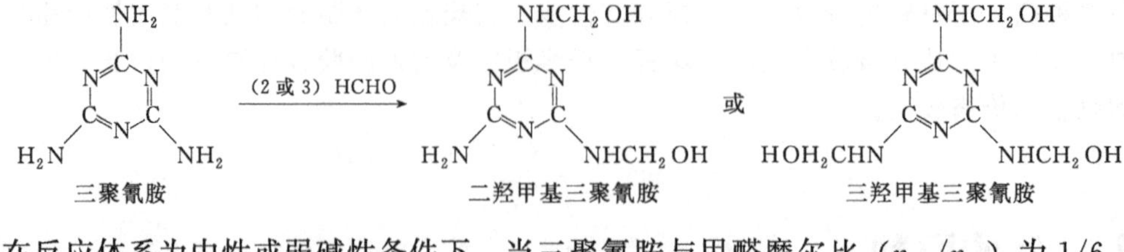

三聚氰胺　　　　　　　二羟甲基三聚氰胺　　　　　三羟甲基三聚氰胺

在反应体系为中性或弱碱性条件下，当三聚氰胺与甲醛摩尔比（n_M/n_F）为 1/6、反应温度为 80℃时，可生成六羟甲基三聚氰胺，反应式为：

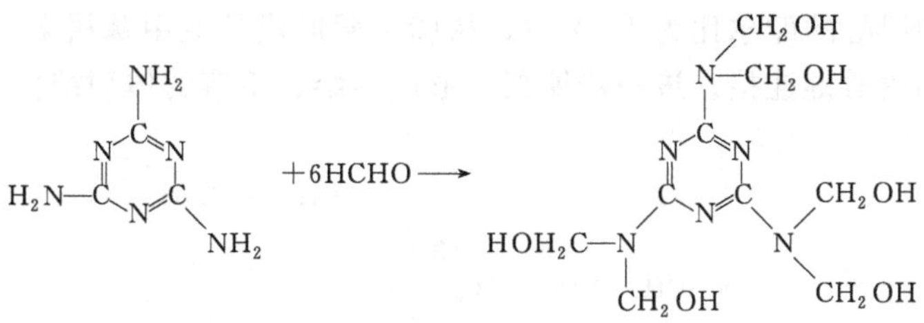

$$+6HCHO \longrightarrow$$

9.2.2　缩聚反应

羟甲基三聚氰胺的缩聚反应是分子间或分子内失水或脱出甲醛形成亚甲基键或醚键的连接，同时低聚物的分子量迅速上升并形成树脂，三聚氰胺树脂的缩聚既可以在酸性条件下进行，也能在中性和弱碱性条件下进行，其缩聚反应可按下列几种方式进行。

（1）

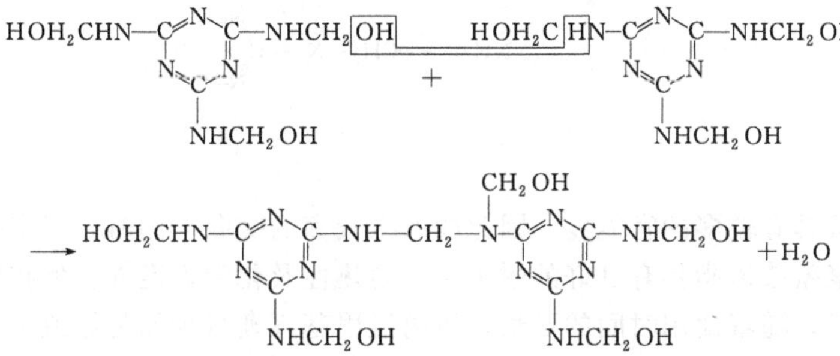

$$\longrightarrow \quad +H_2O$$

（2）

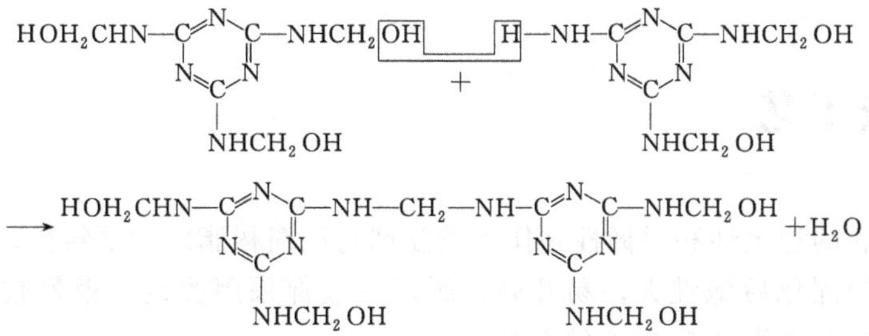

$$\longrightarrow \quad +H_2O$$

（3）

$$+H_2O$$

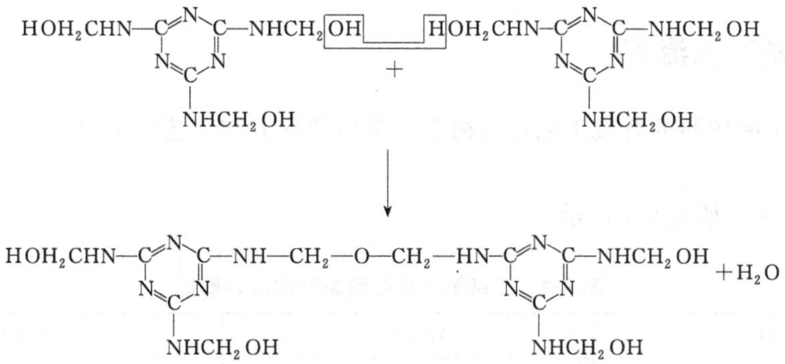

羟甲基三聚氰胺在酸性介质中可脱水生成二聚体羟甲基氰胺，也可与三聚氰胺反应脱水生成二聚体，二聚体再进一步缩聚，使反应深化，最终形成不溶、不熔的体型结构高聚物。

当三聚氰胺和甲醛的摩尔比为 1：2 时，树脂中所形成的亚甲基居多；当摩尔比为 1：6 时，树脂几乎全部由醚键连接。进一步缩聚，形成不熔、不溶的体型结构，如下式所示。

由于三聚氰胺具有较多的官能度，因此能产生较多的交联。同时，三聚氰胺本身又是环状结构，所以三聚氰胺树脂具有良好的耐水性、耐热性及化学稳定性。但在固化后的树脂中仍有游离的羟甲基，随着使用时间的延长，游离羟甲基逐渐减少而易导致树脂上的微隙，最终影响树脂的机械强度。

9.3 合成工艺

三聚氰胺树脂的稳定性和柔韧性是作为胶黏剂与浸渍树脂的重要特性。纯三聚氰胺树脂由于成本高，胶层固化后脆性大，易开裂，所以一般都采用改性三聚氰胺树脂。通常情况下，是在弱碱性和温度为 85℃ 的条件下进行。

9.3.1 主要工艺流程

三聚氰胺甲醛树脂的合成工艺比较简单，常用的配方与工艺如下。

实例 1：

① 原料配比，如表 9-1 所示。

表 9-1 三聚氰胺树脂胶黏剂的原料配比

原料	纯度/%	质量比
三聚氰胺	99.5	320
甲醛	37	516
碳酸钠	10	适量
甲醇	工业	163

② 生产工艺

a. 在装有电动搅拌器、温度计和回流冷凝器的 1000mL 四口烧瓶中加入 320g 的三聚氰胺，置于 60℃ 的水浴锅中。

b. 在另一个烧杯中加 37% 的甲醛溶液 516g，并用 10% 的 Na_2CO_3 溶液调 pH 值至 6。

c. 把调整过 pH 值的甲醛溶液加入反应烧瓶内，边搅拌边加热。反应初期为糊状，pH 值为 7.3 左右。

d. 在 10～15min 内使反应液温度升到 80℃，并保温继续反应。不断记录反应温度、pH 值。

e. 反应液在反应开始 10min 后变得清澈透明，保温一段时间后开始测浊点，浊点的测定是将 10～15mL 反应液放入备用搅拌器和温度计的 15cm×ϕ2.5cm 的试管内，冷却，快速搅拌直至初次出现浑浊温度为反应终点，即浊点。

f. 当反应达到终点后，立即强制冷却至 70℃，加 163g 甲醇，边搅拌边强制冷却至 40℃ 放料。

③ 树脂性能指标如表 9-2 所示。

表 9-2 聚乙烯醇改性三聚氰胺树脂胶黏剂的性能指标

项目名称	性能指标	项目名称	性能指标
外观	清澈透明液体	黏度	0.015～0.02Pa·s
固含量	(35±2)%	游离甲醛	≤2%

用该树脂浸渍的装饰贴面板可以增加装饰板柔韧性，同时可以按热进热出生产工艺操作，生产周期较短，能耗少，但板面光亮度稍差。

实例 2：

使用对甲苯磺酰胺改性三聚氰胺树脂，同样可以增加树脂的柔韧性，具体实例如下：

① 原料配比，见表 9-3。

表 9-3 对甲苯磺酰胺改性三聚氰胺树脂原材料配比表

原料	规格含量/%	配比/质量份
三聚氰胺	99.5	126
甲醛	37	243.2
水		56.8
对甲苯磺酰胺		17.1
乙醇	95	19.3

② 制造工艺

a. 将甲醛溶液和水计量后全部加入反应锅内，开动搅拌机，用浓度 30% 的氢氧化钠溶液调节 pH 值为 8.5～9.0。

b. 加入定量三聚氰胺，在 20～30min 内升温至 85℃，当温度升至 70～75℃ 时，反应液变成清澈透明的液体，此时 pH 值不应低于 8.5。

c. 在 (85±1)℃ 范围内保温 30min 后开始测定反应终点，当浑浊温度达到 29～32℃ 时（夏季为 29℃ 以内，冬季为 30℃ 左右）即为反应终点，立即降温，并同时加入乙醇和对甲苯磺酸胺，并使温度降至 65℃。

d. 在 (65±1)℃ 范围内保温 30min 后冷却至 30℃，用 30% 浓度的 NaOH 溶液调 pH 值

为 9.0，即可放料。

③ 树脂性能指标如表 9-4 所示。

表 9-4　对甲苯磺酰胺改性三聚氰胺树脂胶黏剂的性能指标

项目名称	性能指标	项目名称	性能指标
外观	无色无沉淀透明液体状树脂	恩格拉黏度	3～4
固含量	46%～48%	pH 值	9.0
游离甲醛	<1%		

该树脂用对甲苯磺酰胺改性后，脆性小，柔性增加，而且水溶性好，贮存期也较长。适用于浸渍装饰板的表层纸、装饰纸及覆盖纸。

9.3.2　关键影响因素

在三聚氰胺树脂胶合成的过程中，原辅材料的质量、组分的摩尔比、反应介质的 pH 值以及反应温度和反应时间等都是影响树脂质量的重要因素。同时，生产过程控制对树脂的质量和性能也起重要作用。

（1）原材料质量的影响

甲醛是合成三聚氰胺甲醛树脂胶黏剂的主要原材料，但在生产与储存过程中有可能混入杂质和发生自聚而影响质量。甲醛中尤其是铁离子的含量不能超过标准，当铁含量较高时影响 pH 值的准确测定。同时，用氢氧化钠调节甲醛的 pH 值时，Fe^{3+} 将与 OH^- 结合生成 $Fe(OH)_3$ 沉淀，这在制备浸渍装饰纸时将严重影响表面质量。

甲醛溶液中会含有一定量的甲酸，在反应前需用碱中和。但是，在反应中仍有甲酸生成，若保持一定的 pH 值，甲酸盐的含量即增加。如果甲酸钠含量超过 0.10%，缩聚反应速度明显加快，将导致反应过程难以控制。

在碱性介质中，甲醇的存在常常使二亚甲基醚键的生成速度减慢。所以，甲醛溶液中甲醇的含量应以不超过 12% 为宜。

（2）原料摩尔比的影响

在三聚氰胺的分子上有三个全部氢原子都显活性的氨基（—NH_2），这对于甲醛来说共有六个可参与反应的活性点。不同摩尔比所得到的产物不同，且在整个反应过程中，需要大量的甲醛参加反应。在酸或碱的催化下，1mol 三聚氰胺可以和 1～6mol 的甲醛反应生成相应的羟甲基三聚氰胺：在三聚氰胺与甲醛的摩尔比为 1∶8、pH 值为 7～7.5、反应温度为 80℃ 的条件下，可生成五羟甲基三聚氰胺；当摩尔比为 1∶12 时，则生成六羟甲基三聚氰胺。由此说明在合成过程中，能快速形成三羟甲基三聚氰胺，之后其再与甲醛继续反应，（反应速度相对比较慢），吸收热量，生成结合 4～6 个羟甲基的三聚氰胺。因此，只有当过量的甲醛参加反应，且在高温条件下才能逐渐形成六羟甲基三聚氰胺。

同时，树脂的粘接强度也与三聚氰胺与甲醛的摩尔比直接相关。低级三聚氰胺甲醛树脂相应的性能主要取决于树脂中各类缩合产物之间的比例以及合成树脂过程中所采用的反应条件和工艺过程。有研究表明：作为木材胶合用的三聚氰胺树脂，其三聚氰胺与甲醛的摩尔比以 1∶（2～3）为宜。当摩尔比在 1∶2 以下时，胶合件的干剪切强度下降，湿剪切强度有上升趋势；而摩尔比在 1∶3 以上时，湿剪切强度下降。

（3）反应体系 pH 值的影响

反应体系的 pH 值主要影响羟甲基衍生物进一步缩聚反应的速度。在中性或弱碱性介质中，三聚氰胺与甲醛反应可形成稳定的羟甲基衍生物，树脂的形成较为缓慢。在酸性介质中，羟甲基三聚氰胺可以进一步缩聚，以较快的速度形成树脂。这就是说，pH＞7 时影响小；pH＜7 时，则速度增大，有利于形成高分子量的树脂。

如果反应一开始就在酸性条件下进行，易生成不溶的亚甲基三聚氰胺沉淀，其反应式如下：

$$H_2N-\underset{N}{\overset{N}{\bigcirc}}-NH_2 \quad +2HCHO \xrightarrow{H^+} \quad H_2N-\underset{N}{\overset{N}{\bigcirc}}-N=CH_2 \quad +2H_2O$$

生成的亚甲基三聚氰胺已失去反应能力，难以继续形成胶黏剂。所以，在反应初期要将甲醛的 pH 值调至 8.5～9.0（甲醛会发生坎尼扎罗反应，pH 值会下降），以保证反应过程中的 pH 值在 7.0～7.5 之间。实际上，反应介质 pH 值的不同，形成树脂稳定性的差别也很大：图 9-1 显示了不同 pH 值树脂黏度的变化情况，反应介质 pH 值太高或太低树脂的贮存稳定性均不理想，只有 pH 值在 8.5～10 范围内时树脂黏度上升较慢，贮存稳定性相对要好。因此，可将 8.5～10 作为合成三聚氰胺甲醛树脂 pH 值的基本范围。

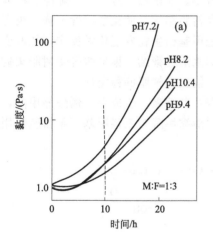 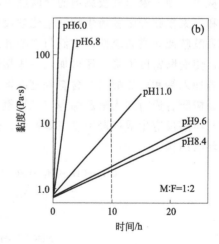

图 9-1　不同 pH 值下树脂黏度的变化（70℃）（a）和（b）

（4）反应温度影响

反应温度影响三聚氰胺在甲醛溶液中的溶解性，因而影响三聚氰胺与甲醛间的反应速率。同时，温度的高低也在一定程度上决定着反应体系中各分子之间的运动速率。反应体系温度在 60℃ 以下，三聚氰胺在甲醛溶液中的溶解度很小，故反应速率很慢；超过 60℃ 时，则三聚氰胺溶解，反应速率随温度升高而迅速加快。在实际生产中，一般将反应温度设定在 75～85℃，这样既可以控制反应速率，又可以保证产品质量。

三聚氰胺树脂的固化同样与温度密切相关：在高温下不用固化剂也可以固化，但在常温条件下要加入强酸性盐作固化剂才能达到理想的固化效果。在较低的温度条件下，若 pH 值降至足够低时，三聚氰胺树脂也能固化，但固化很不完全，粘接强度太低，实用价值不大。

9.4 三聚氰胺甲醛树脂胶黏剂改性

三聚氰胺胶黏剂的特点是化学活性高，热稳定性好，耐沸水性、耐化药品性和电绝缘性好，耐热和耐水性优于酚醛树脂和脲醛树脂胶黏剂。但三聚氰胺树脂中还存在具有较强反应活性的羟基（—OH）、亚氨基（—NH—），贮存过程中这些活性基团会相互发生交联反应导致贮存期短，固化后脆性大，所以很少单独使用，一般需要改性后使用；同时，三聚氰胺树脂价格较高，通过改性可以降低成本。因此，三聚氰胺树脂胶黏剂的改性可以从提高柔韧性、增加稳定性和降低生产成本等3个方面展开。

9.4.1 提高柔韧性

三聚氰胺树脂的固化是通过亚甲基或二亚甲基醚键相互交联实现的，因亚甲基两端连有位阻很大的三嗪环，并且多个亚甲基同三嗪环间相互交错，所以固化后树脂硬度大、韧性低。

在三聚氰胺甲醛树脂制备的过程中加入改性剂，与羟甲基反应生成醚键，活性基团被封闭，从而可使三聚氰胺胶黏剂的交联度下降，脆性减小。如聚乙二醇、聚乙烯醇、糠醛等与甲醛和三聚氰胺羟甲基衍生物发生化学反应，能改变树脂结构，使交联密度下降。也可用对甲苯磺酰胺或鸟粪胺改性，它们与甲醛和三聚氰胺羟甲基衍生物发生化学反应，能改变树脂结构，使交联密度下降。还可加入一些塑性物质，如水溶性聚酯、聚酰胺等使树脂柔韧性增加，若加入糖和丙二醇以及含有羟基的辅助增塑剂，能提高树脂的稳定性。

在树脂合成时加入聚乙烯醇与三聚氰胺和甲醛进行共缩聚，生成聚乙烯醇缩甲醛，三聚氰胺与甲醛反应生成三羟甲基三聚氰胺，然后聚乙烯醇缩甲醛与三羟甲基三聚氰胺作用形成交联环状结构：

用聚乙烯醇改性三聚氰胺甲醛树脂的配方与制备工艺如下：

① 原料配比，见表 9-5。

表 9-5 聚乙烯醇改性三聚氰胺树脂原材料配比表

原料	规格含量/%	配比/质量份
三聚氰胺	99.5	126
甲醛	37	220
聚乙烯醇	工业 1799 牌号	2.51
乙醇	50%	184
水		50.8

② 制造工艺：

a. 将 37% 的甲醛 220kg 加入反应釜内，开动搅拌器，用 30% 浓度的氢氧化钠调 pH 值为 8.5～9.0。

b. 加三聚氰胺 126kg 和聚乙烯醇 251kg，在 30min 左右使锅内温度上升至 (92 ± 2)℃。当釜内温度升至 70℃ 以上时，应变成清澈透明的液体。

c. 在 92℃ 下保温 1h 后开始测浑浊温度 (T_c)，当 $T_c=25\sim27$℃ 时，立即降温，并同时加乙醇。

d. 测定反应液的 pH 值，调节 pH 值至 8.5 以上，在 70～75℃ 下保温测水稀释度，当达到要求后立即加 50% 乙醇溶液 184kg，降温至 30℃ 以下，调 pH 值至 8.5 以上，即可出料。

③ 树脂性能指标，见表 9-6。

表 9-6 聚乙烯醇改性三聚氰胺树脂胶黏剂的性能指标

项目名称	性能指标	项目名称	性能指标
外观	清澈透明液体	黏度	0.015～0.02Pa·s
固含量	(35 ± 2)%	游离甲醛	≤2%

此外，用有机硅改性三聚氰胺树脂，有机硅的羟基与羟甲基三聚氰胺进行醚交换反应生成嵌段结构，使有机硅进入体系大分子，增加三嗪环之间的距离，使体系变得柔顺。同时，由于体系引入了硅氧键，—Si—O—Si—的键长较长、键角较大，使得—Si—O—之间容易旋转，其链一般为螺旋结构，非常柔软。

9.4.2 增加稳定性

三聚氰胺树脂稳定性包括使用过程中的稳定性和储存稳定性。由于初期树脂性质极活泼，结构不稳定，除了将其喷雾干燥制成粉末状外（保存期至少在 1 年以上），还可以用醇类对树脂进行醚化，对部分三聚氰胺进行封端，降低羟甲基活性从而提高树脂的储存稳定性。如用聚乙二醇改性三聚氰胺树脂，可大大改善树脂的储存稳定性，使储存稳定性达到 3 个月之久。聚乙二醇与三聚氰胺缩合生成双三嗪环结构化合物，反应式为：

这种双三嗪环结构化合物再与甲醛作用，生成交联网状三聚氰胺甲醛树脂。与改性前相比，其中连接 2 个三嗪环的亚甲基被聚乙二醇所代替，使得相邻三嗪环之间的距离变大，并且反应过程中增加了醚键和亚乙基，可提高三聚氰胺树脂的变形能力，进而改善其柔韧性。因此，稳定性得到改善，同时弹性及韧性也得到提高。

在改性过程中，有 3 种工艺可以选择：

① 三聚氰胺与聚乙二醇先反应一定时间，然后加入甲醛让反应继续进行；

② 三聚氰胺与甲醛、聚乙二醇同时加入，通过控制 pH 值使反应进行；

③ 分别让甲醛、聚乙二醇同三聚氰胺反应，制取两种树脂，然后将两种树脂共混。

9.4.3 降低生产成本

当三聚氰胺作为高分子胶黏剂使用时，一般常加入尿素与三聚氰胺甲醛进行共缩聚以降低成本。

用尿素改性制备三聚氰胺树脂胶黏剂主要有 2 种方法：共缩聚法和共混法。共缩聚法是通过将三聚氰胺和尿素一起投入反应釜中，与反应釜中的甲醛共同反应生成共缩聚树脂；共混合法是将三聚氰胺和尿素分别与甲醛发生反应生成树脂，然后将 2 种树脂按照一定比例混合使用。此外还有一种方法是将共缩聚和共混合法同时采用，效果也很好。由于尿素的价格很低，故能够降低生产成本，同时，由于尿素的加入，游离甲醛的含量在一定程度上也能得到降低。

在弱碱性反应体系中，在三聚氰胺加入体系时，首先与甲醛发生加成反应，生成羟甲基三聚氰胺，尿素与甲醛发生反应生成羟甲基脲，然后羟甲基三聚氰胺与羟甲基脲进一步缩合，发生共缩聚反应。另外，三聚氰胺在酸性体系中比羟甲基较易参加反应，且反应速率快。共混法中三聚氰胺的添加量适宜范围是 35%～50%，共缩聚方法三聚氰胺的适宜范围是 1%～10%。

在尿素-三聚氰胺-甲醛共缩聚树脂的配制过程中，当尿素与甲醛反应到某一阶段时，加入三聚氰胺，在特定的介质环境中它与甲醛起加成反应，生成羟甲基三聚氰胺，随着甲醛量的增加，可生成一羟甲基三聚氰胺、二羟甲基三聚氰胺、六羟甲基三聚氰胺。接着，生成的羟甲基三聚氰胺又与羟甲基脲进一步缩聚，形成尿素-三聚氰胺-甲醛共聚树脂（UMF），反应式为：

$$HOH_2C-HN-CO-N-CH_2-NH-$$

$$NH-CH_2-N-CO-$$

（1）原料配比

尿素 100g，37%甲醛 322g，三聚氰胺 66g 和 40%的 NaOH 溶液适量。

（2）制备工艺

① 在反应釜中加入 37%甲醛溶液 322g，在搅拌下加入 40%氢氧化钠溶液，调节甲醛溶液的 pH＝6～8；

② 加入 100g 尿素、66g 三聚氰胺，将反应物加热至 45～50℃，停止加热；此时，反应物温度在 25～30min 内自动升高至 80℃；

③ 达到 80℃后，每隔 5min 取出样品进行分析（1mL 加入 5mL 冷水，观察是否出现浑浊），直到不出现浑浊时，由此时开始保持一定时间的缩聚反应；

④ 持续的反应时间，根据反应体系的 pH 值决定：当 pH＝6 时，在 80℃缩聚的时间为

40~50min；当 pH＝6.5~7.0 时，缩聚时间为 60~70min；pH＝7.5~8 时，缩聚反应时间为 70~90min；

⑤ 反应结束后，调节树脂的 pH 值为 6.5~7.5，再在 65~70℃温度下真空脱水，得到固含量为 60%、黏度为 (3.7~7.0)×10^{-1}Pa·s、游离甲醛含量为 0.5%~1.5% 的改性树脂。

研究表明，加入尿素在降低生产成本的同时也将会影响胶黏剂的耐水性，故要掌握好比例。表 9-7 中列出了不同尿素加入量与三聚氰胺树脂耐水性与粘接强度的关系。从表 9-7 中可以看出，当三聚氰胺与尿素的质量比为 7∶3 的共缩聚树脂与纯三聚氰胺树脂相比，其耐沸水粘接强度变化不大，但当尿素比例超过这个范围时，耐水性显著下降。

表 9-7　不同尿素加入量与耐水性和粘接强度的关系

原料比(质量比)		粘接强度(100℃沸水煮 3h)/MPa			
三聚氰胺	尿素	桦木	椴木	榆木	柞木
10	0	2.00	1.36	1.76	1.90
7	3	2.10	1.28	1.69	1.20
5	5	1.76	0.88	1.52	0.96
3	7	1.47	0.43	1.56	0.71

第10章

聚醋酸乙烯酯胶黏剂

聚醋酸乙烯酯胶黏剂是以醋酸乙烯酯（VAc）作为单体在分散介质中经乳液聚合而制得的，亦称聚乙酸乙烯酯胶黏剂或聚醋酸乙烯酯均聚乳液（缩写为 PVAc 乳液）胶，俗称"白乳胶""白胶"，是大批量生产的聚合物乳液品种之一，在我国其产量仅低于丙烯酸系聚合物乳液，居第二位。

聚醋酸乙烯酯是一种热塑性聚合物，近年来作为胶黏剂工业的原料而得到广泛应用。这种聚合物乳液粘接强度大、无毒、使用方便，且价格便宜，已广泛地应用于木材粘接、织物层合、商品包装、纸品加工、皮革整饰等诸多工业部门。聚醋酸乙烯酯可以是改性的或不改性的、溶液型的或乳液型的、均聚物或共聚物，这种多方面的适应性使其能用于粘接各种基材，其中聚醋酸乙烯酯乳液胶黏剂是水基型的，无毒，环保性好，而且对木材和木制品能够产生高强度且耐久的粘接，因此已成为用途广泛的通用胶黏剂。但聚醋酸乙烯酯乳液耐水性、耐热性、抗冻性及抗蠕变性差，大大限制了其应用范围。长期以来，人们一直致力于聚醋酸乙烯酯乳液的改性研究，通过共聚、共混、交联、后缩醛化等方法来克服聚醋酸乙烯酯乳液固有的缺点，改善了聚合物的性能，大大拓宽了其应用领域。

10.1 基本性能与应用

10.1.1 基本性能

聚醋酸乙烯酯乳液胶现已大量用于建筑、家具等木工粘接方面，还用于将单板、布、塑料、纸等粘贴在木质人造板上。

聚醋酸乙烯酯乳液胶用于木材粘接时，要求木材含水率应在 5%～12%。当含水率在 12%～17% 时，会影响粘接强度；当含水率超过 17% 时，则会严重影响粘接强度。一般涂胶量为 100～110g/m²（单面），粘接压力为 0.49MPa，胶压时间因温度高低而异。可以在室温粘接，也可以加热粘接，加热的目的是加快水分的挥发，有利于胶层的形成。在室温下胶压，若室温高，胶压时间短；室温低，胶压时间长。如在 12℃，胶压时间为 2～3h；而在 25℃ 时，胶压时间只需 20～30min。若热压粘接，则以 80℃ 为宜，若粘接单板，只需数分钟即可。胶压后需放置一定时间，才能达到理想的粘接度。通常夏季放置时间为 8h，而冬季则需一昼夜。

用聚醋酸乙烯酯乳液胶粘接时，胶层的形成是由于水分挥发，乳胶粒发生黏性流动而融合粘连，失去流动性；当水分进一步挥发时，若胶的温度高于某一温度，粒子就发生变形、融合，而形成连续的胶膜。若温度低于某一温度时，即使水分挥发，粒子也不发生变形和融合，所以不能形成连续的胶膜。能使乳胶形成连续的胶膜的最低温度就叫最低成膜温度。不加各种添加剂的聚醋酸乙烯酯乳液胶的最低成膜温度为 20℃。若添加增塑剂或溶剂，其最低成膜温度可下降至 0℃。因此用聚醋酸乙烯酯乳液胶在室温粘接时，则要求室内温度必须高于它的成膜温度。

聚醋酸乙烯酯乳液胶可以不添加任何助剂而直接使用。但由于一般都是在常温下粘接，因此气温高低将直接影响胶的使用黏度。如气温过高，黏度偏小，可适当添加增黏剂，如聚乙烯醇、淀粉、羧甲基纤维素等，用量视气温及所要求的工作黏度而定。一般夏季用量多些，冬季用量少些。若乳液干燥速率太快，为改善其润湿性，提高粘接强度，也可加入少量的溶剂，如甲苯、二甲苯、苯甲醇、醋酸丁酯等。

聚醋酸乙烯酯乳液胶宜贮存在玻璃容器、瓷器及塑料袋内，外用铁桶或木桶保护，也可直接放在塑料桶内。贮存时容器必须密闭，以防自然结皮，浪费胶液。亦可在表面浇一层很薄的水层作封层，可避免结皮，待使用时再调和之。乳液应尽量避免堆放在露天，更不能放在严寒场所，以免乳液冻结而影响使用。贮存场所及运输过程中的温度以 10～40℃ 为宜。若乳液已受冻，在未解冻前不可加水和其他物质，也不要搅拌，将冻结的乳液贮放在 30～40℃ 左右的暖房内待全部解冻为止。也可将冻结的乳液连同存放的密封容器一起浸入保持在 50～60℃ 左右的温水中，待全部解冻为止。乳液解冻后，如外观恢复正常，仍可使用。

10.1.2 应用

（1）在建筑工业中的应用

聚合物水泥混凝土又称聚合物改性混凝土，主要由聚合物（或单体）与水泥组成，聚合物常以乳液或水溶液形式与水泥混合，常用的聚合物为聚醋酸乙烯酯。目前高强度预制件主要有聚醋酸乙烯酯-环氧树脂乳液胶黏剂型预制件和聚氨酯胶黏剂型预制件，聚醋酸乙烯酯-环氧树脂乳液胶黏剂型预制件，是在混凝土与聚醋酸乙烯酯乳液混合浆料中。

在建筑装饰中使用瓷砖装修建筑物外墙、地板、厨房和卫生间内墙等部位已非常流行，聚醋酸乙烯酯乳液以及一些溶剂型和热固型胶黏剂在特殊要求的场合用于瓷砖、地板的粘接。在水泥土坪上粘接塑料地板、家用木地板可使室内更加保暖、洁净，美化环境。而粘接地板就用到聚醋酸乙烯酯乳液胶。内墙装修用幕墙式建筑结构有许多接缝也用聚醋酸乙烯乳液胶密封。

（2）在纸制品行业中的应用

在包装行业，压敏胶带的纸管、纺织用的纱管、食品饮料的复合包装罐、塑料薄膜的卷筒以及丝绸、布匹、纸品、皮革等的机械化生产卷筒包装用纸管都需要大量的纸管和卷筒。纸管胶是上述产品的辅助材料，目前，市场上的纸管胶主要为聚醋酸乙烯酯乳液胶及淀粉胶的混合物。

纸张的粘接主要用于纸袋、包装、纸盒、装饰等，以及纸与铝、纸与塑等复合纸。适用于纸张的胶黏剂，除了采用来源广泛、价格便宜的淀粉、酪朊、骨胶等外，主要是采用聚醋酸乙烯酯乳液、合成橡胶胶乳、聚丙烯酰胺等。

在纸制品加工行业，聚醋酸乙烯酯胶黏剂可用于纸塑覆膜加工、复合薄膜加工、隔离纸加工、涂布纸加工等。

（3）在纺织行业中的应用

聚醋酸乙烯酯胶黏剂在涂料印花色浆中、无纺织物及静电植绒加工中担任非常重要的角色。因为聚醋酸乙烯酯乳液胶黏剂具有使用期长、胶黏剂容易涂布、不会因溶剂而产生易燃性和毒性、可用水稀释、便于操作等特点，常常用于纺织行业中。

（4）在木材加工工业中的应用

由于聚醋酸乙烯酯乳液胶黏剂的性能大大优于动物胶黏剂，在家具制造工业中已基本取代了动物胶黏剂，目前主要用于榫接合、细木工板的胶拼、单板的修补和粘接板的修补、人造板的二次加工等。

（5）在光学、电子行业中的应用

光学产品中用聚醋酸乙烯酯胶黏剂粘接光学零件，能改善粘接件的压力分布情况，防止零件连接时留下的空隙，减少表面光能损失，可以适当降低粘接面的表面光洁度，简化光学零件加工过程。该方法节省费用，容易由简单棱镜组装成复杂棱镜，同时有利于光学零件的表面保护，已广泛应用于透镜、棱镜和光学玻璃等光学系统产品中。

在电器或电子元件装配过程中，它以粘代焊接通电路。由于微型元件体积极小，不仅操作困难，质量难以保证，同时还由于高温焊接时容易损伤电子元件，也难以控制使用极少量的焊料或极准确的焊接，而利用聚醋酸乙烯酯胶黏剂粘接的方法，则可以解决上述问题。

（6）在金属机械行业中的应用

常见的机电设备生产与维修在金属机械行业中极为频繁，其中大部分要涉及金属与非金属之间的粘接问题。其中减震钢板的粘接就用到了聚醋酸乙烯酯乳液。

（7）在车船行业中的应用

焊缝密封胶需要具有更加突出的触变性，在堆积一定厚度时能保持棱角，不发生流淌，加热塑化后，胶层有弹性，不开裂，外观平整，对中涂和面漆不能产生变色现象。焊缝密封胶在车船密封、防漏、防锈方面起着至关重要的作用，对于无加热固化设施的船舶、火车、大客车及部分汽车常选用聚醋酸乙烯乳液胶。

汽车隔振隔热阻尼胶板的基材为：沥青树脂、苯乙烯丙烯酸酯共聚物、聚醋酸乙烯酯乳液及其改性乳液。

（8）在航空与航天方面的应用

复合材料属于各向异性材料，对于夹芯结构修补常采用聚醋酸乙烯酯乳液胶。飞机使用各种无碱玻璃布，玻璃布蜂窝夹层典型产品是雷达罩，玻璃布蜂窝芯采用厚 0.1mm 的无碱平纹布，通过涂胶机（有漏嘴滴印涂胶机和凸辊双面涂胶机两种）涂印胶条，干燥后自动叠合，再剪切为等厚度经固化的叠层条，拉伸后浸渍干燥而成，而所涂的胶液常用到改性聚醋酸乙烯酯乳液胶。

在航空、宇航（包括航天）工业中聚醋酸乙烯酯乳液胶可作为嵌缝密封使用。

（9）医疗卫生行业中的使用

在治疗龋齿时，为把药剂暂时封灌在牙孔洞内或牙根管内，采用临时固定的胶黏剂。这种胶黏剂必须能够和干燥的牙质相粘接，强度必须能耐受嚼合时的压力。此外，还要求操作简便，并且容易从牙面去掉。其主要类型有二：其一是热熔型的，它是一种以古波塔胶为基材的塑性物，使用时先放在火焰上烤软，趁热压入牙的窝洞内；其二是水硬性临时固定用胶黏剂，它是一种以醋酸乙烯酯共聚乳液为基材，再加入无水硫酸锌配制而成的糊状物，在填入牙的窝洞之后，能吸收唾液而固化。

10.2　合成原理与主要原料

10.2.1　合成原理

聚醋酸乙烯酯很容易聚合，也很容易和其他单体共聚。可以用本体聚合、溶液聚合、悬浮聚合或乳液聚合等方法聚合成各种不同的聚合体。

通常本体聚合、溶液聚合和悬浮聚合都用过氧化苯甲酰和偶氮二异丁腈为引发剂，而乳液聚合常采用水溶性的过硫酸盐、过氧化氢等作为引发剂。乳液聚合一般公认的说法是聚合反应早期是在乳化剂的胶束中进行，而后期是在聚合体中进行，而不是在水相或乳化的单体液滴中进行的，而乳液聚合的产物（乳胶粒子）通常是在 $0.2 \sim 5\mu m$ 之间粒度很小的乳胶液。虽然悬浮聚合和乳液聚合都是在水介质中聚合成醋酸乙烯酯的分散体，但两者之间有明显的区别。悬浮聚合一般用来生产分子量较高的聚醋酸乙烯酯，用少量聚乙烯醇为分散剂，用过氧化苯甲酰等溶于单体的引发剂。聚合反应是在分散的单体液滴中进行的，一般制得颗粒在 $0.2 \sim 1mm$ 之间。

乳液聚合是单体在水介质中，由乳化剂分散成乳液状态进行的聚合，称为乳液聚合。体系主要组分是单体、分散介质、引发剂、乳化剂，如图 10-1 所示。

聚醋酸乙烯酯乳液胶黏剂是醋酸乙烯酯单体采用乳液聚合方法生产的，其聚合反应的全过程一般由链引发、链增长、链终止和链转移等反应组成。现以过硫酸铵作引发剂为例，来说明聚醋酸乙烯酯的形成机理。

（1）链引发

引发剂是一种易于分解并产生自由基的化合物，链引发反应是形成单体自由基的反应。在聚醋酸乙烯酯乳液聚合的过程中，过硫酸铵分解成硫酸根离子型自由基，然后再与醋酸乙烯酯单体结合，形成单体自由基。

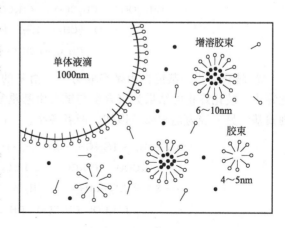

图 10-1　乳液聚合示意图

① 引发剂过硫酸铵分解，形成初级自由基：

$$(NH_4)_2S_2O_8 \xrightarrow[\text{分解}]{\triangle} NH_4HSO_4 \xrightarrow{\text{分解}} NH_4^+ + SO_4^- \cdot$$

② 初级自由基与醋酸乙烯酯加成，形成单体自由基：

$$SO_4^- \cdot + CH_3COOCH=CH_2 \longrightarrow SO_4^- -CH_2-\underset{\underset{CH_3COO}{|}}{CH} \cdot$$

单体自由基形成以后，继续与其他单体加聚，而使链增长。

比较上述两步反应，引发剂分解是吸热反应，活化能高，约为 $105\sim150kJ/mol$，反应速率小，分解速率常数约为 $10^{-4}\sim10^{-6}s^{-1}$。初级自由基和单体结合成单体自由基这一步是放热反应，活化能低，约为 $20\sim34kJ/mol$，反应速率大，与后续的链引发相似。

（2）链增长

在链引发阶段形成的单体自由基，继续与其他单体加聚，就进入了链增长阶段。在链增长、引发阶段形成的单体自由基继续与其他单体分子结合成单元更多的链自由基，如此不断反复，使链自由基不断增长，而得到高分子的聚合物。

$$SO_4^- -CH_2-\underset{\underset{CH_3COO}{|}}{CH} \cdot + CH_3COOCH=CH_2 \longrightarrow SO_4^- -CH_2-\underset{\underset{CH_3COO}{|}}{CH}-CH_2-\underset{\underset{CH_3COO}{|}}{CH} \cdot$$

$$\cdots\cdots \longrightarrow SO_4^- \underset{\underset{CH_3COO}{|}}{\underbrace{[CH_2-CH]_x}}-CH_2-\underset{\underset{CH_3COO}{|}}{CH} \cdot$$

（3）链终止

链自由基不断增长，相互作用就会失去活性中心而终止。终止反应有偶合终止和歧化终止两种方式。

① 偶合终止。两链自由基的电子相互结合成共价键的终止反应称作偶合终止，偶合终止结果为大分子聚合度为链自由基重复单元数的两倍。用引发剂引发并无链转移时，大分子两端均为引发残基，链增长即告终止。在链终止以后，则整个反应结束，即得到聚醋酸乙烯酯。

$$SO_4^- \underset{\underset{CH_3COO}{|}}{\underbrace{[CH_2-CH]_x}}\underset{\underset{CH_3COO}{|}}{[CH_2-CH]} \cdot + \cdot \underset{\underset{CH_3COO}{|}}{[CH-CH_2]}\underset{\underset{CH_3COO}{|}}{[CH-CH_2]_y} SO_4^-$$

$$\longrightarrow SO_4^- \underset{\underset{CH_3COO}{|}}{\underbrace{[CH_2-CH]_{x+1}}}\underset{\underset{CH_3COO}{|}}{[CH-CH_2]_{y+1}} SO_4^-$$

② 歧化终止。某链自由基夺取另一自由基的氢原子或其他原子的终止反应，则称作歧化终止，歧化终止的结果为聚合度与链自由基重复单元数相同，每个大分子只有一端为引发剂残基，另一端为饱和或不饱和，两者各半。

$$SO_4^- \underset{\underset{CH_3COO}{|}}{\underbrace{[CH_2-CH]_x}}CH_2-\underset{\underset{CH_3COO}{|}}{CH} \cdot + \cdot \underset{\underset{CH_3COO}{|}}{[CH-CH_2]}\underset{\underset{CH_3COO}{|}}{[CH-CH_2]_y} SO_4^-$$

$$\longrightarrow SO_4^- \underset{\underset{CH_3COO}{|}}{\underbrace{[CH_2-CH]_x}}CH_2-CH_2 + \underset{\underset{CH_3COO}{|}}{CH}=CH \underset{\underset{CH_3COO}{|}}{[CH-CH_2]_y} SO_4^-$$

链终止和链增长是一对相互竞争的反应，从一对活性链的双基终止和活性链-单体的增长反应比较，终止速率显然远远大于增长速率。但从整个聚合特性宏观来看，因为反应速率还与反应物质的浓度成正比，而单体浓度远远大于自由基的浓度，因此增长速率要远远大于终止速率。

（4）链转移

在自由基聚合过程中，链自由基有可能从单体、溶剂、引发剂等低分子或大分子上夺取一个原子而终止，并使这些失去原子的分子成为自由基，继续新链的增长，使聚合反应继续进行下去，这一反应称作链转移反应。自由基转移后不再引发单体聚合，最后只能与其他自由基双基终止。

有时为了避免分子量过高，特地加入某种链转移剂，加以调节。这种链转移剂在功能上则称作分子量调节剂。

在经历上述各个反应后，即得到聚醋酸乙烯酯。

10.2.2　主要原料

聚醋酸乙烯酯乳液合成时，除了单体醋酸乙烯酯外，还需要分散介质、引发剂、乳化剂、保护胶体、增塑剂、冻融稳定剂以及各种调节剂等。

（1）单体

醋酸乙烯酯分子式为 $CH_3COOCH\!=\!\!CH_2$，为无色可燃液体，具有甜的醚香，微溶于水，它在水中的溶解度在 28℃ 时为 2.5%，而且容易水解，水解产生的乙酸会干扰聚合。

醋酸乙烯酯蒸气有毒，具有麻醉性，对中枢神经系统有伤害作用，对眼睛有刺激作用，刺激黏膜并引起流泪，皮肤长期接触醋酸乙烯酯液体则有产生皮炎的危险。醋酸乙烯酯易聚合，当有少量氧化物存在时即可聚合，当没有加稳定剂（亦称阻聚剂）时存放时间不可超过 24h，在较低温度下它可以保存比较长的时间。醋酸乙烯酯属于易燃易爆危险品（在密闭容器中可引起爆炸），要求置于铝、铁及钢制的槽车中运输。醋酸乙烯酯的物理性质和质量指标如表 10-1 及表 10-2 所示。

表 10-1　醋酸乙烯酯的物理性质

性能	指标	性能	指标
沸点/℃	72	聚合热/(kJ/mol)	89.2
熔点/℃	−100.2	燃烧热/(kJ/mol)	2.07×10^3
相对密度/(g/cm³)	0.9342	在水中的溶解度(20℃)/%	2.5
折射率	1.3958	水在醋酸乙烯酯中的溶解度(20℃)/%	0.1
着火点/℃	−5～−8	自燃点/℃	427
黏度(20℃)/(Pa·s)	4.32×10^{-4}	爆炸极限(体积分数)/%	2.6～13.4
蒸发潜热/(kJ/mol)	32.7	毒性(LD_{50} 鼠)/(g/kg)	0.3

表 10-2　醋酸乙烯酯的质量指标

项目	质量指标	项目	质量指标
相对密度	0.933～0.925	醛含量/%	<0.05
水分/%	<0.15	沸腾后残渣/%	<0.05
色度(哈森值)	≤100	沸点范围/℃(101.3kPa)	71.8～73.0
酸度/%	<0.02		

（2）分散介质

分散介质对于任何乳液聚合过程来说都是不可缺少的。常规的乳液聚合通常都以水为分散介质，水便宜易得，没有任何危险。用水作为分散介质，在制备过程中放热反应容易控制，有利于所制备的产物均匀。

醋酸乙烯酯单体微溶于水，在乳化剂的作用下，单体珠滴或乳胶粒的表面会吸附一层乳化剂分子而在水中形成稳定的分散体系，这种由水构成连续相而单体或聚合物构成分散相的体系被称为"水包油"（O/W）体系。根据对胶体固含量的要求，通常水为总反应组分重量的 40%～80%，水的质量对聚合过程和最终产物都有很大的影响，其影响最大的杂质是 Fe^{3+}、Cl^-、SO_4^{2-}、氧和其他有机物，当杂质含量过高时，需进行除氧和去离子处理。为了降低成本，在工业生产中主要采用优质的井水、离子交换水或锅炉冷凝水等。

（3）引发剂

乳液聚合的引发剂不同于本体聚合或悬浮聚合的引发剂，乳液聚合中引发剂溶于连续相而不溶于单体，容易分解成自由基的化合物。根据生成自由基机理的不同，乳液聚合的引发剂通常分为两大类：热分解引发剂和氧化还原引发剂。常用过氧化物作引发剂，用得较多的是过硫酸钾（$K_2S_2O_8$）、过硫酸铵 [$(NH_4)_2S_2O_8$]，也有使用双氧水的，用量为单体质量的 0.1%～1%。过硫酸钾和过硫酸铵的引发性能非常相似，但由于室温下过硫酸钾在水中的溶解度为 2%，而过硫酸铵在水中的溶解度可达 20% 以上，所以工业生产用过硫酸铵更为方便，在受热时可直接分解出具有引发活性自由基的一类物质，可以分解出两个硫酸根负离子自由基。

常用的过氧化物引发剂的主要性质如表 10-3 所示。

表 10-3 过氧化物引发剂的主要性质

引发剂	外观	密度/(g/cm³)	溶解性	分解温度	其他
过硫酸钾	白色结晶体，有时略带绿色	2.477	溶于水，不溶于乙醇	100℃以下	
过硫酸铵	无色单斜结晶	1.982	溶于水	120℃	
过氧化氢	无色液体	1.438	能与水、乙醇、乙醚以任何比例混合	贮存时会分解为水和氧	熔点：−89℃ 沸点：151.4℃

（4）乳化剂

实际上是表面活性物质，可以形成胶束。它可以降低水的表面张力，使互不相溶的油（单体）-水转变为相当稳定、难以分层的乳液，这个过程称为乳化。乳化剂之所以能起乳化作用，是由于其分子是由亲水的极性基团和疏水（亲油）的非极性基团所组成，例如常用的阴离子型十二烷基硫酸钠的分子结构中，十二个碳链为非极性基团，构成分子结构中的亲油（疏水）部分，而硫酸根离子是极性基团，它构成分子结构中的亲水（疏油）部分。

乳化剂溶于水的过程中，将发生下列变化。当乳化剂分子分散到水中时，其亲水基受到水的亲和力，而亲油基则受到水的排斥力，以致较多的乳化剂分子聚集在空气-水界面上，亲水端朝向水，而亲油端则指向空气。由于原来的水-空气界面被油-空气界面所代替，且油的表面张力小于水的表面张力，所以，向水中加入乳化剂，水的表面张力会降低，趋于平稳。

此时，乳化剂分子开始由 50～100 个聚集在一起，形成胶束。乳化剂开始形成胶束时的浓度称 CMC（大约 0.01%～0.03%）。在 CMC 处，溶液的许多物理性能有突变。在低浓度（约 1%～2%）下胶束较小，显球形，直径约 40～50Å（$1Å=10^{-10}m$），约由 15～50 个乳化剂分子组成；高浓度下胶束较大，呈棒形，长度约为乳化剂分子长度的两倍。通常认为乳化剂用量在 CMC 以下时，乳化剂会溶解在水中形成真溶液。在大多数乳液聚合中，乳化剂的浓度（约 2%～3%）超过 CMC 值 1～3 个数量级，因此，大部分乳化剂处于胶束状态。胶束的数目和大小取决于乳化剂的量，而当其用量大于 CMC 时则过量的乳化剂分子就会形成胶束。

在聚醋酸乙烯酯乳液的制备过程中，有阳离子、阴离子、非离子和复合乳化剂等多种。常用的乳化剂有 OP-10、烷基硫酸钠、烷基苯磺酸钠、油酸钠等。阴离子型乳化剂可用磺化动物脂、磺化植物油、烷基磺酸盐。在制备过程中，应按照产品的需求选择合适的乳化剂，可以是单一品种，也可以是两种或两种以上的混合剂。使用非离子型乳化剂时常将比较亲水的乳化剂（浊点高）和比较疏水的乳化剂（浊点低）配合使用。乳化剂用量为水乳液质量的 0.01%～5%，可以在最初加入，也可以在连续添加单体时逐步加入。

（5）保护胶体

保护胶体在黏性的聚合物表面形成保护层，以防止合并与凝聚。常用的保护胶体有动物胶、明胶、聚乙烯醇、甲基纤维素、羟甲基纤维素、阿拉伯树胶、聚丙烯酸钠等。在实际生产中，大多将这些物质和乳化剂复合使用，以控制乳胶粒尺寸、粒度分布以及增大乳液的稳定性。

聚醋酸乙烯酯乳液聚合常采用聚乙烯醇作为保护胶体，它既是保护胶体，同时也起乳化剂的作用。常用的聚乙烯醇有两种：1788 型（聚合度 1700，醇解度 87%～89%）和 1799 型（聚合度 1700，醇解度 98%～99%）。聚乙烯醇具有良好的乳化效果，一般来说，1788 型制备的乳液较 1799 型的耐低温，可获得更稳定的乳液。在操作中可以将部分水解的聚乙烯醇和完全水解的聚乙烯醇以（1∶5）～（5∶1）混合使用，这样制得的乳液胶在高温下有较好的粘接性能，而且胶层的耐湿性也较好。聚乙烯醇的总用量为乳液质量的 1%～4%，可以一次加入，也可最初加一部分，余下的在反应过程中逐步计量加入。聚乙烯醇的用量对乳液的黏度也有重要的影响，但聚乙烯醇的用量大就会使耐水性下降，所以当需要黏度较高的乳液时，最好用聚合度较大的聚乙烯醇而避免聚乙烯醇的用量增加过多。一般常用平均聚合度 1500 以上的聚乙烯醇，如果制备黏度很大的乳液时，最好用平均聚合度 2000 以上的聚乙烯醇。

（6）调节剂

调节剂又称链转移剂。在自由基型聚合反应过程中，为了控制聚合物的分子量，常常需要加入调节剂。在聚合反应体系中，调节剂是一类很活泼的物质，它很容易和正在增长的大分子自由基进行反应，将活性链终止，同时调节剂分子本身又生成了新的自由基，这种自由基的活性和大分子自由基活性相同或者相近，因而可以继续引发聚合。加入调节剂以后可降低聚合物的分子量，而对聚合反应速率则没有太大的影响。许多含硫、氮、磷、硒及有不饱和键的化合物均可在乳液聚合系统中作为调节剂。常用的调节剂有四氯化碳、硫醇、多硫化物等，用量为单体质量的 2%～5%。

（7）缓冲剂

缓冲剂要用来保持反应体系的 pH 值。VAc 聚合时如 pH 值太低引发速率太慢，介质的

pH 值越高，引发剂分解得越快，形成的活性中心越多，聚合速率就越快，故可通过缓冲剂来控制聚合速率。常用碳酸盐、磷酸盐、醋酸盐。用量为单体质量的 0.3%～5%。

（8）增塑剂

聚醋酸乙烯酯的玻璃化温度为 30℃，加入增塑剂后能改善胶膜的力学性能，使胶膜有较好的成膜性和粘接力，同时能降低乳胶的最低成膜温度。如不加增塑剂的聚醋酸乙烯酯乳液在低于 15℃的条件下就不能很好成膜，而加入 10%的苯二甲酸二丁酯后，就能使最低成膜温度降至 5℃以下。常用的有酯类，特别是邻苯二甲酸烷基酯类，如邻苯二甲酸二丁酯和芳香族磷酸酯（如磷酸三甲苯酯），后者主要用于要求具有阻燃功能之处。增塑剂的用量视要求不同而异，用量为单体质量的 10%～15%，用量不宜太多，否则会使胶膜的蠕变增加。但增塑剂随着时间的延长会挥发或迁移，使胶层强度减低，故增加增塑剂的增塑耐久性不太理想。

增塑剂可在制造时加入，也可以在乳液制成后加入，但不管何时加入，它都仅仅起机械的掺和作用，并不发生化学反应，用量不宜过大，否则会影响粘接强度。有试验表明，将邻苯二甲酸二丁酯和邻苯二甲酸二辛酯按比例 1:1 混合作增塑剂，用量为 8.8%时，可使木材的粘接强度提高 15%～25%。

（9）冻融稳定剂

聚醋酸乙烯酯乳液在低温下会发生冻结，冻结和消融都将影响乳液的稳定性，冻结的乳液消融之后黏度升高，甚至造成乳液的凝聚。目前最主要的防冻措施是在乳液中加入冻融稳定剂，降低聚合物乳液的冻结温度。常用的冻融稳定剂有甲醇、乙二醇及甘油等，他们一般用量为总投料的 2%～10%。

（10）防腐剂

尽管聚醋酸乙烯酯乳液本身并不容易受细菌的侵蚀，但是乳液中一旦加入其他组分，特别是加入淀粉或纤维素类添加剂时，则必须加入防腐剂，常用的防腐剂有甲醛、苯酚、季铵盐等，一般用量为总投料量的 0.2%～0.3%。

（11）消泡剂

乳液胶使用时易产生气泡，故常加少量消泡剂，以消除气泡。消泡剂可用硅油或高级醇类化合物，用量为总投料量的 0.2%～0.3%。

10.3 合成工艺与典型配方

10.3.1 合成工艺特点

（1）投料方式

一般投料方式可分为三种。

① 将反应各组分一次性加入反应釜中，边搅拌边加热，在反应过程中控制温度和速度，直到反应结束。

② 先将乳化剂、表面张力调节剂等组分加入反应釜中搅拌均匀后，再连续滴加单体，边搅拌边加热，进行反应。

③ 将乳化剂、表面张力调节剂、引发剂等组分先后加入水相中，搅拌均匀后加入单体总量的 5%～15%的单体和 30%左右的引发剂，待搅拌升温至回流正常后再开始连续滴加单

体，在滴加的过程中按照一定的时间间隔加入引发剂。pH 值调节剂和增塑剂、冻融稳定剂、防腐剂均在反应结束冷却到 50℃ 以下后加入，搅拌均匀即放料。

比较以上三种方式，第一种由于反应过于剧烈而基本没有采用，现在一般都采用后两种方式，国内生产中多采用第三种加料方式。第三种方式由于部分单体首先被加入，减少了滴加时间，且采用这种方式生产的乳液颗粒小、稳定性好。

（2）反应温度

控制反应温度是保证乳液质量的关键。前期反应温度一般在 70～80℃，后期单体滴加完毕后，升温至 90～95℃ 并在此温度下保持一定的时间，冷却至 50℃ 以下再放料。由于是放热反应，在反应过程中一般是通过控制单体的滴加速度和调节加热温度来使聚合温度维持在 78℃ 左右。滴加速度慢，反应所产生的热量低，需要提高加热温度；滴加速度快，反应剧烈，需降低加热温度，因此，在合成过程中需要时刻根据温度的变化来控制加热温度。

10.3.2　典型配方及工艺

根据不同的使用要求，合成聚醋酸乙烯酯乳液的配方和工艺有多种，以下是几种常见的配方及生产工艺。

实例 1：

① 配方见表 10-4。

表 10-4　丙烯酸类单体与 VAc 共聚改性的典型配方

原　料	配比/g	原　料	配比/g
醋酸乙烯酯（VAc）	80	硫酸铵	1.5
丙烯酸丁酯（BA）	14	复合乳化剂	4.5
丙烯酸（AA）	2	蒸馏水	200
改性剂	4		

② 合成工艺。按配方将一定量的丙烯酸丁酯、醋酸乙烯酯、丙烯酸、改性剂、复合乳化剂和蒸馏水在室温下乳化 1h，取该乳化液 1/6 和 1/6 的过硫酸铵引发剂溶液加入装有搅拌器、加料管、回流冷凝管和温度计的 500mL 四口烧瓶中，维持反应温度在 60℃ 进行种子聚合反应。当反应液显荧光时，滴加上述剩余的乳化液和引发剂，滴加时间约为 3h，滴加完毕后在（70±2）℃ 左右继续反应 1h，接着将聚合物冷却，过滤出料。

③ 性能。丙烯酸酯改性醋酸乙烯酯乳液配比为：VAc：BA：改性剂：AA＝80：14：4：2（质量比）时，乳液剥离强度高、弹性好、耐低温且储存期长，见表 10-5。

表 10-5　丙烯酸用量对乳液聚合性能及储存稳定性影响

混合单体中 BA 含量/%	剥离强度/（N/m）	储存时间
30	600	35d 后出现凝聚现象
20	1000	5 个月后出现凝聚现象
10	1100	存放 14 个月未见有凝聚

实例 2：

① 配方见表 10-6。

表 10-6　醋酸乙烯酯-丙烯酸丁酯-N-羟甲基丙烯酰胺共聚乳液配方　　　单位：质量份

	组　分	I	II
单体	醋酸乙烯酯	30	35
	丙烯酸丁酯	5	5
	N-羟甲基丙烯酰胺	30	20
保护胶体	聚乙烯醇 1799	12	10
介质	水	110	110
乳化剂	OP-10	0.4	0.4
引发剂	过硫酸铵(10%)	5	5
pH 缓冲剂	碳酸钠(20%)	适量	适量
稳定剂	甘油	2	2

② 生产工艺为：依次将聚乙烯醇和水加入四口烧瓶中，升温至 90℃，恒温搅拌 1h，使聚乙烯醇完全溶解。然后降低到 60℃，加入醋酸乙烯酯与丙烯酸丁酯混合液，补充适量的水分，调节温度到 70℃ 左右，反应约 2h，然后降温至 64～66℃，滴加 N-羟甲基丙烯酰胺和引发剂混合液 4～5h，滴加完毕后，在 85℃ 继续聚合 1h，在此过程中逐步加入适量的稳定剂。最后降温至 60℃，加入碳酸钠（20%）调节 pH 值为 6～7，搅匀后出料即得产品。

VBN 乳液的质量指标如下：

固含量	38%～40%	残留单体含量	1% 以下
乳液粒径	0.1～0.2μm	pH 值	6.0～6.5
黏度（25℃）	0.03～0.07Pa·s	贮存期	180d

10.4　产品质量影响因素

10.4.1　乳化剂的影响

当单体的用量、温度、引发剂等条件固定时，乳化剂用量增加，乳胶粒数目也就越多，同时，乳胶粒粒径也就越小，这样就可以提高聚合反应速率，有利于得到粒度较细、稳定性好的乳液。若用量太多则会降低胶黏剂的耐水性。

乳化剂用量对聚合稳定性和乳液性能的影响见表 10-7、图 10-2 和图 10-3。

表 10-7　乳化剂用量的影响

乳化剂用量/%	0.5	0.1	0.15	0.2	0.3	0.4	0.5	0.7
外观情况	有	有	无	无	无	无	无	无
平均粒径/μm	0.225	0.092	0.082	0.070	0.055	0.052	0.046	0.043
黏度/(mPa·s)	2920	2994	3034	3081	3162	3313	3563	3803
贮存期/d	5	8	90	100	128	110	75	60

注：有表示有可见粗颗粒；无表示无可见粗颗粒，乳胶粒呈乳白细腻状。

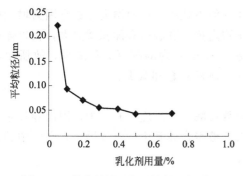

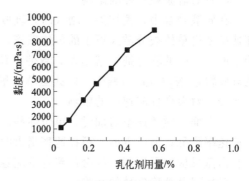

图 10-2 乳化剂用量与平均粒径的关系　　　　图 10-3 乳化剂用量与乳液黏度的关系

由表 10-7 可知，乳化剂用量直接影响聚合过程的稳定性，乳化剂用量太小，聚合过程不稳定，容易产生凝聚物；乳化剂用量太大，贮存期下降。

从表 10-7 和图 10-2、图 10-3 可知，乳化剂用量增加，乳胶粒径变小。这是因为乳化剂用量增加，胶束数目增加，成核粒子数增加，故乳胶粒子变小。乳化剂用量达到一定值后，粒径与乳化剂用量的依赖关系减小并逐渐趋于平衡。同时，随着乳化剂用量的增加胶液的贮存期变长，乳化剂的用量为 0.3％时，贮存期达到最大值，随后随着乳化剂用量的增加贮存期下降，从图 10-3 中可看出随着乳化剂用量的增大，乳胶的表观黏度迅速增加。

10.4.2 引发剂用量的影响

引发剂用量的多少直接影响醋酸乙烯酯聚合反应的速率和聚合物聚合度（分子量）的大小。根据 Smith-Ewart 乳液聚合的经典理论，聚合反应速率（r_p）和引发剂有如下关系：

$$r_P = k_P'[M][I]^{2/5}[E]^{3/5}$$

式中，[M] 为单体浓度；[I] 为引发剂浓度；[E] 为乳化剂浓度；k_P' 为链增长速率常数。

可知乳液聚合速率与引发剂浓度的 2/5 次方成正比，[M] 与 [E]$^{3/5}$ 成反比。引发剂用量多时，初级自由基产生得多，因此会加速聚合反应。

引发剂用量多，虽然增加了链自由基的数量，但也同时增加了链终止的机会。而这两种作用都会使分子量降低，从而影响粘接强度。因此在保证一定的聚合速率的前提下，减少引发剂用量，可以提高产品的聚合度，得到高分子量的产物。一般情况下过硫酸铵的用量为单体量的 0.2％，实际上在反应中只加入 2/3，其余 1/3 是为了减少乳液中的游离单体而在反应最后阶段加入的。引发剂的用量也因设备情况、投料量多少而不同，一般反应设备越大投料量越大，引发剂的用量就相应减少些。而在每次反应时间中补加的部分也需视反应情况而稍有不同。

10.4.3 搅拌强度的影响

在乳液聚合过程中，搅拌的一个重要作用是把单体分散成单体珠滴，并有利于传质和传热。但搅拌强度又不宜太高，搅拌强度太高时，会使乳胶粒数目减少、乳胶粒直径增大及聚合反应速率降低，同时会使乳液产生凝胶，甚至导致破乳，因此对乳液聚合过程来说，应采用适度的搅拌。

（1）对乳胶粒直径的影响

在乳液聚合中，搅拌强度增大时，乳胶粒直径非但不减小，反而增大。这是因为增加搅拌速率使得单体被分散成更小的单体珠滴，单位体积内单体珠滴的表面积就更大，在单体珠滴表面上吸附的乳化剂量就增多，致使单位体积水（$1cm^3$）内的胶束数目减少，故所生成的乳胶粒数 $N_p(cm^{-3})$ 减少。因此当单体量一定时，乳胶粒数却减少。

（2）对聚合反应速率的影响

一方面，搅拌速率增加时，单位体积内乳胶粒数目减少，反应中心减少，因而导致聚合反应速率降低；另一方面，搅拌速率增大时，混入乳液聚合体系中的空气增多，空气中的氧是自由基反应的阻聚剂，故会使聚合反应速率降低。

（3）对乳液稳定性的影响

过快的搅拌速率会使乳液产生凝胶或破乳，失去稳定性，这是因为：

① 搅拌作用将赋予乳胶粒动能，当乳胶粒的动能超过了乳胶粒间的斥力或空间位阻作用时，乳胶粒就会聚结而产生凝胶；

② 乳化剂在乳胶粒表面上有一定的结合牢度，当搅拌强度增大时，由于乳胶粒表面和周围水介质间的摩擦作用增强，乳胶粒上的乳化剂会被瞬时拉走，而使乳化剂在乳胶粒表面上的覆盖率降低，故使稳定性下降；

③ 非离子型乳化剂对乳液的稳定作用靠水化，当搅拌强度增大时，乳胶粒和水相间的摩擦力增大，致使水化层减薄，故稳定性下降。

10.4.4 反应温度的影响

反应温度是影响乳液质量的重要因素之一。提高反应温度，自由基生成速率增加，乳胶粒中链终止速率增大，导致聚合物分子量降低。因为自由基生成速率大，水相中自由基浓度也随之增大，乳胶粒数目增大而粒径减小，同时胶粒中单体浓度也有所增加，因而导致聚合反应速率提高。其综合结果是使聚合速率增加，聚合度降低。

反应温度的升高还可能引起许多副作用，如乳液反应凝聚破乳，产生支链和凝胶聚合物，并对聚合物微结构和分子量有影响。

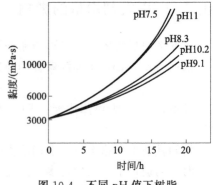

图 10-4　不同 pH 值下树脂
黏度的变化（70℃）

10.4.5 pH 值的影响

pH 值对乳液贮存稳定性能的影响见图 10-4。反应介质的 pH 值不同，形成树脂的稳定性有很大的差别。试验表明：pH 值过高或过低，树脂的贮存稳定性都不佳，只有在弱碱性介质中（pH＝8.3～10）形成的树脂，贮存中黏度上升慢，贮存稳定性高。

10.4.6 其他影响因素

除了上述主要影响因素外，聚合过程中单体或引发剂的滴加条件、氧等因素对聚合反应及乳液质量也有一定的影响。

① 滴加条件。在乳液聚合过程中，单体滴加的时间越短，形成的乳液黏性越小，随着滴加时间的增长，黏度变高，结构黏性变大。在同样条件下滴加单体，若初期引发剂滴加量相同，则初期引发剂的加入量越多，黏度越高，结构黏性也越大，所以在实际操作过程中需要很好控制滴加过程。操作时如果反应剧烈，温度上升很快，则应少加或不加引发剂，并适当加快单体加入速度。如果温度有些偏低，则就要稍多加些引发剂，并适当减慢单体加入速度。反应时如果回流很小，可以加快单体的加入，反之就要适当减慢加入单体的速度，甚至暂时停止片刻，待回流正常后再继续加入单体。

② 乳胶粒中单体浓度。乳胶粒中单体浓度越大，聚合速率和聚合物的聚合度也越大。根据动力学计算，聚合速率和聚合物的平均聚合度都与乳胶粒的单体浓度成正比。

③ 设备的影响。制造醋酸乙烯酯乳液时，要求所有管路、阀门和反应釜应为不锈钢或耐酸搪瓷的，因为杂质或金属离子会影响乳液聚合的进行。

10.5　聚醋酸乙烯酯胶黏剂的改性

10.5.1　共混改性

共混改性即在聚醋酸乙烯酯均聚乳液中，加入能使大分子进一步交联的物质，使聚醋酸乙烯酯的性质向热固性转化。常用作外加交联剂的物质有热固性树脂胶（如酚醛树脂胶、间苯二酚树脂胶、三聚氰胺树脂胶、脲醛树脂胶等）。

（1）脲醛树脂共混改性

聚醋酸乙烯酯乳液胶与脲醛树脂胶混合使其耐热性能大大提高，可达到 Ⅱ 类粘接板用胶的要求。脲醛树脂胶脆性大，耐老化性差，但耐水性好，而聚醋酸乙烯酯乳液胶柔韧性相对好些，但耐水性差，这两种胶混用可以相互取长补短，使新的混合胶的性能超过原来的胶：老化性降低、对刀具的磨损减轻、活性期延长、填充效果提高，且脲醛树脂胶价格比聚醋酸乙烯酯乳液胶低很多，因此采用与脲醛树脂胶混用的方法有很大实用价值，可用于制造 E_1 级板材。使用时先将这两种胶混合均匀后再加促进剂，这样可以延长胶液的适用期。表 10-8 是聚醋酸乙烯酯乳液与脲醛树脂的配比及其粘接强度。

表 10-8　聚醋酸乙烯酯乳液与脲醛树脂的配比及其粘接强度

配方和性能		Ⅰ	Ⅱ	Ⅲ	Ⅳ	Ⅴ
聚醋酸乙烯酯乳液/质量份		100	75	50	25	0
脲醛树脂/质量份		0	25	50	75	100
固化剂①/质量份		0	2.5	5	7.5	10
压缩剪切强度/0.1MPa	常态	179.0	174.4(18)	158.4(2)	226.4(28)	223.0(90)
	耐水	59.7	112.6	133.6	165.0(6)	181.1(50)
	耐热	48.2	42.2	52.6	82.4	97.0(10)

注：（　）内数字为木破率。

① 固化剂为 10% 的氯化铵溶液。

除了将两种胶直接混用外，还可采用将两种胶分别涂布在两个粘接面上进行胶压的方法。其主要原理是将脲醛树脂的固化剂加在聚醋酸乙烯酯乳液中，当两个粘接面接触时，由于固化剂的作用而使得胶层固化。具体配方如下（质量份）。

脲醛树脂胶配方：

脲醛树脂（固含量：60％以上）　　　100

硼砂　　　　　　　　　　　　　　　0.5～10

聚醋酸乙烯酯乳液胶配方：

聚醋酸乙烯酯乳液（固含量：50％±2％）　100

氨基磺酸（或草酸）　　　　　　　　　　2～20

这两种组分的胶液称为"两液胶"，固化速率快，能用于细木工板芯板的拼接、刨花板的手工封边及人造板的二次加工等。

（2）异氰酸酯共混改性

利用异氰酸酯作为外交联剂制取聚醋酸乙烯酯-异氰酸酯改性乳液，与未改性的聚醋酸乙烯酯乳液相比，其耐热、耐溶剂性、耐水性、粘接强度都有了极大提高。异氰酸酯的改性作用在于其分子所含的活泼异氰酸酯基（—NCO）与聚醋酸乙烯酯分子链上以及被粘物表面所带的—CH_2OH、—CHOH—等含活泼氢的基团发生反应而交联，同时消除—OH基团的亲水性，提高聚合物的耐水性，也提高了改性胶黏剂的粘接强度。常用的方法是在乳液中添加已掩蔽的异氰酸酯，以避免异氰酸酯加入乳液后与水反应。

据日本和美国的专利介绍，可以把异氰酸酯溶于不溶水的溶剂中进行屏蔽，然后再把它分散到乳液中，这样得到的胶黏剂，初期粘接强度大，胶层耐水、耐热、耐蠕变、耐溶剂性能好，也不存在加脲醛树脂混合用时的甲醛公害问题。但适用期短，特别是夏季黏度上升快，且在使用时也要注意异氰酸酯的防毒问题。

此外，还有在乳液中加入金属盐来提高耐水性、耐热性的方法。这主要是因为金属盐能和聚乙烯醇发生交联反应，常用的金属盐有氯化铝、硝酸铝、氯化锌、硝酸锆、氯化铬、次氯酸锆、硝酸铬、重铬酸钾、硫酸钛等，只要加入乳液量的3％～4％，就有明显的效果。

10.5.2　单体共聚改性

单体共聚改性是聚醋酸乙烯酯乳液胶黏剂改性的主要方法之一，醋酸乙烯酯单体通过与一种或多种其他单体共聚达到改善聚醋酸乙烯酯乳液性能的目的，也称为内加交联剂。

按与醋酸乙烯酯共聚的单体对共聚乳液性能所起的作用，可分三类。

① 乙烯基单体。乙烯、丙烯酰胺、N-羟甲基丙烯酰胺、顺丁烯二酸二丁酯、叔碳酸乙烯酯、丙烯腈等。

② 共轭二烯烃单体。丁二烯、氯丁二烯、异戊二烯等。

③ 丙烯酸与甲基丙烯酸系单体。丙烯酸甲酯、丙烯酸乙酯、丙烯酸丁酯、甲基丙烯酸甲酯等。

按照所加入的单体所起的作用可分为如下几种。

① 内增塑共聚乳液。最早用于内增塑的共聚单体是马来酸烷基酯或丙烯酸酯（如马来酸二丁酯、马来酸乙基己酯、丙烯酸乙基己酯、丙烯酸丁酯等），由于这些单体引入聚醋酸乙烯酯主链或在主链上产生一些支链后，降低了其玻璃化温度，使分子链的柔韧性增加，这种内增塑的效果是持久的，避免了因增塑剂迁移而引起的不良效果。近年来又采用了成本比较低的乙烯作为共聚单体，增塑效果也更理想。

② 内交联共聚乳液。采用具有多官能团的活性单体与醋酸乙烯酯共聚，得到可交联的热固性共聚乳液。在粘接过程中分子进一步交联而使胶层固化，成为不溶、不熔的网状结构，从而改善粘接强度和胶层的耐热、耐水、耐磨等性能。

通常用作内交联的共聚单体有不饱和羧酸（如丙烯酸、甲基丙烯酸、丁烯酸、二亚甲基丁二酸）、不饱和羧酸的烷酯（如丙烯酸甲酯、丙烯酸丁酯、甲基丙烯酸甲酯、一或二丁基马来酸酯、富马酸酯等）以及不饱和羧酸的酰胺衍生物（如 N-羟甲基丙烯酰胺）、卤化乙烯（如氯乙烯等）。

③ 内增塑与内交联共聚乳液。选用具有内增塑效果单体的同时又选用具有内交联效果的单体，与醋酸乙烯酯进行三元或三元以上的共聚反应，能获得同时具备内增塑和内交联性质的聚醋酸乙烯酯共聚乳液。这种三元或三元以上的共聚乳液国内外已做了很多研究工作，并已付诸生产，取得了良好的效果。

以上几种方法均可以采用一元或多元共聚。以下为几种典型的共聚改性的实例。

(1) 醋酸乙烯酯共聚改性

最大的醋酸乙烯酯共聚物乳液品种是醋酸乙烯酯-乙烯共聚物（EVA）乳液，由于乙烯链节的增塑作用和化学惰性，大大改善了醋酸乙烯酯乳液聚合物的柔韧性、耐水性、耐碱性、贮存稳定性、冻融稳定性等，因而 EVA 乳液广泛地用于粘接剂、涂料、水泥改性、织物加工、纸品加工、无纺布制造、地毯背衬、汽车内饰、商品包装、卫生材料等许多技术领域，成为一种不可缺少的重要材料。

用乙烯与醋酸乙烯酯共聚时，压力控制在 $3.0 \sim 6.5 MPa$，其共聚组成是醋酸乙烯酯链节为 $30\% \sim 95\%$，乙烯嵌入量一般在 $2\% \sim 4\%$。有些产品还需加入一定量改性单体，如丙烯酸丁酯、丙烯酸、N-乙烯基甲酰胺、甲基丙烯酸缩水甘油酯等。有时需加入少量交联剂，如邻苯二甲酸二烯丙酯、三聚氰酸三丙烯酸酯、三羟甲基丙烷三丙烯酸酯等。常用聚乙烯醇或羟乙基纤维素为保护胶体，有时也采用非离子和阴离子复合乳化剂。可采用热分解引发剂，有时也采用氧化还原引发剂。所生产的 EVA 乳液固含量一般为 55%，乳胶粒直径在 $0.2 \sim 3\mu m$ 之间，黏度在 $500 \sim 4000 mPa \cdot s$ 之间，pH 值为 $4 \sim 4.5$。表 10-9 为 EVA 乳液配方实例。

表 10-9 EVA 乳液配方实例

配方一	用量/g	配方二	用量/g
PVA1①	350	PVA1	50
PVA2②	721	PVA2	100
非离子表面活性剂③	16.1	乙烯	4.69
羧酸钠聚电解质(30%)	4.2	非离子表面活性剂	5.4
硫酸亚铁(1%水溶液)	7.5	叔丁基过氧化氢水	151250
甲醛次硫酸钠	2	醋酸乙烯酯	1140
醋酸乙烯酯	2660	水	700

① 低黏度聚乙烯醇溶液，聚乙烯醇水解度88%，浓度25%。

② 中等黏度聚乙烯醇溶液，聚乙烯醇水解度88%，浓度10%。

③ 烷芳基聚氧化乙烯基醚，氧化乙烯单元数为40。

近年来为了进一步改善 EVA 乳液的粘接性能，在乙酸乙酯与乙烯共聚时，加入少量的乙烯酸参与反应，得到羧基化的 EVA 乳液。这种羧基化的 EVA 乳液对金属的粘接强度很高，由于具有可交联的活性基团羧基，它能和含羟甲基、环氧基的物质及多价金属盐或氧化物进一步发生交联反应，因而乳液的耐热、耐水性也提高了，羧基化的 EVA 乳液可用于铝箔与木材、纸、玻璃纤维等多种材料的粘接。

(2) 醋酸乙烯酯-羟甲基丙烯酰胺共聚改性

醋酸乙烯酯-N-羟甲基丙烯酰胺共聚乳液（简称 VAc/NMA 乳液或 VNA 乳液），是醋酸乙烯酯与多官能团的 N-羟甲基丙烯酰胺在水介质中通过自由基引发共聚所制得的可交联的乳液。N-羟甲基丙烯酰胺具有可与醋酸乙烯酯共聚的不饱和双键，又具有活性基团 N-羟甲基，是一种较理想的内交联型共聚单体。它与醋酸乙烯酯共聚所得的共聚物带有活性基团，在热与酸性条件下会发生自交联反应，而使共聚物具有热固性。VNA 乳液的分子结构为：

$$—CH—CH_2—CH—CH_2—CH—$$
$$OCOCH_3 \quad CH_2 \quad OCOCH_3$$
$$NH$$
$$CH_2OH$$

除了主要聚合单体外，在聚合过程中还需添加乳化剂、引发剂、保护胶体、增塑剂、缓冲剂等，与均聚乳液合成时的要求相同。在制备工艺上，采用分批或逐渐加料工艺，可以先加部分单体制备"种子"乳液，接着加料进行共聚反应，使 N-羟甲基丙烯酰胺均匀地分布在共聚物的分子中，聚合反应温度控制在 70～85℃，pH 值为 4～6。

醋酸乙烯酯-N-羟甲基丙烯酰胺共聚乳液在热或酸性固化剂的作用下会发生交联反应，其反应式如下：

$$—CH_2—CH—CH_2—CH—CH_3 \quad \xrightarrow[\text{酸性固化剂}]{\text{加热}} \quad —CH_2—CH—CH_2—CH— \quad +CH_2O+H_2O$$
$$OCOCH_3 \quad CONHCH_2OH \qquad\qquad OCOCH_3 \quad CONH$$
$$CH_2$$
$$OCOCH_3 \quad CONH$$
$$—CH_2—CH—CH_2—CH—$$

VNA 共聚乳液贮存稳定性良好，粘接工艺简便，可冷压或热压，适用于连续化生产。为促进 VNA 共聚乳液的交联固化反应，常在使用前加入促进剂进行调制。固化剂可用酸类或金属盐类，常用四氯化锡、氯化铝等。VNA 共聚乳液在木材工业中主要用于人造板表面装饰加工，其耐水及粘接强度良好，粘接的试件在 63℃水中浸泡 3h 的粘接强度为 1.77～2.75MPa，水煮 1h 后的粘接强度也达到 1.27～1.77MPa，在 80℃下烘 2h 后干状粘接强度为 1.96MPa 以上。

VNA 共聚乳液还用于高含水率的微薄木与粘接板胶贴，使用 VNA 共聚乳液一般可在薄木含水率为 30％～40％时进行胶贴，胶贴效果良好，板面基本不透胶，为微薄木湿贴工艺提供了一种良好的胶黏剂。

用于微薄木胶贴的 VNA 共聚乳液胶调制配方如下（质量份）：

VNA 共聚乳液（固含量 50％）　100

四氯化锡　　　　　　　　　　　2～4

石膏　　　　　　　　　　　　　5（也可不加）

粘接条件为：涂胶量 100～110g/m² （只需在基材上单面涂胶），涂胶后不需经干燥就立即铺上薄木，然后在热压机上于 60～80℃下加压（0.78MPa）2min。

除此之外，VNA 共聚乳液还用于粘接聚氯乙烯人造革及皮革，粘接强度比原用的溶剂型过氯乙烯树脂高，因此被用于药箱与仪器盒的生产。

10.5.3　复合聚合改性

　　制备核壳聚合物乳液及互穿网络聚合乳液可以有效地改进聚合物乳液的性能。核壳结构聚合物形成主要通过种子粒子表面聚合机制和聚合物沉积机理来实现。可在保持乳液基本性能的前提下，制备无机物-有机物或有机物-有机物的核壳结构的聚醋酸乙烯酯复合乳液。而互穿网络聚合乳液可通过乳胶 IPN 法制得。首先以乳液聚合的方法制得由聚合物 1 组成的"种子"乳胶粒，再加入单体 2、交联剂和引发剂，但不添加乳化剂以免形成新的乳胶粒子，然后使单体 2 聚合、交联，从而形成核壳状结构的乳胶 IPN。乳胶 IPN 可制成两层的、三层的或多层的，两层或多层结构的乳胶 IPN，可以各层都是交联的或者有些层交联，有些层不交联，有时各层都不交联，这样便可制备网络状复合乳液。醋酸乙烯酯乳液复合改性后，制得的复合乳液的剪切强度、耐水性、存放稳定性均优于普通 PVAc。

10.5.4　保护胶体改性

　　PVAc 乳液的合成，通常是用 PVA 作乳化剂，为了使之能形成有弹性的膜，往往要加入大量的增塑剂，这样会破坏系统的均一性，并造成膜的强度大大下降。小坂仁寻用加热了的不饱和羧酸和水溶性高分子化合物为保护胶体，制取耐热水性好的 VAc 均聚或共聚乳液。这种乳液可用作胶黏剂、涂料、纸张和织物的处理剂等。另外，在聚合反应时，除 VAc 同不饱和羧酸进行共聚外，还有 VAc 与水溶性高聚物或水溶性高聚物与不饱和羧酸进行接枝共聚反应，产生疏水基团，从而提高了薄膜的耐水性。中山贞男将异丁烯和无水马来酸酐的共聚物用碱性物质处理成水溶性物质后，作为 VAc 单聚或共聚乳液的保护胶体，制取低温流动性、成膜性、耐水、耐热性均优的 PVAc 乳液。另外可用聚甲基丙烯酸、丙烯酸、乙酰基化的 PVAc、聚丙烯酰胺对 PVA 进行缩醛化处理，减少 PVA 分子的亲水性羟基数目，从而提高 PVAc 乳液的耐水性。

10.5.5　乳化剂的改进

　　在乳化剂的使用上已经开始选用反应性乳化剂，与传统乳化剂相比，除了具有亲水、亲油基外，还包括一个反应性官能基团。这种反应性官能团能参与乳液聚合反应，在起传统乳化剂作用的同时，还可以以共价键的方式键合到聚合物粒子表面，成为聚合物的一部分，提高乳液稳定性、耐水性、耐热性、成膜性等性能。

　　Donesu 等采用乙氧基化壬基酚单酯为反应性乳化剂，研究了 VAc 在均相体系中的共聚反应。也有学者在非离子型乳化剂上引入阴离子基团，合成双功能复合乳化剂，使乳化剂兼具非离子型和离子型乳化剂的特点。在不改变乳化剂用量的基础上，乳化效果和乳液性能得到明显提高，改性乳液成膜后的强度以及和基材之间的粘接强度均有较大改善。

10.5.6　引发剂体系的改进

　　引发剂的种类和用量影响乳液的最终性能，选用合适引发体系是乳液聚合的一个重要因素。乳液聚合中使用的引发剂大多为过氧化物类，如过硫酸钾、过硫酸铵等，但是它们的反应活性较低，必须在较高温度下才能进行聚合反应（一般为 70～80℃）。为了降低聚合温度，可采用氧化-还原体系来降低生成自由基的活化能，所以在反应条件不变的情况下，采用氧化-还原体系可以提高聚合反应速率，即可以提高生产能力，也能在维持一定生产能力的同时降低反应温度，使聚合物性能得到改善。如在聚合反应中加入过硫酸钾-亚硫酸氢钠、过硫酸钾-亚硫酸钠等，也有人用过氧化氢-硫酸亚铁或者过氧化氢-亚铁盐等氧化-还原体系引发乳液聚合。

Van Swieten 等以过硫酸盐为氧化剂，甲醛次硫酸氢钠为还原剂，硫酸亚铁为催化剂进行了 VAc 乳液聚合，该乳液可作为胶黏剂和涂料。此外，还有学者在醋丙乳液聚合过程中加入十二烷基硫醇，与过硫酸钾形成氧化-还原引发体系，在 66℃ 的聚合温度下得到高的转化率。

10.5.7　先进聚合技术的应用

不同的聚合方式得到的产品性能有很大区别，通过采用较先进的聚合技术，改变聚合方式也可以达到改性的目的。近年来的许多研究表明，有许多新的乳液聚合方法如无皂乳液聚合、种子乳液聚合、辐射乳液聚合、核壳乳液聚合等可用来提高 PVAc 乳液的各种性能，拓展 PVAc 乳液的使用价值。

10.5.7.1　核壳乳液聚合

具有核壳结构乳胶粒的聚合物乳液一般采用分阶段乳液聚合法来制备。在第一阶段（制核阶段），先将规定量的水、乳化剂、引发剂和其他助剂加入反应釜中，再用间歇法或半连续法加入第一阶段单体（核单体），在一定条件下进行乳液聚合反应，制成第一阶段聚合物乳液（核乳液）。然后进入第二阶段（包核阶段），将第二阶段单体（壳单体）及其他助剂按照预先设计好的加料程序加入核乳液中，进行包壳乳液聚合反应，这样就可以制成具有两层核壳结构乳胶粒的聚合物乳液。根据对乳液聚合物的性能要求，还可以按照同样的包壳方法继续进行第三阶段或多阶段包壳乳液聚合反应，就这样一层一层地往外包，最终制成形似洋葱的核壳结构乳胶粒。

在实际生产中，核壳乳液聚合一般采用种子乳液聚合方法，并尽量避免反应过程中的二次成核。可以采用半连续种子乳液聚合，分别使用 PVAc 和 PBA（聚丙烯酸丁酯）为种子乳液，在加入十二硫醇作为链转移剂和不加十二硫醇条件下，合成了 PVAc/PBA 核壳乳液聚合物。也可以以市售的 EVA 乳液或乙酸乙烯酯/丙烯酸酯共聚物乳液为基础乳液，经重新聚合，如接枝共聚，引入甲基丙烯酸甲酯、丙烯酸丁酯和丙烯腈等单体，制得核壳型自交联共聚物乳液。该方法制得的改性 EVA 乳液的耐水性、耐溶剂性以及尺寸稳定性等方面比起基础乳液来说，得到了极大的改善，可用于薄型无纺织布、地毯、墙纸的胶黏剂及织物整理剂等。

10.5.7.2　互穿网络乳液聚合

互穿聚合物网络（IPN）是由交联聚合物Ⅰ和交联聚合物Ⅱ各自的交联网络相互穿插而成的。早在 20 世纪 50 年代 IPN 就有零星应用，70 年代初期逐步明确了有关 IPN 的概念，此后这一研究领域不断获得扩展。

IPN 不同于接枝共聚物，因为在 IPN 中聚合物Ⅰ和Ⅱ之间未发生化学键结合。它也不同于相容的共混物，因为聚合物Ⅰ和Ⅱ在 IPN 中存在各自的相，虽然相分离的微区尺寸小到只有几十纳米至 100nm。

　　在制备方法上主要有分步法和同步法两种。将已经交联的聚合物（第一网络）置入含有催化剂、交联剂等的另一单体或预聚物中，使其溶胀，然后使第二单体或预聚体就地聚合并交联形成第二网络，所得产品称分步互穿聚合物网络。同步法是将两种或多种单体在同一反应器中按各自聚合和交联历程进行反应，形成同步互穿聚合物网络。

　　由于聚合物网络之间相互交叉渗透、机械缠结，起着"强迫互溶"和"协同效应"作用，因此可改善聚合物材料的性能。有研究表明，在 PVAc 乳液中加入少量含活性基团的酸性物及交联剂等，可通过共聚合成具有互穿网络结构的乳液。这种 IPN 乳液的聚合稳定性好，粘接强度高。整个聚合过程不会出现凝胶，极少发生"挂壁"现象；保存期可达几年；且耐寒性好，三次冻融后乳液仍能复原。

10.5.7.3　无皂乳液聚合

　　无皂乳液聚合指在反应过程中完全不加乳化剂或仅加入微量乳化剂（小于临界胶束浓度 CMC）的乳液聚合过程。其制备方法简单：在装有搅拌装置、冷凝管、滴液漏斗和温度计的四口烧瓶中，加入一定量的混合单体和缓冲剂溶液，在搅拌条件下升温至 75℃ 左右，再加入引发剂溶液引发聚合反应。反应一段时间后，滴加剩余的混合单体和引发剂溶液，控制滴加速度不使反应温度过高，单体滴加完成之后，继续在搅拌下保温反应 2～3 h，降温至 40℃，过滤，即得产品。

　　对于无皂乳液聚合，为使离子型单体尽可能地参加共聚，并位于微球表面，减少生成的聚电解质，可采用两步溶胀法，即先制备一定大小的种子，然后加入离子型单体或主单体进行溶胀，待达到溶胀平衡后再升温进行聚合反应，即可得到高分子微球。

　　无皂乳液聚合反应结束后，体系中还存在着残留的引发剂、未反应的单体、电解质及一些副产物，在应用之前必须对其纯化，除去上述杂质。目前国内外所采用的纯化手段主要有渗析、离子交换、超滤、离心分离等。

　　在无皂乳液聚合体系中虽然未专门加入表面活性剂，但在实际制备过程中都分别采用了亲水性单体、可离子化单体来参与共聚，或者直接制备水溶性聚合物作为保护胶体来参与乳液聚合，这些水溶性单体或可离子化单体参与聚合反应后，聚合物分子链带上离子基团或亲水性基团，从而使聚合物也能够聚集成核并通过离子之间的静电斥力或水溶性基团形成的水化层而得以稳定。

10.5.7.4　辐射乳液聚合

　　辐射乳液聚合是采用电离辐射源（常用的辐射源为 γ 射线源）使介质水解成自由基，引发乙烯基单体乳液聚合的反应。采用辐射法合成的 PVAc 分子量高、结晶度高，因此在性能上优于化学法的产品，这主要表现在剪切强度和耐水性上。

　　但在采用辐射法聚合 VAc 乳液时，由于 VAc 的水溶性较大，乳液稳定性不够好，必须加入一些聚乙烯醇（PVA）之类的助剂。同时由于在乳液聚合初期，成核期缩短，乳胶粒子数偏少，粒径变大，且还存在少量的液滴成核所产生的大直径粒子，这都将不利于辐射聚合。此外，若是乳液聚合反应中发热较多，致使乳液的温度迅速上升，也会导致反应失败。为避免这些问题，可以采取分批加入单体和反应时保持慢搅拌或隔时搅拌的方式。

10.5.7.5　微乳液聚合

　　微乳液的直径在 10～100 nm 范围，比传统乳液体系的小，是一种由水、表面活性剂及助表面活性剂形成的外观透明、热力学稳定的油-水分散体系。通过采用微乳液聚合技术可以得到优于常规乳液聚合的产品。

微乳液聚合方法大致为以下三种：

① 微乳液种子聚合。种子乳液聚合是提高单体含量的一种有效手段，也同样适合微乳液种子聚合。种子聚合可以很容易地制得粒径呈单分散性的乳液，是目前已实用化的制备高性能乳液的重要方法。其特点是以预先合成的乳液粒子为种子，将其作为聚合反应场所与被其吸附的单体进行聚合，生成以种子为核，单体为壳的核壳型相态粒子。聚合时严格控制乳化剂浓度在临界胶束浓度以下，以保持乳液稳定，防止产生新胶束和生成新粒子，这是微乳液种子聚合技术的关键。

② 半连续微乳液聚合。利用半连续微乳液聚合，在乳化剂用量不到1％时可使聚乙酸乙烯酯固含量达到30％，产物粒径只相当于乳液聚合粒子的1/4～1/3。

③ 强极性单体加入法。聚合时加入某种强极性单体，如丙烯酰胺，选择适当的乳化剂并进行聚合而得到微乳液。

微乳液聚合物由于其粒子细小，不仅具有良好的渗透性、润湿性、流平性和流变性，还可以形成透明的聚合物膜。将微乳液与普通的聚合物乳液复合在一起，则粒径很小的微乳液粒子可以渗入到大尺寸的乳胶粒之间的空隙中，这样可以实现两种乳液的互补，可以显著地提高聚合物涂膜的强度、附着力等性能。

10.5.7.6 高固含量聚合物乳液

对常规乳液聚合来说，当聚合物乳液固含量超过60％时，黏度随固含量增大急剧上升。黏度大会带来一系列弊端：①体系黏度大时传热系数小，不易散热；②反应体系混合不均匀，易产生凝胶，甚至在反应后期反应无法进行；③乳液体系流动性差，运输、施工均不方便；④需要特殊的聚合设备；⑤乳液产品流平性差，不易涂布均匀，涂膜会产生缺陷。因此，如何制备高固含量、低黏度的聚合物乳液是多年来人们所关注的重要课题。

高固含量聚合物乳液具有以下优点：可提高设备的利用率；降低运输成本和单位产品能耗；加快胶黏剂或涂层材料的干燥及固化速率，以及改善聚合物的耐水性等。因此，人们总是希望合成高固含量的聚合物乳液。

高固含量乳液聚合大致有以下几种：混合浓缩法、细乳液聚合法和半连续种子乳液聚合法。

① 混合浓缩法是将两种或三种单分散聚合物乳液混合，然后蒸馏或者以差压渗透的方法进行除水浓缩，达到所需固含量。该方法简便，容易定量控制，但从工业化的角度考虑则成本太高。

② 细乳液聚合法。细乳液是乳化剂、助乳化剂（一般为长链脂肪醇）、水与单体混合后在均化器或超声波作用下制备的单体液滴分散体系，一般具有多分散性且十分稳定。细乳液聚合时成核主要发生在液滴内，生成的乳胶粒与液滴大小相当，也具有多分散性。

③ 种子半连续乳液聚合法是制备高固含量乳液最常见和最简便的方法之一：先将部分单体及其配合物（引发剂、乳化剂等）加入聚合反应器中，聚合到一定程度后形成"种子"，再将余下的单体过一段时间滴加一部分单体，让增溶胶束里的增长链终处于"饥饿"状态，这样可以保持乳液在聚合过程中的稳定。

10.5.7.7 分散聚合

分散聚合是指反应开始前体系为均相溶液，单体、引发剂和分散剂都溶解在介质中，但所生成的聚合物不溶于介质中，而是借助于分散剂的空间位阻作用形成颗粒、稳定悬浮于介质中的一种聚合方法。分散聚合的溶液稳定性好，一般情况下不产生沉淀，其性质有点像胶乳。

分散聚合体系的基本特点：反应开始之前体系为均相，即单体、引发剂和分散剂在反应温度下均可溶于分散介质中；反应开始后，随着聚合物链增长达到临界链长后，从介质中沉析出来，沉析出来的聚合物不是形成粉末或块状，而是聚结成小颗粒，并借助于分散剂稳定地悬浮于介质中。聚合反应中心从介质中转移到聚合物颗粒内部，进行颗粒增长，最终形成稳定的聚合物微球分散体系。

优势：生产工艺相对简单，可适用于多种单体，且可以根据不同应用要求制备出不同粒径级别的单分散性聚合物微球。

采用分散聚合制备的聚合物分散体可广泛应用于分散聚合浆液的颗粒极细，可沉积成连续薄膜油漆、涂料、胶黏剂、聚氨酯泡沫等通用高分子材料以及光、电、磁性功能聚合物微球等高新技术领域。

10.5.7.8　反相乳液聚合

反相乳液聚合是将水溶性单体的水溶液利用油包水型乳化剂以油包水状态分散在油类连续相中，使用油溶性或水溶性引发剂进行聚合，得到微米级大小的聚合物颗粒在油相中的分散体系。

具有聚合速率快、产物分子量高、分子量分布窄、产品性能好、可以在较低温度下反应等特点，并且有利于搅拌、传热。

聚合机理可分为 4 个阶段：分散阶段、乳胶粒生成阶段、乳胶粒长大阶段和聚合反应完成阶段。在反相乳液聚合体系中，聚合速率和聚合物的分子量均能够得以同时提高，这与正相乳液聚合体系是相同的。在反相乳液聚合中，乳化剂是影响乳液体系及聚合反应的关键组分，其种类和用量等决定着聚合反应的成败，常用的乳化剂有 Tween、OP 和 Span 系列的非离子乳化剂。

第**11**章

环氧树脂胶黏剂

环氧树脂胶黏剂简称环氧胶，是最常用的高分子胶黏剂之一。其固化过程中挥发物少，仅 0.5%～1.5%；收缩率小，一般在 0.05%～0.1%左右；可在－60～232℃下长期工作；最高使用温度可达 260～316℃。

环氧树脂胶黏剂通常在液体状态下使用，在固化剂参与下，经过常温或高温进行固化，达到最佳的使用目的。环氧树脂胶黏剂具有许多优异特性：粘接力很大、粘接强度高、固化收缩小、抗蠕变性强、尺寸稳定、耐热、耐化学品、耐老化、电性能优良、配制容易、工艺简单、使用温度宽、适用范围广、耐久性优良、毒害性低，对多种材料都有良好的粘接能力。此外，还有密封、堵漏、防松、绝缘、防腐、耐磨、导电、导热、导磁、固定、加固、修补、装饰等功用，是功能最为丰富的高性能胶黏剂，因此在各个领域得到了广泛的应用。

虽然环氧树脂胶黏剂具有上述众多的优势，但也有脆性大、韧性差等不足，需要进行改性处理。

应该指出的是：由两个碳原子与一个氧原子形成的环称为环氧基（或环氧环），含有此基团的化学物质统称为环氧化合物，如环氧乙烷、环氧丙烷等。环氧化合物通过离子性聚合可得到热塑性的聚环氧乙烷树脂，但这种树脂不能称为环氧树脂。环氧树脂指的是主链中含有醚氧键（—O—），带有侧羟基和环氧端基的高分子聚合物。

11.1 基本性能与应用

11.1.1 基本性能

（1）外观与色泽

环氧树脂会随着分子量的变化而改变其外观状态，从低黏液体变为半固态直至固体。环氧树脂一般是透明的，但会因制造工艺的不同而呈无色或淡黄色。

（2）环氧当量与环氧值

环氧当量（EEW）（g/mol）表示每一个环氧基团 $\left(\begin{smallmatrix} CH_2-CH- \\ O \end{smallmatrix}\right)$ 相当的环氧树脂的质量，或者说是含 1mol 环氧基的环氧树脂的质量（g）。环氧值（mol/100g）表示 100g 环氧树脂中含有环氧基的物质的量（mol）。

$$EEW = \frac{环氧树脂的摩尔质量}{环氧基数目}$$

$$环氧值 = \frac{100}{EEW} = \frac{环氧基数目}{环氧树脂的摩尔质量} \times 100$$

环氧树脂的环氧值愈大，摩尔质量愈小，黏度愈低。环氧值（或环氧当量）是环氧树脂的重要质量指标，它决定着固化剂用量的多少和固化产物的性能。

环氧基质量分数（环氧基含量）是指每 100g 环氧树脂中含有环氧基的质量（g），单位为％。环氧基的摩尔质量为 43g/mol。

$$环氧基质量分数 = 环氧基摩尔质量 \times 环氧值$$

环氧当量、环氧值和环氧基质量分数三者之间的关系为：

$$环氧当量 = 100/环氧值 = 43 \times 100/环氧基质量分数$$

（3）羟值与羟基当量

羟值是决定固化剂用量的一个重要指标。羟值表示 100g 环氧树脂中所含羟基的物质的量，羟基当量则表示含有 1mol 羟基的环氧树脂的质量，它们之间的关系为：羟值＝100/羟基当量。羟基是一个极性基团，也是环氧树脂的主要反应基团，尤其是酸酐作为固化剂，且当高分子量、超高分子量环氧树脂的环氧基含量很低时，这些树脂的固化交联反应主要是靠羟基。如双酚 A 型环氧树脂的分子量越高，其羟基当量越大。

（4）氯含量

表示 100g 环氧树脂中含有氯的物质的量，国外常用质量分数（％）表示。氯在环氧树脂中以无机氯和有机氯的形式存在，其中有机氯又分为可水解氯（活性氯、易皂解氯）和不可水解氯（非活性氯）。氯含量影响环氧树脂固化物的介电性能和耐水性，无机氯的影响更为显著。

（5）黏度

环氧树脂的黏度是与使用工艺有关的一项重要指标，黏度的大小随温度不同而改变。液态双酚 A 环氧树脂的黏度和固态双酚 A 环氧树脂的溶液黏度都随平均分子量的增加而增大，且随分子量分布的减小而降低。

（6）软化点

固体环氧树脂变软或发黏的温度称为软化点，一般随环氧树脂的分子量的增加而升高。因环氧树脂是聚合度不同的低聚物，故没有明确的熔点，只有熔融的温度范围，因而称为软化点。

(7) 挥发分

环氧树脂制造过程所用溶剂、水分的残留或少量小分子环氧化物的生成,都会使树脂有一定量的挥发分,对胶黏剂性能十分不利,会造成粘接制品起泡或气孔等弊端。挥发分常用质量百分数表示。

(8) 平均分子量及其分布

由于环氧树脂是不同聚合度的同系分子的混合物,分子量因聚合物中重复链节数的不同而不均一。随着分子量由低到高的变化,环氧树脂的形态从液态、黏稠态到固态,色泽多为淡黄色。环氧树脂平均分子量大小和分布的宽窄,都对环氧树脂固化产物的机械强度、耐热性能有很大的影响。例如分子量低的环氧树脂能溶于脂肪族和芳香族溶剂,而分子量高的环氧树脂只能溶于酮类和酯类等强溶剂。又如平均分子量相同而分子量分布较窄的环氧树脂,其软化点高,反之亦然。

11.1.2 应用

环氧胶黏剂不仅具有优异的粘接性能,而且其他方面的性能也较均衡,能与多种材料粘接和复合,通过配方设计几乎可以满足各种加工性能和工艺性能的要求,因此在日常生活到尖端技术等各领域都得到了广泛的应用,已成为飞机、导弹、火箭、卫星、飞船、汽车、舰艇、机械、电子、土木建筑等领域不可缺少的材料。

环氧树脂胶黏剂在机械设备维修方面有着较多的应用。如在修复精密机械零件、模具、工夹具、机床导轨与溜板、导柱与导套、轴与瓦等的磨损方面具有极大的优势。过去的修复办法是采用堆焊、电镀和金属喷镀,但因热变形、设备、工艺等因素的影响而受到限制,现在使用以环氧树脂和无机填料为主体的双组分胶黏剂已经逐步代替了电焊、电镀、镶套工艺来恢复这些零件原来的几何形状和尺寸规格,具有工艺简单、成本低、工期短的优点。在飞机维修上采用环氧胶黏剂更是方便快捷,例如蜂窝夹层结构的修复就可以用环氧胶注入、填充、粘贴,固化后牢固可靠,性能依旧。又如整体油箱出现裂纹渗漏,最为有效、简便的方法是粘接修理,可选用快固高强环氧胶黏剂进行粘接。目前使用的环氧树脂点焊胶黏剂,具有连接强度高、密封性好、应力分布均匀、耐疲劳性好、结构质量轻、可以进行阳极氧化、生产效率高等特点,已在航空工业上广泛应用。

由于环氧树脂具有油面粘接性能高、单组分化、能在 40℃ 下长时间保存(半年左右)、150℃ 左右能与电泳底漆同步固化、完全固化前能经受磷化处理、不渗流、不污染电泳漆等特点,在各类交通工具(如飞机、船舶、汽车等)的制造与装配中得到了广泛的应用,在轿车生产中这种技术特征尤为明显:采用粘接技术,用胶黏剂来代替以前的铆接、焊接和螺栓连接,以环氧树脂胶黏剂作为主要结构胶的用量占整个汽车用胶黏剂总量的 25% 左右。这样既能减少接头的应力集中,又提高了运行安全性,降低了制造成本。

环氧树脂胶黏剂在电器工业中的应用主要有:电机槽楔钢棒间的绝缘固定,变压器中硅钢片之间的粘接,电子加速器的铁芯及长距离输送的三相电流的位相器的粘接等。环氧导电胶和环氧导热胶在电子工业中的应用颇具特色。环氧树脂导电胶是一种具有一定导电性的胶黏剂,它固化或干燥后可以将多种导电材料连接起来。电子元器件的连接以往采用焊接的方法,但焊接会引起零件变形、损伤、接头易氧化等问题,而用环氧树脂导电胶这些问题就可以迎刃而解。环氧树脂导电胶具有很好的粘接强度,根据选用的固化剂不同可以配制成单组分或多组分，可配成室温固化型、中温固化型或高温固化型，可配成无溶剂型或有溶剂型。环氧导电胶的优异性能和多样性，使它成为导电胶中应用最广的品种。

此外，环氧树脂胶黏剂在建筑材料、土木工程、建筑施工、装修装饰、结构加固、密封防水、桥梁修复等方面都起着重要的作用。土木建筑用环氧树脂胶黏剂顺应了现代土木建筑发展的总趋势，胶种向着低毒、能在特殊条件下（如潮湿面、水下、油面、低温）固化、室温固化高温使用、高强度、高弹性等方向发展。应用面从单一的新老水泥的粘接、建筑裂缝的修补发展到基础结构、地面、装潢、电气、给排水等施工工程中。高强轻质预制件在混凝土与聚醋酸乙烯乳液混合浆料中加入发泡聚苯乙烯小颗粒，再加入环氧树脂乳液和固化剂，经固化后即得低密度高强轻质预制件。又如高档石材复合板以高档石材作为面料装饰建筑典雅美观，但资源有限，加之太重，存在潜在危险。现采用在两薄钢（铝）板之间先粘贴金属蜂窝材，再于外侧的金属板上粘一层很薄的高档石材面，所有的粘接都是采用改性环氧树脂胶黏剂。

11.2 分类

环氧树脂胶黏剂的品种很多，其分类的方法和分类的指标尚未统一。按胶黏剂的形态可分为无溶剂型胶黏剂、有机溶剂型胶黏剂、水性胶黏剂（又可分为水乳型和水溶型两种）、膏状胶黏剂、薄膜状胶黏剂（环氧胶膜）等；按固化条件可分为冷固化胶、热固化胶及光固化胶、潮湿面及水中固化胶、潜伏型固化环氧胶等；按粘接强度可分为结构胶、次受力结构胶和非结构胶；按用途可分为通用型胶黏剂和特种胶黏剂；按固化剂的类型可分为胺固化环氧胶、酸酐固化环氧胶等；还可按组分或组成来分类，如双组分胶和单组分胶，纯环氧胶和改性环氧胶（如环氧-尼龙胶、环氧-聚硫橡胶、环氧-丁腈胶、环氧-聚氨酯胶、环氧-酚醛胶、有机硅-环氧胶、丙烯酸-环氧胶）等。

11.2.1 通用环氧树脂胶黏剂

通用环氧树脂胶是指可在常温下固化，使用方便，对多种金属、非金属材料具有良好粘接性的胶种（这种胶经加热后性能更好）。固化的胶层有一定的耐温、耐水、耐化学品性，主要用于承受力不大的零部件，用于一般设备零件的定位、装配及修理。以脂肪族胺类、芳香族胺类、改性胺类、低分子聚酰胺为固化剂的大多数通用型环氧树脂胶黏剂属于这一类。

通用型环氧树脂胶黏剂又有环氧胺类（脂肪胺、芳香胺）、环氧改性胺类、环氧聚酰胺类和其他环氧胶（如咪唑等）。一般通用型环氧树脂胶黏剂在 15℃ 以上可以正常固化，冬季室温低于 5℃ 以下时，因为反应活性降低而不能正常固化，粘接强度显著降低。羟甲基双酚 A 环氧树脂（712 环氧）的活性比一般双酚 A 环氧树脂的活性能提高十倍，所以可在零度以下固化，有良好的粘接强度。表 11-1 列出了几种典型通用环氧树脂胶黏剂的性能及用途。

11.2.2 室温固化环氧树脂胶黏剂及水下固化环氧树脂胶黏剂

（1）室温固化环氧树脂胶黏剂

室温固化环氧树脂胶黏剂是指在室温（15～40℃）下不加热就能固化的环氧树脂胶黏剂。其优势在于：可以在许多不希望或不允许甚至不可能加热固化的场合使用，例如，在航空、机械及电子工业中某些大型或精细部件和塑料部件的粘接，飞机破损的快速修补，土木建筑、桥梁、水坝的修补加固和补强，农机修配，文物的修复和保护，潮湿表面和水中的粘接等。

表 11-1　几种典型通用环氧树脂胶黏剂的性能及用途

牌号	组分	主要成分	固化条件	剪切强度/MPa				主要应用
JW-1	双组分	环氧树脂、聚酰胺、聚醚、KH-550	接触压 60℃/2h 或 80℃/1h	材料	−60℃	25℃	60℃	各种金属、玻璃钢、胶木的粘接，可用于飞机副油箱的修补
				铝合金	15	18	15	
				不锈钢	31.3	25	16.5	
				45 号钢	28	26	19	
				玻璃钢	—	试片断	—	
				胶木	—	试片断	—	
				不均匀扯离强度（铝）≥20kN/m				
SW-2	双组分	E-环氧树脂、聚醚、酚醛胺、KH-550	接触压 25℃/24h	材料	−60℃	25℃	60℃	各种金属、非金属、玻璃钢等的粘接，固化速率快
				45 号钢	≥9.8	≥15	≥9.8	
				不均匀扯离强度（铝,25℃）≥15kN/m				
农机1号	双组分	E-44 环氧树脂、聚硫橡胶、生石灰、硫脲缩胺、KH-550	25℃/2～3h 或 60℃/1h	材料	−60℃	25℃	60℃	农业机械，铝、铜、钢等金属的粘接，特点是固化速率快
				硬铝	≥15.7	≥20.5	≥15.7	
				不均匀扯离强度（铝,25℃）≥20kN/m				
CL-2 胶	双组分	甲：E-51 或 E-44 环氧树脂 乙：650 聚酰胺、氧化铝等	甲：乙＝1：1.2 室温 1 天或 80℃/3h 或 100℃/1h	材料	−60℃	25℃	60℃	适用于 −60～60℃下使用的金属、非金属的粘接
				硬铝	13.3	18.1	15.7	
				45 号钢	—	27.1	—	
				铜	—	24	—	
				不均匀扯离强度（铝,25℃）≥25kN/m				

室温固化环氧胶黏剂的种类主要有通用型室温固化环氧胶、室温快速固化环氧胶、潮湿面和水下固化环氧胶等。室温快速固化环氧胶黏剂可以在几个小时、甚至在几分钟内固化，适用于快速定位、装配、灌封、快速修补和应急粘接等场合。室温快速固化环氧胶黏剂要求环氧树脂和固化剂具有很高的活性。常用的类型有：高活性环氧树脂/低分子聚酰胺、环氧树脂/酚醛胺/DMP-30、环氧树脂/聚硫橡胶/多元胺/DMP-30、环氧树脂-硫脲、多元胺/DMP-30、环氧树脂/BF$_3$络合物等。如 RE 树脂就是用 1,4-环己烷二甲胺，其固化反应速率比双酚 A 型环氧树脂高出十几倍，基本配方如下（质量份）：

双酚 A 环氧树脂（环氧当量为　　　　　　　　合金粉末　　　　　　　　80～160
182～195）　　　　　　　　60　　　　　　超细硅粉　　　　　　　　40
间苯二酚二缩水甘油醚　　　　40　　　　　　叔胺促进剂　　　　　　　　2
改性胺固化剂　　　　　　　　40　　　　　　硅烷偶联剂（A-187）　　　　2
气相法白炭黑　　　　　　　　2

各项性能与美国 BelaonaE-Metal 相当：室温下 30min 初固化，24h 完全固化。具有优良的力学性能和耐腐蚀性能，拉伸强度为 32.2MPa，剪切强度为 21.0MPa，压缩强度为 95MPa。

（2）水下固化环氧树脂胶黏剂

水下固化环氧树脂胶黏剂中采用了能在水中固化的固化剂（如酮亚胺、酚醛胺及其改性物），以及相当数量的吸水性填料（如氧化钙、氧化镁等）。环氧树脂胶黏剂在水下及潮湿面进行粘接的关键在于胶黏剂本身应能在水中对钢、石材、混凝土等被粘接物进行有效的浸润和固化，即要求此类胶黏剂具有：不与水混溶、在水中的黏附功大于零、对被粘物的表面进行有效的浸润和固化、固化后有足够的强度和良好的耐水稳定性能等。常用的主要有两类：一类是水基型胶黏剂（可在水中或潮湿条件下进行粘接施工）；另一类为反应型胶黏剂（组分与水不反应，在涂胶后将水排除于被粘物表面之外，自身反应而粘接）。此外，有的胶种组分遇水反应，使水成为其中的一部分。

典型的水下固化环氧胶黏剂配方如下（质量份）：

E-51 环氧树脂	100	生石灰（200 目）	33
邻苯二甲酸二丁酯	12	立德粉（325 目）	30
水泥	10	KH-550	3
DMP-30	3		

该胶黏剂在室温/24h 固化，可用于大坝、水库等潮湿或水下的钢/混凝土、混凝土/混凝土等各种材料的粘接。

11.2.3 耐高温环氧树脂胶黏剂

环氧树脂胶黏剂在高温下的性能与两个因素有关：一是环氧树脂胶黏剂的热变形温度，它决定其热力学性能；二是环氧树脂胶黏剂的热氧稳定性。这两个因素和环氧树脂本身的结构及所用的固化剂种类有关。

研究表明，连接分子中两个环氧基的线性距离越短，固化后交联密度就越大、固化物热变形温度越高，在高温下的机械强度也就越高。热氧稳定性是指环氧树脂对热氧破坏的稳定性。一般在无氧气存在下，环氧树脂本体热分解温度至少要在 300℃以上才能发生。在空气中，一般环氧树脂的热氧化分解在 180～200℃就会发生，粘接接头在此温度下，于空气中经一段时间老化后，强度下降幅度较大。虽然多数脂环族环氧树脂在 200℃以下比较稳定，但在 200℃以上，热氧破坏比双酚 A 型环氧树脂要严重。

耐高温环氧胶黏剂一般由耐高温环氧树脂、耐高温固化剂、增韧剂、填料和抗热氧剂等组成。常用的耐高温环氧树脂有多官能缩水甘油型环氧树脂、酚醛环氧树脂、脂环族环氧树脂、双酚 S 环氧树脂、有机硅环氧树脂等；耐高温固化剂有芳香胺、芳环或脂环酸酐、酚醛树脂、硼酚醛树脂（如 FB）、双氰胺等；耐高温增韧剂有聚醚砜、聚醚酰亚胺、聚酰亚胺、聚苯硫醚等；所加入的耐热填充剂有铝粉、氧化铝粉、温石棉粉、超细硅酸铝、玻璃粉、气相白炭黑、硅微粉等；添加的抗热氧剂和金属离子钝化剂，如 8-羟基喹啉、乙酰丙酮金属盐、五氧化二砷等。加入适量的硅烷偶联剂，如 KH-550，KH-560 等，可以制备耐高温环氧胶黏剂。采用聚酰亚胺改性的环氧树脂胶黏剂可以耐 300℃以上的高温。

典型的耐高温固化环氧树脂胶黏剂配方如下（质量份）：

F-44 酚醛环氧树脂	70	E-51 环氧树脂	30

氨基硅油	20	胺类固化剂	3~15
液体端羧基丁腈橡胶	10~20	促进剂	1~3
填料	5~10	其他助剂	适量

室温剪切强度为 6.07MPa，130℃剪切强度为 4.59 MPa，180℃剪切强度为 1.67MPa。

11.2.4 环氧树脂结构胶黏剂

结构胶黏剂一般指能承受较大剪切、拉伸强度，又具有较高剥离、冲击性能的胶黏剂，主要用于结构部位的粘接。在结构件的连接上，粘接比传统的铆接、螺纹连接、焊接具有更大的优越性。环氧树脂结构胶黏剂的显著特点是可在较低温度（80~20℃）、较低压力、较短时间内固化，挥发分少，耐老化性能好等，粘接的安全可靠性高，配方设计灵活，使用工艺简便，可选择性大。此类结构胶除强度较高外，耐温、耐介质、耐老化等性能均优于通用型胶黏剂。

环氧树脂结构胶黏剂的常温剪切强度大于 20MPa，不均匀扯离强度高于 25kN/m，或者常温下剪切强度稍低于上述指标，但在高温下如 150℃以上，仍具有较好的强度，或具有良好的持久强度、耐疲劳等。大多数结构部件所承受的并非纯剪切力，如飞机机翼对剪切强度的要求并不高（一般 20MPa 左右），而对剥离、挠曲、扭曲、冲击等横向的应力要求较高：剥离强度在 6~18kN/m 范围内。剪切强度高的树脂并不意味着剥离强度就高，有些环氧树脂结构胶黏剂的剪切强度高达 39~49MPa，但剥离强度却只有 0.2~1.2kN/m。通常采用丁腈橡胶、尼龙、聚酯、缩醛等改性来增韧、增柔，提高剥离强度以达到结构胶的强度要求。

环氧结构胶黏剂均为环氧增韧体系，为聚合物复合型结构胶黏剂，常用的增韧剂有低聚物和高聚物两类。低聚物主要是液体聚硫橡胶、液体丁腈橡胶、低分子聚酰胺、异氰酸酯预聚体等。其特点是本身柔性好，大多含有能与环氧树脂反应的低分子聚合物，固化后成为环氧固化物的柔性链段，主要用来配制室温或中温固化、具有中等强度和韧性、耐热性不很高的无溶剂环氧结构胶黏剂。环氧树脂增韧用的高聚物主要是分子量高的橡胶和热塑性树脂，尤其是耐热性高的热塑性树脂，如尼龙、聚砜、聚醚酮、聚醚醚酮等。它们的特点是本身的韧性大、强度高，有的耐热性很高，与环氧树脂有一定的相容性，固化过程中能产生相分离，在固化物中形成海岛结构或互穿网络结构，从而使固化物具有高强度和高韧性，主要用来配制中温或高温固化的，具有高强度、高韧性和较高耐热性的环氧结构胶黏剂，用于主受力结构件的粘接。

环氧结构胶黏剂在航空和宇航工业中大量用于制造蜂窝夹层结构、复合金属结构（如钢-铝、铝-镁、钢-青铜等）和金属-聚合物复合材料的复合结构。近年来环氧结构胶黏剂在土木建筑中也得到了快速发展，广泛用于房屋、桥梁、隧道、大坝等的加固、锚固、灌注粘接、修补等方面。目前使用较多的品牌有：自力 2 号胶、J-23、J-23、J-23-2、J-40、712、KH-511 等。如下是环氧树脂结构胶黏剂的典型配方实例（质量份）：

配方（质量份）实例 1

| 环氧树脂 E-44 | 100 | 聚硫橡胶（分子量为 1000） | 55 |
| 碳酸钙（400 目） | 50 | DMP-30 | 15 |

固化条件：120℃/2h。

配方（质量份）实例 2

| 环氧树脂 E-51 | 10 | 乙醇 | 250 |

羟甲基尼龙 SY-61　　　　　　　　　　90

固化条件：压力 0.29MPa，100℃/1h＋155℃/3h。

11.2.5　水性环氧树脂胶黏剂

水性环氧树脂通常是指普通的环氧树脂以颗粒或胶体形式分散于水中所形成的乳液、水分散体或水溶液，它们之间的区别在于环氧树脂分散相的粒径大小范围不同。水性环氧树脂胶黏剂有水溶型和乳液型之分，水溶型因水分含量高，挥发很慢，很少使用；而乳液型固含量高，黏度低，发展很快，应用广泛。近年来，环氧树脂乳液、自乳化环氧树脂、水性环氧树脂固化剂、自乳化环氧固化剂等产品的出现，为水性环氧胶黏剂的制备提供了有利条件。

与溶剂型或无溶剂环氧体系相比，水性环氧体系的优势在于：

① 低 VOC 含量和低毒性，适应环保要求；

② 在无溶剂或仅有少量助溶剂的情况下，黏度可调范围大；

③ 对水泥基材有很好的渗透性和粘接力，可以与水泥或水泥砂浆配合使用；

④ 可以在潮湿条件下固化；

⑤ 可以与其他水性聚合物体系混合使用，在性能上相互取长补短。

制备水性环氧胶黏剂首先要制得水性环氧树脂乳液，其关键是选择更好的乳化剂。近年来，大多采用反应型乳化剂，即带有能参与固化反应的活性基团的乳化剂。例如用聚醚胺 M-1000 和 M-2027 的混合物与聚丙二醇二缩水甘油醚（环氧当量 313～345g/mol）制成乳化剂，将其与酚醛环氧树脂按 12∶100（质量比）混合制成自乳化环氧树脂。水性固化剂有水性改性胺、双氰胺、2-甲基咪唑、双丙酮丙烯酰胺等。

水性环氧胶黏剂可分为双组分水性环氧胶黏剂和单组分水性环氧胶黏剂。单组分水性环氧胶黏剂出售前已放入潜伏型固化剂，可以通过加热或改变介质 pH 值等方法使固化剂活化，实现环氧树脂的固化。如环氧树脂-二胺盐乳液，二胺盐是作为潜伏型固化剂，当把这种水基环氧树脂胶黏剂与水泥、石灰等碱性物质混合时，二胺盐就释放出来同环氧基团反应使之固化。

水性环氧柔性覆铜板用胶黏剂配方（质量份）：

环氧树脂	100	N,N-二甲氨基乙醇	1～2
甲基丙烯酸酯	10～20	过氧化苯甲酰	1～3
丙烯酸丁酯	5～10	蒸馏水	适量
苯乙烯	1～5	其他助剂	适量

11.3　环氧树脂胶黏剂的合成

11.3.1　合成原理

常见的环氧树脂由环氧氯丙烷与二酚基丙烷（双酚 A）在氢氧化钠存在下，进行缩聚而成。环氧氯丙烷与二酚基丙烷作用生成醚键：

$$2H_2C-CH-CH_2-Cl+HO-R-OH \longrightarrow$$
$$\underset{O}{\overset{\diagup\diagdown}{}}$$
$$CH-CH_2-CH-CH_2-O-R-O-CH_2-HC-CH_2-Cl$$
$$\underset{OH}{|}\qquad\qquad\qquad\qquad\underset{OH}{|}$$

在氢氧化钠作用下，生成的醚脱去氯化氢形成环氧基：

$$Cl-CH_2-\underset{\underset{OH}{|}}{CH}-CH_2-O-R-O-CH_2-\underset{\underset{OH}{|}}{HC}-CH_2-Cl \xrightarrow[-HCl]{NaOH}$$

$$H_2C\underset{O}{\overset{\diagdown\diagup}{-}}CH-CH_2-O-R-O-CH_2-HC\underset{O}{\overset{\diagdown\diagup}{-}}CH_2$$

新生成的环氧基再与二酚羟基继续作用生成醚键：

$$H_2C\underset{O}{\overset{\diagdown\diagup}{-}}CH-CH_2-O-R-O-CH_2-HC\underset{O}{\overset{\diagdown\diagup}{-}}CH_2 + HO-R-OH \xrightarrow{NaOH}$$

$$H_2C\underset{O}{\overset{\diagdown\diagup}{-}}CH-CH_2-O-R-O-CH_2-\underset{\underset{OH}{|}}{CH}-CH_2-O-R-OH$$

再与环氧氯丙烷作用，形成线型环氧树脂。总的反应式为：

$$(n+1)HO-R-OH + (n+2)H_2C\underset{O}{\overset{\diagdown\diagup}{-}}CH-CH_2-Cl + (n+2)NaOH \longrightarrow$$

$$H_2C\underset{O}{\overset{\diagdown\diagup}{-}}CH-CH_2-[O-R-O-CH_2-\underset{\underset{OH}{|}}{CH}-CH_2]_n-O-R-O-CH_2-HC\underset{O}{\overset{\diagdown\diagup}{-}}CH_2$$

$$+(n+2)NaCl+(n+2)H_2O$$

环氧树脂分子链中的 n 为聚合度，$n=0\sim19$，当 $n<2$ 时，得到的是琥珀色或淡黄色低分子量的液状环氧树脂。当 $n\geqslant2$ 时，得到高分子量的环氧树脂。

11.3.2 合成原料

（1）环氧树脂

环氧树脂的种类很多，而且有新的型号不断出现，对于不同特性要求的胶黏剂应选用不同的树脂。常用的代号及类型见表 11-2。

表 11-2　环氧树脂的代号及类型

代号	环氧树脂类型	代号	环氧树脂类型
E	二酚基丙烷环氧树脂	L	有机磷环氧树脂
ET	有机钛改性二酚基丙烷环氧树脂	N	酚酞环氧树脂
EG	有机硅改性二酚基丙烷环氧树脂	S	四酚基环氧树脂
EX	溴改性二酚基丙烷环氧树脂	J	间苯二酚环氧树脂
EL	氯改性二酚基丙烷环氧树脂	A	三聚氰酸环氧树脂
El	二酚基丙烷侧链型环氧树脂	R	二氧化双戊二烯环氧树脂
F	酚醛多环氧树脂	Y	二氧化乙烯基环己烯环氧树脂
B	丙三醇环氧树脂	YJ	二甲基代二氧化乙烯基环己烯环氧树脂
ZQ	脂肪酸甘油酯环氧树脂	W	二氧化双戊基醚环氧树脂
IQ	脂肪族缩水甘油酯环氧树脂	D	聚丁二烯环氧树脂
G	硅环氧树脂		

（2）固化剂

固化剂是环氧树脂胶黏剂中不可缺少的重要组分，种类繁多，性能各异，各有特色，按照习惯可分为胺类、酸酐类、聚合物、催化型、潜伏型等固化剂，按照固化温度分为低温、室温、中温、高温固化剂。有的需加温固化，有的可室温固化，有的可快速固化，有的固化较慢，如表 11-3 所示。选择不同的固化剂可以配成性能各异的环氧树脂胶黏剂。

表 11-3　环氧树脂固化剂的分类

种类	分类		典型实例
加成型	胺类	脂肪伯、仲胺	二亚乙基三胺、多亚乙基多胺、己二胺
		芳香伯胺	间苯二胺、二氨基二苯甲烷
		脂环胺	六氢吡啶
		改性胺	105、120、590、703
	酸酐类	酸酐	顺丁烯二酸酐、苯二甲酸酐、聚壬二酸酐
		改性酸酐	70、80、308、647
	聚合物		低分子聚酰胺
	潜伏型		双氰双胺、酮亚胺、微胶囊
催化型	咪唑	咪唑	咪唑、2-乙基-4-甲基咪唑
		改性咪唑	704、705
	叔胺	脂肪	三乙胺、三乙醇胺
		芳香	DMP-30、苄基二甲胺
	酸催化	无机盐	氯化亚锡
		络合物	三氟化硼络合物

（3）偶联剂

偶联剂就是分子两端含有性质不同基团的化合物，其一端能与被粘物表面反应，另一端能与胶黏剂分子反应，以化学键的形式将被粘物与胶黏剂紧密地连接在一起。其改变了界面性质，增大了粘接力，提高了粘接强度、耐热性、耐水性和耐湿热老化性能。

用得最多的偶联剂是硅烷偶联剂，如表 11-4 所列。环氧胶中常用的硅烷偶联剂有 KH-550、KH-580、KH-590、南大-42 等。

表 11-4　环氧树脂胶黏剂中常用的有机硅烷偶联剂

牌号	名称	化学结构式	运用胶种
A-151	乙烯基三乙氧基硅烷	$H_2C=CHSi(OC_2H_5)_3$	丙烯酸酯、有机硅
A-172	乙烯基三(2-甲氧基乙氧基)硅烷	$H_2C=CHSi(OC_2H_4OCH_3)_3$	丙烯酸酯、有机硅
KH-550	γ-氨基丙基三乙氧基硅烷	$H_2NCH_2CH_2CH_2Si(OC_2H_5)_3$	酚醛、环氧、聚氨酯
KH-580	γ-巯基丙基三乙氧基硅烷	$HS—(CH_2)_3—Si(OC_2H_5)_3$	酚醛、环氧、聚氨酯
KH-590	乙烯基三叔丁基过氧化硅烷	$H_2C=CHSi(OOt\text{-}Bu)_3$	丙烯酸酯、不饱和聚酯
南大-42	苯胺甲基三乙氧基硅烷	$C_6H_5NHCH_2Si(OC_2H_5)_3$	环氧、酚醛、聚氨酯

（4）稀释剂

加入稀释剂的目的是降低环氧树脂体系的黏度。非活性稀释剂不参与固化反应，在胶黏剂固化过程中，随温度升高和时间延长会挥发掉，如丙酮、甲苯、乙酸乙酯等溶剂，因此一般很少采用。活性稀释剂是含有一个或一个以上环氧基的化合物。如环氧丁基醚（501 号）、环氧丙烷苯基醚（690 号）、二缩水甘油醚（600 号）等，它们能参与固化反应结合到产物结构中，影响环氧树脂胶黏剂的耐热性能和物理力学性能，故其用量一般不超过环氧树脂的 20％。

（5）填料及其他

环氧树脂中加入填料可降低热膨胀系数和固化收缩率，提高耐热性、粘接强度、硬度和耐磨性，降低胶黏剂的成本，改善触变性等，常用填料的种类及作用列于表 11-5 中。

表 11-5　常用填料的种类及作用

选用填料	作用
石英粉、刚玉粉	提高硬度、降低收缩率和热膨胀系数
各种金属粉	提高导热性、导电性和可加工性
二硫化钼、石墨	提高耐磨性和润滑性
石棉粉、玻璃纤维	提高冲击强度和耐热性
碳酸钙、水泥、陶土和滑石粉等	降低成本、降低收缩率
白炭黑改性白土	提高触变性、改善淌胶性能

此外，可在环氧树脂胶黏剂中加入促进剂，加速环氧树脂的固化反应，降低固化温度，缩短固化时间，提高固化程度。加入增韧剂可改善脆性、提高剥离强度等。

11.3.3　配方设计

（1）常温和低温固化的环氧树脂胶黏剂

要真正实现室温快速固化或低温固化，需增加环氧树脂的开环活性或选择有高开环活性的环氧树脂：缩水甘油醚型环氧树脂（如 618 号、6101 号等）、缩水甘油酯型环氧树脂（如四氢邻苯二甲酸双缩水甘油酯）等。

为提高环氧树脂胶黏剂的反应速率，配方设计时可以用下列方法。

① 加入含羟基的物质。在环氧树脂胶黏剂中加入树脂量 25％的间苯二酚，固化速率可提高 10 倍。

② 引入羟甲基。如在双酚 A 型环氧树脂分子苯环上的环氧基团的邻位上引入一个羟甲基，能使反应速率提高 10 倍，引入两个羟甲基则可使反应速率提高 20 倍。

③ 增加固化剂的活性。多采用丙烯腈、环氧乙烷、苯酚-甲醛缩合物来改性脂肪胺，使固化温度降低、固化速率加快、毒性减小。

④ 加入活性稀释剂。由于在室温下固化，树脂初步交联后分子的运动受到阻碍，分子链段不能自由旋转，因而限制了进一步交联。加入活性稀释剂后可以适当降低树脂黏度，促进进一步交联。如：618 号环氧树脂 100 份、增塑剂 20 份、苯酚-甲醛-乙二胺 30～35 份、低分子聚硫 10 份、苄基二甲胺 10 份，在 25℃下固化 4～8h，室温剪切强度可达 13～20MPa，冷水浸泡 1 个月剪切强度为 22.9MPa，水煮 8h 剪切强度为 24.9MPa。

（2）高温使用的环氧树脂胶黏剂

① 选择活性大而耐高温的树脂。环氧化酚醛树脂结构中含有部分未环氧化的羟甲基和酚基及在氨基四官能环氧树脂分子中有叔氨基时均具有开环促进作用，这些树脂可用来改善室温固化环氧树脂的耐高温强度。如 509 环氧树脂 100 份、丁二醇双缩水甘油醚 20 份、咪唑 6 份、气相 SiO_2 3 份即可达到这样的效果。

② 采用混合固化剂。在多亚乙基多胺和低分子聚酰胺中加入一定量的咪唑、间苯二胺、MDA 等固化剂，在使用的过程中，由于周围环境的热作用，胶黏剂可得到进一步交联而使得热变形温度上升，高温性能获得改善，从而达到室温固化高温使用的目的。

（3）加热固化的环氧树脂胶黏剂

在树脂中添加不同类型的固化剂，在加热的条件下加速固化。

① 咪唑类固化剂。这一类固化剂中 2-乙基-4-甲基咪唑可以在较低的温度（60℃）固化双酚 A 环氧而获得较高的热变形温度（80～130℃），它的用量及固化条件对固化后热变形温度有较大的影响，耐热性比间苯二胺好。

② 加热快速固化。要达到这一目的，通常是在胶黏剂配方中加入适当的催化剂。如：酚醛-环氧树脂 100 份、SiO_2 100 份、双氰胺 6 份、硬脂酸 1 份，160℃下的凝胶时间为20min15s。当配方中加入 3 份固化促进剂如 K_2CO_3，160℃下的凝胶时间为 5min6s。

又如：201 环氧 100 份、MNA 酸酐 60 份、二茂铁 1.86 份、过氧化月桂酰 7.96 份、氢醌 1.97 份。室温使用期 80 天，180℃下凝胶时间为 4min，150℃下的凝胶时间为 10min。

（4）高温环氧树脂胶黏剂

在无氧气存在下，环氧树脂本体分解温度至少在 300℃以上，但在空气中分解温度一般在 180～200℃。一般环氧树脂胶黏剂使用温度不超过 200℃，要提高环氧树脂胶黏剂的耐温性，可从以下两个方面来考虑。

① 选择耐高温的树脂。脂肪族环氧树脂、酚醛环氧树脂和氨基四官能环氧树脂经高温固化都能产生高度交联的结构，双酚 S 环氧树脂含有抗氧性的砜基，因而都能在高温下使用，都可以作为高温胶黏剂的主体环氧树脂。

a. 酚醛树脂改性环氧树脂。酚醛树脂中有大量的酚基和羟甲基，在加热条件下可固化环氧树脂，形成高度交联的结构，可在 260℃以下使用。在配方设计时还应考虑加入提高树脂抗氧能力的抗氧剂，如 8-羟基喹啉铜和没食子酸丙酯等。对于在高温下被黏合表面的金属离子可能催化高分子树脂的热降解而造成界面的黏附破坏，可加入一些金属离子的螯合剂（如没食子酸丙酯等）以便捕捉这些金属离子，从而减弱金属离子的催化作用。

b. 聚砜改性环氧树脂。聚砜是一种新型含芳香环和砜基的热塑性耐高温聚合物，既能提高固化后树脂的交联密度，又能提供较好的韧性，因而使胶黏剂能在较高温度下使用。

c. 有机硅改性环氧树脂和含有亚胺结构的环氧树脂。不仅具有环氧树脂的良好工艺性能和黏附性能，而且还有和聚酰亚胺类似的耐高温性能。

② 固化剂的选择。胺类固化的环氧树脂结构中有比较多的羟基，在较高的温度下容易发生脱水反应，其中的氮原子也容易受到热氧化的作用而引起胶黏剂破坏。因此，在固化剂中芳香胺固化的双酚 A 环氧树脂稳定性比脂环或芳香酸酐固化的双酚 A 环氧差，在选择固化剂时一定要加以区分。

11.3.4　常用配方及工艺

（1）高性能双组分室温固化环氧胶黏剂

① 原材料与配方（质量份）

A 组分：

E-51 环氧树脂	100	偶联剂 KH-560	2
增韧剂 R-1000	14	其他助剂	适量

B 组分：

聚酰胺 651	50	DMP-30 促进剂	12
酚醛胺	50	其他助剂	适量

② 制备方法

a. A 组分的制备。在 500L 反应釜中按配方投入烘好的环氧 E-51、增韧剂 R-1000 和 KH-560。加热，温度升高到 60℃后开动搅拌，当温度达 80～90℃，保温 1h，回料，冷却，物料温度降至 70℃左右停止搅拌，出料，得到无色透明、黏稠状液体，黏度（25℃）为 3000～3500mPa·s。

b. B 组分的制备。按配方投入烘好的酚醛胺和聚酰胺 651 于 500L 反应釜中，加入 DMP-30。开动搅拌器，升温，当温度达 60℃后保温 1h，回料，冷却，物料温度降至 45～50℃时停止搅拌，出料，得到棕黄色透明、黏稠状液体，黏度（25℃）为 3000～3500mPa·s。

c. 配胶和铝合金粘接试样制备。

配胶：按 $m_A : m_B = 3.0 : 1.0$ 称量 A、B，投入塑料杯中搅拌 5～10min，混合均匀，待用。

试样制备：在打磨好的铝合金（LY-12CS）试片粘接面上均匀涂一层配好的环氧胶黏剂，搭接，用铁夹固定，放在 25℃烘箱中固化 24h。

③ 性能

$m_A : m_B = 3.0 : 1.0$，固化条件：25℃/24h。

环氧室温胶的性能指标：

室温剪切强度/MPa	19.3(16.5～21.5)	室温不均匀扯离强度	
60℃剪切强度/MPa	12.7(11.9～14.3)	/(kN/mm)	15.2 (14.1～16.5)

（2）中温固化阻燃环氧胶黏剂配方与制备实例

① 原材料与配方（质量份）

改性双酚 A 环氧树脂(438)	100	偶联剂	1～2
增韧剂	25	超细双氰胺固化剂	20
氢氧化铝(H-WF-10)	8.0	改性咪唑促进剂	3
细胶囊包覆红磷	2.0	其他助剂	适量

② 制备方法

a. 主体胶膜。将超细双氰胺、改性咪唑促进剂和酚醛环氧研磨混合成糊状物，再搅拌加入双酚 F 环氧、低黏度环氧、偶联剂，制成胶料。

b. 阻燃环氧结构胶膜。由主体胶膜和包覆红磷、氢氧化铝、增韧剂组成，经过热熔预混、开炼机制成胶料后，热熔法压制胶膜。

（3）高温固化环氧胶黏剂

① 原材料与配方（质量份）

A 组分：

聚酰胺(PA651)	55	高岭土	80

B 组分：

酚醛环氧树脂(F-51)	100	其他助剂	适量
气相白炭黑	15		

② 制备方法

　　a. EP 胶黏剂的制备。分别在 F-51 和固化剂中加入填料，经初步混合、三辊研磨机强力剪切混合均匀后，分别得到 A 组分（F-51/填料）和 B 组分（固化剂/填料），使用时，按一定比例将 A 组分和 B 组分混合均匀即可。

　　b. 浇铸体的制备。将混合均匀的胶黏剂注入自制模具中，按预定的固化条件进行固化，自然冷却后脱模即可。

11.4　环氧树脂胶黏剂的改性

11.4.1　液体聚硫橡胶改性

　　液体聚硫橡胶是分子链两端有巯基（—SH）的低分子量黏稠液体，其分子式如下所示：

$$HS\!\!-\!\!\big[(CH_2)_3\!-\!O\!-\!(CH_2)_3\!-\!S\!-\!S\big]_n\!\!CH_2\!-\!CH_2\!-\!O\!-\!CH_2\!-\!CH_2\!-\!SH$$

　　可与环氧基反应，成为固化物分子结构中的柔性链段，生成含硫醚的嵌段共聚物，提高了环氧树脂胶黏剂的韧性。

　　如下为聚硫橡胶增韧和填充改性环氧胶黏剂配方（质量份）：

环氧树脂 E-51	100	助剂二氧化锰　　　　　　适量
聚硫橡胶(LP-2、LP-3)	30	经 KH-550 偶联剂表面处理的滑
T-31 固化剂	20	石粉/石英(6∶4)　　　　50

　　当高分子量的聚硫橡胶加入 30 份时，胶黏剂的剪切强度达到最大；当低分子量的聚硫橡胶加入 20 份时，胶黏剂的剪切强度达到最大。

11.4.2　丁腈橡胶改性

　　丁腈橡胶有固体和液体两种，液体使用起来比固体方便，且增韧效果较好，尤其以端羧基液体丁腈橡胶（CTBN）、端羟基液体丁腈橡胶（HTBN）、端氨基液体丁腈橡胶（ATBN）为最好。用量一般为 $(10\sim25)\times10^{-3}$ 份，以 10 份 2-乙基-4-甲基咪唑作为固化剂的剪切强度最高。

　　实例：端羧基丁腈橡胶/端氨基丁腈橡胶改性环氧树脂胶配方（质量份）：

A 基体：

混合环氧树脂	113.0	偶联剂　　　　　　　　4.0
填料	20.0	

B 基体：

自制脂肪胺	50.0	偶联剂　　　　　　　　5.0
填料	13.5	

　　环氧胶是双组分的胶黏剂，A 组分由 A 基体和改性端羧基丁腈橡胶增韧剂混合而成，B 组分由 B 基体和端氨基丁腈橡胶混合而成，$m_A:m_B=2:1$。

11.4.3　聚乙烯醇缩醛改性

　　聚乙烯醇缩醛的通式如下：

$$H-[CH_2-CH]_m-(CH_2-HC-CH_2-CH)_n-(CH_2-CH)_p$$

属线型热塑性高分子化合物，常用的有缩丁醛和缩甲醛，前者韧性好，后者耐热性高，与环氧树脂的混溶性好，可与环氧树脂的羟基和环氧基发生醚化反应，起到增韧作用，提高环氧胶黏剂的剥离强度、冲击强度和剪切强度。常用的聚乙烯醇缩醛有聚乙烯醇缩丁醛（PVB）和聚乙烯醇缩甲醛，前者增韧效果明显，后者耐热性较好。聚乙烯醇缩醛用量一般为 10～30 份，若以双氰胺为固化剂，PVB 的用量可高达 40～50 份。

实例：多孔金属材料粘接用改性环氧树脂胶黏剂配方（质量份）

A 组分：

环氧树脂	100	乙醇		适量
聚乙烯醇缩醛	40～50			

B 组分：

草酸	10～20	乙醇		适量

A∶B＝50∶3

11.4.4 聚酰胺改性

聚酰胺常称作尼龙，用于改性的尼龙为共聚尼龙和醇溶尼龙，前者是尼龙的二元或多元的低熔点共聚物（广为应用的是 548 三元共聚尼龙-66/6/610），后者为羟甲基尼龙 $[6/66/(CH_2O)_n]$。

环氧-尼龙胶黏剂结构上是刚柔结合，取长补短，别具一格。其力学性能优异，剥离强度高达 27kN/m，剪切强度超过 15MPa，不均匀扯离强度大于 83kN/m，且具有良好的低温性能。

实例：非金属粘接用改性环氧树脂胶黏剂配方（质量份）

A 组分：

环氧树脂(E-51)	100	无水乙醇		100
聚乙烯醇缩醛	30			

B 组分：

聚酰胺(200)	100	其他助剂		适量
偶联剂(KH-550)	2			

11.4.5 聚砜改性

聚砜由双酚 A 与 4,4'-二氯二苯基砜缩聚而成，分子链中含有砜基（—SO_2—），简称 PSF。由于砜基中的硫原子处于最高氧化状态，故 PSF 具有较高的抗氧化能力，而异丙基醚和醚键使分子链有一定的柔性，赋予聚砜较大的韧性，因此强韧兼备。

聚砜与环氧树脂有很好的相容性，以二氨基二苯基砜为固化剂，增韧的环氧胶黏剂室温和高温都有很高的剪切强度和剥离强度，模量损失有限。增韧效果与 PSF 的平均分子量和用量关系很大，一般平均分子量愈高，用量愈大，则增韧效果愈好。粘接钢的剪切强度高达 60～65MPa，在室温～180℃剥离强度一直保持在 3.2kN/m 以上，在 150℃时则达 6.7kN/m。

聚砜增韧环氧胶黏剂的缺点是耐水性和耐湿热老化性较差，若与聚醚酰亚胺组成混合物对环氧胶黏剂增韧，用新型芳香二胺固化后，能提高玻璃化温度，降低吸水性，改善耐湿热性能。

实例：耐碱性优良的改性环氧胶黏剂配方（质量份）

A 组分：

| 环氧树脂 | 100 | 丙酮 | 适量 |
| 聚砜树脂 | 30～50 | | |

B 组分：

| 间苯二酚 | 10～15 | 其他助剂 | 适量 |
| 2-乙基-4-甲基咪唑 | 3～5 | | |

11.4.6　酚醛树脂改性

用于环氧改性的酚醛树脂是碱催化的甲阶酚醛树脂和氨酚醛树脂。酚醛树脂中含有很多活泼的羟甲基（—CH_2OH），能与环氧树脂中的羟基和环氧基反应，增加了交联度，加之酚醛树脂本身的耐热性使得环氧-酚醛胶具有良好的耐热性和高低温循环性。双酚 A 型环氧树脂每个分子只有 2 个环氧基，而酚醛-环氧树脂平均每个分子有 3.6 个环氧基，所以固化后可达到高交联密度，其在耐热性、机械强度、耐介质性能上均优于双酚 A 型环氧树脂，可在 117℃长期工作，也可在 260℃短期使用。但具有脆性人、剥离强度低的缺点。

实例：酚醛改性环氧树脂胶（质量份）

A 组分：

| 环氧树脂 | 100 | 聚砜树脂粉 | 10 |
| 酚醛树脂 | 45 | | |

B 组分：

| 六亚甲基四胺 | 1 | 其他助剂 | 适量 |
| 乙二胺 | 5 | | |

固化条件：120℃下加压固化。

11.4.7　有机硅树脂改性

有机硅树脂具有优良的耐高低温性、耐水性、耐酸性和电绝缘性，与环氧树脂混溶性好。在固化过程中，硅橡胶的端氨基与环氧基发生化学反应，增进了硅橡胶与环氧树脂的相容性，形成高度交联的体型结构，从而实现增韧。

以环氧改性有机硅作为增容剂可将硅橡胶共混到环氧树脂中，固化后在环氧树脂中分散着硅橡胶粒子，使冲击强度和剥离强度大幅提高。添加 1％的增容剂，以二氨基二苯基甲烷为固化剂的环氧树脂-硅橡胶体系，当硅橡胶为 5 份时其冲击强度是未改性的 2 倍。

实例：通用有机硅改性环氧树脂胶黏剂配方（质量份）

A 组分：

| 环氧树脂 | 50.0～60.0 | 硅灰石粉（600～1000 目） | 16.0～20.0 |
| 羟甲基纤维素 | 16.0～20.0 | 脂肪族缩水（C_{12}～C_{16}） | 5.0～8.0 |

B 组分：

脂肪酸酰胺	0.3～0.5	氧化脂蓖麻油	0.3～0.8
丙烯酸酯	0.3～0.5	改性脂肪胺	10～15
改性有机硅	0.2～0.5		

第12章

聚氨酯胶黏剂

聚氨酯（PU）胶黏剂是分子链中含有氨酯基（—NHCOO—）的高分子胶黏剂，常由二异氰酸酯和多元醇聚合而得到。聚氨酯胶黏剂能够在大分子链之间形成氢键，具有高度的活性和极性，具有优越的粘接性能，是合成胶黏剂中的主要胶种之一。

12.1　基本性能与应用

12.1.1　基本性能

（1）优点

① 聚氨酯胶黏剂中含有很强极性和化学活性的异氰酸酯基（—NCO）端基和氨酯基（—NHCOO—），与含有活泼氢的材料之间产生的氢键作用使分子内力增强，会使粘接更加牢固，对多种材料有优良的粘接力。

② 在配方设计时通过调节分子链中软链段与硬链段比例及结构，可制成不同硬度和伸长率的胶黏剂，从而达到将粘接层从柔性到刚性可任意调节的设计思路，以满足不同材料的粘接。

③ 工艺性好，容易浸润，适用期长，粘接工艺简便，操作性能良好。

④ 属于加聚固化反应，没有副反应产生，不易使粘接层产生缺陷。

⑤ 多异氰酸酯胶黏剂能溶于几乎所有的有机原料中，而且异氰酸酯的分子体积小，易扩散，能渗入被粘接材料中而提高粘接力。

⑥ 聚氨酯胶黏剂具有良好的耐冲击、耐振动、耐疲劳、耐磨、耐油、耐溶剂、耐化学药品、耐臭氧以及耐细菌等性能。

⑦ 低温和超低温性能超过所有其他类型的胶黏剂，低温时的粘接强度比室温高出 2～3 倍，其粘接层可在 −196℃（液氮温度），甚至在 −253℃（液氢温度）下使用。

（2）缺点

① 耐热性较差，在高温、高湿下易水解而降低粘接强度。

② —NHCOO— 具有毒性，使用时应注意。

③ 耐强酸和强碱性能比较差。

④ 对水敏感，胶层易产生气泡。

⑤ 粘接金属的强度不如丁腈、酚醛、缩醛等胶黏剂。

12.1.2　应用

聚氨酯树脂胶黏剂在木材加工、食品包装、汽车工业、复合材料等多方面得到了广泛的应用。

聚氨酯作为胶黏剂可与泡沫塑料、木材、皮革、织物、纸张、陶瓷等多孔材料和金属、玻璃、橡胶、塑料等表面光洁的材料粘接。聚氨酯也可以作为木材或石料的粘接和修补材料，减少了甲醛的危害；某些仪表、汽车装饰构件等用途的层压板，用水性聚氨酯胶黏剂时，粘接强度比用溶剂型胶黏剂还要高。在食品工业，常用各种层压复合薄膜对食品、饮料和调味品等进行包装。层压复合薄膜是将塑料膜层与其他材料用胶黏剂粘接在一起制成的。日本东帮化学工业公司研制出了具有优异贮存性能的离子型水性聚氨酯胶黏剂，特别适用于制备食品包装用多层塑料膜。

聚氨酯胶黏剂的适用性广、粘接强度高、耐寒性能好。聚氯乙烯、聚酯、ABS、经电晕处理的聚烯烃等塑料薄膜及片材，以及棉布和化纤织物、纸张、皮革之间均可用水性聚氨酯胶黏剂进行层压复合。聚氨酯具有柔韧的胶膜，并且特别适合于含增塑剂的软质 PVC 的涂层和粘接。

在醋酸乙烯酯-丙烯酸酯乳液中加入水性聚氨酯和增黏树脂以提高乳液型胶黏剂的性能，加入导电纤维赋予乳液型胶黏剂导静电性能，制得导静电乳液型胶黏剂。该胶黏剂主要用于粘贴导静电半硬质 PVC 块状塑料地板，也可以用于大型电子仪器室、电子生产车间、手术室、微机房等需要导静电的地方。

12.2　分类方法

12.2.1　按照固化方式分

（1）单组分型

单组分聚氨酯胶黏剂可直接使用，无需调配混合，无计量失误，操作很方便。主要有溶剂型、湿固化型、水基型等多种。

① 溶剂型。以聚酯型热塑性聚氨酯溶液胶黏剂为好。酯基的高极性赋予胶黏剂对多种材料（尤其对塑料）的粘接性，加之聚酯段的结晶性以及酯基和氨基甲酸酯基团链节间氢键

的形成，均可提高对被粘物的粘接强度。提高聚氨酯的玻璃化温度可改善胶黏剂的耐热性。提高聚合物分子量（最好为 5 万～10 万）也是改进胶黏剂初期和最终粘接强度的有效途径。

② 湿固化型。湿固化型聚氨酯胶黏剂也称预聚体型聚氨酯胶黏剂，是以过量的二异氰酸酯与聚丙二醇、聚丙三醇或聚酯反应后制成，一般组分中—NCO 的含量为 5%～10%，在粘接时，主要靠空气中的水分进行固化。其缺点是固化较慢，胶层容易产生气泡。

粘接机理是胶黏剂中的异氰酸酯基与大气中的水分反应后生成胺与二氧化碳，胺再继续与异氰酸酯基反应而获得链增长的聚合物（固化）。通过环氧改性的聚氨酯胶黏剂属于单组分湿固化型聚氨酯胶黏剂，该胶黏剂的外观是黄色黏稠液，主要组分为末端带异氰酸酯基的环氧预聚体，使用时需注意涂胶后在常温条件下放置 30～40min 后，再将被粘物件贴合，常温下需放置 2～3d 才能达到较大的粘接强度。它能粘接金属、尼龙、织物以及塑料等材料，并且对聚苯乙烯泡沫塑料不溶解，易于操作。具有耐油、耐温（110℃）、耐磨、耐水解、耐振动以及耐溶剂等性能，常用于化工设备防腐、防渗透等方面。

③ 水基型。水基型聚氨酯胶黏剂的最大优点是不易中毒、着火，且适用于易被有机溶剂侵蚀的基材。此外，其黏度不随聚合物分子量的改变而有明显不同，可使聚合物获得高分子量，以提高其内聚强度；在相同固含量下，其黏度一般比溶剂型低，可制得高固含量（50%～60%）产品。

水基聚氨酯胶黏剂可用于木材胶黏剂，能在室温或较高温度下粘接木材，具有初黏性高、粘接强度优良、对较湿木材也能使用等优点；胶层的耐热性、耐热水性和耐老化性良好，无游离甲醛的释出，不污染环境，无污染和腐蚀被粘接材料之弊，均为传统木材用胶所不及。也可用水性聚氨酯胶黏剂将木屑、碎木料制成不同性能的刨花板，具有良好的力学性能，是隔热、消声的实用建筑材料。当用作织物处理剂、胶黏剂时，织物经含离子性基团的水性聚氨酯处理后，具有透气性。交联后，又具有防水功能。

④ 热熔型。是以热塑性聚氨酯为黏料制成的一种热熔胶，聚氨酯弹性体通常是由端羟基聚酯或聚醚、低分子量二元醇、二异氰酸酯三组分聚合成的具有软性链段和硬性链段的嵌段聚合物，因此，聚氨酯热熔胶比聚酯、聚烯烃热熔胶强度好。其应用范围广，可用于金属、玻璃、塑料、木材和织物等材料的粘接。如由己烷-1,6-二异氰酸酯、特定的乙二醇混合物和聚酯合成的聚氨酯热熔胶可用于织物片材的黏合，这种黏合的织物具有很好的耐水洗和干洗性能，而且很柔软，手感很好。

⑤ 反应型热熔胶。反应型热熔胶黏剂是含有可反应活性基团的热塑性树脂胶黏剂，兼有反应型和热熔型胶黏剂的性能。聚氨酯反应型热熔胶黏剂以湿固化型为主，它是无溶剂型；熔融温度低于一般的热熔胶黏剂（170～200℃），可低温涂胶（<120℃），操作性良好；露置时间和使用期长，便于操作；其耐热、耐寒、耐水蒸气、耐化学品和耐溶剂性能优良。

（2）双组分型

双组分聚氨酯胶黏剂是聚氨酯胶黏剂中最重要的一个大类，可用于金属、橡胶、塑料、织物、皮革、橡塑材料、木材、陶瓷、玻璃等自身或相互之间的粘接，甚至对于难粘聚乙烯、聚丙烯也有一定的粘接强度。

双组分聚氨酯胶黏剂又称通用型聚氨酯胶黏剂，分为有溶剂型和无溶剂型两类，有快固型、耐温型、防冻型、增强型、柔韧型等系列产品。双组分聚氨酯胶黏剂主剂为羟基组分，含有端羟基聚酯、聚氨酯预聚体，固化剂含游离异氰酸酯基团；也有的主剂为异氰酸酯封端的聚氨酯预聚体，固化剂为分子量低的多元醇或多元胺。甲乙组分分开贮存，用前按比例调配。

双组分聚氨酯胶黏剂的特点与应用。

① 由于含有氨酯键，属反应型胶黏剂，在两个组分混合后，发生交联反应，产生固化

产物，初黏性好，粘接力大，结合力强。

② 两组分用量可调范围大，只要改变原料组成和分子量，就可以制成无溶剂型或高固含量胶黏剂。一般来说，NCO/OH 摩尔比等于或稍大于 1，有利于固化完全，特别在粘接密封件时，注意 NCO 组分（固化剂）不能过量太多。而对于溶剂型双组分胶黏剂来说，其主剂分子量较大，初黏性能较好，两组分的用量可在较大范围内调节。在 NCO 组分过量较多的场合，多异氰酸酯自聚形成坚韧的粘接层，适合于硬质材料的粘接；在 NCO 组分用量少的场合，则胶层柔软，可用于皮革、织物等软材料的粘接。

③ 制备时，可以调节两组分的原料组成和分子量，使之在室温下有合适的黏度，可制成高固含量或无溶剂双组分胶黏剂。

④ 通常可室温固化，通过选择制备胶黏剂的原料或加入催化剂可调节固化速率。一般双组分聚氨酯胶黏剂有较大的初黏力，可加热固化，其最终粘接强度比单组分胶黏剂大，可以满足结构胶黏剂的要求。

⑤ 耐低温性能极佳，低温时的粘接强度高出室温 2～3 倍。

⑥ 柔韧性好，剥离强度较高，耐冲击、耐振动、耐疲劳性很好。

⑦ 耐磨性、耐油性突出。

⑧ 具有良好的气密性、电绝缘性。

⑨ 粘接范围广，能够粘接多种材料。

⑩ 耐水、耐湿热性能较差。耐热性不够高，一般为 60～80℃。

12.2.2　按照成分分

（1）多异氰酸酯胶黏剂

多异氰酸酯胶黏剂是由多异氰酸酯单体或其低分子衍生物组成的胶黏剂，是聚氨酯胶黏剂中的早期产品，多异氰酸酯胶黏剂属于反应型胶黏剂，粘接强度高，特别适合于金属与橡胶、纤维等的粘接。

多异氰酸酯胶黏剂主要有以下特点。

① 具有较高的反应活性，容易浸润渗透，促进粘接的形成，能与许多表面含有活泼氢原子的被粘材料，如金属、橡胶、纤维、木材、皮革、塑料等产生共价键力，且固化后含氨基甲酸酯、脲键以及极性较强的键和基团，易和基材之间产生次价键力。这些化学粘接力和物理粘接力共同作用的结果使被粘基材之间产生较高的粘接强度。

② 多异氰酸酯胶黏剂耐热、耐溶剂性能好，可常温固化，也可加热固化，易于产生交联结构。

③ 通常的多异氰酸酯胶黏剂的分子量小，本身能够在碱性被粘物上自行聚合，致使界面上产生化学键和交联结构，可提高粘接性能。能够溶于大多数有机溶剂，因此易于扩散到基材表面，还易渗入一些多孔性的被粘基材中，从而进一步提高粘接性能。

④ 由于含有较多的游离异氰酸酯基团，对潮气敏感，有毒性，通常含有机溶剂，贮存时要注意防水防潮，操作时须注意通风。

⑤ 多异氰酸酯胶黏剂分子量小，—NCO 基团含量高，固化后的胶硬度高，有脆性，因此，常用橡胶溶液、聚醚等进行改性。

常用的多异氰酸酯胶黏剂有 JQ-1 胶和 JQ-4J 胶，前者为 $4,4',4''$-三苯基甲烷三异氰酸酯溶于二氯乙烷配成浓度为 20% 的胶液；后者为 O,O,O-三苯基硫代磷酸酯溶于二氯乙烷配成的浓度为 20% 的胶液，在 3MPa 的压力下，140℃固化 20～30min 即可。

（2）预聚体类聚氨酯胶黏剂

预聚体类聚氨酯胶黏剂的单组分型在常温下可与空气中或被粘体上的水蒸气反应固化——湿固化聚氨酯胶黏剂。该胶黏剂使用方便，具有一定的韧性，但空气中的湿度对粘接速度和粘接性能有一定影响。当加入氯化铵、尿素等作催化剂，可室温固化，也可加温固化。

湿固化型胶黏剂因有二氧化碳的释放，胶层常有气泡，导致缺陷。常将二氧化碳吸收剂或吸附剂掺入胶黏剂中，以克服上述缺点，是木材、土木建筑及结构用的良好胶黏剂；又常作密封胶，在汽车、建筑及机械等行业有重要作用。双组分系列由聚酯树脂和聚酯改性二异氰酸酯组合而成。

为了提高胶黏剂的强度，一般可加入交联剂，所有多官能活泼氢化合物都可作交联剂，常用的是多元醇和多元胺，得到的交联型聚氨酯胶黏剂可作为结构胶黏剂，用于金属-金属、金属-陶瓷的粘接，同样也可粘接橡胶、塑料、木材等非结构型材料。

（3）端封型聚氨酯胶黏剂

端封型聚氨酯是用苯酚或其他的羟基（如：醇类、β-二酮类）与端异氰酸酯基反应生成具有氨酯结构的生成物，暂时封闭活泼的异氰酸基，使其在水中稳定，解决在贮存中因吸收空气中的水分而固化的缺点。当使用时可在一定温度下解离封闭剂，释放出活性异氰酸酯基团，发挥其固有的功能。该类胶黏剂虽为液型，使用方便，但一般需在120℃以上的加热条件下才能发挥作用。解离出的封闭剂挥发时起泡，或残留在胶层，对粘接不利。

12.3 合成原理与配方设计

12.3.1 合成原理

由合成过程的化学反应可知，聚氨酯分子链中有特性的氨基甲酸酯基（—NHCOO—）、缩二脲（—NH—CO—NH—CO—NH—）、脲基甲酸酯（—NH—CO—NH—COO—）等链节，以及由原料引进的醚键、酯键及其他基团。聚氨酯的合成有多种途径，但广泛应用的是二元、多元异氰酸酯与末端含羟基的聚酯多元醇或聚醚多元醇进行反应。当只用双官能团反应物时，可以制成线型聚氨酯：

$$(n+1)O=C=N-R-N=C=O + nHO\sim\sim OH \longrightarrow$$

$$O=C=N-R\left[NH-\overset{O}{\underset{\|}{C}}-O\sim\sim O-\overset{O}{\underset{\|}{C}}-NH-R\right]_n N=C=O$$

若含—OH或含—NCO组分的官能度为三或更多，则可生成有支链或交联的聚合物。最普通的交联反应是多异氰酸酯与三官能度的多元醇反应：

$$3\sim\sim NCO + HO\sim\sim\overset{OH}{\underset{}{\sim}}\sim\sim OH \longrightarrow \sim\sim NH-\overset{O}{\underset{\|}{C}}-O\sim\sim O-\overset{O}{\underset{\|}{C}}-NH\sim\sim$$

在高温或低温而有催化剂存在时，氨基甲酸酯链节（—NH—COO—）与过量的—NCO所生成的脲基甲酸酯链节（—NH—CO—NH—COO—）和缩二脲（—NH—CO—NH—CO—NH—）都会发生交联。醇与芳香族异氰酸酯的二聚体也可生成脲基甲酸酯，而导致交联。

$$R-N\overset{\overset{\displaystyle C=O}{\diagup}}{\underset{\diagdown}{\underset{\displaystyle C=O}{}}}N-R + R'-OH \longrightarrow R-NH-\overset{O}{\underset{\|}{C}}-\overset{R}{\underset{\|}{N}}-\overset{O}{\underset{\|}{C}}-OR'$$

虽然这一反应进行得很慢，但遇三乙基胺等碱性催化剂时，反应速率可以加快 1000 倍。

12.3.2　配方设计

（1）多异氰酸酯胶黏剂

主要由甲苯二异氰酸酯、六亚甲基二异氰酸酯和溶剂配成，其中，三苯基甲烷三异氰酸酯、硫代磷酸三（4-异氰酸酯基苯酯）、三羟甲基丙烷-TDI 的加成物等使用得比较多，将其配成浓度为 20％的二氯乙烷溶液即可作为胶黏剂使用。

（2）预聚体类聚氨酯胶黏剂

预聚体类聚氨酯胶黏剂由异氰酸酯和两端含羟基的聚酯或聚醚以摩尔比 2：1 反应生成端基含异氰酸酯基的聚氨酯预聚体（弹性体胶黏剂）——单组分型预聚体类聚氨酯胶黏剂。它既可由室温下空气中的潮气固化，也可加入氯化铵、尿素等催化剂加速固化；粘接时，它能与基材表面吸附的水以及表面存在的羟基等活性氢基团发生化学反应，生成脲键结构。双组分型由聚氨酯树脂和聚酯改性二异氰酸酯两个部分组成。

（3）端封型聚氨酯胶黏剂

端封型聚氨酯胶黏剂是一种水溶液或乳液型胶黏剂，采用活性氢化物（如苯酚、己内酰胺、醇类）暂时将所有的异氰酸根封闭，实际上就是把—NCO 基团保护起来，使其在常温下没有反应活性，变成稳定的基团。涂胶后升高温度，发生离解，封闭解除，异氰酸根的活性得到恢复，与活性氢化合物（如多元醇、水等）发生化学反应，生成聚氨酯树脂，发挥正常胶黏剂的作用。表 12-1 对典型的聚氨酯胶黏剂的配方进行了分析。

表 12-1　典型的聚氨酯胶黏剂的配方分析

配方组成	用量/份	各组分作用分析
N-210	100	羟基组分，与异氰酸酯反应生成聚氨酯
2,4-TDI	30	异氰酸酯组分，黏料
3,3′-二氯-4,4′-二氨基二苯基甲烷	16	催化剂，加速固化反应
碳酸钙	14	填料，降低固化收缩率和成本
乙酸乙酯	20	溶剂，降低胶液黏度和成本

12.4　合成原料与生产工艺

12.4.1　合成原料

（1）异氰酸酯

用于聚氨酯原料的异氰酸酯是带两个或两个以上异氰酸根的有机多异氰酸酯，它包括 2,4-或 2,6-甲苯二异氰酸酯（TDI）、1,6-六亚甲基二异氰酸酯（HDI）、4,4′-二苯基甲烷二异氰酸酯（MDI）等多种，其中 MDI 是合成聚氨酯弹性体的原料。甲苯二异氰酸酯呈水白色或浅黄色，具强烈刺激作用，具有两种异构体。在贮存过程中用氮气保护密封，避免接触水分而分解。

MDI 于室温下易生成不溶解的二聚体，颜色变黄，需加稳定剂，稳定剂一般采用甲苯磺酰异氰酸酯、亚磷酸三甲苯酯、6-叔丁基-3,3′-二甲酚混合物等。MDI 的熔点为 37～41℃，需要在 15℃以下保存，常温下是固体，使用之前必须加热熔化成液体。反复加热将影响 MDI 的质量，而且操作复杂，液体 MDI 可克服此缺点。液化 MDI 有三种：掺混 MDI、聚醚改性 MDI 和碳化二亚胺改性 MDI。

1,6-六亚甲基二异氰酸酯是由二胺经光气化制得，结构式为：

$$OCN\!-\!(CH_2)_6\!-\!NCO$$

属于不变黄脂肪族二异氰酸酯，特点是聚氨酯胶黏剂光稳定性好。

（2）多元醇化合物

包括聚酯多元醇和聚醚多元醇，大部分为二官能团，也有的采用支化度很低的聚酯多元醇，但采用得更多的是带端羟基的低分子聚醚或聚酯（聚醚二醇或聚酯二醇），分子量约2000～4000，它们组成聚氨酯的软链段。主要有三种类型：聚羧酸酯多元醇、聚 ε-己内酯多元醇和聚碳酸酯二醇。

聚醚多元醇端羟基的低聚物，主链上的羟基由醚键连接，聚醚多元醇是以低分子量多元醇、多元胺或含活泼氢的化合物为起始剂，与氧化烯烃在催化剂作用下开环聚合而成。根据起始剂所含活性氢原子的数目可制得不同官能度的聚醚多元醇。用二元醇制得二官能度的聚醚，用乙二胺可制得四官能度的碱性醚。由于叔氮原子的存在，对—NCO 反应具有催化作用，因此可制备快速固化聚氨酯胶黏剂。最常见的聚醚是聚氧化丙烯二醇、聚氧化丙烯三醇和聚四氢呋喃二醇。

（3）扩链剂和交联剂

使二异氰酸酯和聚醚二醇或聚酯二醇反应生成的异氰酸端基预聚物扩链的试剂，分为二元胺和二元醇两类。如二乙基甲苯二胺、二元胺、己二醇。聚氨酯用的交联剂以多元醇为主，如丙三醇、三羟甲基丙烷、季戊四醇等，也使用醇胺，如乙二醇胺、三乙醇胺。醇胺既起交联剂也起催化剂的作用。另一类交联剂是烯丙基醚二醇，如 α-甘油烯丙基醚。扩链剂能与过量异氰酸酯进行二次反应，生成脲基甲酸酯或缩二脲结构而成为交联剂。

（4）催化剂

为了控制聚氨酯胶黏剂的反应速率，或使反应沿预期的方向进行，在制备预聚体胶黏剂或在胶黏剂固化时都可加入各种催化剂。其类别有叔胺（如三亚乙基四胺、三乙醇胺等），有机金属化合物（如辛酸铅、环烷酸铅、环烷酸钴、环烷酸锌等），有机磷（如三丁基膦、三乙基膦等），酸、碱和微量水溶性金属盐（如冰乙酸、氢氧化钠和酚钠等）。

（5）填料

填料的加入可以改变聚氨酯胶黏剂的物理性能，降低聚氨酯胶黏剂固化时的收缩率和成本。填料在加入聚氨酯胶黏剂以前应预先经过高温处理去除水分，或用偶联剂处理，以避免填料表面的水分与异氰酸酯反应，引起聚氨酯凝胶。可用于聚氨酯胶黏剂的填料有滑石粉、陶土、重晶石粉、云母粉、碳酸钙、氧化钙多种。

（6）助剂

助剂可改进生产工艺，改善胶黏剂施胶工艺，提高产品质量以及扩大应用范围。可用于聚氨酯胶黏剂的助剂有纯度在 99.5% 以上的乙酸乙酯、乙酸丁酯、氯苯、二氯乙烷。需要注意的是，溶剂的含水量应小，不与—NCO 基团反应。此外，助剂的极性大，将使异氰酸酯与羟基的反应速率变慢。

12.4.2 基本制备方法

合成方法主要有本体法（熔融法）和溶液法，按分子量增大的方式又可分为直接法与扩链法，熔融法又可分为铸模法和机械法。

制备聚氨酯胶黏剂常采用溶液聚合法，而溶剂品种对反应速率有较大的影响，溶剂的极性越大，异氰酸酯与羟基的反应越慢。因此，在聚氨酯胶黏剂制备中，采用烃类溶剂（如甲苯）时反应速率比酚、酮溶剂快，一般先让二异氰酸酚与低聚物二醇液体在加热情况下本体聚合，当黏度增大到一定程度，搅拌困难时，才加适量氨酯级溶剂稀释，以便继续均匀地进行反应。在溶剂型双组分聚氨酯胶黏剂的羟基组分合成中，欲得到较高的分子量时一般应采用此法。随着反应温度的升高，异氰酸酯与各类活性氢化合物的反应速率加快，在有特殊催化剂作用下其自聚反应速率也加快，但当反应温度在 $130 \sim 150$℃时，各个反应的速率常数都相似。130℃以上异氰酸酯基团与氨基甲酸酯或脲键反应，产生交联键，且在此温度以上，所生成的氨基甲酸酯、脲基甲酸酯或缩二脲很不稳定，可能会分解，一般羟基化合物与二异氰酸酯的反应温度以 $60 \sim 100$℃为宜。

扩链法又称为二步法，即首先由二元醇与过量的二异氰酸酯反应生成端异氰酸酯预聚物，再用二元醇或二元胺进行扩链形成所需分子量的聚氨酯。扩链法生产平稳，重现性好，产物性能好且稳定，用得较多。

从工艺上讲，用本体缩聚法制备聚氨酯胶黏剂，有间歇法和连续法两种，间歇法为一般方法即在反常釜中进行，连续法一般在双螺杆反应挤出机中进行。

与间歇法相比，连续聚合过程是在短短几分钟内完成的，而间歇法则需数小时甚至十几小时；连续聚合过程是一个强制运动过程，而间歇法基本是静止过程；在完全相同的条件下确定物料配比时，不必担心 $R \rightarrow 1$ 时聚合物分子量 $M \rightarrow \infty$ 的情况发生，这是因为连续聚合装置中双螺杆的剪切起了保证作用。当 $R \geqslant 1.0$ 时，间歇法生产的聚氨酯胶黏剂胶粒难以长期贮存，连续法生产的胶粒（当 $R \geqslant 1.0$ 的一定范围内）不但有稳定的性能，而且有较长的贮存稳定性。用间歇法生产的产品，其胶粒的黏度指标较难控制，而连续法生产出的胶粒黏度是稳定的。

12.4.3 常用配方及工艺

聚氨酯胶黏剂的配方根据不同的功能要求有多种，在此针对通用的产品举例如下。

① 多异氰酸酯单组分胶黏剂的配方及工艺（质量份）：

三苯基甲烷三异氰酸酯　　　　20 份　　二氯甲烷　　　　　　　　　　80 份

固化工艺及性能：将金属表面打磨、喷砂或将金属浸入稀硫酸中 $1 \sim 2$h 后洗净除锈，用溶剂洗去油；涂胶后室温下固化 24h，用于橡胶与金属的粘接。

② D00-2 胶（单组分型）预聚体类聚氨酯胶黏剂配方及工艺（质量份）：

聚氨酯预聚体　　　　　　　100 份　　A-187(三羟基丙烷：丁二醇=1:1)　15 份

固化工艺及性能：可加热或室温固化，应用于低温粘接。剪切强度，常温粘接，5.7MPa；-186℃，10min，32.8MPa；100℃，100h，7.4MPa。

③ 端封型聚氨酯胶黏剂配方及工艺（质量份）：

苯酚保护的 MDI40％水分散液　27.5 份　　氧化锌 50％水分散液　　　　15 份

氯丁胶乳　　　　　　　　　　173 份　　防老剂(酚类)50％乳化液　　　6 份

固化工艺及性能：涂胶后在 0.2MPa 压力、140℃硫化 $20 \sim 40$min。粘接尼龙布强度为 $0.9 \sim 0.94$MPa，聚酯纤维织物为 $0.54 \sim 0.64$MPa。

典型的单组分湿固化聚氨酯胶黏剂配方如表 12-2 所示。

表 12-2　典型的单组分湿固化聚氨酯胶黏剂配方

材料	配比/kg	材料	配比/kg
聚醚三元醇	85	中超炭黑	50
甲苯	78	液体聚丁二烯	0.4
MDI	12	乙酰乙酸乙酯	0.8
二月桂酸二丁基锡	0.015	防老剂 D	0.9
邻苯二甲酸二辛酯	36	YW-590	0.4

使用一台 240L，配有加料口、出料口、溶剂蒸出口、电动搅拌和加热套的反应釜，其中心和外围配有温度探头，用以测量釜的内温 T_i 和外温 T_0，并备有与釜内相通的气压计，用以测量釜的内压 P_i。

准确称取 85kg 聚醚三元醇 TR5000，甲苯 78kg，加入釜内，开动搅拌，密闭釜，加热，真空泵减压，用微量水分测试仪测量蒸出物的含水量，当低至 4mg/kg 时，缓缓从加料口加入事先预备好的溶于 1～2kg 干燥甲苯的 MDI12kg，同时加入平均分子量 35000 的液体聚丁二烯 0.4kg，保持釜的内温 70～80℃，并不断地搅拌；1～2h 后前体制备反应结束，釜内物料中大约有 3%～5% 的游离异氰酸酯基，此时加入乙酰乙酸乙酯 0.8kg 和催化剂二月桂酸二丁基锡 0.015kg、不断搅拌，1h 后，使釜内温度降至 50～55℃，此时向釜内加入干燥的邻苯二甲酸二辛酯 36kg、充分干燥的中超炭黑 50kg、防老剂 D0.9kg、抗紫外线剂 YW-5900.4kg，搅拌均匀，出釜罐装，即得单组分湿固化聚氨酯粘接剂/密封胶组合物的成品，是一种黑色均质无异物、无凝胶的膏状物。

木材用双组分通用胶黏剂实例如下。

① 聚酯制备。向反应釜中投入 367.5kg 乙二醇，加温并搅拌。加入 735kg 己二酸，逐步升温到 200～210℃，出水量达 185kg。当酸值达 40mgKOH/g 时，减压出水 8h（内温 200℃，真空度 360mmHg，1mmHg＝133.322Pa）；酸值达 10mgKOH/g 时，减压脱醇 5h（内温 210℃，真空度 5mmHg 以下）。控制酸值为 2mgKOH/g，羟值为 50～70mgKOH/g，聚酯产率为 76%。

② 聚酯改性（甲组分）。于反应釜中投入 5kg 醋酸丁酯，开动搅拌，投入 60kg 聚酯（由①制配的聚酯），加热至 60℃，最后加入 4～6kg 甲苯二异氰酸酯（根据羟值决定数量），升温至 110～120℃，黏度达 6Pa·s。打开计量槽加入 5kg 醋酸乙烯溶解。固含量为 30%，产率为 98%，外观为白或红色半透明液体。黏度为 30～90Pa·s［（25±5）℃，BZ-4 型涂料黏度计］。

③ 异氰酸酯改性（乙组分）。取 246.5kg 甲苯二异氰酸酯和 212kg 醋酸乙酯投入反应釜内，开动搅拌器，滴加 60kg 三羟甲基丙烷，控制滴加温度在 65～70℃，2h 滴完，并在 70℃ 保温 1h。冷却到室温，产率为 98%，取样分析，异氰酸酯基含量应为 12.0%±0.5%。固含量为 60%±2%，外观为黄色黏稠状。

12.5　性能影响因素

12.5.1　结构对性能的影响

（1）软链段对性能的影响

软链段是由分子量为 600～3000 之间的多元醇构成的，用不同的低聚物多元醇制得的 PU 胶黏剂性能各不相同。聚酯型 PU 比聚醚型具有较高的强度和硬度，这归因于酯基的极性大，内聚能（12.2kJ/mol）比醚基（$—CH_2—O—CH_2—$）的内聚能（4.2kJ/mol）高，软链段分子间作用力大，内聚强度较大，机械强度就高。在聚醚的分子结构中，由于酯键的极性作用，较易旋转，链的柔顺性比酯键好，与极性基材的粘接力比聚醚型者优良，抗热氧化性也比聚醚型好。因此聚醚型的 PU 软化温度低，耐低温性能好，有较好的韧性和延伸性，并且聚醚中不存在相对较易水解的酯基。

初黏力主要与胶黏剂本身的结晶能力有关，软链段的结晶性对最终聚氨酯的力学性能和模量有较大的影响，软段结构单元的规整性影响着 PU 的结晶性。侧基越小，亚甲基数目越多，软段分子量越高，链越柔顺，且 PU 的结晶性越高。由于结晶作用，能成倍地增加粘接层的内聚力和粘接力，并且初黏性好，特别在受到拉伸时，由于应力而产生的结晶化（链段规整化）程度越大，拉伸强度越大。一般来说，结晶能力强的聚酯或聚醚合成的 PU 胶黏剂，相应的初始粘接强度也高一些。但是，含适度侧基的聚酯，如含侧基新戊二醇制得的聚酯，侧基对酯键起保护作用，能改善 PU 的抗热氧化、抗水解和抗霉菌性能。

软链段的分子量对聚氨酯的力学性能有影响。一般来说，假定 PU 分子量相同，其软链段若为聚酯，则 PU 的强度随聚酯二醇分子量的增加而提高；若软链段为聚醚，则 PU 的强度随聚醚二醇分子量的增加不下降，但伸长率却上升。这是因为聚酯型软链段本身极性就较强，分子量大则结构规整性高，对改善强度有利；而聚醚软链段极性较弱，若分子量增大，则 PU 中硬链段的相对含量就减少，强度下降。

（2）硬链段的影响

硬链段由多异氰酸酯或多异氰酸酯与扩链剂组成，硬链段中多异氰酸酯的结构对 PU 胶黏剂的性能，特别是刚性和强度有很大的影响。对称二异氰酸酯（如 MDI）与不对称二异氰酸酯（如 TDI）制备的 PU 相比，具有较高的模量和撕裂强度，这归因于产生结构规整有序的相区结构能促进聚合物链段结晶。但是在 TDI 和 MDI 的结构中，有一个共同特点是异氰酸酯基直接与苯环上的碳原子相连，这样异氰酸酯基团与苯核形成醌型结构易于氧化变黄，抗 UV 降解性能较差。但像苯二亚甲基二异氰酸酯（HIDI），其苯环与异氰酸酯基团之间多了一个亚甲基（$—CH_2—$），破坏了醌电子结构的形成，所以对光、热均稳定。

芳香族异氰酸酯制备的 PU 由于具有刚性芳环，硬链段内聚强度增大，强度一般比脂肪族异氰酸酯型的大，并且抗热氧化性能好，但抗 UV 降解性能较差，易泛黄，不能用作浅色涂层胶或透明印刷品复合用胶黏剂。但二元胺扩链剂能形成脲键，脲键的极性比氨酯键强，因而二元胺扩链的 PU 比二元醇扩链的 PU 具有较高的强度、模量、粘接力和耐热性，并且还有较好的低温性能。硬链段中可能出现的由异氰酸酯反应形成的几种基团，其热稳定性顺序为：异氰脲酸酯＞脲＞氨基甲酸酯＞缩二脲＞脲基甲酸酯。

12.5.2　分子量、交联度的影响

对于线型热塑性 PU 来讲，分子量大则强度高，耐热性好。但对大多数反应型 PU 胶黏剂体系来说，PU 分子量对胶黏剂粘接强度的影响应从固化前的分子扩散能力、官能度及固化产物的韧性、交联密度等综合因素来看。分子量小则分子活动能力和胶液的润湿能力强，这是形成良好粘接的一个条件。倘若固化时分子量增长不够，则粘接强度仍较差。胶黏剂中预聚体的分子量大则初始粘接强度好，分子量小则初黏力小。一定程度的交联可提高胶黏剂的粘接强度、耐热性、耐水解性、耐溶剂性。过分的交联影响结晶和微观相分离，可能会损害胶层的内聚强度。

12.5.3 助剂的影响

偶联剂的加入有利于提高 PU 胶黏剂的粘接强度和耐湿热性能。由于聚氨酯中的酯键、氨酯键等基团有较强的极性，但与基材表面形成的氢键在热湿条件下易受到湿气的影响而发生水解，而偶联剂能改善基材的表面性质而降低这种情况的发生。如：有机硅偶联剂一端的烷氧基或卤素与被粘物（如无机材料）表面结合，另一端活性基团（如氨基）与胶黏剂分子结合，在基材和聚氨酯胶黏剂之间起"架桥"作用，形成疏水的化学粘接层。

其他添加剂（如无机填料）一般能提高剪切强度，提高胶层耐热性，降低膨胀率及收缩率，而对剥离强度的影响大多数情况下是使之降低。加各种稳定剂可防止因氧化、水解、热解等引起的粘接强度降低现象，提高粘接耐久性。

12.6 聚氨酯胶黏剂的改性

12.6.1 改善耐温性能

因为 PU 胶黏剂最大的缺点是耐高温性能差，可以采用 IPN 技术提高 PU 的耐热性。针对 PU 的特点，可以选用环氧、PSA（聚砜酰胺）等耐高温树脂同 PU 互穿，以便两者相辅相成，得到预期的耐高温胶黏剂。

以聚醚型聚氨酯为原料制备的胶黏剂具有较好的耐低温性能，而聚酯型聚氨酯的胶黏剂耐低温性能则较差。在制备过程中，添加扩链剂可使聚氨酯分子量增大，促使低温性能改善，可采用分子链段较长的交联剂如 1,4-丁二醇以及具有位阻基团的交联剂如新戊二醇，以防止支化交联过大，又可改进低温性能。

12.6.2 提高耐水性能

聚酯型聚氨酯胶黏剂耐水解性能较差，可通过添加碳化二亚胺之类的耐水解稳定剂加以改善。在聚酯中掺入部分聚醚共混制成的胶黏剂，耐水解性能也可改进。在胶黏剂中添加 0.5%～5% 的有机硅烷偶联剂，例如常用的 γ-氨丙基三乙氧基硅烷（KH-550）、γ-缩水甘油醚丙基三甲氧基硅烷（KH-560）、β-3,4-环氧环己基乙基硅烷、环氧丙基三甲基硅烷等都能提高胶黏剂的耐水性能。

12.6.3 加快固化速率

一般 PU 胶黏剂固化速率慢，若要加速固化，提高起始黏合力，可添加 1%～3% 的二乙氨基乙醇。也可以用甲基丙烯酸羟丙酯等作封端剂，将烯键引入聚氨酯链中，使用时以 UV 光照引发，得到快速固化的胶黏剂。

此外，在胶黏剂中还可以通过加入一定量的填料（如高岭土、气相二氧化硅等）来增加黏合膜层的硬度及耐热性。若在胶黏剂中添加以还原法制备的银粉，即成聚氨酯导电胶黏剂。

第13章

有机硅树脂胶黏剂

　　有机硅胶黏剂是以聚有机硅氧烷及其改性体为主要原料，添加某些助剂而制备的特种胶黏剂，具有独特的耐热和耐低温性，良好的耐候性、化学稳定性、疏水防潮性、耐氧化性、透气性和弹性等，在很宽的温度范围内电学性能变化极小，介电损耗低。

13.1 分类与应用

13.1.1 分类

（1）硅树脂型胶黏剂

　　制备硅树脂的单体是氯硅烷，通式为 R_xSiCl_{4-x}，以及氯氢硅烷，如 $RSiHCl_2$、R_2SiHCl、$RSiH_2Cl$ 等，R 是单体中的取代基如甲基、苯基、乙烯基等。烷基（芳基）氯硅烷经水解后，形成硅醇，硅醇可在碱或酸的催化下，进行阴离子或阳离子聚合而生成聚有机硅氧烷。以二官能的 $(CH_3)_2SiCl_2$ 及三官能的 CH_3SiCl_3 共水解缩聚，可生成热固性的硅树脂。Si 代表硅原子，R/Si 的摩尔比决定了生成产物的性质。R/Si 摩尔比＞2 时，生成低分子量硅油；R/Si 摩尔比＝2 时，生成线型弹性体；R/Si 摩尔比＜2 时，生成硅树脂。

　　硅树脂对铁、铝和锡之类的金属粘接性能好，对玻璃和陶瓷也容易粘接，但对铜的黏附力较差。纯硅树脂力学性能差，与聚酯、环氧或酚醛等有机树脂进行共聚改性，可获得力学性能优良和耐高温的树脂，可用于耐高温结构胶。目前，常用的硅树脂型胶黏剂主要是有机硅树脂胶黏剂及用有机聚合物改性后的胶黏剂两大类。

① 有机硅树脂胶黏剂。这一类胶黏剂是以硅树脂为基料，加入某些无机填料和有机溶剂混合而成，用以粘接金属、玻璃钢等。有机硅树脂加热到 270℃ 以上，可进一步缩聚固化，固化物交联密度高，性质硬脆。工业上的应用是以有机硅树脂二甲苯溶液作为黏料，添加无机填料，组成黏性胶，然后在夹持压力 490kPa、270℃ 下固化 3h。形成的接头可耐高温，能在 400℃ 下长期使用，可用于高温环境下非结构部件的粘接和密封。

② 有机聚合物改性硅树脂胶黏剂。硅树脂可用环氧树脂、酚醛树脂等改性，改性后的硅树脂胶黏剂的性能见表 13-1。

表 13-1　改性有机硅树脂胶黏剂的性能

胶黏剂类型	固化条件	铝-铝剪切强度/MPa	耐热性（长期使用）/℃
纯有机硅树脂	压力 490kPa,270℃,3h	7.9～8.7	400
环氧改性硅树脂	常温下加热固化	14.0	300
聚酯改性硅树脂	压力 98～196kPa,室温～120℃,1.5h,再 120～200℃,1h	19.8	200
酚醛改性硅树脂	压力 490kPa,200℃,3h	12.0	350

（2）硅橡胶型胶黏剂

硅橡胶是一种直链状的、高分子量聚有机硅氧烷，分子量一般在 148000 以上。按其固化方式分为高温硫化硅橡胶（HTV）和室温硫化硅橡胶（RTV）。由于高温硫化，硅橡胶胶黏剂的粘接强度低，加工设备复杂，极大地限制了它的应用。室温硫化硅橡胶除具有耐氧化、耐高低温交变、耐寒、耐臭氧、优异的电绝缘性、耐潮湿等优良性能外，最大特点是使用方便。

硅橡胶具有很好的耐高低温性，能在 250～300℃ 下长期使用，当添加适当的填充剂和高温分散剂后，使用温度可达 375℃，并可耐瞬间数千度的高温；而它的耐低温性能也十分优异，它的脆化点可达 -100℃，当分子中引入苯基后，可使玻璃化温度降到 -120℃。由于硅橡胶分子中含有 —Si—O—Si— 且无不饱和键，从而具有优良的耐氧、耐臭氧和耐紫外线照射性能。因此，长期在室外使用不发生龟裂。这样使硅橡胶在通用橡胶不能应用的太空环境中能得到应用，其在室外使用可达 20 年。

硅橡胶具有卓越的电性能，介电强度高，功率因数和绝缘性能受温度和频率变化影响很小。在一个很宽的温度范围内，介电强度基本保持不变；在很大的频率范围内，介电常数和介电损耗角正切值几乎不变。硅橡胶的耐电晕性和耐电弧性也非常好，它的耐电晕寿命约是聚四氟乙烯的 1000 倍。介电性能为：介电强度 20～25kV/mm，介电常数 3～3.2，硅橡胶因具有优良的电性能可用作电线电缆的蒙皮材料。

在常温下使用的有机硅橡胶胶黏剂可分为单组分和双组分两种。

① 单组分室温固化密封胶黏剂。由端羟基硅橡胶、交联剂、填料及其他添加剂组成，在保证无水的情况下先把胶料封装在不透潮气的容器中，在这种隔绝水分的情况下可长期保存，只要遇空气中的水分就很快固化为弹性硅橡胶，因此也称为湿固化硅橡胶密封剂。

② 双组分室温固化硅橡胶胶黏剂。双组分硅橡胶一般是以交联剂和一部分生胶构成一个组分，催化剂和另一部分生胶构成另一组分，两者分别混合存放，使用时才按比例混合调匀，即可室温固化。双组分室温固化硅橡胶胶黏剂的两个组分如何调配，需根据交联剂与聚

合物、填料的反应性来决定。既可把催化剂和交联剂分开，也可将它们合在一起而与生胶分开。典型配方如表 13-2 所示。

表 13-2　双组分室温固化硅橡胶胶黏剂的典型配方

甲组分	用量/质量份	乙组分	用量/质量份
正硅酸乙酯	2～10	端羟基聚二甲硅氧烷	100
二月桂酸二丁基锡	0.1～0.5	填料	适量
KH-550	0.5		

13.1.2　应用

　　有机硅胶黏剂具有多种用途，硅橡胶密封胶是目前世界上消耗量最大的一类密封胶，广泛用于飞机、汽车、双层玻璃的密封，建筑门窗嵌缝密封及电子封装等方面。用室温硫化的腈硅橡胶、含氟硅橡胶等配制的胶黏剂具有突出的性能，它们在常温和高温下耐脂肪族、芳香族、氯烃、喷气燃料、酯类润滑油、硅酸酯液压油等，多用于飞机整体油箱以及飞机门窗、宇宙航行观察窗等部位的密封，也用于人造卫星的太阳能电池中硅光电池的粘接和透明表面保护覆盖玻璃的粘接。为了便于施工，硅橡胶密封胶一般做成室温硫化型，分为双组分和单组分两种。双组分室温硫化密封胶的贮存稳定性好，硫化时间短，硫化速率可调节，但由于需要现场混合，这在一定程度上影响了操作的方便性。而单组分硅橡胶密封胶则是把所有的配合剂配合在一起，依靠水分或加热使胶层固化，从而达到密封的目的，这在操作上更加方便、快捷。

　　有机硅建筑密封胶具有卓越的抗紫外线和抗气候老化性能，能在阳光、臭氧、雨、雪和恶劣的气候环境中保持 30 年不撕裂、不龟裂、不变脆，不仅具有极宽的使用温度（−64～205℃），而且在很宽的温度范围内具有百分之百的抗变形能力，因而在建筑工业得到了广泛应用：可作为嵌缝密封材料、防水堵漏材料、金属窗框中镶嵌玻璃的密封材料以及中空玻璃构件的密封材料等。

　　硅凝胶具有强度低而透明度高的特点，因此多用于电子电器、电缆插头、电子元件集合体和固体电路等的浇注灌封以及可控硅元件的表面保护等方面，既便于被封装元件的检测和调换，也可以达到防震、防潮、防腐蚀的目的。而用高强度加成型硅橡胶封装时，电子元件组合体不需使用壳体，可以大大减轻重量、缩小体积。而阻燃型室温硫化有机硅密封胶则可用于显像管的管基粘接密封、高压元器件的浇注密封和电缆接头等部位密封。

　　此外，由于有机硅聚合的化学稳定性很高，且对人体毒性极低，高分子量的有机硅橡胶包装的液体常用作人造乳房的填充物。同时，利用有机硅胶黏剂无毒性及与机体相容性好的特点，常用于粘接血管、心脏、经络等外科再植手术等方面。

13.2　基本性能

　　有机硅分子主链上硅氧键的键能要比其他聚合物分子的 C—C 键能高很多，因此硅橡胶胶黏剂具有很高的耐热性和耐寒性，能在 $-65\sim250℃$ 温度范围内保持良好的柔韧性和弹性，优良的耐老化性，对紫外线、臭氧的作用十分稳定，经过 10 年大气老化和 3 年人工加速老化，仍不会发生龟裂、发脆和剥落等老化现象。由于有机硅分子是 Si—O 原子交替排列而成，其结构与硅酸盐相似，兼有无机和有机化合物双重特性。

有机硅胶黏剂常用的固化催化剂有乙酸甲酯、二乙醇胺和各种金属的胺类络合物等。加入少量的固化催化剂，可明显地降低胶黏剂的固化温度，但是，不利于胶黏剂的防老化性能。有机硅胶黏剂绝大部分为单组分包装，其贮存期较长，在常温下通常可贮存 1 年。其固化条件视其品种不同而有差异，一般来说，纯有机硅树脂胶黏剂的固化条件为：在 $200\sim270℃$、$0.1\sim0.3MPa$ 压力下固化 $1\sim3h$；而各种改性有机硅胶黏剂的固化条件为：在 $200℃$、$0.3MPa$ 压力下固化 $1\sim3h$。

有机硅树脂胶黏剂在高温下缩聚成高度交联的体型结构后，固化产物硬而脆。常用环氧树脂、聚酯树脂、酚醛树脂等改性硅树脂，提高粘接强度，降低硅树脂的固化温度。若在有机硅分子链中引入乙烯基还可提高其热固化性能和高温下的耐饱和蒸汽性；引进三氟丙基或腈烷基可提高其耐油性和耐溶剂性。

此外，还可根据产品不同场合的使用要求，设计制造不同分子结构的有机硅材料，如：①变换聚硅氧烷主链的分子结构；②改变结合在硅原子上的有机基团；③选择不同类型的反应及固化方法；④采用有机树脂改性；⑤选择各种填料；⑥选择各种二次加工技术；⑦采用各种共聚技术等，然后研制成各种用途的有机硅胶黏剂。

13.3 配方设计与合成

13.3.1 合成原理

有机硅聚合物是以氯硅烷（通式为 R_xSiCl_{4-x}）（R 代表有机基，$x=1,2,3$）、烷氧基硅烷 [通式为 $R_xSi(OR'_{4-x})$；R、R' 代表有机基，$x=1,2,3$] 等单体经水解及共水解缩合反应后制得。有机硅胶黏剂是由主链含 Si—O 键的硅树脂或硅橡胶组成的，由线型有机硅氧烷固化而成，其合成反应分两步。

第一步是氯硅烷单体的水解：

$$(CH_3)_2SiCl_2 + H_2O \longrightarrow (CH_3)_2Si(OH)Cl + HCl$$

$$(CH_3)_2Si(OH)Cl + HCl \longrightarrow Cl-\underset{\underset{CH_3}{|}}{\overset{\overset{CH_3}{|}}{Si}}-O-\underset{\underset{CH_3}{|}}{\overset{\overset{CH_3}{|}}{Si}}-Cl + H_2O$$

$$Cl-\underset{\underset{CH_3}{|}}{\overset{\overset{CH_3}{|}}{Si}}-O-\underset{\underset{CH_3}{|}}{\overset{\overset{CH_3}{|}}{Si}}-Cl + H_2O \longrightarrow Cl-\underset{\underset{CH_3}{|}}{\overset{\overset{CH_3}{|}}{Si}}-O-\underset{\underset{CH_3}{|}}{\overset{\overset{CH_3}{|}}{Si}}-OH + HCl$$

第二步是水解产物发生缩聚反应：

$$Cl-\underset{\underset{CH_3}{|}}{\overset{\overset{CH_3}{|}}{Si}}-O-\underset{\underset{CH_3}{|}}{\overset{\overset{CH_3}{|}}{Si}}-OH \longrightarrow Cl\left(\underset{\underset{R'}{|}}{\overset{\overset{R}{|}}{Si}}-O\right)_4 Cl + H_2O \longrightarrow HO\left(\underset{\underset{R'}{|}}{\overset{\overset{R}{|}}{Si}}-O\right)_n H$$

事实上，反应一般是用不同官能度的多种单体同时缩聚的。其中 R/Si 摩尔比决定产物的结构与分子量。当单体混合物的 R/Si 摩尔比＝2 时，产物为硅橡胶；当 R/Si 摩尔比＜2时，产物为硅树脂；当 R/Si 摩尔比＞2 时，为低分子量的硅油。

13.3.2　合成原料

一般有机硅胶黏剂主要指硅橡胶胶黏剂，硅橡胶的主要成分是以硅醇为端基的线型聚二甲基硅氧烷，然后在硅橡胶中加入交联剂交联，硅树脂在高温下缩聚成高度交联的体型结构而起到粘接作用。合成有机硅胶黏剂的主要材料有有机硅烷或硅橡胶、填料、增黏剂、固化剂（交联剂）、催化剂等。

① 主体材料。硅橡胶是有机硅胶黏剂的主体材料，主要包括有机硅烷、甲基硅橡胶、甲基乙烯基硅橡胶、苯基硅橡胶、对亚苯基硅橡胶、苯醚硅橡胶、腈硅橡胶以及氟硅橡胶。不同有机硅单体水解缩聚而成的硅树脂或硅橡胶，反应性能不同，固化性能也存在差异。如在防水密封材料的场合，要选分子量大的硅橡胶，同时控制硅橡胶的交联密度要小。

② 填料。用于提高有机硅的黏附力、耐热性，以及补强。一般选用表面积大的气相二氧化硅（白炭黑）、硅藻土、二氧化钛、炭黑、金属氧化物等，用量 5~45 份（质量份，下同），最多达 200 份。但对于在防水密封材料中所用的填料，不需要有补强作用，可选用碳酸钙，以制得低模量（伸长率高达 1000％以上）室温固化的硅橡胶密封剂。

③ 增黏剂。用于处理白炭黑的表面，随白炭黑一起加入有机硅胶黏剂中，有助于提高粘接性能。常用的增黏剂为有机硅烷、硅氧烷、硅树脂、钛酸酯、硼酸或含硼化合物。

④ 固化剂（交联剂）主要采用过氧化物，将硅橡胶交联成三维结构的弹性硅橡胶，如过氧化苯甲酰、邻苯二甲酸二辛酯和碳酸铵等，用量为 1~10 份。用于单组分体系的固化剂有带易水解基团的三乙酰氧基硅烷、三氨基硅烷和三烷基硅烷等。在无水的条件下把胶黏剂封装在密闭的容器中保存，当胶料与空气中的水分接触就会很快固化。

⑤ 催化剂。含羟基硅橡胶室温硫化交联时，需加入催化剂，如二丁基锡、月桂酸锡，一般用量为 0.5~2 份。对于双组分室温硫化硅橡胶胶黏剂，硫化速率受空气中湿度和环境温度的影响，但主要影响因素是催化剂的性质和用量。

其他的添加剂如抗氧剂、偶联剂、热稳定剂、着色剂等，可视具体应用场合添加。

13.3.3　常用配方及工艺

目前，有机硅胶黏剂已经有上千个品种，实例 1 及实例 2 为常用的典型配方及工艺。
实例 1：KH505 高温胶，基本配方如表 13-3 所示。

表 13-3　KH505 高温胶基本配方

序号	原料名称	用量/质量份	序号	原料名称	用量/质量份
1	8308-18 有机硅树脂	10	4	二氧化钛	7
2	氧化锌	1	5	云母粉(200 目)	0.5
3	石棉绒(0.5mm 长)	1.5	6	甲苯	适量

配制：先将胶液搅匀，如感黏稠可用甲苯稀释。涂胶 2 次，每次晾置 30min，最后在120℃烘 20min，趁热叠合。在 0.5MPa 压力、270℃下固化 3h，如能在卸压后于 425℃后固

化 3h，则还可提高粘接强度。

用途：用于高温下金属、陶瓷、玻璃的粘接，适用于螺栓的紧固密封、钠硫电池耐高温密封；可作高温应变片制片胶；还可用于射频溅射技术中靶与支持电极的粘接；可在 400 ℃ 高温环境中长期使用。

实例 2：JG-3 胶黏剂，基本配方如表 13-4 所示。

表 13-4　JG-3 胶黏剂基本配方

序号	原料名称	用量/质量份	序号	原料名称	用量/质量份
1	947 有机硅树脂[固含量 75%（质量）]	100	4	8-羟基喹啉	10
2	二氧化钛	7	5	铝粉	3
3	硼酐	1.0			

配制：按甲：乙＝120：1（质量比）配胶，适用期 8 h，380 ℃、1 min 固化。

用途：用于粘接有机硅塑料、封装集成电路中单晶片与有机硅底座，在 380 ℃ 热压焊接时不脱落，不放出对 PN 极有害的副产物。

13.4　改性

13.4.1　酚醛树脂改性聚有机硅氧烷

既可用碱催化酚醛树脂，又可用酸催化酚醛树脂进行改性。前者可直接混合使用，后者则需先经缩聚后再加入酚醛树脂的固化剂、增韧剂（聚乙烯醇缩醛、羧基丁腈橡胶、羟基丁腈橡胶等）、填料及溶剂等配制成胶液，其基本性能见表 13-5。

表 13-5　改性有机硅胶黏剂的性能

类型	固化温度/℃	各种温度下的剪切强度/MPa					不均匀扯离强度(20℃)/(kN/m)	拉伸强度(20℃)/MPa
		−60℃	20℃	200℃	400℃	750℃		
酚醛-缩醛-有机硅单体	180	14.3	20.0	9.0	1.5	—	110	54.5
酚醛-缩醛-有机硅树脂	200	14.0	18.5	12.0	2.8	—	140	36.0
酚醛-有机硅树脂	200	—	13.1	—	4.6	2.5	110	42.2
酚醛-丁腈-有机硅树脂	200	14.3	15.5	12.0	3.5	2.1	150	24.9
酚醛-含钛有机硅树脂	180	18.0	17.0	14.2	9.5	3.6	120	42.0
酚醛-硼有机硅树脂	200	13.6	15.0	13.9	7.5	3.5	146	15.0

13.4.2　聚酯树脂改性聚有机硅氧烷

聚有机硅氧烷分子中的烷氧基可以与各种聚酯树脂中的羟基进行酯交换反应（其中包括聚酯、不饱和聚酯及带有羟基的丙烯酸酯等），从而制得一系列改性聚有机硅氧烷胶黏剂。改性后的胶黏剂具有优异的黏附性能及介电性能，固化温度有明显降低，甚至可室温固化。

13.4.3　环氧树脂改性聚有机硅氧烷

环氧树脂改性聚有机硅树脂，环氧树脂与硅中间体将发生如下反应：

$$H_2C-CH-CH_3\text{---}CH_2OH + HO-Si(CH_3)_2-CH_3 \xrightarrow{100\sim180℃} H_2C-CH-CH_3\text{---}CH_2-O-Si(CH_3)_2-CH_3 + H_2O$$

两者之间发生共缩聚反应，主要是羟基之间的脱水缩聚，其中也会发生少量的环氧基的反应和破坏。由于缩聚后所得的共聚体上保留了相当数量的环氧基团，不仅可以利用这些活性基团使共聚体继续交联从而提高其分子量，并能使其充分固化，具有较好的耐热性能，且也是提高共聚体粘接强度不可缺少的因素。

在环氧树脂改性有机硅共聚体中，环氧树脂的用量是值得推敲的，加入较多的环氧树脂，共聚体中的环氧基团多了，有利于提高粘接强度，但会降低耐热性能。通常加入量以20～60质量份为宜。

改性后的聚有机硅氧烷兼具环氧树脂与有机硅树脂的双重优点，黏附性能、耐介质、耐水及耐大气老化性能良好。通过改性降低了固化温度，甚至可室温固化高温使用。改性后耐热性稍有降低，一般可在$-60\sim200℃$下长期使用。

$$R_2SiCl_2 + RSiCl_3 + H_2O \xrightarrow{C_2H_5OH} -O-Si(R_2)-O-Si(OH)(R)-O-Si(OC_2H_5)(R)-O-$$

$$R:-CH_3 或 -C_6H_5$$

13.4.4　聚氨酯改性聚有机硅氧烷

聚有机硅氧烷分子中的烷氧基与聚氨酯预聚物中的部分羟基进行酯交换反应可制得一系列改性聚有机硅氧烷树脂。改性后的聚有机硅氧烷具有优异的黏附性能，固化温度明显降低，甚至可室温固化。此类胶黏剂可在$-60\sim300℃$长期使用，短期使用温度可达$500℃$。

$$RO-[Si(C_6H_5)(CH_3)-O]_m-H-[Si(C_6H_5)(RO)-O]_m-R + HO-(C_2H_4O)_m-(C_3H_6O)_n--C(-O)-NH-R-NH-C\sim(O) \xrightarrow{\triangle}$$

$$RO-[Si(C_6H_5)(CH_3)-O]-[Si(C_6H_5)(RO)-O]_m-(C_2H_4O)_m-(C_3H_6O)_n--C(-O)-NH-R-NH-C\sim(O)$$

因此，各种改性有机硅耐热胶黏剂与纯有机硅耐热胶黏剂对比，综合性能有明显改善，但耐热性及耐热老化性能却有所下降。一般来看，此类胶黏剂可在$-60\sim300℃$长期使用，短期使用可达$350\sim500℃$，瞬间使用温度可达$800\sim1000℃$，主要用于高温使用的非结构件中金属与非金属材料（无机玻璃、石棉制品、陶瓷及石墨制品）的黏合。

第**14**章

不饱和聚酯胶黏剂

不饱和聚酯树脂是指分子链上具有不饱和键（如双键）的聚酯高分子。不饱和聚酯胶黏剂是在不饱和聚酯溶液中添加固化剂、促进剂等所形成的一类胶黏剂。

不饱和聚酯树脂一般是由不饱和二元酸（或酸酐）、饱和二元酸（或酸酐）与二元醇（或多元醇）在200℃左右反应6～30h，缩聚成酸值为15～40mgKOH/g、分子量较低的线型聚合物，在聚酯的主链上含有不饱和双键和酯键。常用的饱和二元酸有己二酸、间（或对）苯二酸、苯酐、四氢苯酐等；不饱和二元酸有马来酸酐、富马酸等；二元醇有乙二醇、丙二醇、多缩乙二醇等。在生产中不饱和聚酯树脂呈现出固体和半固体状态，还必须将其溶解于不饱和单体（如苯乙烯）中稀释，形成具有一定黏度的树脂溶液。

不饱和聚酯胶黏剂是以不饱和聚酯树脂为主体树脂，加入引发剂、促进剂、改性剂和填料等配制而成的无溶剂型胶黏剂，可在常压下室温或加热固化，都需加入过氧化物作引发剂。当配合金属皂、胺类化合物促进剂后，可在低温快速固化。常温固化型采用过氧化甲乙酮与环烷酸钴，用量分别为：0.5%～2%与0.5%～4%。加温固化型采用过氧化苯甲酰为引发剂，于80～120℃加热3～20min进行固化。

14.1 不饱和聚酯胶黏剂的分类

14.1.1 通用型不饱和聚酯胶黏剂

习惯上把不饱和聚酯与苯乙烯单体组成的混合溶体称为不饱和聚酯树脂，而在不饱和聚酯中加入固化剂、促进剂、改性剂、填料等便制成了不饱和聚酯胶黏剂，这种胶黏剂由于使用较广，被称为通用型不饱和聚酯胶黏剂。此胶黏剂黏度小、易润湿、工艺性好，固化后的胶层硬度大、透明性好、光亮度高，配制容易、操作方便，可室温加压快速固化、耐热性良好、电性能优良、成本低、来源广。但固化后收缩率大，粘接强度不高，且由于其含有大量的酯键，易被酸、碱水解，故耐化学介质性和耐水性较差，对于特殊场所使用的产品常常需要改性。表 14-1 为常用不饱和聚酯的牌号与性能对比表。

表 14-1　常用不饱和聚酯的牌号与性能

牌号	组成	酸值 /(mgKOH/g)	黏度 /(mPa·s)	特性
191	苯酐、顺酐、丙二醇	<16		较柔韧，透明性好
303	苯酐、顺酐、乙二醇、一缩二乙二醇	40~50		较柔韧，耐水性差
306	苯酐、顺酐、乙二醇、环己醇	30~50	130~180	刚性较大，强度较高，耐水性好
307	苯酐、顺酐、丙二醇	30~50	150~180	透明性好，坚硬，强度较高，耐水性好
314	苯酐、顺酐、乙二醇	≤20		电性能和耐水性较好
318	顺酐、丙二醇、二甲苯甲醛树脂	30~35		耐热性较好
7541	苯酐、顺酐、乙二醇、环氧丙烷		2000	综合性能好，耐水性优异

14.1.2　气干型不饱和聚酯胶黏剂

分子结构中含有非芳香族的不饱和键，可适当引发交联，在常温就成为热固性树脂。它是一种无溶剂材料，涂膜外观丰满，透明性好，光泽度高，不易沾污，耐热、耐磨、耐溶剂，具有经久保光保色的特点。人们给予它平如水、光如镜、硬如钢、质如瓷的美称，是当今高级木器漆最好的品种之一。气干型不饱和聚酯树脂还是新颖的室温快干嵌填的新材料，日本人称之为"原子灰"，广泛应用于金属表面的底基嵌填，成为现有腻子材料更新换代的理想产品。

14.1.3　功能型不饱和聚酯胶黏剂

（1）耐腐蚀性聚酯胶黏剂

在化工及交通部门中，要求聚酯胶黏剂有良好的耐腐蚀性能。常用耐腐蚀性树脂有双酚 A 型不饱和聚酯、间苯二甲酸型树脂和松香改性不饱和聚酯等。近年来，研制了许多耐腐蚀性聚酯，约占聚酯总量的 15%。日本宇部公司开发的乙烯基不饱和聚酯树脂胶黏剂，不但耐腐蚀性好，而且贮存期可达到 14 个月。国内开发的 HET 酸树脂、芳醇树脂及二甲苯树脂耐腐蚀性能优异，尤其在重防腐领域得到应用。

提高聚酯胶黏剂的耐腐蚀性大致有以下几种方法：①降低酯键密度；②使用疏水的二元醇或二元酸；③封闭或减少端基；④通过位阻效应降低水解程度；⑤选用耐腐蚀性的单体原料。

近年来，针对耐腐蚀性的要求，开发了邻苯和间苯型不饱和聚酯胶黏剂、乙烯基不饱和聚酯胶黏剂以及用酚醛和环氧树脂改性的不饱和聚酯胶黏剂。如双酚 A 型聚酯中，由于双酚 A 链段的引入，使酯键的密度降低，化学稳定性提高。同时使交联后的空间阻碍效应增大，阻碍了酯基的水解。

（2）耐热型聚酯胶黏剂

常用型聚酯的使用温度一般仅 60℃，然而在实际生产中许多场所对高分子胶黏剂的耐热要求远远超过了此温度。通常所说的耐热型聚酯胶黏剂一般指使用温度在 100℃ 以上的聚酯胶黏剂。从理论上讲，影响聚酯胶黏剂的耐热因素有：①二元酸（或酸酐）、饱和二元酸（或酸酐）与二元醇（或多元醇）等的类型和用量；②不饱和双键的密度和分子量的大小；③聚合时的温度、速度等工艺条件；④固化时交联剂的类型和用量以及所使用的环境温度、湿度等。其中缩聚原料的类型直接关系着聚酯的耐热性。

理论研究表明：在聚酯结构中引进刚性的芳环、脂环或空间位阻大的基团可以提高聚酯的耐热性。因此，在饱和酸中用间苯二甲酸来代替苯酐，所生成的聚酯的对称性好且稳定性高，具有优良的耐热性。例如，由纳迪克酸酐（又名降冰片烯二酸酐）为原料制成的聚酯有较高的耐热性，使用温度为120℃。在二元醇中使用2,3-丁二醇或1,4-环己二甲醇为原料，能获得较好的耐热性。通常，选用结构稳定、交联密度大的单体代替苯乙烯作交联剂也会使聚酯的耐热性明显提高。目前用邻苯二甲酸二丙烯酯代替苯乙烯作交联剂的聚酯，其耐热性和尺寸稳定性均高于用苯乙烯的，采用三聚氰酸三烯丙酯固化后的聚酯的耐热性可达到200℃以上，其他方面的性能也十分优良。

实际生产中使用较多的耐热性聚酯其耐热性均能达到100℃以上，主要有以下三种。

① 间苯型聚酯、纳迪克酸酐改性聚酯和1,4-环己二甲醇改性聚酯等；

② 多官能度邻苯型或间苯型二丙烯酯改性不饱和聚酯；

③ 双酚A型乙烯基不饱和聚酯树脂和酚醛环氧乙烯基不饱和聚酯树脂。

（3）自熄型聚酯胶黏剂

为了适应现代建筑防火的需要，自19世纪70年代以来对自熄型聚酯胶黏剂进行了大量的研究，并取得了长足的发展。目前主要有两类方法。

① 添加阻燃剂，即在聚酯中添加无机和有机阻燃剂。

② 化学改性，即在聚合过程中采用饱和酸改性，不饱和酸、有机单体改性以及有机金属化合物改性。

在无机阻燃剂中常采用三氧化二锑和氯化石蜡等有机阻燃剂并用，氯化石蜡含氯量一般在50%～80%。含磷的有机阻燃剂也是重要的阻燃剂，主要有磷酸三（2-氯乙基）酯和磷酸三（2,3-二溴丙基）酯。在燃烧过程中，这类阻燃剂分解产生磷酸，进而由失水产生的偏磷酸聚合，形成阻燃性屏蔽层。如在单体的改性中，用二丙烯基苯基磷酸酯代替部分或全部苯乙烯，可得到自熄性极好的聚酯胶黏剂。

此外，用四氯代邻苯二甲酸酐或四溴代邻苯二甲酸酐来代替邻苯二甲酸酐生产的聚酯树脂有一定阻燃性。同时，氯桥酸酐和桥二氯亚甲基四氯萘二甲酸酐均可代替部分顺酐制得自熄性聚酯树脂。采用四氯双酚A、四溴双酚A或2,2-双氯甲基-1,3-丙二醇为原料，可制得自熄性聚酯胶黏剂。

（4）低收缩型聚酯胶黏剂

不饱和聚酯胶黏剂的缺点之一是固化时的收缩率较大，往往引起表面粗糙、皱皮、翘曲变形和尺寸精度下降。为此，开发了低收缩型聚酯胶黏剂。降低聚酯胶黏剂的收缩率，可采用如下几种方法。

① 加入各种无机填料，如石英粉、瓷粉、铁粉、石墨粉等，也可加入纤维填料，但过多的无机填料将影响胶黏剂的基本性能。

② 缩短放热反应时间，降低固化反应的放热峰值，有助于降低聚酯固化的收缩率。例如使用过氧化叔丁基-2-氯-2-乙基己酸酯，作为间苯型聚酯引发剂，可以使放热峰值和放热时间大大降低和缩短。

③ 添加热塑性聚合物以弥补聚酯胶黏剂固化收缩率大的缺点。其原理是：热塑性聚合

物溶液以微细液滴分散于反应型聚酯中而使之固化时，由于放热效应，使热塑性聚合物液滴迅速发生热膨胀，弥补了聚酯的固化收缩，待放热终止，分散的聚合物颗粒收缩时，聚酯树脂已形成立体交联结构。常用的热塑性聚合物有苯二甲酸二烯丙酯聚合物、聚苯乙烯、聚甲基丙烯酸甲酯、聚醋酸乙烯酯、聚乙烯基甲醚等热塑性聚合物的苯乙烯溶液，此外，也采用聚己酸内酯（LPS60）、改性聚氨酯和乙酸纤维素丁酯等。

（5）触变型聚酯胶黏剂

在大型部件上涂胶，尤其是在垂直面上使用，往往产生流胶现象。为了防止这种现象的出现就需要对不饱和聚酯胶黏剂进行改性：既要减少流胶，同时又不增加涂胶的困难。在胶黏剂工业上有一种具有触变性的树脂可以达到这种效果。

所谓触变性是指流体受外力作用时降低其黏度，而一旦外力消失立即恢复原来状态的性能。含有苯乙烯的聚酯胶黏剂本身具有一定的触变性，但在特殊场所使用时仍然存在一定的不足，为了增大其触变性常采用添加触变剂和在合成过程中对树脂进行改性处理。

① 加入触变剂。具有代表性的触变剂是粉末状的活性二氧化硅和聚氯乙烯树脂，一般用量为 $1\% \sim 3\%$。同时，大量的金属氧化物粉末如三氧二化铁（Fe_2O_3）、三氧化二铬（Cr_2O_3）和纤细状的氧化锌（ZnO）等都会产生一定的触变性，但是这些化合物的加入将影响聚酯树脂的贮存期和固化速率。

② 结构改性。主要方法是在线型不饱和聚酯树脂分子链上引进支化点以将其转变为触变性聚酯树脂。常用的改性剂松香酸比其他试剂更具有优势，由于松香酸分子结构中存在着共轭双键，能与聚酯树脂链中的不饱和双键起第尔斯-阿尔德反应，在聚酯树脂链上形成支化点，从而提高不饱和聚酯树脂的触变性。同时，松香酸中的羧基与不饱和聚酯树脂中的羟基进行酯化反应，对聚酯起了稳定化的封端作用。

（6）柔韧型聚酯胶黏剂

制造柔韧性聚酯树脂的原则与制造耐热性聚酯树脂的原则刚好相反，要降低聚酯树脂分子链的刚性，增加其柔顺性，以及降低高分子链的交联密度。为此，在原料组成与配比上应考虑：

① 少采用脂环酸酐和减少芳环酸酐，多运用脂肪族长碳链二元酸，如己二酸、癸二酸；

② 采用较长碳链的二元醇，如含有醚键的一缩二乙醇或二缩三乙二醇作为二元醇的原料，以增加聚酯胶黏剂的柔韧性。

在实际生产中，经常采用较柔顺且耐水的丙二醇作为主要二元醇，加入摩尔比约为 $7:1$ 的一缩二乙二醇，与苯酐和顺酐缩聚制成柔韧性聚酯树脂。

14.2　不饱和聚酯胶黏剂的合成

14.2.1　合成原理

不饱和聚酯树脂是不饱和二元羧酸（或酸酐）或它和饱和二元羧酸（或酸酐）组成的混酸与多元醇缩聚而成的具有酯键的线型高分子化合物。此种大分子的主链上具有重复的酯键及不饱和双键，故称为不饱和聚酯。通常聚酯化缩聚反应是在 $190 \sim 220℃$ 进行，直至达到预期的酸值（或黏度）。在聚酯化缩聚反应结束后，趁热加入一定量的乙烯基单体（如苯乙烯）配成黏稠的液体，即制得不饱和聚酯树脂（聚合物溶液）。

在实际生产中，为了改进不饱和聚酯最终产品的性能，在缩聚时还加入一部分饱和的二元酸一起反应。通用的不饱和聚酯是由1,2-丙二醇或二乙二醇、邻苯二甲酸酐（简称苯酐）和顺丁烯二酸酐缩聚而得。用酸酐与二元醇进行缩聚反应的特点在于首先进行酸酐的开环加成反应，形成羟基酸：

$$HOROH + \underset{O}{\underset{\|}{\underset{HC-C}{\overset{HC-C}{\overset{\|}{O}}}}}O \longrightarrow HOR-O-\overset{O}{\overset{\|}{C}}-CH=CH-\overset{O}{\overset{\|}{C}}-OH$$

羟基酸可进一步进行缩聚反应，例如羟基分子之间进行缩聚：

$2HOROOCR'COOH \longrightarrow HOROOCR'COOROOCR'COOH+H_2O$

$2HOROOCCH=CHCOOH \longrightarrow HOROOCCH=CHCOOROOCCH=CHCOOH+H_2O$

或羟基酸与二元醇进行缩聚反应：

$HOROOCR'COOH+HOROH \longrightarrow HOROOCR'COOROH+H_2O$

$HOROOCCH=CHCOOH+HOROH \longrightarrow HOROOCCH=CHCOOROH+H_2O$

制备不饱和聚酯树脂常用的二元酸和酸酐有顺丁烯二酸酐、反丁烯二酸酐、邻苯二甲酸酐、邻苯二甲酸、己二酸、癸二酸、丙二酸和甲基丙二酸等，常用的二元醇有乙二醇、丙二醇、一缩二乙二醇、二缩三乙二醇等。

14.2.2 合成原料

（1）不饱和聚酯树脂

不饱和聚酯是由不饱和多元酸或酸酐（如顺丁烯二酸或酸酐）与饱和二元醇（如乙二醇、丙二醇、二乙二醇等）缩聚制取。为了改性，有时还加入饱和二元酸或酸酐（如邻苯二甲酸酐）。通常将不饱和聚酯溶解在烯类单体（一般称为交联剂，如苯乙烯或甲基丙烯酸甲酯）里制成黏稠状树脂液，不饱和聚酯树脂有各种类型，如通用型、韧性型、耐热型、耐腐蚀型、自熄型、透明型等。可根据胶黏剂的使用性能加以选择。

在使用过程中空气对不饱和聚酯树脂固化有阻聚作用，使树脂不能完全固化，因此在不饱和聚酯树脂中常加入高熔点石蜡，以隔绝空气而使表面完全固化，固化后的表面需要抛光才能获得完美的产品。

（2）引发剂

要使不饱和聚酯树脂在室温或加热条件下完全固化变成体型结构，需要加入引发剂。引发剂通常都是有机过氧化物。其原理是引发剂受热分解产生自由基，引发双键聚合，引起交联固化。不同的过氧化物有不同的固化温度和固化速率，常用的过氧化物引发剂见表14-2。

表14-2 常用的过氧化物引发剂

引发剂名称	固化温度范围	引发剂名称	固化温度范围
过氧化甲乙酮 异丙苯过氧化氢 过氧化环己酮 叔丁基过氧化氢 过氧化苯甲酰 2,4-二氯过氧化苯甲酰	低温（20~60℃）	过氧化二异丙苯 过氧化萘甲酰 过氧化甲乙酮 过氧化庚酮	中温（60~120℃）
		二叔丁基过氧化物 过氧苯甲酸叔丁酯	高温（120~150℃）

纯粹的有机过氧化物贮存不安定，操作处理很不安全，一般都要溶解于惰性稀释剂中使用，如邻苯二甲酸二丁酯、亚磷酸三苯酯等。

（3）促进剂

一般过氧化物分解的活化能较高，固化较为困难，需加入适当的促进剂构成氧化-还原体系。促进剂有三种类型：有机金属化合物、叔胺和硫醇类化合物。常用的有钴有机盐和叔胺类化合物等，如 4％环烷酸钴的苯乙烯溶液、10％二甲苯胺的苯乙烯溶液等。

但在操作中环烷酸钴不能与有机过氧化物直接混合，二甲基苯胺、二甲基甲苯胺亦不能与过氧化苯甲酰直接混合，否则会发生猛烈爆炸。固化剂和促进剂如何选择，才能实现有效的配合，应根据固化要求来确定。

（4）交联剂

选择交联剂的原则如下。

① 能溶解和稀释不饱和聚酯，并能参与共聚反应生成网状交联物。

② 共聚速率容易控制。

③ 对固化后树脂的性能有所改进。

④ 无毒或低毒，挥发性低。

⑤ 来源丰富，操作简单，价格低廉。

最常用的交联剂是苯乙烯，占用量的 95％；其次是 α-甲基苯乙烯、丙烯酸及其丁酯、甲基丙烯酸及其甲酯、邻苯二甲酸二烯丙酯等。

（5）阻聚剂

为了延长不饱和聚酯树脂的贮存期，防止在室温下的聚合反应，需要加入阻聚剂。阻聚剂能抑制单体的聚合反应，它能与引发自由基及增长自由基反应，使它们成为非自由基或没有活性的自由基而使链增长反应停止。常用的有对苯二酚、叔丁基邻苯二酚、环烷酸铜等。

（6）填料

为了提高导电性和导热性，可添加铝粉、铜粉；为提高硬度和绝缘性可添加石英粉、云母粉；添加石棉粉和水合氧化铝则可提高耐热性；添加石墨、二硫化钼可提高耐磨性；添加辉绿岩粉可提高耐腐蚀性；添加三氧化锑可提高阻燃性等。填料用量一般为 20％～30％。

（7）溶剂

不饱和聚酯胶黏剂最常用的溶剂是苯乙烯，也可用三聚氰酸三烯丙酯和甲基丙烯酸甲酯等。

（8）偶联剂

在不饱和聚酯胶黏剂中加入少量有机硅烷偶联剂，如 A-151、KH-507 等，可使粘接强度大大提高，并可改善耐热、耐水和耐湿热老化性能。

14.2.3　配方及工艺

（1）UP-1 胶

顺丁烯二酸酐	78 份	对苯二酚	0.06 份
邻苯二甲酸酐	178 份	苯乙烯	210 份
丙二醇	67 份		

制备工艺如下。

① 在装有搅拌器、导气管、温度计和蒸馏头的反应釜中，加入顺丁烯二酸酐 78 份，邻苯二甲酸酐 178 份，丙二醇 167 份。

② 通入氮气，在 1h 内将反应混合物加热到 150～160℃，保温 1h。

③ 迅速加热至 210℃，蒸馏头的温度不超过 100℃，并增加通氮速度，待取样测酸值降至 40mgKOH/g 以下，停止反应。

④ 将混合物冷却至 140℃，加入对苯二酚 0.06 份，溶解以后加入苯乙烯 210 份，搅匀成浅色低黏度的液体。

此不饱和聚酯胶黏剂用过氧化物引发剂进行固化，固化温度低于单体的沸点，可作玻璃钢制作用胶黏剂。

（2）307 号不饱和聚酯树脂胶

307 号不饱和聚酯树脂	100 份	环烷酸钴(2%溶液)	2 份
过氧化环己酮糊(含 55%DBP)	3～4 份	苯乙烯石蜡液(0.5%)	2～4 份

固化工艺：压力 0.05MPa，温度 20℃，时间 24h。该胶黏剂主要用于木材、陶瓷、有机玻璃、聚苯乙烯、聚碳酸酯玻璃钢等的粘接。

（3）199 号不饱和聚酯树脂胶

199 号不饱和聚酯树脂	100 份	过氧化二苯甲酰	1～2 份

固化工艺：压力 0.05MPa，温度 120℃，时间 24h。该胶黏剂主要用于玻璃钢粘接。

（4）室温固化不饱和聚酯胶

不饱和聚酯树脂	100 份
环烷酸钴溶剂(含 0.42%Co)	1～4 份
过氧化环己酮糊(含 50%的邻苯二甲酸二丁酯)	4 份

固化工艺：涂胶后加热（或室温）固化。

（5）改性不饱和聚酯树脂胶

为了增强不饱和聚酯树脂胶黏剂的性能，还可加入一些改性剂，如甲基丙烯酸甲酯、丙烯酸甲酯、环氧树脂等，使不饱和聚酯树脂固化后具有优异的坚牢性和耐久性。

3193 号不饱和聚酯树脂	2 份	丙烯酸甲酯	13.2 份
E-44 环氧树脂	32 份	过氧化苯甲酰	2 份
苯乙烯	30 份	二乙基苯胺	2 滴

固化工艺：80℃、2h，然后 160℃、4h 固化。

14.2.4 不饱和聚酯胶黏剂的固化

不饱和聚酯胶黏剂的固化是通过大分子主链上的双键与乙烯基单体在引发剂的作用下发生共聚反应，使大分子交联成网状结构的体型高聚物。不饱和聚酯树脂在成型过程中交联，并发生不可逆的化学反应，转变为不溶、不熔的固体。

固化过程可分为三个阶段，即凝胶、定型及熟化。凝胶阶段是指胶黏剂从黏流态至失去流动性形成半固体凝胶；定型阶段是指从凝胶到一定硬度和固定形状；而熟化阶段则指已变硬和有一定的力学性能，经后处理达到具有稳定的、可供使用的化学及物理性能。不饱和聚酯树脂的固化反应具有连锁反应的特性。因而，它表现在固化三阶段上不如酚醛树脂那么明显，特别是从凝胶到定型往往在很短的时间内完成。

因不饱和聚酯的固化是自由基型共聚反应，反应中没有小分子副产物生成，所以它能在低压与常温下进行固化。工业中通用不饱和聚酯树脂中苯乙烯的含量在 30%～40%（质量分数），除苯乙烯外，甲基丙烯酸甲酯、乙烯基甲苯、邻苯二甲酸二丙烯酸酯也可用作交联剂。

不饱和聚酯胶黏剂固化时体积收缩很大，约为 10%～15%，比环氧树脂高 1～4 倍，因而产生很大的内应力，使得粘接强度降低，也容易开裂。加入一些热塑性高分子化合物和无机填料，可以降低收缩率，提高粘接强度。常用的高分子化合物有聚乙烯醇缩醛、聚醋酸乙烯酯、聚酯等，由于在固化过程中溶解度参数的改变而使高分子析出，在相分离时发生体积膨胀，便可抵消一部分体积收缩。

过氧化酮-环烷酸钴引发体系中加入少量的酮类后，能与钴盐形成络合物，使固化速率显著提高。二甲基苯胺也有类似的作用，但环烷酸锰则可以降低固化速率，延长适用期。

14.3　不饱和聚酯胶黏剂的性能与改性

14.3.1　基本性能

不饱和聚酯胶黏剂具有黏度小、常温固化、使用方便、耐酸、耐碱性好、强度高、价格低廉等优点。缺点是收缩性大、有脆性等，常用作非结构胶黏剂，另外由于其含有大量的酯键，易被酸、碱水解，故耐化学介质性和耐水性较差。可通过加入填料、热塑性高分子来增韧。不饱和聚酯树脂胶黏剂主要用于玻璃钢、聚苯乙烯、有机玻璃、聚碳酸酯、玻璃、陶瓷、混凝土等的粘接，亦可用于制造大理石，家具涂料及人造板表面装饰等。

在室温下，不饱和聚酯是一种黏稠流体或固体，颜色较浅、透明性好，黏度低，易浸润被粘物表面。粘接强度较高，胶层硬度大，工艺性好，操作方便，制造容易，价格低廉，电气绝缘性优良。其分子量大多在 1000~3000 范围内，没有明显的熔点，易燃，难溶于水，可溶于乙烯基单体和酯类、酮类等有机溶剂中。

不饱和聚酯在主链上具有聚酯键和不饱和双键，而在大分子链两端各带有羧基和羟基。支链上双键可和乙烯基单体发生共聚交联反应，从可溶、可熔状态转变成不溶、不熔状态。主链上的酯键可发生水解反应，在酸或碱中，该反应可以加速。若与苯乙烯共聚交联后，可大大降低水解反应的发生或基本上不发生水解。在不饱和聚酯与乙烯基单体混溶而成的不饱和聚酯树脂中混入各种纤维状、颗粒状或粉状填料，通过引发剂的作用转变成热固性产品。不饱和聚酯树脂固化时体积收缩率较大，易开裂。固化树脂的热变形温度多在 50~60℃，具有较高的机械强度，树脂的耐化学腐蚀能力随其化学结构和几何形状的不同，可有很大差异。

在不饱和聚酯中，不饱和酸与饱和酸的摩尔比为 1，是一个极限值，小于此值，树脂固化后材料的变形为塑性变形；大于此值，则其变形为弹性极限范围的可逆变形。通用不饱和聚酯中顺酐与苯酐是以等摩尔比投料的。

不饱和聚酯树脂胶黏剂室温或加热均能固化，固化时不产生副产物，固化速率较快，耐磨性、耐热性较好，耐湿热老化性差，脆性较大，抗冲击性差。

14.3.2　不饱和聚酯胶黏剂改性

由于不饱和聚酯胶黏剂胶层的收缩率大，粘接接头容易产生内应力，因此在很大程度上影响了它的应用。为此，可采取以下一些方法加以改性。

① 通过共聚以降低树脂中不饱和键的含量。
② 采用在固化反应时收缩率低的交联单体。
③ 加入适量与粘接材料线膨胀系数接近的填充剂。

④ 加入适量热塑性高分子化合物。

为了增强不饱和聚酯胶黏剂的性能，加入甲基丙烯酸甲酯、丙烯酸甲酯、环氧树脂等改性剂，使不饱和聚酯固化后具有优异的坚牢性和耐久性，具体配方为（质量份）：

3193 不饱和聚酯	24	E-44 环氧树脂	32
苯乙烯	30	丙烯酸甲酯	13.2
过氧化苯甲酰	2	二乙基苯胺	2 滴

同时，加入适当的无机填料，如玻璃粉、氧化铝、轻质碳酸钙等，可以降低收缩率，显著地提高粘接强度。此外，在不饱和聚酯胶黏剂中加入少量有机硅氧烷偶联剂，如 A-151、HK-570 等，不仅可以提高粘接强度，还可改善耐热、耐水和耐湿热老化性能。

14.4　不饱和聚酯胶黏剂的应用

14.4.1　在高性能复合材料方面的应用

不饱和聚酯可以与多种材料进行复合制成高性能复合材料，如不饱和聚酯玻璃钢就具有密度低、机械强度比铝合金高的特性，如密度只有结构钢的 1/4，而机械强度可达钢材的 1/2，有的强度如拉伸强度甚至超过钢材，因此常用来代替金属而用于汽车、造船、航空、建筑和化工等多个行业。

不饱和聚酯玻璃钢的制造过程：取一定量的树脂（100 份），按配方称取引发剂（过氧化苯甲酰等 1～2 份），用少量苯乙烯加以溶解，加入树脂中混合均匀，加入促进剂（如环烷酸钴 1～2 份）。将物料混合均匀，用浸渍、涂刷或喷涂等方法使之附着在已处理的玻璃纤维表面上，用低压法成型，达到所要求的厚度与形状后，加热（或室温）固化，然后脱模、修饰，制得聚酯玻璃钢产品。

14.4.2　在制造浸渍纸装饰材料方面的应用

利用不饱和聚酯树脂生产浸渍纸装饰材料有两种类型，一种是用多张浸渍或涂布过树脂的纸，经过干燥、热压粘接在人造板基材上；另一种是用一或两张浸渍过树脂的纸张经过干燥，放于人造板基材上，在 1.5MPa 左右的压力下，加热粘接。因此，用于浸渍的树脂配方有两种。

① 多层浸渍纸的树脂配方（质量份）

不饱和聚酯树脂	70	过氧化环己酮	2～6
苯乙烯	30	环烷酸钴	1～3

聚酯浸渍纸装饰板与三聚氰胺浸渍纸装饰板相比，具有较高的透明性和光泽度，压制时成型时间短（5～10min），在低温、低压（120～140℃、0.5～1.0MPa）甚至在常温、常压下也可以成型。操作简便，对设备要求低。但不饱和聚酯树脂收缩率大，易开裂，硬度与耐磨性比三聚氰胺树脂低，故在使用上受到一定限制。

② 单层浸渍纸的树脂配方。用于浸渍一张或两张纸的聚酯树脂，是由异酞型聚酯树脂（顺丁烯酸酐和 1,2-丙二醇及间苯二酸的共聚树脂）和二丙酮丙烯酰胺（固体交联剂）等组分组成的，是优质的浸渍树脂。

树脂溶液的配方（质量份）：

异酰型聚酯树脂	83	胶质二氧化硅	2
二丙酮丙烯酰胺	17	正磷酸酯	0.3
50%过氧化苯甲酰糊精	2.0	甲乙酮	36
2,6-二叔丁基对甲酚	0.06	丙酮	18

利用一张或两张树脂浸渍纸生产的纸质塑料板,它的主要特点是生产简便,粘接迅速。因此,要求浸渍纸不粘和易于加工,同时要有良好的贮存稳定性。这种纸质塑料板与用多层树脂浸渍纸生产的纸质塑料板不同,前者要求表面含有较多的树脂,要求树脂有较高的热熔黏度和迅速反应的特性,而后者是浸渍过树脂的多层纸,其表面树脂量不多,不需要较高的热熔黏度。

此外,不饱和聚酯胶黏剂在装饰材料方面作为主体胶黏剂,其性能直接决定装饰材料的质量。为了加工无色或浅色材料的装饰板,可使用反丁烯二酸制备不饱和聚酯胶黏剂。由于该胶黏剂的分子结构中含有适当链长的软段,显示出良好的柔顺性,同时结构中又含有反式刚性链段的反丁烯二酸,对装饰材料的表面光亮和坚硬起到一定的作用。因此,其涂层表面光亮透明,强度、韧性好,且加工时胶黏剂凝胶速度快。

14.4.3 在灌注与封装方面的应用

在电子、电器行业,常利用不饱和聚酯所具有的良好介电性能并可室温固化的特点来封装无线电电子元件、电器设备、高温条件下工作的线圈等,效果很好。特别是进行常温浇注时,树脂、模具均不需加温,15~20min 后即可脱模。具体使用时按配方将聚酯、石英粉搅拌均匀,加入引发剂搅匀,最后加促进剂,边加边搅拌直至搅拌均匀为止。

14.4.4 在石材粘接方面的应用

随着国民经济的高速发展,建筑业和装修业也发展迅速,大理石及花岗石作为高档建筑装饰品的使用量也越来越大。2007 年,国内石材总产量达 3000 万吨,其中 75% 是用于建筑装饰。石材的拼花、勾缝等均需要通过胶黏剂粘接,因此,石胶黏剂的需求量很大。国内传统的用于石材粘接的胶黏剂种类很多,但性能各异。通过合成双环戊二烯型不饱和聚酯树脂,制备出一种新型的石材专用胶黏剂,可以同时满足施工工艺性好、贮存期长、固化时间短、粘接强度高、符合审美标准、价格适中等多项指标的要求。

14.4.5 在其他方面的应用

通用型不饱和聚酯由于具有黏度低、浸润速度快、对各种金属材料和非金属材料都具有良好的黏附能力以及透明性高等特点。不饱和聚酯树脂胶黏剂用作非结构胶黏剂,可粘接硬质塑料、增强塑料、玻璃、水泥、金属零件、木材等,也用于螺钉固定、密封、填补裂缝。

用不饱和聚酯树脂制成的聚酯腻子有较高的粘接力,耐腐蚀,耐老化,具有触变性和气干性。国外已经完全替代传统的修补材料用于汽车修补,随着我国汽车工业的发展,汽车腻子的用量将是十分可观的。

在混凝土方面,用聚酯作粘接材料,再添加各种骨料和粉料,可制得一种新型的高强、多功能聚酯混凝土。它具有高强、抗渗性及抗冲击性好、耐磨及耐腐蚀等优点,国内外已广泛用作耐腐蚀地坪。

第15章

丙烯酸酯胶黏剂

丙烯酸酯胶黏剂是以各种类型的丙烯酸酯为基材配成的化学反应型胶黏剂，其特点是不需称量混合，使用方便，固化迅速，强度较高，适用于粘接多种材料。丙烯酸酯系单体种类很多，包括丙烯酸酯和甲基丙烯酸酯。丙烯酸酯系单体很容易进行乳液聚合和乳液共聚合，因此可以根据需要通过分子设计和粒子设计方法合成出软硬程度不同的聚丙烯酸酯乳液胶黏剂。同时，还很容易和其他单体，如醋酸乙烯酯、苯乙烯、氯乙烯、偏二氯乙烯、功能性硅氧烷等进行乳液共聚合，制成各种性能的乳液胶黏剂。如在丙烯酸酯系单体进行乳液聚合时，加入2%～5%的丙烯酸和甲基丙烯酸，其耐油性、耐溶剂性及粘接强度将明显提高，并可改善乳液的冻融稳定性及对颜填料的润湿性。

丙烯酸酯胶黏剂按其粘接时胶层形成的特点可分为两类：一类是非反应型聚丙烯酸酯胶黏剂，主要是以热塑性聚丙烯酸酯与其他单体的共聚物为主体。这类胶粘接时是靠溶剂或分散相的挥发及溶剂在被粘物中的扩散和渗透而使胶层固化的。另一类是反应型聚丙烯酸酯胶黏剂，是以各种丙烯酸酯单体或分子末端具有丙烯酰基的聚合物作为主体的胶黏剂，在粘接时靠化学反应而使胶层固化。

丙烯酸酯胶黏剂独到的优点是耐候性、耐老化性特别好，特别是反应型聚丙烯酸酯胶黏剂，既耐紫外线老化，又耐热老化，并且具有优良的抗氧化性，因此它是一种发展迅速的高效胶黏剂，甚至可以说所有的金属、非金属都能用聚丙烯酸酯胶黏剂来粘接。可以制成瞬干胶、厌氧胶、光敏胶和结构胶使用。非反应型聚丙烯酸酯胶黏剂则可制成压敏胶、热熔胶和接触型乳液胶等。

15.1　α-氰基丙烯酸酯胶黏剂

α-氰基丙烯酸酯胶黏剂于 1958 年在美国问世，因以室温快速固化而著称，故又称为"瞬干胶"和"快速胶"，常用的 502 胶就属于此类，主要是由 α-氰基丙烯酸酯制备而成。由于具有快速粘接的特点，因此很受欢迎，应用也日趋广泛。

15.1.1　合成原理

α-氰基丙烯酸酯单体的结构式为：分子中的 α-碳原子已有两个强的吸电子基团，即氰基（—CN）与酯基（—COOR），其中 R 代表某一烷基，目前已经合成了 R 为甲基、乙基、丙基、丁基、异丁基、庚基、正辛基、癸基等烷基的单体。在工业上常采用甲酯和乙酯（代号502）的单体。

由于双键高度极化，从而有利于阴离子聚合过程的进行。因此，在水和弱 OH^- 的作用下，双键的电子云密度降低，会迅速地发生阴离子型的聚合反应而固化。反应过程如下：

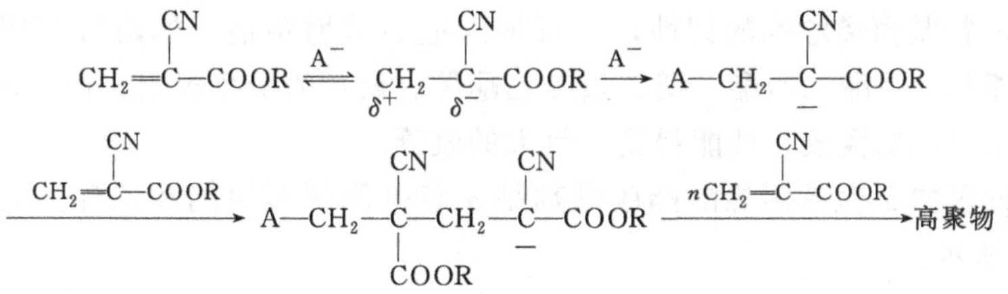

此外，在光、热的作用下还会发生自由基的聚合反应，因此，α-氰基丙烯酸酯胶黏剂的制备及改性也必须考虑这一性质。

15.1.2　合成原料与配方设计

α-氰基丙烯酸酯胶黏剂，又称瞬干胶，是目前在室温下固化时间最短的一种胶黏剂。α-氰基丙烯酸酯单体是由氰乙酸酯和甲醛在碱性介质中进行缩合反应生成的低聚物，经加热裂解可制备氰基丙烯酸酯胶黏剂。其合成原料如下。

① 单体：α-氰基丙烯酸酯。

② 增稠剂：聚甲基丙烯酸酯、聚丙烯酸酯、聚氰基丙烯酸酯、纤维素衍生物等。

③ 增塑剂：邻苯二甲酸二丁酯、邻苯二甲酸二辛酯等。

④ 稳定剂：二氧化硫、对苯二酚等。

在配方设计时，要根据被粘接对象来选择单体的类型，如甲酯的固化速率最快，耐热性较好，机械强度最高，但胶层脆性最大，因此不宜粘接有一定韧性要求的场所，而应该选用高碳链烷酯这一类柔韧性好的单体。又如在粘接木材这一类多孔材料时，就需要加入增稠剂增稠，减少胶液的流失。此外，为了改善胶黏剂固化后胶层的脆性，需要加入增塑剂。为了防止胶液在贮存过程中发生聚合反应，还应添加对苯二酚之类的阻聚剂（用量为单体量的

0.01%～0.05%）。α-氰基丙烯酸酯胶黏剂的典型配方见表 15-1。

表 15-1　α-氰基丙烯酸酯胶黏剂典型配方

组成	用量/质量份	作用
α-氰基丙烯酸甲酯	100	α-氰基丙烯酸酯单体,基体材料
聚 α-氰基丙烯酸甲酯	3	增稠剂,提高胶液黏度
对苯二酚	1	阻聚剂,延长贮存期
邻苯二甲酸二丁酯	3	增塑剂,改善固化后胶层脆性
二氧化硫	0.1	阻聚剂,提高贮存稳定性
KH-550	0.5	阻聚剂,提高贮存稳定性

　　由于 α-氰基丙烯酸酯在水的作用下易发生阴离子聚合反应,所以单体的贮存稳定性与其水分含量有很大关系,含水量超过 0.5% 的单体很不稳定。为了配制成便于贮存和使用的胶黏剂,必须在 α-氰基丙烯酸酯单体中加入其他辅助成分。

　　α-氰基丙烯酸酯是一种低黏度的液体,黏度为 0.001～0.003Pa·s,粘接过程中通常会造成粘接件缺胶,加入增稠剂可使黏度上升到 2Pa·s,特别是在粘接多孔性物质或有缝隙的物质时,增稠更有必要。所以常在胶黏剂配制时加入高分子聚合物做增稠剂,常用的有丙烯酸酯-甲基丙烯酸酯共聚物、氰基丙烯酸酯-马来酸二炔丙酯共聚物、丙烯酸甲酯-丙烯腈共聚物等。如添加 50%～10% 的聚甲基丙烯酸甲酯（分子量约 30 万）能使黏度显著提高,而粘接强度无明显下降。

　　为了提高 α-氰基丙烯酸酯的韧性,还可加入适当的增塑剂,如磷酸三甲酚酯、邻苯二甲酸二丁酯、邻苯二甲酸二辛酯、癸二酸二乙酯等。最新的研究表明,通过向丙烯酸酯混合物中加入氯磺化聚乙烯橡胶,性能得到了巨大的改善。

　　目前用得最多的 α-氰基丙烯酸酯胶黏剂是 α-氰基丙烯酸甲酯和乙酯。它们的主要物理性能如表 15-2 所示。

表 15-2　氰基丙烯酸酯典型物理性能

性能	α-氰基丙烯酸甲酯	α-氰基丙烯酸乙酯
20℃时的相对密度	1.10	1.05
沸点(226.6Pa)	50℃	59℃
闪点	82℃	82℃
自燃点	468℃	468℃
25℃时的蒸气压	<266.6Pa	<266.6Pa
折射率 n_D^{25}	1.4406	1.4349

　　α-氰基丙烯酸酯胶黏剂固化后就变成聚 α-氰基丙烯酸酯,主要物理性能见表 15-3。

表 15-3　固化后的氰基丙烯酸酯胶的物理性能

性能	α-氰基丙烯酸甲酯胶	α-氰基丙烯酸乙酯胶
软化点	165℃	126℃
折射率	1.4923(钠玻璃 1.496)	1.4870
熔点	214℃	200～208℃
热变形温度(在 1.82MPa 载荷下)	149℃	69℃
分解温度(10%被分解)	198℃	213℃
纵向弹性模量	813.4MPa	686～1070MPa

15.1.3　配方与工艺

配方 1（质量份）：

氰乙酸乙酯（＞95％）	150	哌啶	0.3
37％甲醛	100	二氯乙烷	35
邻苯二甲酸二丁酯	34		

合成工艺：缩聚裂解釜中加入氰乙酸乙酯、哌啶、溶剂，控制 pH 值在 7.2～7.5 之间，逐步加入甲醛，此时保持反应温度在 65～70℃并充分地搅拌，加完后再保持反应 1～2h 使反应完全。然后加入邻苯二甲酸二丁酯，在 80～90℃下回流脱水至脱水完全。加入适量 P_2O_5、对苯二酚，将 SO_2 气体通过液面，作稳定保护用。在减压和夹套油温 180～200℃下进行裂解，先蒸去残留溶剂，收集粗单体。粗单体加入精馏釜中再通入 SO_2 后，进行减压蒸馏，取 75～85℃/1.33Pa 馏分即为纯单体。成品于配胶釜中加入少量对苯二酚和 SO_2 等配成胶黏剂。

配方 2（质量份）：

α-氰基丙烯酸甲酯	96	对苯二酚	1
α-氰基丙烯酸异丁酯	0～3	二氯化硫	微量
邻苯二甲酸二丁酯	3	KH-550 偶联剂（2％无水乙醇）	少量

使用温度为 -50～100℃，快速固化，强度较高，胶层较脆，不耐碱、高温、高湿。

配方 3（质量份）：

α-氰基丙烯酸乙酯	100	磷酸三甲酚酯	15
甲基丙烯酸甲酯与丙烯酸甲酯共聚		对苯二酚	少量
粉末	3	二氯化硫	微量

使用温度为 -40～70℃。快速固化，强度较高，脆性较大。耐热性和耐水性差。

15.1.4　性能

α-氰基丙烯酸酯胶黏剂具有一系列独特的优点：

① 单组分，使用方便；

② 固化时粘接表面无需特殊处理，能在室温以接触压力实现快速粘接；

③ 对多种材料具有良好的粘接强度；

④ 黏度容易调节，单位面积用胶量少；

⑤ 电气绝缘性好，与酚醛塑料相当；

⑥ 胶层无色透明，耐油性、气密性好。

由于上述优点，已经迅速发展成为一种特殊的工程胶黏剂。也存在一些不足：

① 耐热性差，α-氰基丙烯酸甲酯使用温度低于 100℃，而 α-氰基丙烯酸乙酯仅为 70～80℃；

② 耐水、耐湿、耐极性溶剂性较差；

③ 固化迅速，难以进行大面积粘接；

④ 贮存期较短，一般为半年左右，贮存条件要求较严；

⑤ 胶层较脆，耐冲击性差，粘接刚性材料时更为明显；

⑥ 具有刺激性臭味及弱催泪性。

15.1.5 应用

α-氰基丙烯酸甲酯及乙酯的溶解度参数分别为 $14.6(J/cm^3)^{1/2}$ 和 $10.2(J/cm^3)^{1/2}$。根据溶解度参数理论，凡溶解度参数值在 $9\sim12(J/cm^3)^{1/2}$ 之间的有机材质均可用它进行粘接。一般根据粘接的难易把材料分为四类：①容易粘接的材料；②稍难粘接的材料；③容易渗入的材料；④难粘接的材料等。其固化速率相当慢，粘接强度比较低，必须预先进行特殊的表面处理。

对于容易粘接的材料和稍难粘接的材料，粘接时表面无需特殊处理；对于容易渗入的材料则需要将胶液预先增稠才能进行粘接。对于难粘接的材料，其固化速率相当慢，粘接强度比较低，必须预先进行特殊的表面处理，如用丙酮或三氯乙烯擦拭除去油类及脱模剂，但必须注意处理表面的清洁，若表面留有酸性物，则会降低粘接速率，而留有碱性物则会加快粘接速率，两种均不利于形成较好的粘接强度，必须仔细清理。

α-氰基丙烯酸酯胶黏剂容易与水发生反应，因此在粘接时一定要注意试件表面和工作环境的干燥程度，对于表面湿度过多的试件要进行干燥处理，这样有利于增加粘接强度。操作环境的最佳湿度应为 $50\%\sim60\%$，温度为 $5\sim15℃$，且必须注意通风，防止积聚在空气中的挥发物对人的眼睛和皮肤造成损害。表 15-4 是 α-氰基丙烯酸酯胶黏剂对部分材料的粘接强度。

α-氰基丙烯酸酯的使用方法如下。

① 表面处理。用适当溶剂对被粘物表面脱脂清洁，打磨不能太粗糙，尽量光滑些为好，并要干燥。

② 涂胶数量。涂胶量尽量少些为好，过多不仅固化速率变慢，粘接强度也降低，标准用量为 $5mg/cm^2$。

③ 晾置时间。涂胶后应根据空气湿度情况晾置 $6\sim30s$。

④ 合拢。涂胶后不能马上合拢，必须晾置一定时间，一旦合拢就不能错动。

表 15-4 α-氰基丙烯酸酯胶黏剂的粘接强度

被粘接材料		拉伸强度/bar[①]		拉伸剪切强度/bar		冲击强度/(J/cm²)	
		α-氰基丙烯酸甲酯	α-氰基丙烯酸乙酯	α-氰基丙烯酸甲酯	α-氰基丙烯酸乙酯	α-氰基丙烯酸甲酯	α-氰基丙烯酸乙酯
同种材料粘接	钢			200~250	130~200	5.3	5.1
	铜	325	270	145~170	80~150	7.9	7.8
	聚苯乙烯	138	142	材料破坏	材料破坏	5.2	5.8
	尼龙	78	81	—	—	2.6	3.7
	聚乙烯醇缩醛	65	68	—	—	2.4	3.1
异种材料粘接	尼龙-铜	135	132	—	—	4.5	4.4
	铝-酚醛	85	82	—	—	—	—
	氯丁橡胶-钢	35	36	—	—	—	—
	聚苯乙烯-酚醛	—	—	—	—	2.0	2.2

① $1bar=10^5Pa=0.1MPa$。

⑤ 固化。合拢后 10min 便有一定的强度，但要达到最大强度则需 24～48h。

15.2　丙烯酸酯压敏胶

压敏胶黏剂（PSA）是指对压力很敏感，无需加热或溶剂活化，只要轻度施以接触压力，就能实现粘贴的一种胶黏剂。常制成压敏胶黏带和胶黏片，施工方便快捷，粘之容易，揭去不难，剥而无损，人们常用的医用橡皮膏和绝缘胶布便是最早、最典型的压敏胶制品。

压敏胶一般有橡胶型和合成树脂两类，丙烯酸酯压敏胶属于合成树脂型。由于具有许多优点，在压敏胶中处于领先地位，而丙烯酸酯压敏胶又是丙烯酸酯胶黏剂中产量最大的一个品种。

15.2.1　合成原料与配方设计

乳液型压敏胶黏剂是由形成聚合物的单体、增黏剂、填料、防老剂及交联剂等组成。所采用的聚合物有丙烯酸酯类、橡胶类、乙烯-醋酸乙烯酯共聚物类、聚酯类和聚氯乙烯类等，但以丙烯酸酯为主。

在丙烯酸酯压敏胶的制备中，虽然对于溶液型、乳液型、热熔型、液态固化型等的各种单体的要求不一样，但各种单体在胶中所起的作用表现出三种情况，即黏附成分、内聚成分、改性成分等三种。

作黏附成分的单体是丙烯酸酯压敏胶的主单体，在工业生产中多使用丙烯酸异辛酯和丙烯酸丁酯、丙烯酸 α-乙基己酯等，它们是碳原子数为 4～12 的丙烯酸长侧链烷基酯。对于主体单体的使用，可以是单一的，也可以是复合的，但从理论上讲，使用复合单体更具有实际意义。单体在压敏胶中需占 50% 以上，使压敏胶具有足够的润湿性和黏附性，以提高其剥离强度。

作为内聚成分的单体，一般使用短侧链的烷基酯、甲基丙烯酸烷基酯、醋酸乙烯酯、丙酸乙烯酯、偏氯乙烯、苯乙烯及丙烯腈等，这些单体含有 1～4 个碳原子，可以提高丙烯酸酯压敏胶的玻璃化温度。这些内聚成分不仅提高胶的内聚性能，而且对黏附性、耐水性、透明度及工艺性的提高有特殊作用。内聚单体可以是一种，也可以是复合单体，在压敏胶中约占 20%～40%。

改性单体不仅具有交联作用，而且还能提高内聚强度及黏附性，促进聚合反应速率，提高聚合稳定性。改性单体都是能与黏附成分及内聚成分共聚的带有官能团（羧基、羟基、氨基、环氧基、羟甲基、酰氨基等）的单体。常用的有丙烯酸、甲基丙烯酸、衣康酸、巴豆酸、马来酸酐、丙烯酸 α-羟乙酯、氨基乙基丙烯酸酯、丙烯酸缩水甘油酯、羟甲基丙烯酰胺等。同样可以是一种单体，也可以是复合单体，占 5%～20%。

丙烯酸酯压敏胶可以由上述三种成分的单体制成，也可用单一的黏附成分或黏附成分与另外两种成分之一制成。压敏胶的性能与这三种成分所用的单体种类、用量密切相关，同时与这些单体共聚得到的聚合物的分子量也有关。总之，压敏胶的配方组成或共聚物的分子量只要能保证压敏胶的性能——黏附性、内聚性、粘接性达到平衡即可。

15.2.2 配方及工艺

丙烯酸酯压敏胶按形态可分为溶液型、乳液型、热熔型、液态固化型。

(1) 溶液型丙烯酸酯压敏胶的合成实例

溶液型丙烯酸酯压敏胶是将单体和引发剂溶解在酯类、芳香族烃类及酮类等有机溶剂中进行聚合反应而制得的。

① 配方见表 15-5。

表 15-5　合成实例配方

原料名称	用量/质量份	原料名称	用量/质量份
丙烯酸丁酯	60	丙烯酸	3
甲基丙烯酸甲酯	10	过氧化苯甲酰	0.5
丙烯酰胺	1	乙酸乙酯	150
丙烯酸 2-乙基己酯	26		

② 操作工艺。将以上配方的单体、溶剂、引发剂加入反应釜中，通入氮气，于 74℃ 反应 6h，则可制得共聚物溶液。再添加 1.48g/mol 的丁醚化羟甲基氨基树脂，溶解后就成压敏胶。若欲制造压敏胶带，则可按 $100g/m^2$ 的涂布量涂于聚酯薄膜上，于 150℃ 处理 10min，即制得粘接力强、耐热老化与耐溶剂好的压敏胶带。

(2) 乳液型丙烯酸酯压敏胶的合成实例

乳液型丙烯酸酯压敏胶是将单体借助乳化剂分散在水中进行乳液聚合而制得的。

① 配方　各组分原料配比（质量份）如下：

组分 A：

混合单体　　　　　100　　　乳化剂　　　　　　1.8

组分 B：

过硫酸铵　　　　　0.5　　　水　　　　　　　　60

碳酸氢铵　　　　　0.5

组分 C：

过硫酸铵　　　　　0.1　　　水　　　　　　　　10

组分 D：

水　　　　　　　　30

混合单体配方及压敏胶乳液性能见表 15-6。

表 15-6　混合单体配方及压敏胶乳液性能

项目		配方 1/质量份	配方 2/质量份	配方 3/质量份
混合单体配比	丙烯酸丁酯	80	85	60
	丙烯酸	10		
	丙烯酸乙酯	5	10	30
	醋酸乙烯酯	5	5	4
	N-羟甲基丙烯酰胺			6
乳液性能	pH 值	6.2	6.4	6.0
	钙离子稳定性	通过	通过	通过
	黏度/(mPa·s)	62	44	46

② 操作工艺。按配方用量配好 A、B、C、D 各原料组分，先将组分 D 加入四口反应釜

中，搅拌下升温至 80℃时加入组分 C，待温度稳定在（80±2)℃后同时滴加组分 A 和 B，保持适当的滴加速度，完毕后在 82℃保温 1h 后降温至 40℃左右，用 60～100 目的滤布过滤出料，即得乳液胶。

为了使乳液适于压敏胶的涂布工艺并实现其他使用功能，在制得的丙烯酸酯乳液中还必须根据需要加入各种助剂和添加剂，才能制备乳液压敏胶黏剂。如加入增稠剂调节黏度、加入中和剂调节 pH 值、加入润湿剂调节表面张力、添加消泡剂以适应机械涂布。

（3）热熔型丙烯酸酯压敏胶的合成实例

热熔型丙烯酸酯压敏胶以聚丙烯酸酯弹性体为主体成分，与相应的增黏树脂混合配制而成，是固含量为 100％的固体胶料，涂胶时必须将胶加热熔化（一般为 150～200℃）后再进行涂布，冷却后固化，并起到粘接作用。特点是快速涂布，不需干燥，固化快，无公害。缺点是高温粘接性能差，蠕变大，需要特殊的涂胶工具，操作温度高，也可制成纸基或布基的胶带。

热熔型压敏胶由聚合物、增黏剂、添加剂（如增塑剂、填料、防老剂）、染色剂等组成，其中聚合物主要是聚丙烯酸酯、乙烯-丙烯酸乙酯的共聚物以及丁基橡胶、聚苯乙烯等与丙烯酸丁酯的接枝共聚物、SIS、SBS 热塑性弹性体、乙烯-醋酸乙烯酯（EVA）共聚物等。例如，50 份丁基橡胶溶于 50 份丙烯酸丁酯单体中，加入 0.3 份过氧化苯甲酰和 0.4 份二异丙基过氧化物，在 100℃聚合 2h，再在 180℃加热 30min，得到 200℃时熔体黏度为 32Pa·s 的弹性体，可以制成热熔压敏胶。

15.2.3 性能

丙烯酸酯压敏胶为无色透明的黏液。它与橡胶类压敏胶的主要区别在于它不能添加增黏树脂和增塑剂等组分。其主要特点如下。

① 轻度加压或施加指压，就能实现有效的黏合。

② 具有耐氧化性、耐油性、耐溶剂性等优异性能；对各种材料都有一定的粘接力；即使是难粘材料也会黏合。

③ 透明性好；具有较高的剥离强度，能够耐受冲击、振动。

④ 无毒无害，对皮肤无影响，可制取医用胶黏带。

⑤ 通过共聚可引进各种官能基团，使黏附力和胶自身的内聚力都较大。

⑥ 初期粘接性和润湿性不如橡胶类压敏胶。多数耐热性、耐溶剂性、耐久性较差。

丙烯酸酯压敏胶与橡胶类压敏胶的综合性能比较见表 15-7。

表 15-7 丙烯酸酯压敏胶与橡胶类压敏胶的综合性能比较

项目	丙烯酸酯压敏胶	橡胶类压敏胶
黏料	丙烯酸酯	橡胶
增黏剂	不加	必须加
防老剂	不加	必须加
耐光性	优	差
耐热性	优	差
耐油性	优	差
耐寒性	差	优
臭味	有残留单体臭味	有增黏剂臭味
颜色	无色	黄色—褐色

项目	丙烯酸酯压敏胶	橡胶类压敏胶
改性方法	改变共聚单体组成	改变橡胶与增黏剂种类
导入官能基团	易	难
价格	较高	低廉

15.2.4 应用

丙烯酸酯压敏胶因具有良好的耐久性和外观，逐渐得到广泛的应用。溶液型丙烯酸酯压敏胶主要用于制作以塑料薄膜作为背材的压敏胶片、压敏胶带、双面压敏胶带以及泡沫材料的压敏胶加工产品，也可以直接涂胶粘贴，用于各种塑料薄膜与金属箔的粘贴、金属与非金属材料的粘贴、金属或塑料铭牌的粘贴、标签的粘贴等。溶液压敏胶因含有机溶剂，故应贮存在密闭的容器中，并要注意防火。乳液型压敏胶主要用途是用来制作以纸为背材的标签及压敏胶片、压敏胶纸带、贴花等产品。它与溶液型压敏胶相比，具有耐水性、耐湿性、耐热性差，对塑料薄膜的润湿性差等缺点，近年来国外做了很多研究开发工作，如采用新的单体进行共聚；采用种子乳液聚合法；利用增黏树脂乳液提高压敏胶对非极性基材的润湿性和对难粘材料的粘接力；利用反应型乳化剂或无皂乳液聚合的方法；提高固含量（已可达60%～70%），加快干燥速度等，使丙烯酸酯乳液压敏胶的性能已基本赶上了溶液型压敏胶，其使用的产品领域也已从纸基材制品扩大到定向拉伸聚丙烯打包带、各种难粘的聚烯烃基材制品以及可剥性标签等，估计这类压敏胶在今后几年内将会有较大的发展。

15.3 丙烯酸酯厌氧胶

丙烯酸酯厌氧胶是聚丙烯酸酯胶黏剂中最重要的一类，是由（甲基）丙烯酸酯、引发剂、促进剂、稳定剂（阻聚剂）、增塑剂、染料和填料等按一定比例配合而成的胶黏剂。厌氧胶的最大特性是与氧气或空气接触时不会固化，一旦隔绝空气后，便很快聚合固化。

15.3.1 合成原料及配方设计

（1）单体

聚合单体是厌氧胶的最基本成分，约占总质量的80%～85%。此类单体种类比较多，但在其分子结构上必须具有一个或多个丙烯酸或丙烯酸的 α 取代物的基团，如丙烯酸基、甲基丙烯酸基，单体分子的其他部分结构可以根据性能的需要而不同。根据单体酯基数量分为单酯、双酯和多酯。低分子量的单酯和一些双酯黏度较小，单酯还能参与交联反应，调节交联度，使厌氧胶的性能满足使用要求。

丙烯酸酯厌氧胶单体一般分为聚醚型丙烯酸酯、聚酯型丙烯酸酯、环氧型丙烯酸酯、带极性基团的丙烯酸酯（如羟乙酯、羟丙酯）、含氨基的丙酸酯基和异氰酸酯的丙烯酸酯等几种类型。

（2）配合剂

①引发剂。丙烯酸酯厌氧胶在隔绝空气后靠引发剂产生自由基，引发单体聚合。如果不

用引发剂，大多数厌氧胶是不能产生粘接强度的，因此引发剂是厌氧胶的重要成分。常用的引发剂主要有：有机过氧化物、过氧化氢、过氧化酮和过羧酸等，如表 15-8 所示。

在选用引发剂时应考虑胶液贮存稳定性和隔绝空气后能快速固化，所以引发剂的活性要适中，一般选用在 100℃ 下半衰期不超过 5h 的，用量是单体质量的 0.1%～10%，通常用量为 2%～5%，用量过多会影响贮存稳定性，过少则引发速率太慢。常用异丙苯过氧化氢作为引发剂。

表 15-8 常用于配厌氧胶的引发剂

引发剂名称	结构式	半衰期 10h 的温度/℃
过氧化氢异丙苯	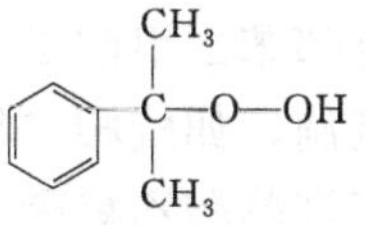	158
叔丁基过氧化氢	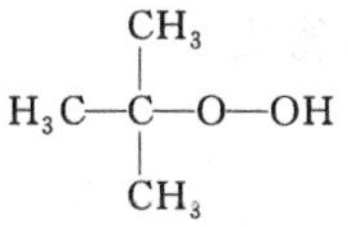	167
过氧化异丙苯	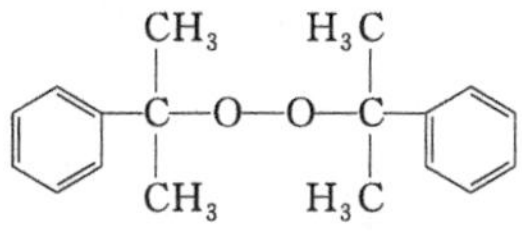	115
苯甲酸过氧化叔丁酯	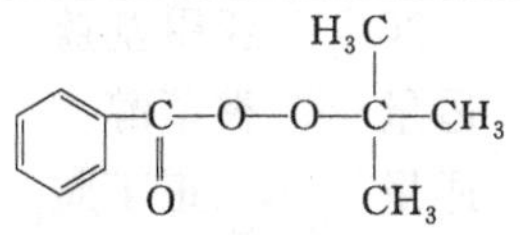	104

② 促进剂和助促进剂。贮存稳定性和快速固化特性是厌氧胶中相互矛盾的问题，常通过添加促进剂和助促进剂来进行调节。只要有引发剂存在，即使不加入促进剂和助促进剂，厌氧液仍可固化，只是需要经历较长的固化时间。为了提高生产效率，常在丙烯酸酯厌氧胶液配制时加入一些既不影响贮存稳定性和粘接强度，又能使胶层快速固化的促进剂。此外，有时还需加入一些能加速促进剂固化作用的助促进剂，但是后者单独使用时并无促进固化作用。常用厌氧胶的促进剂见表 15-9。

表 15-9 常用厌氧胶的促进剂

名称	结构式	参考用量/%
N,N-二甲基苯胺	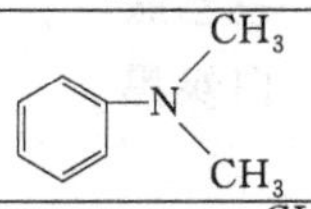	0.5～1
二甲基对甲苯胺	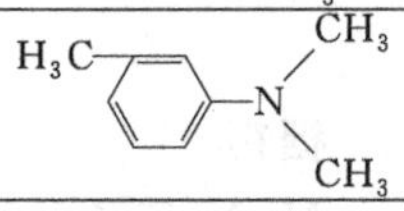	0.1～10
三乙胺	$N(C_2H_5)_3$	0.5～3
丙二胺	$H_2N-CH_2-CH_2-CH_2-NH_2$	0.1～1
苯肼	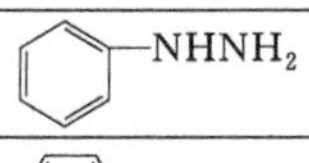 —NHNH$_2$	1
对甲苯腙	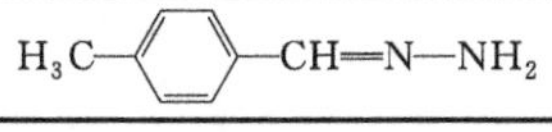 H_3C— —CH=N—NH$_2$	1

常用的助促进剂有亚胺和羧酸类，如邻苯磺酰亚胺、糖精、邻苯二酰亚胺、三苯基膦、抗坏血酸、甲基丙烯酸等，应用最多的是糖精，其次是抗坏血酸，其用量一般为0.01％～5％。

③ 稳定剂。丙烯酸酯厌氧胶中使用的稳定剂是一类既能延长胶的贮存期，又不使胶的各项性能发生变化的化合物。稳定剂能使厌氧胶长期稳定贮存，又不影响使用时的快速固化，解决好这对矛盾是配制此类胶的关键。常用的稳定剂有两类：一类为能与自由基结合而使自由基失去活性的化合物，如酚类、多元酚、醌类、胺类和铜盐等阻聚剂。另一类稳定剂是一些多芳环的叔胺盐、卤代脂肪单羧酸、硝基化合物和金属螯合剂等。有研究表明：对苯醌的阻聚效果明显，将对苯醌与N,N-二甲基对甲苯胺配合使用，效果较好。

④ 其他配合剂。丙烯酸酯厌氧胶还常用到下列物质。

增塑剂：可增加胶的塑性，常用的有邻苯二甲酸二辛酯和癸二酸二辛酯。

触变剂：可避免胶在垂直面上发生流淌，如气相二氧化硅。

增稠剂：增加胶的初黏力，常用的有聚醋酸乙烯酯，聚乙烯醇缩丁醛和聚乙二醇等。

染料、颜料：便于识别牌号而加入的物质。

填料：降低成本、减少收缩率。

15.3.2　配方与工艺

配方1（质量份）：

二缩三乙二醇双甲基丙烯酸酯	930	亚甲基蓝	适量
对苯二酚	适量	香草醇	10
EDTA	适量	三正丁胺	5
糖精	15	叔丁基过氧化氢	25
苯甲酰肼	15		

合成工艺：先将二缩三乙二醇双甲基丙烯酸酯加入反应釜，加温至60～90℃，逐步加入EDTA，高速搅拌处理2h，使树脂中的金属离子络合，放入贮槽静置15h后，再吸入反应釜以去掉树脂中的EDTA和金属离子，再升温至40～50℃，加入除叔丁基过氧化氢外的其余材料，混合搅拌2h以上至全部溶解，冷却至室温，最后加入叔丁基过氧化氢，搅拌1h以上至均匀，即可灌装。

配方2（质量份）：

309树脂(含阻聚剂)	100	丙烯酸	2
过氧化氢异丙苯(70％)	5	三乙胺	2
糖精	0.3	白炭黑	0.3

固化工艺：隔绝空气，28～30℃固化。

配方3（质量份）：

双甲基丙烯酸乙二醇酯	93	糖精	1
过氧化氢异丙苯	2	N,N-二乙基对甲苯胺	1

固化工艺：室温固化。

15.3.3　性能

丙烯酸酯厌氧胶有如下一些性能特点。

① 单组分，黏度低，容易浸润渗透。

② 无溶剂，固含量高，毒性小。

③ 使用方便，用途广泛，适用于粘接、密封、锁紧、固定等。

④ 常温快速固化，强度高；耐低温性好，在 $-10℃$ 仍能快速固化。

⑤ 密封性好，耐高压（可达 30MPa）。

⑥ 性能优异，具有较好的耐热、耐溶剂、耐酸、耐碱性能。

⑦ 固化后可拆卸，且残胶容易清除。

⑧ 贮存稳定，适用期长。

15.3.4　应用

丙烯酸酯厌氧胶可用于密封、粘接、紧固、防松等方面，如管道螺纹、法兰面及机械箱体结合面的密封防漏；螺栓的锁固防松；轴承等轴套、齿轮与轴、插件、嵌件等的装配固定；铸件、焊件砂眼和气孔的渗入填塞，以及各种产品零件的结构粘接等。

（1）机械紧锁

在机械零部件锁紧的接触面上，由于接触面积小，机械在使用时很容易由于振动而引起位移，造成松脱、磨损等，导致机械的损坏，甚至造成事故，用厌氧胶来锁固可提高接触面积，保证装配质量。因此，锁固厌氧胶已经广泛地应用于机械装配工业。如用于螺纹的锁紧，可以将丙烯酸酯厌氧胶涂在螺杆上，紧固后就可以固化，从而达到增加强度、减小松动的目的。

（2）密封防漏

在工业生产中，由于管路接头的密封问题所造成的泄漏每年都造成很大的损失，丙烯酸酯厌氧胶则是一种理想的管路密封胶，通过调节其黏度可以对各种泄漏孔进行密封。此外还可以用丙烯酸酯厌氧胶制成液体垫片，使用方便，可以克服纸垫、石棉垫等垫片的缺点。

（3）定位装配

齿轮、轴承等和轴、轴套之间的传统配方法是压配合，它取决于金属间的相互作用力，这就需要严格地控制各部件间的精度。由于金属表面微观上的凹凸不平而使得有效接触只占总面积的 30% 以下，而采用厌氧胶装配，其接触表面可达 90%，这样可以降低加工精度要求，又提高了可靠性。

（4）浸渍防漏

冶金铸造件经常因砂眼等缺陷而报废，而丙烯酸酯厌氧胶的黏度可在 $0.1\sim500Pa\cdot s$ 之间进行调节，低黏度密封胶能对多孔压铸片、粉末冶金制片等工件内部的孔隙进行有效的浸渗密封。

15.4　丙烯酸酯结构胶

通常所说的丙烯酸酯结构胶实际上是指经过改性后的快固丙烯酸酯胶黏剂，又名第二代丙烯酸酯胶（SGA），也称蜜月胶、青虹（红）胶、AB 胶等，属反应型丙烯酸酯胶黏剂。主体单体是带有两个活性基团的丙烯酸酯单体和常见的丙烯酸酯单体。如甲基丙烯酸 β-羟丙酯、甲基丙烯酸缩水甘油酯、甲基丙烯酸甲酯、甲基丙烯酸乙酯、甲基丙烯酸丁酯、甲基丙烯酸等。

由于主体单体带有两个活性基团，使其化学性质非常活泼，在接近室温的条件下就能发生聚合反应。SGA 具有操作方便、反应活性高、固化速率快、粘接性能佳、无臭味、贮存稳定的特点，已经成为结构胶黏剂的佼佼者，应用领域更广。

15.4.1 合成原料与配方设计

改性丙烯酸酯结构胶黏剂分为底涂型及双主剂型两大类。底涂型有主剂及底剂两个组分，主剂中包含聚合物（弹性体）、丙烯酸酯单体（低聚物）、氧化剂、稳定剂等；底剂中包含促进剂（还原剂）、助促进剂、溶剂等。双主剂型不用底剂，两个组分均为主剂，其中一个主剂中含有氧化剂，另一个主剂中含有促进剂及助促进剂。使用的氧化-还原体系必须匹配且高效，这样才能室温快速固化，并达到固化完全。

丙烯酸酯单体（低聚物）：甲基丙烯酸甲酯、甲基丙烯酸乙酯、甲基丙烯酸丁酯、甲基丙烯酸 2-乙基己酯、甲基丙烯酸 β-羟乙（丙）酯、甲基丙烯酸缩水甘油酯等。主剂中包含的橡胶弹性体必须具备容易被激发的反应基团，所使用的聚合物有未硫化橡胶，如氯磺化聚乙烯、氯丁橡胶、丁腈橡胶、丙烯酸酯橡胶等。

氧化剂：二酰基过氧化物，如过氧化二苯甲酰、过氧化氢异丙苯、叔丁基过氧化氢、过氧化酮、过氧化酚等。

稳定剂：对苯二酚、对苯二酚单甲醚等。

还原剂（促进剂）：胺类，如 N,N-二甲基苯胺、乙二胺、三乙胺等；硫脲类，如四甲基硫脲、乙烯基硫脲、二苯基硫脲等。

助促进剂：有机酸的金属盐，如环烷酸钴、油酸铁、环烷酸锰等。

此外，一些配方中还需加入触变剂、增稠剂和填料等。

快固丙烯酸酯胶黏剂固化时弹性单体并不参与单体的聚合反应，呈现出"分散相"状态。因此添加弹性单体虽然能够提高胶体的耐冲击性，但不能从根本上改善其性能。

1975 年 DuPont 公司公布的专利（US3890407）以具有活性支链的弹性体或带有多个活性端基的弹性体为主要成分，把（甲基）丙烯酸酯当作活性稀释剂，又是聚合的单体，两者构成胶黏剂的主剂。当胶黏剂固化时，（甲基）丙烯酸酯可以接枝到弹性体的主链上，从分子内部进行改性，这样能显著地改善聚合物的韧性，提高抗冲击性能。主要配方：主剂由甲基丙烯甲酯（MMA）85g、甲基丙烯酸（MA）15g、双甲基丙烯酸乙二醇酯 2g、氯磺化聚乙烯 100g 组成。取 65.3g 主剂，加入引发剂异丙苯过氧化氢 0.13g，在被粘物表面涂上丁醛与醛胺缩合物作促进剂（808），然后涂上配好的胺液，将两面粘接起来，5min 后钢板的剪切强度可达 9.8MPa。表 15-10 是快固丙烯酸酯胶黏剂的典型配方。

表 15-10　快固丙烯酸酯胶黏剂的典型配方

配方组成	用量/质量份	各组分作用分析	配方组成	用量/质量份	各组分作用分析
甲基丙烯酸甲酯	60～1	单体,基体材料	ABS 树脂	10～90	聚合物,改性组分
甲基丙烯酸	3～1	单体,基体材料	过氧化氢异丙苯	3～6	氧化剂
丁腈橡胶-40	0～20	聚合物,弹性体	二苯基硫脲	1～5	还原剂(促进剂)

15.4.2　配方与工艺

配方 1（质量份）：

A 组分：

甲基丙烯酸甲酯	100～220	异丙苯过氧化氢	1
甲基丙烯酸羟乙酯	30	甲基丙烯酸酯增强剂	15
丁腈橡胶(固体)	35～50		

B 组分：

甲基丙烯酸甲酯	120～180	还原剂胺	少量
甲基丙烯酸羟乙酯	35～95	甲基丙烯酸	15
丁腈橡胶(固体)	30～40		

合成工艺：在配胶釜中投入甲基丙烯酸甲酯、稳定剂和颜料（红色），搅拌溶解后，依次投入甲基丙烯酸羟乙酯、增强单体、塑炼过的丁腈橡胶，室温放置使橡胶溶胀。夹套热水加热，搅拌，保持釜内温度在 55～70℃，时间 3～6h。待丁腈橡胶完全溶解后停止加热，冷却，加入过氧化物搅至均匀分散，出料得 A 组分。在配胶釜中投入甲基丙烯酸甲酯和颜料（蓝色），搅拌溶解后，依次投入甲基丙烯酸羟乙酯、增强单体、塑炼过的丁腈橡胶，室温放置使橡胶溶胀，夹套热水加热，搅拌，在 50～60℃下投入甲基丙烯酸和还原剂，并保温搅拌 6h，停止加热，冷却，加入促进剂搅匀，出料得 B 组分。

配方 2（质量份）：

甲基丙烯酸乙酯	60～70	ABS 树脂	10～90
丁腈橡胶	20	过氧化氢异丙苯	3～6
甲基丙烯酸	3	乙烯基硫脲	5

15～20℃下，15min 基本固化，24h 完全固化。

快固丙烯酸酯胶黏剂为双组分胶，底涂剂型可采用分开涂胶法，然后加压粘接。

双主剂型通常是将两组分混合均匀后再涂胶，这样更有利于两组分的充分混合，但量不宜太大，如果一次配量超过 10g，混合后在 10min 内就会自动放热而产生暴聚现象。当然涂胶量比较大时，双主剂型也可分开涂胶，粘接效果并不比混合的差。对于易挥发性单体制备的快固丙烯酸酯结构胶黏剂涂胶后不必晾置，应当迅速叠合（如以甲基丙烯酸甲酯为主要单体的），如选用低挥发性单体制备的胶黏剂，其晾置时间甚至延长至 30min，粘接强度变化不大。

无论是哪种胶黏剂，涂胶叠合之后，压紧到初固化不能再打开或松动，在 1～5min 和 30～60min 即可达使用强度，若能用红外线灯或电吹风加热，粘接件固化更快。

目前，通过对第二代快固丙烯酸酯胶黏剂的改进，研发了第三代丙烯酸类胶黏剂（TGA），由低黏度丙烯酸酯单体或丙烯酸酯低聚物、催化剂、弹性体组成，经紫外线照射几秒即固化，也可添加增感剂促进固化速率。TGA 胶在 SGA 的基础上降低了毒性，甚至无毒，其无污染、快速、高效的特点代表当今胶黏剂的发展趋势。

15.4.3　性能

SGA 胶黏剂既有环氧树脂胶黏剂的高强度，又有聚氨酯胶黏剂的高韧性，还有 α-氰基丙烯酸酯胶黏剂的快固性,且能在油面上进行粘接,耐久性好,耐油性出色,耐热性比较高,对很多被粘物都有良好的粘接性能,其主要特点如下。

① 室温快速固化。一般几十秒或十几分钟便可固化,24h完全固化。

② 使用非常方便。虽是双组分,但不需精确计量,可混合后使用,也可将两组分单独涂刷,然后叠合粘接。

③ 表面处理简单。不需要严格的表面处理,可用于油面粘接,即使附着薄油层,仍有较大的强度。

④ 粘接强度高。粘接金属的室温剪切强度为20～40MPa,韧性好,剥离强度和冲击强度均高。

⑤ 收缩性小。百分之百的反应型聚合固化。

⑥ 耐温性好。低温、高温性能良好,可在-60～150℃使用。

⑦ 耐久性优。耐湿热和大气老化。

⑧ 耐介质性强。耐油性甚佳,耐水性较好。

⑨ 用途广泛。对许多材料都有良好的粘接性能,更宜进行异种材料的粘接。

快固丙烯酸酯结构胶黏剂虽然不需要严格的表面处理,甚至油面也可粘接,但进行适当的表面处理性能会更好。表15-11为快固丙烯酸酯胶黏剂粘接不同被粘物的剪切强度。

表 15-11　快固丙烯酸酯胶黏剂粘接不同被粘物的剪切强度

被粘物	表面处理方式	剪切强度/MPa	被粘物	表面处理方式	剪切强度/MPa
包铝合金	铬酸浸蚀	37.4	铜	喷砂	22.4
裸铝	酸浸蚀	34.6	黄铜	喷砂	28.1
裸铝	喷砂	30.2	聚碳酸酯	溶剂擦拭	17.7[①]
冷轧钢	喷砂	14.7	ABS	溶剂擦拭	8.8[①]
不锈钢	酸浸蚀	18.3	聚氯乙烯	溶剂擦拭	8.6[①]
不锈钢	喷砂	35.6	聚甲基丙烯酸甲酯	溶剂擦拭	6.0[①]

① 被粘物破坏。

虽然快固丙烯酸酯结构胶黏剂有许多优点,但也存在着稳定性差、贮存期短、单体挥发气味大、湿热耐受性较差、易燃、有毒等问题,可以通过如下途径进行改性。

① 加入锌、镍、钴的乙酸盐、丙酸盐,甲酸、乙酸、甲基丙酸的铵盐以及2,6-二叔丁基-4-甲基苯酚等均可改进其贮存性能而不影响固化速率。

② 使用丙烯酸十八烷酯、(甲基)丙烯酸异辛醇酯、丙烯酸四氢呋喃甲醇酯等代替甲基丙烯酸甲酯,降低挥发性,减小气味。

③ 添加γ-氨丙基三乙氧基硅烷、γ-(2,3-环氧丙氧基)丙基三甲氧基硅烷、乙烯基三氯硅烷等硅烷偶联剂,以增强耐水性。

15.4.4　应用

丙烯酸酯结构胶是目前丙烯酸酯胶黏剂中应用最为广泛的一种。丙烯酸酯结构胶除了不能粘接铜、铬、锌、硝酸纤维素塑料、聚乙烯、聚丙烯、聚四氟乙烯等材料外,其他的金属和非金属材料均能进行自黏或互黏。广泛应用于应急修补、装配定位、堵漏等场合。

① 在汽车行业中的应用。在汽车行业中可以用于汽车油箱、油路、汽缸盖、化油器、驱动轴衬套等的紧急修补以及粘接；可用于各种部件油污表面部位的快速粘接、修补和堵漏，适用于汽车车面的固定。

② 在电器行业中的应用。用于电梯行业加强筋与不锈钢薄板的粘接，变压器等电力设备的紧急修理和粘接。

③ 在厨具行业中应用。在厨具行业中应用广泛，可代替传统的焊接工艺，解决电焊后表面不美观的问题。

④ 在其他行业的应用。可粘接铁、钢、铝、钛、不锈钢、塑胶、陶瓷、水泥、玉石、石材、木材等同种或异种材料。可用于粉末喷涂型防盗门的生产，主要用于金属骨架与面板的粘接，克服了焊接工艺引起门板变形的缺点。

第16章

生物质胶黏剂

　　生物质胶黏剂又称为天然可再生资源类胶黏剂，它是一种可再生的、来源于生物的有机原料制成的胶黏剂。生物质胶黏剂很早就应用于木材工业并作为主要的木材胶黏剂，直到20世纪30年代合成胶黏剂的出现，由于它比生物质胶黏剂具有更多的品种、更强的粘接性和更好的耐久性，使木材工业胶黏剂进入了合成树脂胶黏剂时代。如今合成树脂胶黏剂已占木材胶黏剂总量的80％以上，其中脲醛树脂胶和酚醛树脂胶更是作为主要的合成树脂应用于木材工业中。

　　天然可再生资源类胶黏剂原料来源广泛、价格低廉、使用方便、粘接迅速、无环境污染，尽管粘接力较低，品种单纯，大部分被合成胶黏剂所代替，但随着现代生活质量的提高，人们环保意识的增强，开发和利用天然资源制作胶黏剂又被重视起来，人们采用现代工艺方法加以改进，开创了天然胶黏剂的一个新的发展阶段。

16.1 蛋白质胶黏剂

　　植物蛋白和动物蛋白均可制作胶黏剂，主要有豆蛋白胶、皮胶、骨胶、鱼胶、血朊胶、酪素胶和蛋白混合胶等。骨胶、皮胶、鱼胶可直接使用其水溶液；而血胶、酪素胶、豆胶和蛋白混合胶等则需加入一些化学药品，经调制后才能使用。这些均是天然多肽的高聚物，组成单位是氨基酸，化学式为：

$$H_2N—CHCO(NHCH_2CO)_n NHCHCOOH$$
$$R \qquad R \qquad R$$

这类胶的优点是原料成本低廉，调胶设备简单，调制和使用方便，干胶粘接强度也较好，能满足一般室内使用的人造板及粘接制品的要求。其最大的缺点是大部分不耐水、不耐菌虫腐蚀。蛋白质胶黏剂除了皮、骨胶可不加成胶剂直接使用外，其他蛋白质胶黏剂均需在蛋白质原料中加入成胶剂，经调制后才能使用，为了改善其各种性能，还可以根据使用要求，加入合适的助剂。

常用于调节蛋白质胶黏剂的化学药品主要有如下几种。

（1）水

主要是溶解蛋白质，以得到一定稠度的胶液。加水量过多，会使胶的浓度过低，粘接强度下降；胶的黏度过小，粘接施压时胶液常被挤出或透入材料内部而导致缺胶或透胶，影响粘接质量，同时，凝胶慢，干燥时会产生极大的收缩性，易导致开胶。加水量过少，会使胶液黏度过大，一则增加耗胶量，二则使胶层过厚而影响粘接强度。

（2）氢氧化钙

俗称消石灰、熟石灰、石灰乳，常用氧化钙与水以 1∶4 的摩尔比配制。蛋白质在氢氧化钙的溶液中能生成不溶于水的蛋白质钙盐，能使蛋白质凝固。因此在蛋白质胶黏剂的配方中，在总碱量许可的条件下，氢氧化钙用量越多，胶黏剂的耐水性越强。但用量过多，会使胶液过快变稠，活性期缩短。

（3）氢氧化钠

俗称烧碱，常用其浓度为 30% 的水溶液，作用是溶解蛋白质。即蛋白质在氢氧化钠溶液中能生成溶于水的钠盐，使蛋白质溶液成为黏液，所以也是一种成胶剂。但若用量过多，则使胶液黏度过低，还会降低胶层的耐水性。

（4）硅酸钠

俗称水玻璃、泡花碱，常用 1.38g/cm³ 的溶液，其本身具有黏合作用，能增加胶液黏度，延长胶的活性期。硅酸钠也是湿润剂，使胶易于黏附在板面上。加有硅酸钠的胶液，杂质不易沉淀，还能稍微提高胶的耐水性。但用量过多时，反而会使耐水性降低。

（5）氟化钠、硫酸铜及二硫化碳等

可延长胶的活性期并有防腐能力。配方中若加入了氟化钠，可不再加硅酸钠。

（6）甲醛、三聚甲醛、糠醛及六亚甲基四胺

由于它们均能增加胶液的黏度，因而用水量可相应增加；它们还能提高胶的耐水性和耐腐性。但若用量过多，会使胶液活性期缩短，过早地发生凝胶。

16.1.1　豆蛋白胶黏剂

豆蛋白胶的基本组成单位是氨基酸，因分子结构中含有氨基和羧基等极性基团，因而对木材、玻璃、金属等材料具有良好的粘接能力。植物蛋白胶由大豆豆粕粉碎成 100～300 目的豆粉制成，胨状，呈淡黄色。因大豆的产地和品种不同，其蛋白含量也不一致，蛋白含量一般为 40%～50%。豆蛋白是球蛋白，其蛋白分子内含有极性基因，在分子内部结合为氢

键，使分子成螺旋状。制胶时应加入少量氢氧化钠溶液以破坏其氢键，使蛋白分子带有游离极性基团而分散于水中，当胶层水分蒸发后即起到粘接的作用。加入水玻璃可以控制胶液的黏度并延长胶的可用时间；加入氢氧化钙使之与蛋白反应成为不可逆性物质，可改进胶的耐水性；将丁苯或丁腈乳液与豆胶混合，可得到耐水、黏性、韧性的胶层，并可缩短加压时间。

传统大豆蛋白胶配方中，由于采用高达 3 倍的大液比变性剂，NaOH 用量一般要达到豆粉质量的 6%～7%，外加相当于豆粉质量 4% 的熟石灰，才能达到足够的碱变性强度。

豆胶的特点是原料丰富，价格便宜，用于压制粘接板时对单板的含水率要求不高，一般在 15%～20% 即可，既可热压又可冷压。豆胶粘接板没有臭味，具有较好的环保性。豆蛋白质胶的配方有多种，常用的配方见表 16-1。

表 16-1 常用豆胶的配方　　　　　　　　　　　　　单位：质量份

原料名称	配方 1	配方 2	配方 3	配方 4	配方 5	配方 6
豆粉	50	50	50	100	100	40
水	150	145	140	250	250	20～80
石灰乳	10	9	10			12
氢氧化钙				8	10	
水				40	50	
氢氧化钠	8	9	10	22(33%)	16(33%)	23
硅酸钠	15	15	20	40(40%)	20(40%)	18

注：配方 4、6 适宜于冷压。

调胶：①将豆粉和水加入调胶桶中搅拌 10min，搅拌速率为 60～80r/min；②将调好的石灰乳加入调胶桶，搅拌 5min；③加入氢氧化钠溶液，搅拌 35min；④加入硅酸钠，继续搅拌 10min，成胶后 10～20min 即可使用。

豆蛋白胶由于用碱作成胶剂，在粘接木材时，常常会有一些游离碱和木材中的某些成分（主要是单宁或木素）反应，产生有色物质，容易引起板面污染。为了防止污染，在不影响粘接强度的情况下，可适当减少水和碱的用量。同时，还可采取降低涂胶量、延长陈化时间、降低粘接压力及缩短加压时间等措施。如果已经产生碱污染，可用 5%～6% 草酸溶液擦拭，或用浓度为 8% 的亚硫酸钠溶液涂刷，再用草酸擦去。

16.1.2　骨胶胶黏剂

骨胶是以动物的软骨、结缔组织为原料加工提取而成，是骨胶朊衍生蛋白质的总称，属硬蛋白，一般呈浅棕色，溶于热水、甘油和乙酸，不溶于乙醇和乙醚。主要用于环保性要求较高的木材、金属、家具、皮革、织物、纸张、乐器和体育用品等方面；也用于丝绸和织物的上光，以及书籍装订与铜版纸的制造。

骨胶加水分解便变成明胶，反应式如下：

$$C_{102}H_{149}O_{38}N_{31} + H_2O \Longrightarrow C_{102}H_{151}O_{39}N_{31}$$

骨胶水溶液即为胶液，在 40℃ 以上时较稳定，40℃ 以下易凝聚，呈塑性流动。在高浓度下，30℃ 以上时即成胶液，30℃ 以下变为凝胶。胶液黏度随温度、盐含量和体系 pH 值变化而变化。常用骨胶胶黏剂配方见表 16-2。

配制时将干骨胶放入冷水中浸泡 24h 左右，充分膨胀后在 60℃ 下（过热易使胶变质）间接加热溶解，并加入适当配合剂。开始时加入适量水，溶解后加足水量，浓度为 20%～

50%。胶粉可直接加温水溶解，并充分搅拌，防止结块。常用的配合剂有脲醛树脂、三甲基苯酚、硫酸铝等，增塑剂有甘油、乙二醇和糊精等，增稠剂有硫酸铝、硫酸亚铁、硫酸铬，防腐剂有水杨酸和苯酚，填充剂有黏土和碳酸钙，稀释剂如硫脲、尿素、缩二脲和苯酚等。

表 16-2　常用骨胶胶黏剂配方　　　　　　　　　　单位：质量份

组分	木材用	涂漆纸用	增韧性
牛皮胶	70	100	30
尿素	14		
苯酚		2	
甲醛	7		
蓖麻油酸		60	
山梨糖醇甘油(3:7)			1
液体石蜡	1		
水	55~74	200	28

应用时，一般分别涂于被粘物表面，涂胶后立即粘接，停留时间过长，胶液温度降低时易出现凝胶。粘接后加压 0.1~0.5MPa，固化时间为数分钟（高频加热）至 16~24h（室温下）。

16.1.3　血朊胶黏剂

血朊胶是由动物的血清和血细胞等多种蛋白质组成的混合物，是利用血液中所含的蛋白质与氢氧化钙等化学药品作用而制得的胶黏剂，是多极性基团、结构复杂的高分子，螺旋状或球状构型。动物血液中的蛋白质含量以猪血、牛血为最高，可达 17%~18%。常见血朊胶即以猪血及牛血为主要原料。

通过机械搅拌或酸法沉淀，除去血液中的纤维蛋白，添加防腐剂，得到由血清白蛋白、球蛋白及血红蛋白组成的胶状悬浮液，再经干燥，即可得到血粉。用于配胶的血粉可分为可溶、部分可溶和不溶三类。将血粉浸泡在水中 1~2h，充分搅拌，缓缓加入碱液，搅拌混合即成胶黏剂。加入甘油、乙二醇等可以提高胶膜韧性，加入尿素等可稳定 pH 值，提高耐水性和耐老化性能。血朊胶耐水性比豆胶好，但色深。用于冷压、热压均可。

取血粉 100 份加入水中，搅拌后再加入氨 4 份和消石灰水溶液 3 份，制得血朊胶。用此胶粘接木材，在 0.25~0.5MPa 压力和 120℃下固化 10min，剪切强度可达 6~8MPa。

16.1.4　酪素胶

干酪素是从牛乳中提取的蛋白质，是半透明、无味无臭的固体。提取方法有自然发酵法和加酸法两种。自然发酵法是将牛乳在适当温度下，使其自然发酵生成乳酸，再将其加热至 55℃，由于酸性的作用酪素凝固而与水分离，捞出经水洗压榨后在 55℃干燥即得干酪素。

酪素胶就是将干酪素溶于碱性水溶液中，呈胶状的悬浊液。酪素胶的优点是无毒、抗震性好，可以在低温（≥0℃）下操作和固化，粘接强度较好。但耐水性、抗腐性差，配制不便，固化时间长，是非结构型胶黏剂。

酪素胶的配制有三种方法：①碱性液单独配制法；②氢氧化钙单独配制法；③氢氧化钙与钠盐混合配制法。其中配制法①具有可逆性，是不耐水的。配制法②无可逆性，耐水，但活性期极短。最好的是配制法③：氢氧化钙与干酪素反应，使干酪素变成不可逆性的蛋白质钙盐，因而具有耐水性；同时氢氧化钙与钠盐并用，能使胶液有较长的活性期。

酪素胶各组分的标准配比见表16-3。

表 16-3 酪素胶各组分的标准配比

组分	用量	组分	用量
干酪素	100g	钠盐	5.5g
氢氧化钠	20～30g	水	250～500g

16.1.5 蛋白混合胶

为了提高蛋白混合胶的耐水性和粘接强度，常用豆粉与血粉相混合，制成混合胶，常用配方见表16-4。

表 16-4 蛋白混合胶配方　　　　　　　　　单位：质量份

原料名称	配方 1	配方 2	配方 3	配方 4
血粉	30	70	40	40
豆粉	10	20	40	10
氟化钠				2～2.4
氢氧化钠(7%)	10	5	9	
石灰乳(1∶4)		45	35	15～18
水	110	350～380	160～180	270～280

调胶时先将血粉用4倍的20～25℃水浸泡3h以上，使血粉全部溶解，开动搅拌器，以20～25r/min的速度搅拌均匀，再按顺序加入豆粉、氢氧化钠、石灰乳，最后将所需的全部水加入后继续搅拌30min，即可成胶。

16.2 碳水化合物胶黏剂

植物中的淀粉、纤维素和阿拉伯树胶等碳水化合物都可制作胶黏剂。这类胶黏剂制作简单，使用方便，一般无毒，但耐水性、耐生物分解性均差，改性后将有所提高。

16.2.1 淀粉胶黏剂

淀粉胶黏剂是一种价格低廉，使用面广的天然高分子胶黏剂。淀粉分子式为 $(C_6H_{10}O_5)_nC_6H_{12}O_6$，属于多糖类物质，是右旋葡萄糖聚合物，相对密度为 1.4～1.5，水分含量为 10%～20%。因来源不同而成分和性能各异，见表16-5。

表 16-5 各种淀粉特性

性能	玉米	大米	小麦	木薯	甜薯	土豆
颗粒形状	多面体	多面体	片状	铃状	铃状	卵状
直径/μm	6～21	2～8	5～40	4～35	2～40	5～100
直链淀粉/%	25	19	30	17	19	25
水分/%	13	13	13	12	12	18

续表

性能	玉米	大米	小麦	木薯	甜薯	土豆
蛋白质/%	0.35	0.07	0.38	0.02	0.1	0
脂肪/%	0.04	0.056	0.07	0.1	0.1	0.05
灰分/%	0.08	0.1	0.17	0.16	0.3	0.57
P_2O_5/%	0.045	0.015	0.149	0.017	0	0.176
糊化温度/℃	77~78	75	75	67~78	75	65~66
结晶度/%	39	38	36	38	37	25

　　淀粉可分为直链淀粉（见图 16-1）和支链淀粉（见图 16-2）。直链淀粉由 α-1,4-葡萄糖苷键连接而成，聚合度约为 70~350，在淀粉中约占 23%，可溶于热水，不含磷质，不生糊；支链淀粉是由右旋葡萄糖生成的，含有磷酸酯，主链由 α-1,4-葡萄糖苷键连接而成，支链由 α-1,6-葡萄糖苷键连接，平均聚合度为 280~5100，在淀粉中约占 77%，可生成一种糊。淀粉之所以能够成为一种良好的胶黏剂，就是因为其含有可生成糊的支链淀粉和能促进发生凝胶的直链淀粉。

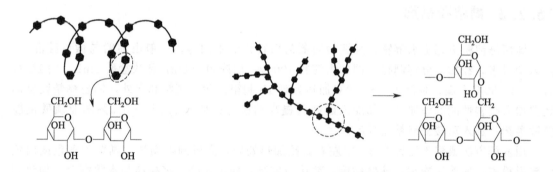

图 16-1　直链淀粉结构示意图　　　　　图 16-2　支链淀粉结构示意图

　　淀粉胶黏剂通常由淀粉（如玉米、土豆、小麦、木薯、甜薯和大米淀粉等）加水、氧化剂（双氧水、次氯酸钾、高锰酸钾等）、糊化剂（氢氧化钠）、还原剂（硫代硫酸钠）、催化剂（Cu、Co、Ni 等的过渡金属盐）等助剂组成。为了提高胶黏剂的黏结性能，往往还要加入改性剂（如聚乙烯醇、脲醛、聚丙烯腈等），制成改性胶黏剂。

　　淀粉胶黏剂的制法有加热法、碱熟法、淀粉酶法等多种，其中以加热法和碱熟法为主。淀粉加水加热糊化时，即使浓度很低，黏度也会增至很高，不利于加工和使用。为此，可加入适当的酸、碱、盐等添加剂使其分子解聚。此外，采用水解、甲基醚化和酰化等方法改性淀粉，制得的淀粉衍生物在高浓度下可得到较低的黏度。常用淀粉胶黏剂配方如表 16-6 所示。

表 16-6　常用淀粉胶黏剂配方　　　　　　　　　　　　　单位：质量份

组分	日用糨糊	厚纸板用	耐水纸用	木材用
小麦淀粉	100			
玉米淀粉		32	24	
土豆淀粉				150	320
参茨淀粉				46.7
苛性钠(30%)	25mL	23.3	9.6	
硼砂			0.7	
甲醛	10mL			

续表

组分	日用糨糊	厚纸板用		耐水纸用	木材用
油酸钠	1				
1%淀粉磷酸酶				15mL	
氯化镁				5	
3%双氧水					10mL
碳酸氢钠					0.65
盐酸(20%)	适量				
水	300	58L	40L	850	500
制备工艺	淀粉与水混合后加入苛性钠,搅拌 1h,中和至 pH 值为 7.5,再加入其他组分	两组分分别制备、混合,粘接时加热固化		经 70℃、45min 加入 Ca(ClO)₂1g、脲醛 15g 和水 75mL,混合均匀	16~18℃下搅拌 8h

16.2.2 糊精胶黏剂

糊精是淀粉不完全水解物,是淀粉向葡萄糖转化的中间体。一般由淀粉与微量酸混合,加入少量水,经加热分解制得。例如由淀粉1000g,加浓硝酸2mL和浓盐酸3mL,用1L水稀释,经50℃干燥,再经110~140℃加热处理1h制得。除了糊精和水外,制备糊精胶黏剂还要加入改善性能的添加剂:如加入硼砂可提高粘接力;加入 0.1%~0.5% 的亚硫酸钠能消除臭味;加入草酸提高粘接强度。

用发酵方法或将干淀粉在 200℃ 左右直接加热处理,亦可制得糊精。糊精为黄色或白色无定形粉末,能溶于冷水,液体黏稠,粘接力较高,稳定性好。将糊精与水等混合,加热到 50~80℃ 搅拌 0.5h 左右即成,水的用量为糊精的 2~3 倍。

糊精常用的配合剂有增黏剂,如碱性无机盐(如硼砂)、某些有机酸(如铬酸、酒石酸、草酸、含氧乙酸盐等),能提高粘接力和初黏力;增塑剂如甘油、乙二醇和山梨醇,用量约为 2%。

可溶性淀粉是将淀粉与水混合,在 0.2~0.3MPa 下加热,冷却后用乙醇析出可溶物,干燥即得;或将淀粉与 0.50% 硝酸混合,缓慢升温至 100℃ 左右,处理 3~5h,蒸发除去酸所得。可溶淀粉与糊精相比,分解度较小,仍保持原有粒状,不溶于冷水、乙醇和乙醚,易溶解于温水和沸水。溶解物呈透明液体,黏度比同浓度普通淀粉低得多,有良好的渗透性,但初黏力较低。可溶淀粉胶黏剂制法与普通淀粉基本相似。可加入甘油和硬脂酸等以起增加表面活性的作用,提高粘接力。表 16-7 为常用糊精胶黏剂的配方。

表 16-7 常用糊精胶黏剂的配方 单位:质量份

组分	配方Ⅰ	配方Ⅱ	组分	配方Ⅰ	配方Ⅱ
白糊精	20	50	亚硫酸钠	0.3	0.5
黄糊精	30		五氯酚钠	2	
葡萄糖		5	甲醛		25
硼砂	2.5	1	水	适量	50
苛性钠		1	工艺说明	混合后,经 70~80℃、3min 加热	糊精、葡萄糖和水混合,在 50℃下加热,再加其余组分
硬脂酸钠	0.5				

16.2.3 纤维素胶黏剂

纤维素是构成植物细胞壁的主要成分，与淀粉不同，纤维素完全为直链结构，结晶部分多，不溶解于水，可酯化和醚化，生成多种衍生物，可用作胶黏剂。

（1）纤维素醚类衍生物

可作胶黏剂的纤维素醚类衍生物主要有甲基纤维素、乙基纤维素、羟甲基纤维素和羟乙基纤维素四种。

①甲基纤维素。甲基纤维素系由氯甲烷或硫酸二甲酯与纤维素在碱存在下作用而成，也可由纤维素与甲醇在脱水剂存在下作用而成，为灰白色纤维状粉末，不溶于乙醇、乙醚，溶于冰乙酸，在水中溶胀成半透明胶状黏性液。甲基纤维素性能随醚化度和所用介质而变化，见表 16-8。单相介质醚化的甲基纤维素，在盐类存在下会产生凝胶。

表 16-8　醚化度和介质对甲基纤维素性能的影响

介质	醚化度	碱溶液	水	有机溶剂
多相	0.1～0.6	溶解		
	1.3～2.6		溶解，升温析出	
	2.4～2.8			溶解
单相	1.0		溶解，升温不析出	

② 乙基纤维素。乙基纤维素又称纤维素乙醚，简称 EC，分子式为 $[C_6H_7O_2(OC_2H_5)_3]_n$，是由氯乙烷与碱纤维素醚化而得的白色粒状热塑性固体，性质随乙氧基含量而变化，相对密度为 1.07～1.18，软化点为 100～130℃。醚化度在 0.7～1.3 的乙基纤维素具有水溶性，耐寒性优良，-40℃时仍有足够的弹性，不易燃烧，吸湿性小，透明度高，具有高度的化学稳定性，使用温度为 -60～85℃，用途与甲基纤维素相似。

③羧甲基纤维素（CMC）。羧甲基纤维素俗称化学糨糊，是白色粉末状物质，由纤维素在氢氧化钠溶液中与氯乙酸作用，羟基上的氢被羧甲基取代，制得羧甲基纤维素钠盐。羧甲基纤维素醚化度为 1.0～1.3 时，可溶于碱液；醚化度在 0.4 以上时可溶于水，普通产品醚化度在 0.5～0.8 左右，溶液具有较高黏性。羧甲基纤维素以适量的水调配即成透明的胶液，对热和光相当稳定。

④ 羟乙基纤维素。羟乙基纤维素（HEC）是由环氧乙烷与纤维素在碱存在下醚化而成的。由于含有亲水性的羟乙基（—CH₂CH₂OH），HEC 易溶于冷水和热水，水溶液的 pH 值为 6.5～8.5，加热时不出现凝胶化现象，成膜性好，可制成透明的薄膜，软化点大于 140℃，分解温度为 205℃。

（2）纤维素的酯类衍生物

① 硝酸纤维素。硝酸纤维素为纤维素的硝酸酯，又称硝化棉、火药棉、硝化纤维素。硝酸纤维素配制胶黏剂时，需适当配合树脂、增塑剂、溶剂和助剂等。

② 醋酸纤维素。醋酸纤维素又称纤维素醋酸酯，是以精制短棉绒经乙酸活化，在硫酸催化剂存在下，用乙酸和乙酐混合液使之乙酰化，然后加稀乙酸水解得到所需酯化度的产物。

16.3 天然树脂胶黏剂

16.3.1 单宁胶黏剂

单宁是一种含有多元酚基和羧基的类似有机化合物的混合物，广泛存在于植物干、皮、根、叶和果实中。含单宁的植物种类很多，但所含组分不同。目前，单宁主要来源于木材加工中树皮下脚料和单宁含量较高的植物，如金合欢树等。单宁溶于水、乙醇和丙酮，略带酸性，有涩味。单宁中含有较多酚羟基，将单宁、甲醛与水混合，加热，得酚醛型树脂，然后配入固化剂和填料，搅拌均匀，即得胶黏剂。配制举例见表16-9。利用黑荆树的单宁与甲醛反应可制成中温固化的胶黏剂。

表 16-9 单宁胶黏剂配方　　　　　　　　　　单位：质量份

合成树脂原料	TF-1(日本)	TF-2(日本)	胶黏剂组成	TF-1(日本)	TF-2(日本)
金合欢单宁	100	100	TF 树脂	100	100
甲醛	9.25	13.9	30%苛性钠	2.0	2.0
水	100	100	多聚甲醛	2.5	2.5
			填料	3.0	3.0

单宁胶黏剂具有良好的耐湿热性能，粘接木材性能与酚醛树脂胶相似。

16.3.2 木质素胶黏剂

木质素是一种分子量较高的天然聚合物，是木材的主要组分之一，约占25%。木质素为无色至淡黄色树脂，经酸、碱和热作用，会变为棕色至深棕色。极难溶解，仅溶于1,4-二噁烷、丙酮、甲氧基乙醇，以及1,4-二噁烷-硝基苯、丙酮-硝基苯、甲氧基乙醇-硝基乙烷等。

作为一种可再生的生物质资源，木质素产量仅次于纤维素，是自然界中产量居第二大的天然有机物。木质素很难从木材中直接提取，工业木质素是制浆造纸工业所产生废液的主要成分，资源极为丰富，全世界每年产量约为5000万吨，其中只有不到10%得到有效利用，其他大部分都被排入江河或烧掉，造成环境污染和资源浪费，由于近年来石油资源日趋短缺而受到重视。木质素具有苯酚结构而利于制备木材胶黏剂，造纸废液中的大量木质素已被用来作为胶黏剂原料代替部分酚醛树脂。但是木质素本身反应活性低，不单独用作胶黏剂，一般需要将其活化后再利用。木质素酚基与甲醛作用获得类似酚醛树脂的聚合物，并可与环氧异氰酸酯、苯酚、间苯二酚等其他化合物并用，以改进耐水性能。木质素-环氧树脂胶黏剂性能几乎与一般酚醛树脂相同，主要用于制造粘接板和刨花板等，但黏度高，色泽深。常用的配方及制备方法如下。

（1）配方

木质素填充改性酚醛树脂胶配方见表16-10。

表 16-10 木质素填充改性酚醛树脂胶配方

原料	配比/质量份	原料	配比/质量份
苯酚	100	氢氧化钠	0.5~0.8
甲醛	150	溶剂	适量
木质素	30~40		

（2）制备方法

把苯酚和甲醛按质量比为 1∶1.5 的比例加入带有回流冷凝器的圆底烧瓶中，另外加入一些 NaOH 作为催化剂，在 90～100℃水浴回流 1h，加入木质素，再在 90～100℃下回流 3h，制得木质素-酚醛树脂胶黏剂。在苯酚和甲醛反应过程中，木质素的活性羟基及醛基同时参与反应，其醛基与羟甲基苯酚发生反应，且在树脂中引入较大的取代基团，减少了酚醛树脂间的缩聚作用，提高了树脂的贮存稳定性，同时降低了游离酚、游离醛的含量。

（3）性能

木质素填充改性酚醛树脂胶的基本性能指标见表 16-11。

表 16-11　木质素填充改性酚醛树脂胶的基本性能指标

种类	固含量/%	黏度(25℃,涂-4 杯)/s	pH 值	可被溴化物/%	游离酚含量/%	水混合性	外观
酚醛树脂胶	45～50	85	10～12	>12	<2.5	20 倍以上	棕红色
木质素填充改性酚醛树脂胶	40～45	80	10～12	>12	<0.1	20 倍以上	棕红色、微浑

① 该胶黏剂具有较好的剪切强度，且达到国家标准Ⅰ类板大于 1MPa 的要求。

② 利用木质素改性制备胶黏剂，不仅减少了甲醛释放量，而且节约了苯酚的使用量，降低了成本。

（4）应用

该胶黏剂主要用于粘接板的粘接。

实际上，除了造纸工业产生的木质素外，研究发现木材经过褐腐菌降解后残留主要成分是结构部分发生变化的木质素，这种可再生生物质资源以其自身的结构特点在合成胶黏剂上也有很大的优势。

16.4　生物质液化胶黏剂

农林废弃物（如秸秆、锯末、甘蔗渣、稻壳等）被认为是可充分利用的生物质材料，是由纤维素、半纤维素和木质素所构成的天然高分子化合物。生物质材料在某些有机物或催化剂以及加压或常压条件下能够由固态的大分子降解成具有反应活性的液态小分子，从而使其转化为醇类、可燃性油或其他带有特定官能团的化合物。

当前生物质材料液化方法主要分为两种：一种为酚存在的条件下，以酸为催化剂的中温反应，或无催化剂的高温液化；另一种为多元醇存在的条件下，以酸为催化剂的木材液化。当前较为常用的方法是在酸性催化剂条件下的生物质材料苯酚液化。液化木材可用于制备酚醛树脂、环氧树脂和聚氨酯。

目前，木材的液化较为成熟，其基本制备过程为：

将粒度为 40 目以下的木粉置于 105℃烘箱中干燥 24 h。称取定量的木粉于装有搅拌器、温度计和回流冷凝管的三口烧瓶中，按照质量比苯酚∶木粉＝（2～5）∶1 加入苯酚，使之混合均匀并加热。待升温至设定温度时加入木粉质量 5% 左右的浓硫酸作为催化剂，在 140～160℃的温度下反应 1～5 h，待混合物中残渣较少时将三口烧瓶立即置于冰水中结束反应。然后经中和、过滤、减压蒸馏便得到液化木材。向液化木材中加入一定量的聚乙二醇，并混合均匀，作为 A 组分；以一定量的 PAPI 作为 B 组分。将 AB 两组分均匀混合即得到了液化木材聚氨酯胶黏剂，可用于胶合木材，其拉伸剪切强度可达 5 MPa。

16.5 常见生物质胶黏剂的改性

16.5.1 大豆蛋白胶的改性

天然的大豆蛋白是含有 18 种氨基酸的复杂大分子。蛋白质的组成单位是氨基酸。蛋白质的化学结构可简单描述为：

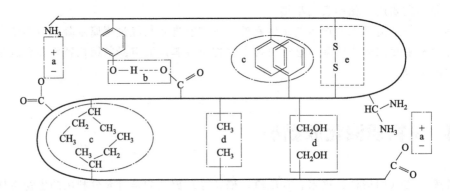

通过破坏大豆蛋白质折叠结构中的氢键和二硫键（见图 16-3 所示），暴露埋藏在主链上未改性的蛋白质内部疏水区的氨基酸残基，使蛋白质分子充分展开，从而可形成能够牢牢吸附在木材基底的胶层。

图 16-3 蛋白质的折叠结构

大豆蛋白胶黏剂存在着诸多的不足，如耐水性差、粘接强度低、防腐性能差等问题。因此需要进行改性处理才可应用于实践之中。其改性方法主要有物理改性及化学改性。

（1）物理改性

物理改性是利用一定的机械处理、电磁力干扰、温度变化等物理形式，从而改变蛋白质肽链之间的结合方式和蛋白质分子间作用力来引起蛋白质变性的一种方法。主要的物理改性方法有：超声波、微波、加热、高频电场、高压辐射等。物理改性具有费用低、无毒副作用、作用时间短的特点，可以使大豆蛋白胶增溶和凝胶，但可能会使其黏结性能下降。其中超声处理能够改变蛋白质的三级结构，使其疏水基团暴露于水相中，从而显著提高大豆蛋白的表面疏水性。其他的方法如加热、超高压射流破碎、高压脉冲电场等，也会对蛋白质的结构造成部分影响，但是改性程度远小于化学改性的作用结果。

① 加热改性。对大豆蛋白质进行加热，当对蛋白加热改性的温度达到一定程度后大豆

蛋白的变质不能恢复。研究表明蛋白质在经过高温处理后，制得的大豆蛋白胶黏剂粘接强度明显加强。

②　高压处理。高压处理会使大豆蛋白分子之间发生急剧的碰撞和振动，大豆蛋白分子中出现孔洞，可减弱分子间的作用力，超微细化固体颗粒，从而提高大豆蛋白的溶解度、起泡性和乳化性。研究表明，对大豆蛋白进行高压处理后会大大提高大豆蛋白凝胶能力及持水性。

③　超声波处理。超声波处理大豆蛋白溶液时，起主要作用的是超声波的空化效应。可以提高大豆分离蛋白凝胶弹性大小、回弹性和硬度，而且超声作用也可对大豆分离蛋白的起泡能力产生有利影响。有研究人员利用超声波处理大豆蛋白之后，结合硫酸钙增强凝胶效果，证明了经过超声波处理后的蛋白质分子更利于形成二硫键，凝胶强度明显提高，持水性和凝胶性得到显著改善。

（2）化学改性

化学改性主要是利用化学的方法对大豆蛋白进行处理，使得大豆蛋白大分子与聚合物之间发生化学反应，改变原蛋白分子链上的官能团和原子的种类，或者使蛋白分子间结合方式改变，达到增强大豆蛋白胶粘强度的效果。化学改性包括接枝共聚、碱处理、酰化、交联改性、表面活性剂改性等。

①　碱改性。通过改变蛋白质分子周围的离子浓度来破坏分子间和分子内的静电作用，改变大豆蛋白质的构象进而提高溶解度，使得极性和非极性基团暴露。用于木材热压胶合时，木材大分子与胶黏剂之间相互反应，达到改善胶黏剂的耐水性能和粘接强度。

有学者采用硼酸、柠檬酸、氢氧化钠、尿素和脲酶抑制剂等改性大豆蛋白胶黏剂，并将其用做麦秸刨花板的胶合。实验结果表明：NaOH 能让蛋白质内部的氢键断裂，极性基团暴露，可增强其附着力；柠檬酸中存在的羧基可以与蛋白质中的氨基作用，硼酸与大豆蛋白胶黏剂中的碳水化合物作用形成螯合物，使得大豆蛋白胶黏剂的吸水率显著降低、耐水性增强。

同时，研究还发现：当用 NaOH 改性大豆蛋白胶黏剂时，在 NaOH 的水解作用下，蛋白质的空间结构被破坏，极性基团的暴露使得大豆蛋白胶黏剂的粘接强度提高；随着碱用量的提高，大豆蛋白胶黏剂的耐水粘接强度也有一定程度的提高。这是因为大豆蛋白 2 级结构中无规卷曲结构含量越高，越有利于胶接。而 NaOH 可以使大豆球蛋白分子分散、展开并发生部分水解，暴露出更多的蛋白质基团，包含内部的疏水基和羟基等，因此可增加热压过程中胶黏剂的活性。

②　尿素改性。尿素分子上具有很多氢氧原子，通过尿素与蛋白质中的羟基相互作用使其分子内氢键断裂，破坏蛋白质的二级结构，从而使聚合体展开，达到增加耐水性能的目的。但尿素浓度不宜过高，否则大豆蛋白会发生过度水解，影响大豆蛋白胶黏剂的粘接强度。

研究者采用正交试验法筛选制备乙醇/尿素复合改性大豆蛋白基胶黏剂的优化方案，结果表明：所制备胶黏剂的固含量为 10.34%、黏度为 52.0 Pa·s，干态和湿态粘接强度分别为 2.54 MPa 和 1.37 MPa，均能达到国标要求的 Ⅱ 类胶合板标准要求。同时研究还发现，采用低碱含量尿素改性和均质处理两种方法分段处理脱脂大豆粉，得到了符合 Ⅱ 类胶合板标准的大豆基木材胶黏剂。通过研究不同液比及尿素加入量，大豆蛋白基胶黏剂的耐水粘接强度最高可达 1.002 MPa。

③　表面活性剂改性。常用的改性表面活性剂主要有十二烷基硫酸钠（SDS）和十二烷

基苯磺酸钠（SDBS），这两种化合物都能与蛋白质分子中的肽链发生强烈的相互作用，使蛋白质分子能够以复合物的形式溶入水中，增加胶黏剂的溶解性。改性后的蛋白质结构伸展使得内部疏水端向外，加强了蛋白胶的耐水性能。

将用十二烷基硫酸钠和十二烷基苯磺酸钠改性的大豆蛋白胶由于胡桃、樱桃和松木胶合板，结果表明：十二烷基硫酸钠和十二烷基苯磺酸钠两种表面活性剂均可提高大豆蛋白胶黏剂的粘接强度；在所有测试的木板胶接件中，用1%十二烷基硫酸钠或1%十二烷基苯磺酸钠改性的大豆蛋白具有相对较高的粘接强度。当用十二烷基磺酸钠对脱脂豆粉进行改性时，得到的最优工艺条件为：弱碱条件下（pH=8），反应温度和反应时间分别为35 ℃、4h，改性大豆胶耐水粘接强度均达到并超过了0.70 MPa，达到了国家规定的Ⅱ类胶黏剂的要求。

④ 接枝改性。大豆蛋白的多肽链上就有很多氨基和羟基等亲电基团，接枝改性的原理是在蛋白质肽链上产生活化点，而后接枝单体的双键被打开，接枝到活化点上，改变大豆蛋白质分子中的亲水和疏水基团，从而影响胶黏剂的剪切强度和耐水性能。

当用马来酸酐（MA）对大豆蛋白进行改性处理，得到MA改性大豆蛋白（MSPI）后将MSPI和聚乙烯亚胺（PEI）混合，使PEI中的氨基通过迈克尔加成与马来酰基中的酰胺反应，产生具有高度交联的水不溶性网络结构的聚合物，从而达到提高耐水性及粘接强度的目的。同时，研究人员用微晶纤维素（MCC）和尿素共同改性大豆蛋白胶黏剂得到MUSP（微晶纤维素/尿素接枝改性大豆蛋白），其外观和pH值均无明显变化，但粘接强度却显著提高：当W（MCC）为1%、尿素为1 mol/L、热压温度为100 ℃和热压时间为10 min时，改性大豆蛋白胶黏剂的粘接强度相对最高（为2.04 MPa）。有研究表明：用三聚氰胺甲醛树脂（MF）处理大豆蛋白，并用丙烯酸甲酯（MA）进行接枝改性，再与苯乙烯（St）共聚后制备改性大豆蛋白胶黏剂，其中大豆蛋白、改性剂以及马来酸酐的掺量均会影响胶黏剂的耐水粘接强度。

⑤ 交联改性。蛋白质肽链上的分子上有多种功能基团，交联改性方法是通过引入某些具有两个或多个反应活性部分的化学试剂在两个氨基酸残基间搭桥链接，在胶黏剂固化过程中形成多肽链和蛋白质分子间的交联。硫醇和亚硫酸盐等硫化物是大豆蛋白改性中常见的交联剂，他们能够降解蛋白质分子内和分子间的二硫键，从而提升蛋白质表面疏水性。通常使用一些官能度大于2的交联剂对大豆蛋白胶黏剂进行改性。常用的交联剂有三聚氰胺-甲醛树脂、聚丙烯酸、酚醛树脂等。

研究者利用水解的方法得到大豆分离蛋白（SPI），然后加入尿素、三聚氰胺和甲醛，通过溶液聚合反应合成了含有具有稳定的三嗪环结构的水解大豆蛋白基改性三聚氰胺脲醛树脂（SPI/MUF）胶黏剂。同时，利用三聚氰胺树脂及混合树脂对大豆蛋白基胶黏剂进行交联改性时发现：交联剂均能有效提高改性大豆蛋白基胶黏剂的耐水性，其耐水粘接强度达到国家Ⅱ类胶合板的技术要求，部分甚至达到Ⅰ类要求。在利用改性三聚氰胺树脂对大豆粉进行交联改性处理后制备大豆基蛋白胶黏剂时发现：当三聚氰胺树脂加入量为总量的20%时，改性大豆基胶黏剂的耐水粘接强度有着明显的提升，达到了国家Ⅱ类胶合板要求（≥0.7MPa）。但是大豆蛋白胶与醛类树脂进行交联改性的过程中，也引入了甲醛，在产品加工与应用过程中依旧存在甲醛气体释放的危害，因而部分研究采用环氧树脂对大豆基胶黏剂进行交联改性。

交联改性的方法多种多样，如将聚乙烯醇、大豆蛋白和水加入三口瓶中加热到90 ℃保温1 h，降至80 ℃后加入一定量的醋酸钠搅拌30 min；然后滴加部分甲基丙烯酸甲酯，同时滴加部分过硫酸铵（每5 min滴加5滴），反应30 min后加入少量N-羟甲基丙烯酸酰胺。

再连续滴加大量甲基丙烯酸甲酯，同时滴加大量 APS（每 5min 滴加 5 滴），反应 3～4 h 后再加入顺丁烯二酸酐，降温到 30 ℃后得到交联改性大豆蛋白胶黏剂：当加入大豆蛋白 2.5 g、PVA10 g、MMA36 g、APS0.32 g 和水 200 g 时所制得的改性大豆蛋白粘接强度最为优异。

⑥ 纳米纤维素改性。纤维素分子是由 β-D-葡萄糖基经过 1,4-糖苷键连接形成的线性高分子，在酸性的环境中，糖苷键可以发生断裂，从而使纤维素降解成不同的水解产物。由于纤维素分子链中的每个葡萄糖单元都含有三个羟基，因此分子链很容易形成分子内和分子间氢键。纤维素存在着两相结构，纤维素分子链排列紧密而有序的是结晶区，分子链排列疏松而无序的是无定形区。结晶区的分子间氢键不仅使纤维素分子链线性完整性和刚性得到增强，而且使分子链的结晶区更加紧密，而结晶结构的存在将使纤维素有较高的强度和力学性能。

研究者利用竹微/纳纤丝（MBF）和化学改性过的大豆蛋白胶黏剂制备可降解的纳米复合材料。当使用添加不同比例纳纤丝-大豆蛋白胶黏剂制备杨木胶合板时发现，纳米纤丝的加入可显著提高大豆蛋白胶黏剂的粘接强度。

⑦ 酰化改性。大豆蛋白胶黏剂的酰化改性主要有两种方法：乙酰化和琥珀酰化。大豆蛋白胶黏剂经过酰化改性后的蛋白质支链分子结构会发生延长，达到减少静电荷量和降低等电子的效果。用氯化磷酸、少量的磷酸和酒石酸作为催化剂，用含有一定量的双乙酰酒石酸的乙醇溶液对大豆蛋白进行处理，制得的大豆蛋白胶黏剂粘接强度可以超过 2 MPa，符合Ⅱ类胶合板的要求。

⑧ 酶法改性。通过蛋白酶降解大豆蛋白质改变蛋白质的结构，增加其分子内或者分子间的交联度，使其相应的功能性质发生一定改变的过程。基于酶专一性的特点可以有效控制蛋白质的水解度，甚至控制肽键断开的位置。有研究者用胃蛋白酶水解大豆蛋白制作大豆胶的基料，水解后的大豆蛋白溶液可满足制备大豆蛋白胶黏剂的要求。虽然酶的专一性强、反应速度快，但酶改性也可显著降低大豆分离蛋白的黏度，酶解同时会导致凝胶性的降低，甚至达到无凝胶性的程度。研究人员用胰蛋白酶对大豆蛋白进行改性，虽取得一定成果，但受条件和成本的约束，离实际应用还有一定的差距。

16.5.2　骨胶的改性

骨胶是绿色环保型天然高分子胶黏剂，虽然具有悠久的使用历史，但存在凝固点高、使用前需要加热、储存期短、水溶液稳定差、耐水性差、粘接强度不稳定、易霉变、不耐腐、胶膜韧性差等问题，严重制约了骨胶的应用。因此，有必要针对这些缺点进行改性处理，提高综合性能。

骨胶分子链的结构如图 16-4 所示。骨胶的氨基酸中有大量的活性官能团（如羟基、酚羟基等），所以可以利用活性基团特有的性质发生化学反应从而很好地改善骨胶的综合性能。骨胶的改性主要有化学改性与共混改性。

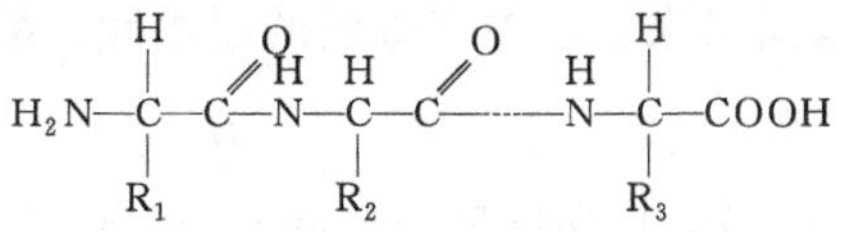

图 16-4　骨胶分子链结构

（1）化学改性

① 水解、接枝共聚改性。在酸或碱性条件下对骨胶进行水解，降解为小分子的短肽链和氨基酸，再将交联剂接枝到短肽链和氨基酸上形成线性结构，如图 16-5 所示。

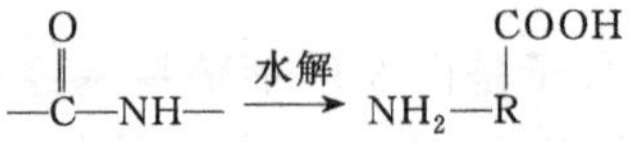

图 16-5　骨胶水解

这种改性方法可以增大骨胶的黏度，降低凝固点。有学者以环氧氯丙烷为交联剂，采用酸解、共聚交联法合成改性骨胶胶黏剂。结果表明：当酸解温度为 60 ℃、酸解时间为 30 min、共聚交联温度为 50 ℃、交联剂用量为 10% 和接枝共聚时间为 90 min 时，制备的改性胶黏剂常温下为液态，胶合性能良好。其合成原理如图 16-6 所示。水解常用的酸碱有盐酸、柠檬酸、氢氧化钠等，常用的交联剂有丙烯酸、戊二醛和环氧氯丙烷等。

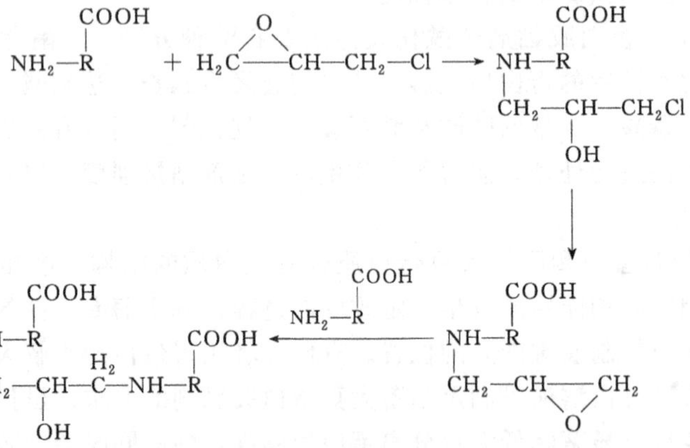

图 16-6　环氧氯丙烷接枝共聚骨胶示意图

② 缩合改性。用骨胶分子中的羧基与含羟基的物质如淀粉发生缩合反应，从而达到改性骨胶的目的。这种改性骨胶水溶性和稳定性良好（存放 1 年不分层、不腐败），常温不凝胶。但是，这种改性方法受到淀粉某些性质的限制：若反应温度过低，淀粉不能与骨胶充分反应；若反应温度超过 80 ℃，淀粉很不稳定，淀粉分子自身会发生反应。因此，若想使其得到大范围推广和应用，仍需进行更多探索。其缩合反应方程式如下：

$$Rn-COOH + St-OH \longrightarrow Rn-COOSt + H_2O$$

③ 酯化改性。酯化改性通常是用乙醇改性骨胶，可提高骨胶胶黏剂的耐水性。醇改性骨胶是以工业骨胶为原料，通过降解、交联之后加入醇进行酯化而对骨胶进行改性，制备出耐水性较好的骨胶胶黏剂。目前主要采取碱解（多为 NaOH 水解），交联剂多用环氧氯丙烷，水解、交联机理和前面的水解、接枝共聚改性机理相同。在降解、交联之后加入乙醇，骨胶分子中的羧基与乙醇分子的醇羟基发生酯化反应，进而改变骨胶分子原有的结构，使骨胶分子中的疏水性基团充分暴露出来，以提高骨胶的耐水性。酯化改性反应式如下：

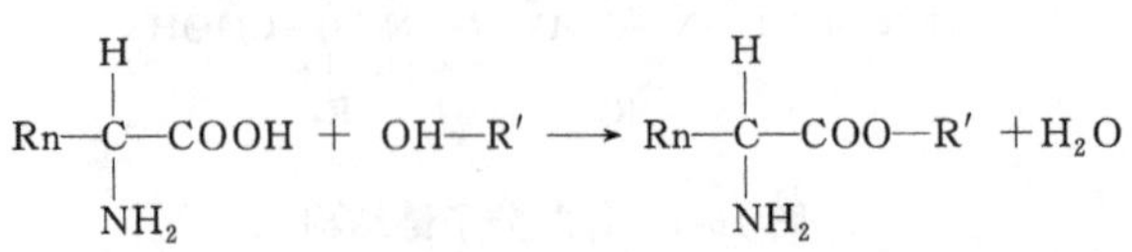

$$Rn-\overset{\overset{\displaystyle H}{|}}{\underset{\underset{\displaystyle NH_2}{|}}{C}}-COOH + OH-R' \longrightarrow Rn-\overset{\overset{\displaystyle H}{|}}{\underset{\underset{\displaystyle NH_2}{|}}{C}}-COO-R' + H_2O$$

酯化改性虽然能够明显提高骨胶的耐水性，但是骨胶与水分子之间的氢键作用减弱，使得骨胶胶黏剂的胶合性能有所降低，难以做到两全其美。

④ 醛修饰改性。即利用骨胶分子中的氨基与聚乙烯醇缩甲醛中的游离甲醛发生加成反应，生成具有稳定结构的氨衍生物，从而达到改性骨胶的目的。由于在改性过程中不会断开骨胶分子中的肽键，故改性骨胶的黏度增大。另外，从环保角度考虑，醛修饰改性过程中骨胶结合了聚乙烯醇缩甲醛中的游离甲醛，减少了甲醛的排放，有利于人体健康与环境保护，也为骨胶的多功能化发展提供了可能。

⑤ 金属离子配位改性。利用金属离子（Al^{3+}、Zn^{2+} 和 Cu^{2+} 等）对骨胶进行改性。先利用酸或者碱水解骨胶，然后加入分散剂将短肽链和氨基酸分散开，再引入可配位的金属离子与短肽链和氨基酸的氨基、羧基进行配位，得到改性骨胶。由此制备的改性骨胶在耐水性、凝固点、黏度、剪切强度等方面均得到明显改善。与环氧氯丙烷等改性相比，此法绿色环保、污染较小、制备工艺简单且在实际生产中操作方便。此法现在虽仍处于探索阶段，但其发展前景较广阔，为未来骨胶的改性提供了新方向。

（2）共混改性

共混改性属于物理改性，目前用到的骨胶共混改性主要是骨胶与小分子材料共混，如骨胶和低分子增塑剂甘油的共混改性。将骨胶按一定水胶比加水浸泡若干时间后，加热溶解得到液胶，在一定温度与一定时间下，将定量的甘油逐步加入胶液中，经过处理得到一定含水量的骨胶，即改性骨胶，该胶胶膜柔软且富有弹性，性能更加稳定，并且改性骨胶的抗静电能力、吸收放湿性能、弹性及衰变性能更加良好。这种改性方法简单、操作方便且生产工艺成本低，是骨胶共混改性的典型代表，具有重要的借鉴意义，未来可与骨胶的其他改性相结合，制备出性能更加优良的骨胶。

（3）物理化学结合改性

即将物理方法与化学方法有效结合在一起对骨胶进行改性，使改性骨胶兼具物理性能优势和化学性能优势，比如蒙脱土插层改性。蒙脱土由于具有比较特殊的晶层结构，使其可与有机阳离子进行交换，生成有机化的蒙脱土；利用蒙脱土的这种性质将骨胶与蒙脱土进行插层，形成骨胶蒙脱土插层复合物，从而达到改性骨胶的目的。

目前利用插层技术对骨胶的改性大致可分为两种途径：

① 将蒙脱土进行有机化处理，得到纳米有机化的蒙脱土。然后将改性骨胶插层至纳米有机化的蒙脱土中，再加入交联剂（一般用环氧氯丙烷）进行改性，形成交联的骨胶蒙脱土插层复合物。

② 骨胶经交联（戊二醛为交联剂）改性后插入蒙脱土中，形成交联的骨胶/蒙脱土插层复合物。由于蒙脱土插层改性将物理方法与化学方法结合在一起，得到的改性骨胶不仅具有热稳定性好、韧性高、凝固点低和适用期长等特性，而且兼有一部分纳米材料的性能。虽然蒙脱土插层改性技术在实验室中得到了较好的结果，其发展空间较大，但这种方法的缺点在于目前对天然高分子材料蒙脱土插层的研究较少，无法全面获知这方面的资料，需要更多的实验探索。

16.5.3　淀粉胶的改性

相对脲醛树脂、酚醛树脂等胶黏剂而言，淀粉胶黏剂来源更加广泛，不含游离甲醛，绿色环保，因此拥有很广泛的市场前景。但是淀粉分子链依靠羟基之间形成的氢键连接，当其遇水之后氢键易被破坏，导致淀粉胶黏剂的耐水性变差。同时淀粉来自自然界中的植物体内，是许多细菌以及真菌的养料，因此易遭到细菌真菌的侵蚀，导致淀粉胶黏剂的储存期短、稳定性差，且淀粉胶黏剂糊化后呈凝胶状而流动性变差。

淀粉胶黏剂中含有羟基等活性官能团，可以对其进行改性处理以提升性能。通常使用的改性方法有氧化改性、酯化改性、接枝共聚改性、交联改性等。

（1）氧化改性

淀粉分子在氧化剂作用下，葡萄糖单元 C-6 位上的羟基以及 C-2 和 C-3 位上的羟基被氧化成醛基或羧基，从而可提升淀粉胶黏剂的耐水性。同时，淀粉分子中的一些糖苷键也会发生断裂形成羰基，羰基在氧化剂的作用下被氧化成羧基，从而使得大分子的淀粉链缩短，降低分子量。反应式如下：

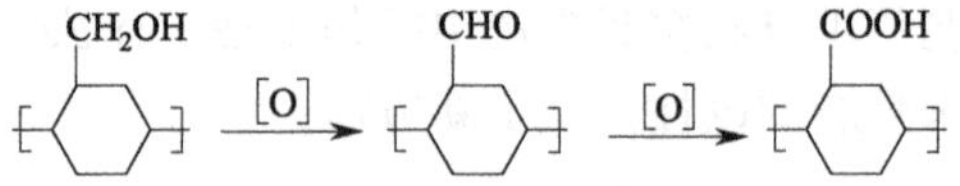

经过氧化改性的淀粉胶黏剂黏度较低、分散性较好，粘接强度较高，稳定性也有所提升。有学者使用 H_2O_2 作为氧化剂改性淀粉胶黏剂，结果表明：H_2O_2 能使淀粉链葡萄糖 C-6 位上的羟甲基部分氧化成醛基，而醛基通过进一步氧化成羧基。通过这种反应增强了淀粉的极性，提高了淀粉胶黏剂的粘结能力，也增加了胶黏剂的流动性，并使之易于贮存。同时，在使用 H_2O_2 氧化的过程中，以硅烷偶联剂作交联剂以及烯烃作为单体，可制备具有高粘接强度和抗水能力的淀粉胶黏剂，其干粘接强度可达 7.88 MPa，湿粘接强度可达 4.09 MPa，性能得到大幅度提升。

（2）酸化改性

利用氢离子的降解作用，降低淀粉大分子上的糖苷键的活化能，对淀粉起催化水解作用。淀粉经酸化后制备胶黏剂的流动性好，且透明性及稳定性均得到提高。一般情况下，淀粉的酸化通常是在淀粉的其他改性中完成的，如在硫酸的酸化改性中，酸化是在氧化过程中完成的：一方面氧化剂提供了一个酸性环境，另一方面对淀粉起酸化作用；而磷酸则是另一种情况，它在酯化的同时起到了酸化的作用。

（3）酯化改性

是指淀粉分子中葡萄糖单元上 C-6 位上的伯醇羟基、C-2 位和 C-3 位上的仲醇羟基被酯化剂取代，进而生成酯键，从而得到酯化改性淀粉胶黏剂。由于淀粉分子含有许多羟基，表现出一定的亲水性，所以在潮湿环境中淀粉胶黏剂的粘结能力较差。而采用酯化改性后的淀粉胶黏剂由于其中的醇羟基被取代，从而使亲水性能降低，淀粉分子间的氢键缔合作用也下降，使其易于舒展和部分溶解。因此经过酯化改性后的淀粉胶黏剂黏度适中，易于涂胶，并使其老化回生和脱水缩合现象得到改善，淀粉糊的透明度、热稳定性也有所提升。其反应式如下所示：

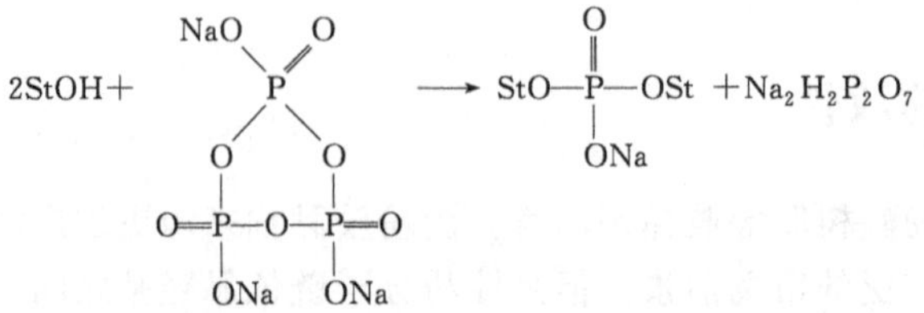

以磷酸二氢钠（NaH_2PO_4）为酯化剂对淀粉胶黏剂进行酯化改性，结果表明磷酸二氢钠取代了淀粉分子上的羟基，并形成酯键，可增强胶黏剂的粘接性能，而且未检测出苯系物、游离甲醛等有害物质，符合国家环保胶黏剂标准，安全可靠。而用十二琥珀酸酐（DDSA）作酯化剂、聚异氰酸酯（PAPI）作交联剂时制备的酯化改性淀粉胶黏剂，其干、湿粘接强度与未改性的相比均有大幅度提高，其中湿粘接强度增加了 72.4%。并且经过酯化后的淀粉胶黏剂形成了稳定、紧密的网状结构，能有效防止水分子的渗透，因而可大幅度提升抗水性能。与此同时，DDSA 的酯化作用也为淀粉分子增加了分支，提升了酯化改性淀粉胶黏剂的粘接性能。而以马来酸酐作为酯化剂，在淀粉中加入聚乙烯醇制备酯化改性的淀粉胶黏剂，并以异氰酸酯作为交联剂也可有效提高其耐水性。研究表明：马来酸酐的酯化作用提高了改性淀粉胶黏剂的热稳定性，同时可改善胶合板胶层的连续性，因此其胶合性能也相应地得到改善。

（4）接枝共聚改性

指在引发剂的作用下，使烯烃单体以一定的聚合度接枝到淀粉分子链上，从而形成共聚高分子化合物，也可赋予淀粉胶黏剂新的性能。复合机理如图 16-7 所示：其中 AGU 为淀粉链的脱水葡萄糖单位，M 为合成单体。合成单体在接枝反应中，一部分聚合成高分子链，接枝到淀粉分子链上，另一部分聚合，但没有接枝到淀粉分子上。通过引入乙烯基单体，不仅增加淀粉分子的疏水性，同时也保留淀粉自身特性，所以淀粉胶黏剂的粘接性能和耐水性均得到改善。

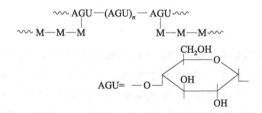

图 16-7　淀粉接枝共聚结构复合机理

有研究者首先将玉米淀粉进行氧化，然后用醋酸乙烯酯单体进行接枝共聚改性，再加入助剂充分混合，制得复合改性玉米淀粉胶黏剂。改性胶黏剂的耐水性能和粘接性能均得到大幅度提升。也可使用多种丙烯酸酯作为共聚单体，将丙烯酸酯接枝改性木薯淀粉来制备接枝改性淀粉胶黏剂。通过对不同共聚单体接枝改性后胶黏剂的性能进行对比发现：采用己基丙烯酸酯接枝改性的淀粉胶黏剂具有更好的剪切强度和抗水能力，并且丙烯酸酯接枝改性淀粉可使木薯淀粉的最低成膜温度降低，从而改善胶合性能。同样的，当将玉米淀粉经糊化和氧化处理后，在引发剂和乳化剂作用下与苯乙烯进行接枝共聚反应，也可获得机械稳定性、储存稳定性、耐水性均较好的接枝改性淀粉胶黏剂。且当苯乙烯与氧化淀粉质量比为 2：1、糊化和聚合温度为 90 ℃时，所得接枝改性淀粉胶黏剂性能最佳。

（5）交联改性

指在交联剂的作用下使淀粉分子间形成化学键，从而形成空间网状结构，提高胶黏剂的粘接强度。交联后淀粉分子中羟基含量也会降低，使胶黏剂的抗水能力增强。由于交联改性后形成的化学键比淀粉分子间原有的氢键作用强，所以热稳定性也会增加，避免了胶黏剂在使用过程中出现淀粉颗粒膨胀破裂、絮凝等导致其黏度下降的现象。其反应式如下：

$$2StOH + \underset{H_2C}{\overset{O}{\triangle}}CH\text{—}CH_2Cl \xrightarrow{OH} St\text{—}O\text{—}CH_2\text{—}\overset{\overset{OH}{|}}{CH}\text{—}CH_2\text{—}O\text{—}St + HCl$$

使用烯基酸酐对玉米淀粉进行预处理，可制备出交联淀粉胶黏剂，在中密度纤维板的热压过程中，这种淀粉胶黏剂能和脲醛树脂胶黏剂发生交联反应，两者的交联密度显著提高。同时，由于添加了淀粉胶黏剂，因此 UF 树脂胶用量可减少 14％以上。而使用硅烷偶联剂（KH-570）作为交联剂时，可提高淀粉胶黏剂的剪切强度和储存稳定性，其中干、湿强度分别增加 22％和 18％。进一步分析发现 KH-570 弱化了淀粉分子间的作用力并与淀粉聚合物之间形成共价键，从而形成了网状结构，且交联剂上的硅醇与被粘物的表面形成氢键，共同提升了粘接能力。与此同时，用有机硅氧烷（VTIS）耦合交联淀粉制备的交联改性淀粉胶黏剂，其干、湿强度分别达 6.11 MPa 和 3.05 MPa。由于 VTIS 的交联作用使淀粉分子中羟基含量降低，提高了淀粉的交联程度并形成网状结构，阻止水分子的渗入，从而改善胶黏剂的性能。由于 VTIS 具有比淀粉分子更低的表面能量和更好的疏水性，所以胶黏剂在使用过程中形成的膜具有优异的抗水能力。此外，将淀粉与无水氯化锂溶于 N，N-二甲基乙酰胺中，加入 DL-丙交酯进行接枝共聚改性，当 DL-丙交酯与淀粉葡萄糖单元的浓度比为 10∶1，在 $80\sim85℃$ 下反应 4 h 后，单体转化率、接枝率和接枝效率可分别达到 37.3％、179.8％和 68.0％，而该改性淀粉胶黏剂可使纸板的吸水率由 41.1％降低到 1.0％，耐水性能大大提升。还有研究者使用双氧水氧化改性玉米淀粉，然后使用环氧氯丙烷进行交联改性，结果表明：经环氧氯丙烷交联后的淀粉胶黏剂的性能明显优于只经过氧化改性的淀粉胶黏剂。

（6）醚化淀粉

淀粉分子的一个羟基与烃化合物中的一个羟基通过氧原子连接起来的淀粉衍生物即为醚化淀粉。淀粉的醚化反应主要发生在淀粉中缩水葡萄糖单元第 6 个碳原子的羟基和第 2 个碳原子的羟基上，主要包括羟烷基淀粉、羧烷基淀粉、烷基淀粉醚和不饱和淀粉醚。如：淀粉与一氯醋酸在氢氧化钠存在下起醚化反应，葡萄糖单位中醇羟基被羧甲基取代，其反应式为：

$$淀粉\text{—}OH + NaOH \longrightarrow 淀粉\text{—}O\text{—}Na + H_2O$$
$$淀粉\text{—}ONa + ClCH_2COOH + NaOH \longrightarrow 淀粉\text{—}O\text{—}CH_2COONa + NaCl + H_2O$$

丙烯酸酯可与淀粉进行接枝共聚反应，可首先通过烯丙基氯与淀粉的醚化反应在淀粉分子上引入碳碳双键，然后将其与丙烯酸甲酯单体进行接枝共聚，得到淀粉接枝丙烯酸甲酯接枝共聚物。研究表明，这种方法可以使淀粉对丙烯酸甲酯的接枝效率比直接接枝提高 10％～20％；同时淀粉的烯丙基醚化对最终接枝淀粉的黏附性能有显著影响，随着醚化度的增大，接枝淀粉对棉纤维和涤纶纤维的黏附力呈现先增大后减小。

（7）复合改性

该方法是对淀粉同时采用两种或两种以上的改性方法。当前主要有交联-氧化复合淀粉、磷氨双变性淀粉等产品。交联-氧化淀粉，是通过原淀粉与化学药品，如甲醛、环氧氯丙烷、三偏磷酸钠等作用所得交联淀粉，然后再经氧化即可得交联-氧化淀粉。由于交联阻止了在干燥时分子结构的重排，提供了一种更加敞开的内部扭曲结构，使氧化剂等小分子更加容易进入淀粉团的内部，从而增大了氧化程度，进而使淀粉胶黏剂的某些性能得以提高。交联后的淀粉更易氧化，这类淀粉比单一的改性淀粉用途更广。

向玉米淀粉中加入三乙醇胺作为基础偶联剂，然后加入少量硼砂、硅烷偶联剂和三偏磷酸钠进行复合交联改性，结果表明：改性后的玉米淀粉胶黏剂粘接强度高，当三乙醇胺与三偏磷酸钠质量比为 1：0.33 时，两种交联剂改性效果最好。也有研究表明：向一定量的氧化玉米淀粉中加入氢氧化钠调节溶液 pH 值，然后加入环氧氯丙烷交联剂制得交联改性的淀粉乳液，经过脱水、洗涤以及干燥等处理后得到的交联改性玉米淀粉胶黏剂，其耐水性、贮存时间、粘接强度都得到了显著提高。

16.5.4 木质素胶黏剂的改性及应用

木质素作为目前储量第二大的植物基生物质资源，分子结构中含有多种官能团，如羟基、甲氧基、醚键和苯环等，是合成木材胶黏剂的良好原料。但是木质素并没有在胶黏剂制备方面得到广泛的应用，这其中很重要的原因是木质素的结构复杂，分子中可反应基团的活性较低。未经改性的木质素虽然可以直接与交联剂发生交联反应，但是由于木质素的体型结构使得反应位置和反应可及度有限，所以胶黏剂的性能较差。将木质素进行改性，提高可反应基团的活性是利用木质素资源制备木材胶黏剂的有效方法。

目前认为以苯丙烷为结构主体，共有三种基本结构（非缩合型结构），即愈创木基结构、紫丁香基结构和对羟苯基结构：

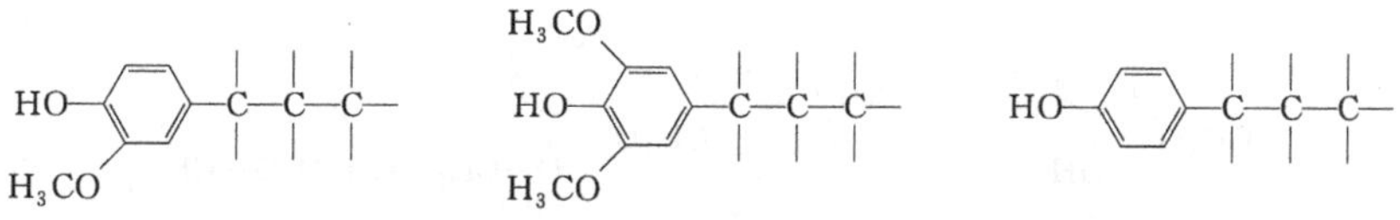

愈创木基结构　　　　　紫丁香基结构　　　　　对羟苯基结构

愈创木基丙烷结构中，芳环上的 C-5 位，也即酚羟基的邻位，是能够进行反应交联的游离空位，也是木质素可以作为胶黏剂的主要依据。可进行羟基化改性、胺化改性、环氧改性等。

（1）羟基化改性

羟基化改性是通过化学改性手段提升木质素中羟基含量，从而增强木质素反应活性的改性方法。按照化学结构分类，羟基化反应又可分为羟甲基化反应、羟乙基化反应、羟丙基化反应以及去甲基化反应。

① 羟甲基化反应。羟甲基化反应是指木质素苯环上的活泼氢被甲醛取代为羟甲基的反应。木质素是由苯丙烷单元通过碳碳键和醚键连接而成的无定形聚合物，其分子结构中含有大量的酚醚结构。酚醚结构的存在使得木质素苯环上酚羟基或酚醚基团的邻位或对位的氢较为活泼，可以在特定条件下与甲醛反应生成羟甲基化的木质素，从而增加木质素的羟基含量。

用木质素-酚醛胶黏剂制备胶合板的湿强度偏低，通过将木质素羟甲基化后用有机酸调整反应物的黏度，再制备胶黏剂，就可提高胶合板的湿强度。羟甲基化可提高木质素的反应活性点，羟甲基化既可在芳环上发生，也能在芳环侧链上发生，但是，这种羟甲基木质素的反应活性点数量明显低于酚醛树脂。反应原理如下：

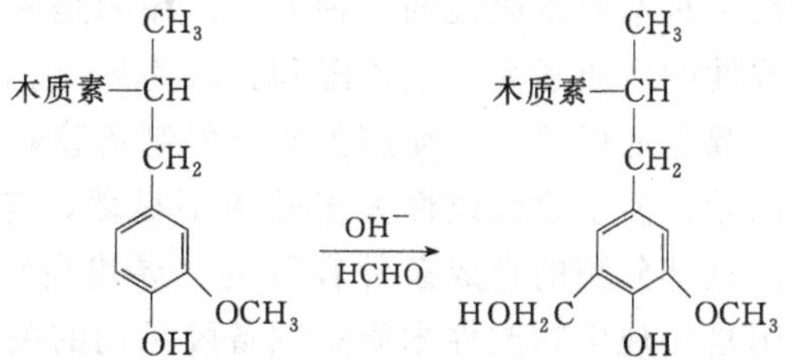

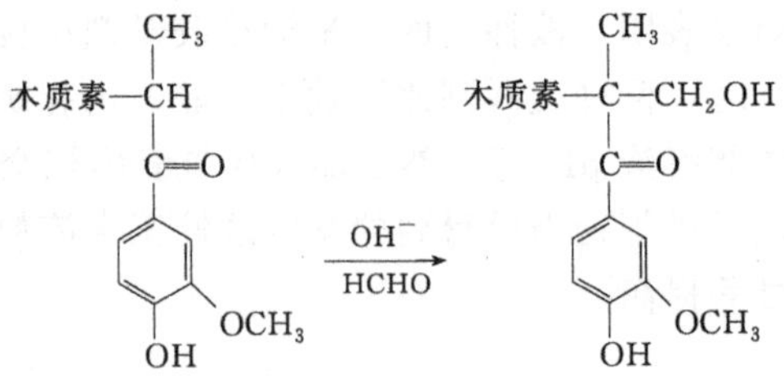

② 羟乙基化反应。羟乙基化反应是在一定条件下将乙二醛取代木质素芳环上的活泼氢原子，并将两个木质素芳环连接，以达到增加羟基含量和增大木质素溶液黏度的目的。羟乙基化反应可以避免游离甲醛的释放，是替代甲醛改性木质素的主要手段之一。但羟乙基化改性与羟甲基化改性反应相比，在反应速率以及改性产物的反应活性方面还有一定的差距，因此寻找最佳的反应条件和合适的催化剂是优化羟乙基化反应的关键。

③ 羟丙基化反应。在酚羟基上与环氧丙烷反应所得到的仲醇羟基的反应活性比酚羟基的反应活性高，并且拉开了它与木质素主体结构的距离，利于提升反应性。反应原理如下：

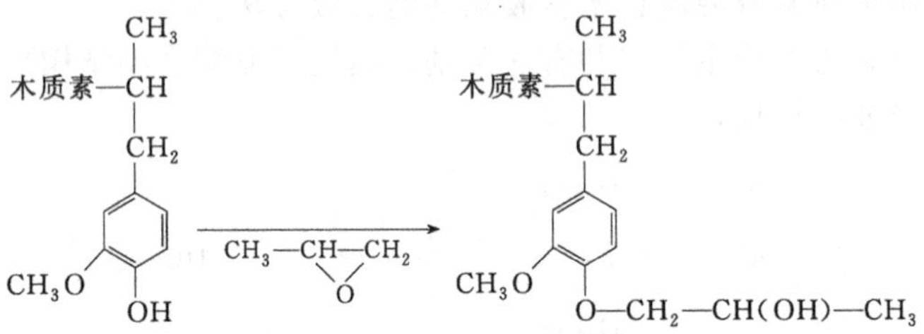

④ 去甲基化反应。去甲基化反应是将木质素苯环上的甲氧基取代为酚羟基，以增强木质素的反应活性。有研究人员使用 SO_2 作为催化剂进行木质素的去甲基化，可使木质素中的酚羟基含量增加一倍以上，但是反应条件在 200 ℃以上，较为苛刻，因此近年来温和条件下的去甲基化反应更受欢迎。反应原理如下：

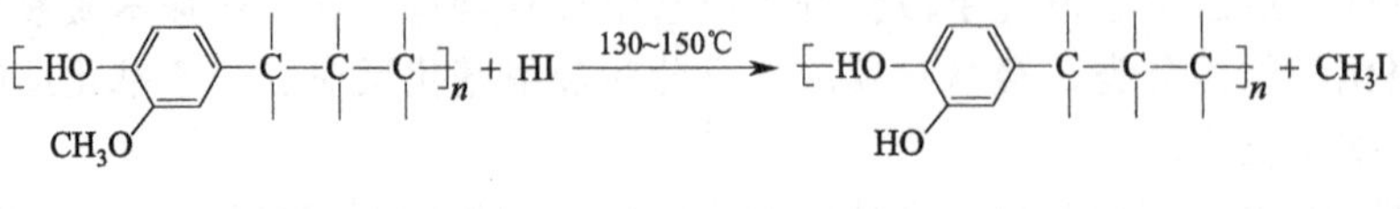

（2）胺化改性

胺化改性是将氨基引入指定反应位点的缩合反应。胺化反应中，曼尼希反应（Mannich反应）是最简单、最直接的方法，它发生在具有高电子密度的碳和由甲醛和胺形成的亚铵离子之间，可以在酚羟基的邻位引入氨基乙基。理论上含有二级胺或者氨基的物质都可以与木质素进行反应。曼尼希改性后的木质素可用于聚氨酯胶黏剂或改性木质素胺类胶黏剂的制备。

（3）生物改性

利用酶催化降解木质素也是木质素改性的一种方法。漆酶是一种多酚氧化酶，大量存在于菌类以及植物中，漆酶改性的木质素大多条件温和且较为环保。

生物方法改性木质素以绿色环保著称，使用天然材料制备胶黏剂，可以在自然界中完全被降解，符合绿色化学的倡导。但生物法改性大多效果不显著，与化学合成的胶黏剂相比，性能上还有着一定的差距，且部分酶的合成条件较苛刻。寻找高活性的酶并对其进行活化，也可与其他胶黏剂复合使用是实现生物改性木质素制备胶黏剂的关键。

（4）水热降解

水热降解是降低木质素分子量的一种有效方法。在隔绝空气的情况下加热原料，使得分子结构被分解成更小的单元，充分暴露活性基团，以增强木质素的活性以备后续反应使用。

水热解聚是一种很有发展前景的改性方法，反应迅速、绿色环保。木质素在碱性条件下高温高压降解可以将木质素分散为更小的单元并且减小残渣率，但如何优化反应条件、降低反应能耗、提高降解率是目前所遇到的难点。

（5）酚化改性

将木质素羟甲基化，制备的木质素-苯酚-甲醛共聚胶黏剂的粘接强度高、耐水及耐候性好、不易透胶、固化温度低且固化速率快、游离甲醛及游离酚含量低，是制造室外级人造板最理想的胶黏剂。同时，将木质素羟甲基化后与酚醛树脂混合，用于胶接华夫板可以获得良好的胶合性能。反应机理如下：

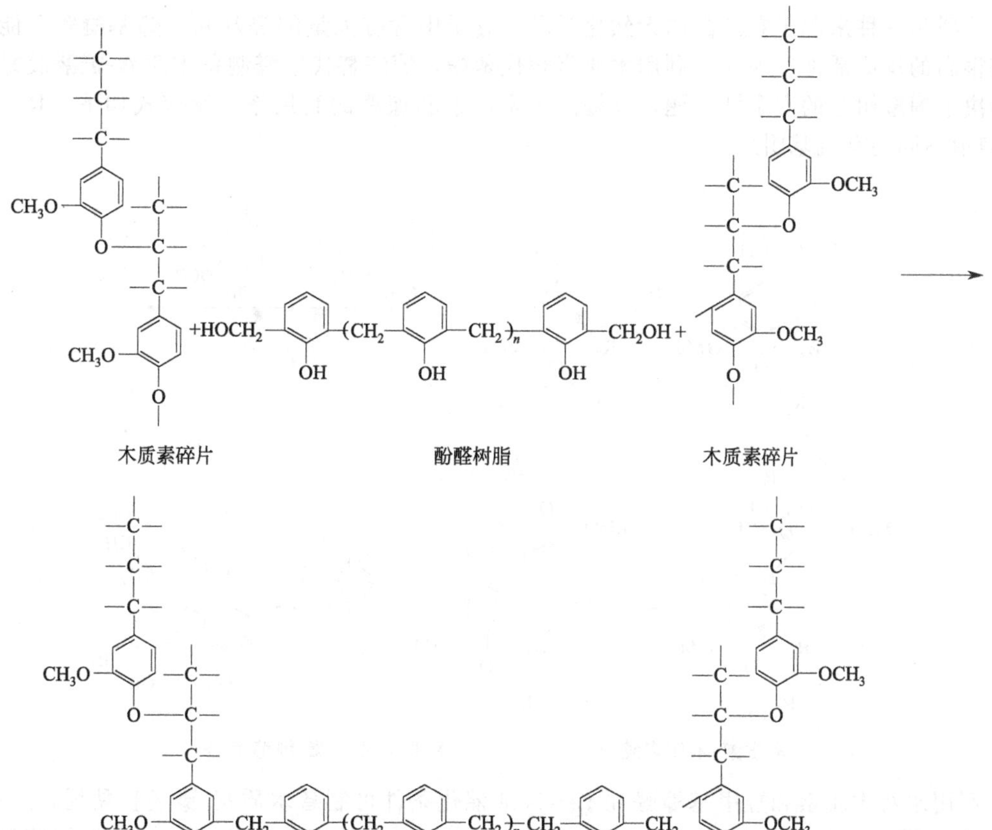

木质素碎片　　　　　　　　酚醛树脂　　　　　　　　木质素碎片

为了生产高聚和低聚的生物基酚类化合物，可将针叶材硫酸盐木质素碱催化降解用于酚醛树脂的合成中取代苯酚。将酚醛树脂和含有未处理硫酸盐木质素的木质素-酚醛树脂进行比较，发现酚取代度方面有显著差异，即使在 70% 的高取代度下，改性的可再生木质素基组分也可以作为苯酚的同等有效替代品。

（6）环氧化改性

木质素环氧化的主要对象是硫酸盐木质素及其改性物。如下所示，在碱性条件下，酚羟基与环氧丙烷反应可制成环氧化木质素。环氧化木质素的环氧化程度愈高其胶合性能就越好，与酚醛树脂混合，其对木材的胶合性能优于酚醛树脂。但是由于环氧化木质素在有机溶剂中溶解性低，黏度高，作为胶黏剂使用还存在一些不足。可用双酚代替酚，环氧化后的硫化木质素环氧化物在丙酮等有机溶剂中的溶解性能较好。

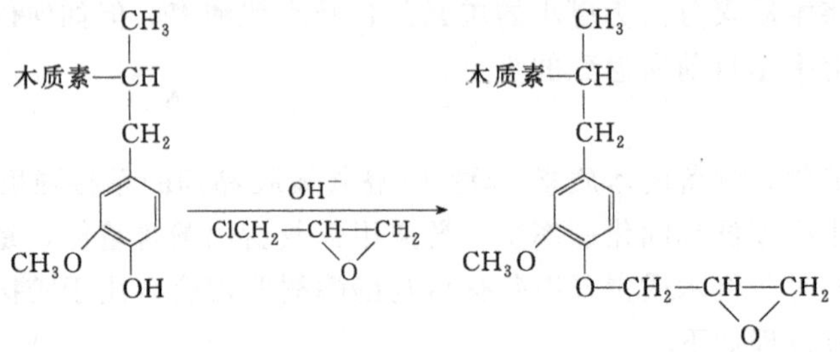

（7）糠醛化改性

糠醛是一种来源于农产品的天然化学品，分子中含有大量的醛基和二烯基醚等官能团，具有很高的反应活性。因此，利用木质素替代苯酚，糠醛替代甲醛制备木质素-糠醛胶黏剂，既解决了酚醛树脂的安全性问题，又提高了木质素和糠醛的利用率。反应式如下（R、R_1、R_2 表示不同的有机基团）：

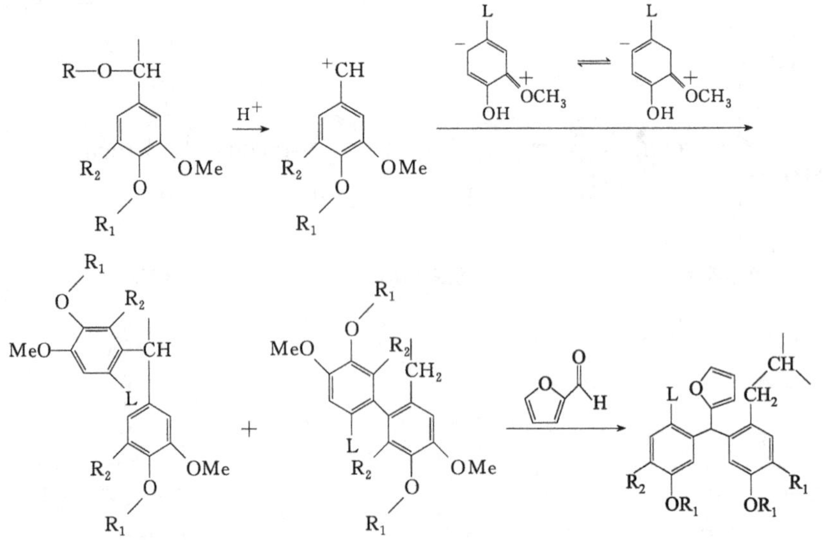

木质素-木质素缩合　　　　　木质素-木质素-糠醛缩合

利用水解木质素和羟甲基糠醛在 Lewis 酸催化条件可制备木质素-糠醛胶黏剂，产率高达 85%。通过对木质素-糠醛胶黏剂测试分析发现，其官能团和固化机理与酚醛树脂类似，但其分子量更大，分子量分布更广，而且玻璃化转变温度、储能模量和拉伸强度均高于酚醛树脂。与酚醛树脂胶黏剂相比，木质素-糠醛胶黏剂的固化需要更高的固化温度和更长的固化时间。采用炼制木质素和糠醛在氢氧化钠催化条件下制备木质素-糠醛胶黏剂，当 M_1（糠醛）：M_2（木质素）=1：10、氢氧化钠用量 4%、聚合温度 100℃、聚合时间 2 h，所制备的木质素-糠醛胶黏剂固含量达到 41.6%，游离酚含量小于 0.93%，所制胶合板的粘接强度达到 1.65 MPa，远优于国家标准要求，而且生产成本比传统酚醛树脂胶黏剂低 35% 左右。

（8）聚氨酯化改性

传统聚氨酯胶黏剂性能优异，已经在市场上得到广泛应用，但是成本高、降解难、污染环境。木质素可以看作是一种多元醇结构，能够与异氰酸酯反应，因此可以利用木质素为原料制备聚氨酯胶黏剂。与传统的木材胶黏剂相比，木质素-聚氨酯胶黏剂价格低、热稳定性高、柔韧性好，因此在发达国家的木材加工行业得到了广泛的应用。

木质素与异氰酸酯反应：在低温下异氰酸酯与醇羟基反应，高温下异氰酸酯与酚羟基反应。其反应化学方程式如下：

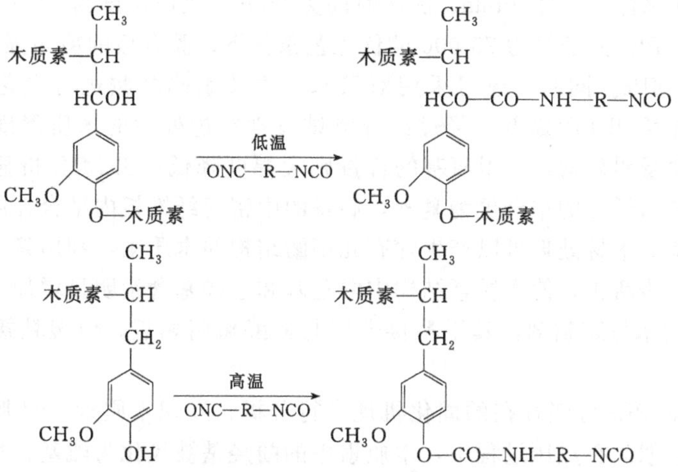

在研究硫酸盐木质素的添加量对湿固化聚氨酯木材胶黏剂的影响时，分别用 1%、3% 和 5% 的聚丙二醇（PPG）取代硫酸盐木质素，并进一步与单体二苯基甲烷二异氰酸酯（MDI）反应，在改变木质素的质量百分比之后发现：随着游离异氰酸酯含量的减少，固化时间变短，但剪切强度增加。同样，在木质素-聚氨酯胶黏剂的热性能研究中发现，玻璃化转变温度随着木质素含量的增加而增加。

（9）单宁化改性

单宁是植物产生的复杂多酚，与苯酚的化学结构极为相似，这也是单宁能够用于制备木材胶黏剂的化学基础。常见的单宁胶黏剂主要是以单宁为主体，配以适当的固化剂制备而成，其主要特点为反应活性高、固化速率快。反应式如下：

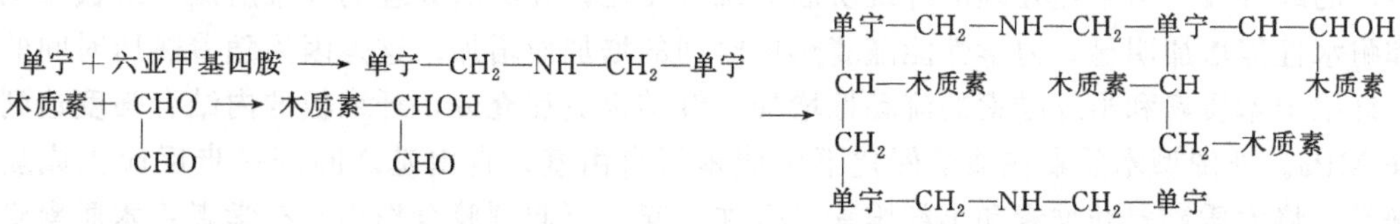

在对木质素磺酸钙-单宁胶黏剂进行系统研究时发现，在配胶过程中添加不同比例的 MDI 可以提高胶黏剂的整体性能。胶黏剂的性能很大程度上取决于胶黏剂中 MDI 的含量。所制备的刨花板内结合强度最大可达 0.41~0.46 MPa。

木质素-单宁胶黏剂和其他木质素基胶黏剂相比，生物质含量更高，但同样由于两者的生物质特点，导致胶黏剂在制备和使用过程中出现黏度大、交联度低、适用期短等问题，极大地限制了胶黏剂的广泛应用。由于两者分子量大、反应交联点少，导致木质素-单宁胶黏剂在力学性能方面也表现一般。此外，木质素-单宁胶黏剂的耐水性较差，研究人员通过在配方中添加适量异氰酸酯组分可使其得到改善。

（10）聚亚乙基亚胺化改性

近些年发现的胶黏蛋白 MAP 是一种可再生的环保胶黏剂，具有良好的粘接强度和耐水性。其良好的胶合性能源自于结构中大量的儿茶酚和氨基基团。木质素结构中含有许多酚羟基，聚亚乙基亚胺（PEI）中含有大量氨基基团。基于 MAP 胶黏蛋白，研究人员对木质素与 PEI 共混制备胶黏剂进行了多方面探索。

在室温下将木质素硫酸盐和 PEI 混合制备的新型木材胶黏剂，通过探索木质素和 PEI 的混合时间、热压时间、热压温度、木质素/PEI 比例、PEI 分子量等条件对胶合板剪切强度的影响，发现在混合时间为 40min、热压时间为 9min、热压温度为 140℃、M_1（木质素）：M_2（PEI）＝2：1、PEI 分子量为 75 000 的优工艺条件下，胶合板的剪切强度可达 5.5 MPa，湿强度达到 1.92 MPa。同时，还可采用双氧水对木质素磺酸胺进行氧化预处理，然后与 PEI 共混制备木质素-PEI 胶黏剂。经过红外测试发现经过处理的木质素磺酸胺分子结构中酚羟基和羰基的含量明显增加，甲氧基的含量则大幅度降低；SEM 分析显示，经过氧化处理的木质素胶黏剂与纤维的结合更为紧密，制备的中密度纤维板内结合强度可达 1.23 MPa。与此同时，褐腐菌对木材处理可以产生含有儿茶酚结构的木质素，利用硼氢化钠能够将酶处理过的木质素进一步活化，使木质素结构中醇羟基和总羟基含量明显增加。利用活化后的木质素与 PEI 制备的木材胶黏剂，其干粘接强度与酚醛树脂相近，但湿粘接强度与酚醛树脂还有一定差距。

通过对木质素-PEI 可能存在的固化机理进行分析，发现木质素-PEI 胶黏剂的反应机理可能与鞣化反应类似。在热压过程中，木质素中的酚羟基被氧化为醌基，然后进一步与 PEI 中的氨基进行反应，最终形成一个交联网络状结构，这可能是胶黏剂具有良好力学性能和耐水性的原因。

（11）漆酶化改性

漆酶（laccase）是一种多酚氧化酶，能够催化酚类物质发生氧化还原反应，在木质素的生物降解和活化方面发挥着重要的作用，在人造板行业中主要应用于无胶纤维板和木质素基木材胶黏剂的制备。基于漆酶处理的产品大都具有无甲醛、无污染、能耗低、可生物降解等优点，在环保方面有着巨大的潜力。

1993 年德国就已有漆酶应用于纤维板制备的专利。有学者研究了用漆酶处理山毛榉纤维制备纤维板，并将漆酶与木纤维反应的时间缩短到 1 h 左右。分别采用湿法和干法两种方法生产的纤维板，与未经处理的纤维所制纤维板相比，经漆酶处理的纤维所制纤维板力学性能和耐水性能增加明显，力学性能随着热压时间的增加而增加。这是因为随着热压时间的增加，纤维中木质素和半纤维素的流动性增加，缠结也更加充分，纤维板的内结合强度达到了 0.96 MPa。非酚型木质素在漆酶催化下生成苯氧自由基，自由基之间进一步反应生成复杂的糖类，将木质素、纤维素和半纤维素黏合在一起，可起到胶合作用。有学者将木质素磺酸盐和漆酶置于一个发酵体系中制备的胶黏剂可在室温条件下固化，所制备胶合板的粘接强度可达 2.0 MPa，但耐水性需要进一步提高。而将漆酶处理的炼制木质素配以适量的聚乙烯醇、糠醛及 PMDI 等制备的环保胶黏剂，用该胶黏剂制备胶合板的干湿剪切强度分别为 0.95 MPa 和 0.53 MPa。

（12）木质素-大豆蛋白胶黏剂

大豆蛋白胶黏剂价格便宜，原料来源丰富，加工制作简单，但粘接强度低、适用期短、固含量低、耐生物腐蚀性差，特别是耐水性差等问题限制了其应用范围。木质素的交联结构以及芳环结构可以提高大豆蛋白胶黏剂的强度、耐水性和耐生物腐蚀性。因此，木质素-大豆蛋白胶黏剂成为近些年研究的热点。

以高粱木质素为基材制备木质素-大豆蛋白胶黏剂，所有添加了木质素的大豆蛋白胶黏剂所制备的胶合板在剪切强度和耐水性方面都有较大提升，水体系和氢氧化钠碱性体系的最大剪切强度分别可达 6.5 MPa 和 5.8 MPa。而未添加木质素碱性体系的湿强度仅为 0.37 MPa，水体系的则为 2.01 MPa；添加木质素后，碱体系的胶合板湿强度最高可达 2.33 MPa，水体系的最高可达 3.32 MPa。这是因为大豆蛋白和木质素都是有一定黏性的聚合物，当大豆蛋白和木质素混合时，两者可以充分缠结，既增加了胶黏剂的剪切强度，又改善了耐水性。在利用未处理木质素、漆酶处理的木质素、漆酶及 $NaBH_4$ 处理的木质素分别与大豆蛋白混合制备胶黏剂时发现：用经过漆酶和 $NaBH_4$ 处理的木质素与大豆蛋白制备的胶黏剂制备胶合板，其粘接强度是其他两种处理方式的 4 倍。但是随着木质素含量的持续增加，木质素自聚作用的加强会导致胶黏剂胶合性能的下降。

（13）木质素-脲醛树脂基胶黏剂

脲醛树脂成本较低，是目前用量最大的木材胶黏剂，但存在耐水性差及残余甲醛高等缺点。木质素代替脲醛树脂，不仅可以降低成本，还能降低成品中游离甲醛含量。与酚醛树脂相比，脲醛树脂与木质素的结构差别较大，但是在一定的工艺条件下脲醛树脂可含有大量的单、双和多羟甲基脲，这些均能与木质素很好地结合。由于脲醛树脂的 pH 值接近 7，而碱木质素溶液的 pH 值一般要大于 10。因此，需将木质素氧化改性或与不饱和醛反应改性后再应用于脲醛树脂，这样可以提高木质素代替脲醛树脂的比例。傅里叶变换红外光谱研究发现氧化改性木质素与脲醛树脂可以形成酯键甚至是亚甲基键，将氧化改性木质素代替脲醛树脂达 40％时，仍对刨花板的内结合强度等性能有促进作用。当改性木质素与丙烯醛、柠檬醛等不饱和醛在 $FeCl_2$ 等催化反应后与脲醛树脂混合，制成性能与脲醛树脂相近的树脂胶黏剂，其中改性木质素可代替高达 80％的脲醛树脂。

通过加入乙醛酸化的甘蔗渣木质素，可以减少甲醛释放和改善脲醛树脂的耐水性。为此，在脲醛树脂合成过程中，加入不同含量的未改性和乙醛酸化木质素（10％、15％和 20％）代替尿素，所制备的胶合板具有良好的剪切强度。但含有 15％乙醛酸化木质素的氟化物仍然表现出吸水性和甲醛释放性，与其他树脂对照相比，在强度和物理化学性质上没有显著差异。

（14）木质素-三聚氰胺甲醛（LMF）树脂胶黏剂

与酚醛树脂相比，MF 树脂胶黏剂耐水及耐候性更强，粘接强度更高，固化速率也更快。但却存在成本较高、性脆易裂、柔韧性差等缺点。木质素的加入可以降低三聚氰胺甲醛（MF）树脂的交联度，因而增加其柔性和降低脆性。由于 MF 树脂本身的交联度太高，木质素一般不需要改性，可直接作为外加剂添加到 MF 树脂中。

研究表明，用木质素磺酸盐与甲醛、水和碱等混合后与三聚氰胺一起反应可制得性能与 MF 树脂相近的 LMF 树脂胶黏剂，其中 SSL 质量分数最高可达 70％，并发现 LMF 树脂既具有脲醛树脂一样的固化速率与固化温度，又具有酚醛树脂一样的耐水性。

16.6　生物质胶黏剂在木材工业中的应用

16.6.1　木材用木质素改性胶黏剂

由于造纸厂黑液所含木质素与酚醛树脂结构类似。因此，用黑液木质素制胶黏剂以取代部分酚醛树脂的研究目前已越来越受到人们的重视。方法有两大类，一是直接用浓缩黑液作为合成树脂的初始原料；二是对黑液木质素预处理，以增强木质素的反应活性。具体配方与工艺如下。

（1）黑液木质素胶黏剂

① 配方见表 16-12。

表 16-12　黑液木质素胶黏剂

原料	配比/质量份	原料	配比/质量份
黑液	35	苯酚	35
甲醛	44	烧碱	7

② 制备方法。将黑液、苯酚和碱加入反应釜，甲醛分两次加入，先加入总量的 5/6，再加入总量的 1/6，反应温度为 152~156℃，时间为 1.5h。

（2）改性黑液木质素胶黏剂

① 配方　见表 16-13。

表 16-13　改性黑液木质素胶黏剂

原料	配比/质量份	原料	配比/质量份
黑液	50	苯酚	24
甲醛	15	烧碱	7

② 制备方法。在 150℃温度下，黑液木质素先与一定量的甲醛、碱恒温反应 15min，再加入苯酚、碱和甲醛反应 45min，制得改性黑液木质素胶黏剂。

（3）性能

基本性能见表 16-14。

表 16-14　酚醛树脂胶黏剂和黑液木质素胶黏剂性能对比

项目	合成酚醛树脂胶	黑液木质素胶	改性黑液木质素胶
黏度(20℃)/(Pa·s)	9.1	5.5	5.7
pH 值	9.84	10.74	10.12
游离酚/%	2.00	2.04	2.32
固含量/%	48.2	49.8	40.9

16.6.2　人造板用单宁胶黏剂

栲胶的主要成分单宁是天然的聚酚化合物，带有大量的活性羟基和羧基，因而可以替代苯酚制取木工胶黏剂。单宁一般分为两类，水解单宁和凝缩单宁。用于人造板胶黏剂的单宁基本为凝缩单宁。用得较多的有山核桃、坚木、黑荆树皮和松木皮单宁等。由于它们之间化学结构有较大的差异，故刨花板的制造与调胶工艺也有一定不同。另一方面，单宁胶与常用的酚醛树脂胶在反应机理上也有差别：与苯酚和甲醛的反应速率相比，单宁和甲醛的反应速率是其 10~50 倍；另外凝缩单宁本身就是各种低聚物占主体，故要求甲醛用量较少。显然，单宁胶刨花板生产工艺与常用树脂胶制板工艺相比是有变化的。世界上一些国家采用单宁胶作为一种低毒或无毒胶黏剂替代酚醛树脂已用于刨花板生产，如南非、巴西等。

近几年来，我国在配方工艺方面进行了改进和完善，并将液体胶制成粉状胶，从而避免了贮存过程中的自缩聚反应，使胶黏剂的贮存期大大延长，包装、运输也很便利。

实例 1：粘接板用粉状落叶松单宁酚醛胶

① 主要原料与配比见表 16-15。

表 16-15　粉状落叶松单宁酚醛胶主要原料与配比

原料	配比/质量份	原料	配比/质量份
温水（水温 50℃左右）	40	粉状落叶松	50
面粉	5		

② 制备与使用。将温水（50℃左右）倒入拌胶筒内，加入粉状落叶松 20min（搅拌速率为 150r/min），再加入面粉，搅拌均匀。用 2.0mm 厚、含水率为 8%～10% 的马尾松单板为基板，短芯板双面涂胶，涂胶量为 230～250g/m²；涂胶后立即组坯，坯板层数为 9 层。坯板不经预压而直接进入热压机热压，温度为 140～145℃，单位压力 1.2MPa，热压时间 18min。

③ 性能见表 16-16。

表 16-16　粉状落叶松单宁酚醛胶性能

项目	性能指标	项目	性能指标
外观	深褐红色粉末	固含量	≥90%
游离苯酚	≤0.3%	游离甲醛	≤0.2%
黏度	70～150s(涂-4 杯,25℃)	可被溴化物	≥12%
pH 值	10.5～12	水溶倍数	20
贮存期	1 年以上		

实例 2：刨花板用松木单宁粉胶黏剂

① 配方见表 16-17。

表 16-17　刨花板用松木单宁粉胶黏剂配方

原料	配比/质量份	原料	配比/质量份
松木单宁粉	38	水	62
96% 纯度的聚甲醛	2	30% 的 NaOH	调溶液
pH 值到 7.8 凝胶时间/s	34		

② 刨花板的部分性能，见表 16-18。

表 16-18　刨花板的部分性能

密度/(g/cm³)	施胶量/%	含水率/%	平面拉伸强度/(N/mm²)	游离甲醛/(mg/100g)
0.70	12	8.0	0.51	1.70
0.75	12	8.5	0.61	2.08

实例 3：刨花板用松木单宁水溶液胶黏剂

① 配方见表 16-19。

表 16-19　刨花板用松木单宁水溶液胶黏剂配方

原料	配比/质量份	原料	配比/质量份
38% 松木单宁水溶液	70	38% 坚木单宁水溶液	30
33% 六亚甲基四胺溶液	7.4	pH 值	6.5
凝胶时间/s	34		

② 使用工艺。拌胶后刨花表面单宁胶易干枯，使刨花间黏性减少。因此，单宁胶刨花铺装可以用机械或气流铺装。但值得注意的是，直接搅拌施胶有时会出现刨花结团，而结团内的刨花表面黏度又非常大，常粘在设备上造成设备运转困难。

铺装后的板坯，从工艺上要求板坯平均含水率不宜超过 25%；对于三层或渐变刨花板结构，表层刨花板坯含水率可为 22%~28%，芯层刨花板坯含水率应控制在 25% 以下。在用醛类固化剂时，表层胶黏剂的 pH 值应低于芯层胶黏剂的 pH 值。

③ 刨花板的部分性能见表 16-20。

表 16-20　刨花板的部分性能

密度/(g/cm³)	施胶量/%	含水率/%	平面拉伸强度/(N/mm²)	游离甲醛/(mg/100g)
0.76	12	6.7	0.72	1.20
0.79	12	8.2	0.80	1.61

实例 4：刨花板用山核桃单宁水溶液胶黏剂

① 配方见表 16-21。

表 16-21　刨花板用山核桃单宁水溶液胶黏剂配方

原料	配比/质量份	原料	配比/质量份
40%山核桃单宁粉水溶液	100	33%的六亚甲基四胺溶液	7.4
33%尿素溶液	1.6	pH 值	6.6
凝胶时间/s	34		

② 刨花板的部分性能见表 16-22。

表 16-22　刨花板的部分性能

密度/(g/cm³)	施胶量/%	含水率/%	平面拉伸强度/(N/mm²)	游离甲醛/(mg/100g)
0.69	12	7.5	0.52	0.62
0.75	12	8.3	0.65	0.70

16.6.3　木材用耐水性淀粉胶黏剂

淀粉通过改性后可以用于制备耐水性的木材用胶黏剂，常用的配方及工艺如下。

实例 1：耐水性木材用胶黏剂

① 原材料与配方见表 16-23。

表 16-23　淀粉改性胶黏剂原配方

原料	配比/质量份	原料	配比/质量份
淀粉-醋酸乙烯酯交联接枝共聚物	100	尿素	15
聚乙烯醇 124	10~15	磷酸三丁酯	10~15
硼砂	0.5~1.0	其他助剂	适量

② 制备工艺

a. 淀粉-醋酸乙烯酯交联接枝共聚物的合成。以淀粉为原料，配制成质量分数为 30%~

40％的淀粉乳液后，以盐酸为催化剂，过硫酸铵为引发剂，在 pH 值 3～5 的范围内，缓慢滴加占淀粉质量比 75％～85％的醋酸乙烯酯单体，进行接枝共聚反应，接枝反应温度为 60～70℃，接枝反应时间为 2～4h；在接枝反应 1～2h 后，加入占淀粉质量比 0.2％～0.4％、质量分数为 1％～2％的 N,N′-亚甲基双丙烯酰胺交联剂。加料和反应均在搅拌下进行，反应产物为淀粉-醋酸乙烯酯交联接枝共聚物。

b. 淀粉-醋酸乙烯酯交联接枝共聚物与助剂的混合。以合成的淀粉-醋酸乙烯酯交联接枝共聚物为主要原料，加入聚乙烯醇、硼砂、尿素、甘油、磷酸三丁酯，加料和反应均在搅拌下进行，反应产物为耐水性淀粉基木材胶。

实例 2：冷固型木材加工用玉米淀粉胶黏剂

① 主要原料与配比见表 16-24。

表 16-24　冷固型木材加工用玉米淀粉胶黏剂原料与配方

原料	配比/质量份	原料	配比/质量份
玉米淀粉	30	丙烯酸	10
过硫酸铵	0.05	H_2O_2(30％)	1
工业面粉	40	二苯基甲烷二异氰酸酯(MDI)	8
20％NaOH 溶液	适量		

② 胶黏剂的制备。把玉米淀粉、水、H_2O_2（30％）加入反应瓶中，升温至 80℃，制成氧化玉米淀粉水溶液，再加入丙烯酸和过硫酸铵在 80℃下共聚反应，用 NaOH 溶液调 pH 值为 7.0，制成玉米淀粉胶黏剂主剂。将玉米淀粉胶黏剂主剂、二苯基甲烷二异氰酸酯、工业面粉按质量比 100∶40∶8 的比例混合，搅拌均匀制成玉米淀粉胶黏剂。

③ 胶黏剂性能指标见表 16-25。

表 16-25　冷固型木材加工用玉米淀粉胶黏剂性能指标

项目	性能指标	项目	性能指标
黏度	＞45mPa·s(25℃)	pH 值	7.0
游离醛	0	固化时间	20～25s(100℃)
活性期	6.0h		

实例 3：快干型淀粉/聚乙烯醇胶黏剂

① 配方见表 16-26。

表 16-26　快干型淀粉/聚乙烯醇胶黏剂配方

原料	配比/质量份	原料	配比/质量份
聚乙烯醇	56.0	松香	2.00
玉米淀粉	22.4	工业杀菌剂	适量
高岭土	25.20	邻苯二甲酸二丁酯	0.08
过硫酸铵	0.16	自来水	2154.0

② 制备与使用。在一定量的水中，加入聚乙烯醇及消泡剂，搅拌升温至 150℃使其完全溶解，搅拌 60min，待降温至 60℃加入过硫酸铵，搅拌 10min，加入玉米淀粉及高岭土，搅拌均匀后加入交联剂并加热升温，温度控制在 75℃左右，保温 30min；最后加入增黏剂、防腐剂、增塑剂、搅拌均匀，降至室温即得产品。

无机胶黏剂

17.1　概述

无机胶黏剂（简称无机胶）是由无机盐、无机酸、无机碱和金属氧化物、氢氧化物等组成的一类范围相当广泛的胶黏剂。

无机胶黏剂原料易得、价格低廉、使用方便。其耐高、低温性极为优异，可在$-183\sim2900℃$广泛的温度范围内使用。同时具有毒性小、不燃烧、无环境污染、热膨胀系数小等特点，密度仅为钢铁的1/10、陶瓷的1/3左右。且耐油、耐辐射、不老化，耐久性好。多以室温固化，基本不收缩，有的反而略有膨胀。套接、槽接粘接性强度高，如套接拉伸剪切强度大于100MPa。主要缺点是不耐酸、碱的腐蚀，脆性较大、不耐冲击、平接时的粘接强度较低。

无机胶黏剂种类很多，按化学结构可分为金属氧化物、无机盐类等。按化学成分可分为硅酸盐、磷酸盐、硫酸盐、硼酸盐、氧化物等。按照固化条件及应用方式可分成四类，即气干型、水固性、热熔型和反应型。

17.2　气干型无机胶黏剂

这类胶黏剂是指胶黏剂中的水分或其他溶剂在空气中自然挥发，从而固化形成胶合的一类胶黏剂。由于制造过程简单、使用方便、安全无毒等优点广泛应用于纸制品、包装材料、建筑材料等领域。

17.2.1　结构与粘接机理

在气干型无机胶黏剂中使用最多的是硅胶，其碱性溶液为硅酸钠溶液，俗称水玻璃，分子结构为：

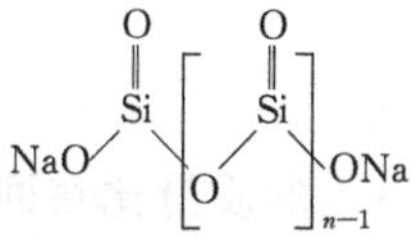

硅酸钠是由纯净的石英砂与纯碱或硫化钠加热熔融来制备，主要单元组成是正硅酸钠 $Na_2O \cdot SiO_2$ 和胶体 SiO_2，一般表示为 $Na_2O \cdot nSiO_2$。商品水玻璃是无色、无臭的黏稠液体，pH 值在 $11\sim13$ 之间，能与水互溶。硅酸钠溶液具有一定的黏度，只有含有极少量的 SiO_2 和大量上式所表示的高分子溶液才具有胶黏剂的作用。虽然其分子中也含有许多支链，但大量的是—OH 或 O^-，所以胶合木材时主要是—OH 起作用，而对胶合金属时则可能是 O^- 在起一定的作用。

SiO_2/Na_2O 摩尔比（n）不同的水玻璃，其性质是有差异的，发生胶合作用实质上是二氧化硅溶胶变成二氧化硅凝胶的过程。硅酸在水中的溶解度很小，但水玻璃中的 $nSiO_2$ 是硅酸多分子聚合体构成的胶态微粒。由于水合作用，Si=O 转变为 Si—O 使得胶体带有相当的负电荷，而周围是等量的氢离子（H^+），碱金属离子的作用在于保持平衡稳定。当水玻璃与被粘基材脱水反应或形成氢键时，从溶液中析出 SiO_2 胶体，新生态的 SiO_2 具有极大的活性，将基材胶合起来，形成 SiO_2 凝胶的胶合接头。

17.2.2　制备方法

水玻璃胶黏剂的溶液黏度由被胶合基材表面的性质、环境的温度及湿度、胶合操作要求、固化时间等所决定。同时，黏度与固含量、n 值、温度及添加剂有关。黏度随着固含量的增加而增大；也随着 n 值的增大、温度的提高而降低。以下是几种不同性能水玻璃胶黏剂的制备方法：

① 耐水胶的配方（质量份）：石棉水泥 2.268、硅酸钠 3.785、氧化亚铅 226、松香 0.113、甘油 0.113。以硅酸钠作结合剂，以金属氧化物或氢氧化物作固化剂，并以氧化硅或氧化铝作骨材，既可低温固化又可加热（$110\sim130℃$）固化，其低温固化物有较高的耐水性。

② 耐酸水泥的配制：为了提高耐酸性，需增加 SiO_2 的比例，但耐水性会有所降低，可加入氟硅化钠加以改善，其反应式为：

$$4NaHSiO_3 + Na_2SiF_6 + 3H_2O \longrightarrow 6NaF + 5H_2SiO_3$$

值得注意的是，加入氟硅化钠会导致强度略有下降，因此在使用中必须把握好比例。

③ 耐热水泥的配制：在硅酸钠溶液中加入烧结黏土、石英粉、砂子、石墨或矿粉等以提高耐热性。例如在 $n=3$、相对密度为 1.2 的 45 份硅酸钠中加入明矾矿粉（已取走明矾）100 份，固化后可耐 1750℃ 温度。又如以相对密度 1.38 的硅酸钠 1 份与粗石英粉 5 份相混合，不仅耐热还能耐酸。

17.3 水固型无机胶黏剂

水固型无机胶黏剂是遇水就可固化的物质，这类材料主要有硅酸盐水泥、铝酸盐水泥、氧镁水泥、石膏等，广泛应用于建筑行业。

17.3.1 硅酸盐水泥

硅酸盐水泥是由石灰岩和黏土以 4:1 的质量比在回转窑中煅烧，并加入少量石膏磨碎制得。其中含 CaO 62%～69%，SiO_2 20%～24%，Al_3O_4 4%～7%，Fe_3O_2 2%～5%。基本成分为：硅酸三钙（$3CaO \cdot SiO_2$）37.5%～60%、硅酸二钙（$2CaO \cdot SiO_2$）15%～37.5%、铝酸三钙（$3CaO \cdot Al_2O_3$）7%～15%以及铁铝酸四钙（$4CaO \cdot Al_2O_3 \cdot Fe_2O_3$）0%～18%。这些无水熟料具有强吸水性，当其与水混合会发生水化作用，相应的化学反应为：

$$3CaO \cdot SiO_2 + nH_2O \longrightarrow 2CaO \cdot SiO_2 \cdot (n-1) H_2O + Ca(OH)_2$$
$$2CaO \cdot SiO_2 + nH_2O \longrightarrow 2CaO \cdot SiO_2 \cdot nH_2O$$
$$3CaO \cdot Al_2O_3 + nH_2O \longrightarrow 3CaO \cdot Al_2O_3 \cdot nH_2O$$
$$4CaO \cdot Al_2O_3 \cdot Fe_2O_3 + nH_2O \longrightarrow 3CaO \cdot Al_2O_3 \cdot n_1H_2O + CaO \cdot n_2H_2O$$

上述水泥是普通水泥，此外还有快干水泥、白水泥、矿渣水泥、氧化铝水泥等。

① 快干水泥组成与普通水泥相同，但对原料、煅烧条件等控制较严，细度较高，所以干燥速度较快。

② 白水泥由含氧化铁极少的原料煅烧而成，具有白色的外观，粗糙度较好，容易着色。

③ 矿渣水泥以高炉矿渣和水泥熔块混合粉碎制得。早期强度较低，但经过较长时间后可达到普通水泥的强度且耐海水性较好。

④ 氧化铝水泥以含氧化铝较多的黏土与石灰岩一起制得，具有良好的早期强度。

配制方法：硅酸盐水泥单独与水混合时，发热量较大，收缩率高，而且强度也不高，应与砂子、石子相配合；或者与石棉、重晶石、硅石或纸筋等混合。一般按容积比以水泥1份、砂子2份配成泥灰，配制混凝土时再以4份石子混合。

泥灰的配制与固化过程中应注意水的用量不宜过多，这样收缩小、强度高；砂子必须洗净，不含泥土、尘埃及其他杂质；水分不足会影响固化，所以表面应覆盖润湿遮盖物防止水分散失；冬季固化较慢，水泥中的水结冰就会影响固化。

17.3.2 铝酸盐水泥

硅酸盐水泥的耐高温性能差，加热至270℃就会碎裂。在高温下应该使用铝酸盐水泥，它可分为矾土及低钙铝酸盐水泥。表17-1中列出了矾土和低钙铝酸盐水泥的基本特性。

表 17-1 矾土和低钙铝酸盐水泥的基本特性

名称	原料	化学组成	耐火性能/℃	特性
矾土水泥	石灰石、铝矾土	$CaO \cdot Al_2O_3$	1420～1500	快硬化
低钙铝酸盐水泥	纯净石灰石、片状氧化铝	$CaO \cdot 2Al_2O_3$	1650～1700	高强度

17.3.3　氧镁水泥

氧镁水泥是以 $MgCl_2$ 为液体组分、MgO 为固体组分形成的 $3MgO \cdot MgCl_2 \cdot 11H_2O$ 凝胶，还可掺铜粉、石英粉、白陶土、木屑等填料。氧镁水泥硬化快，$2 \sim 3h$ 可初步硬化，最终可达 $70 \sim 90MPa$。用途广泛，可粘接木、竹、玻璃、石块等。但它的耐水性差，为防止水解，可采用下法：

① 与铜粉混合。在 MgO 中加入 $8\% \sim 10\%$ 的铜粉（或氧化亚铜），与 $MgCl_2$ 生成的水泥强度很高，室外暴露的稳定性好，而且有美丽的蓝、绿色外观。

② 与气相二氧化硅混合。以 MgO 与 20% 的气相二氧化硅混合，性能有很大提高。表 17-2 中列出了与气相 SiO_2 混合的氧化镁水泥的基本配方与性能。

表 17-2　与气相 SiO_2 混合的氧化镁水泥的基本配方与性能

配方编号	配比/质量份					压缩强度/MPa	
	MgO	气相 SiO_2	石英粉	砂子	$MgCl_2$（相对密度 1.21）	空气中 6 天后	空气中 6 天后水中 4 天
1	227	—	453	1135	250	36.3	7.6
2	227	227	227	1135	175	79.6	59.5
3	227	113	340	1135	225	58.0	49.7

17.3.4　铁胶泥

铁胶泥系以铁粉和氯化铵、氯化钠等盐类组成的凝胶。铁粉形成的氢氧化铁是盐类的催化剂，在粘接过程中随结晶的生成而固化。必要时还可加入石灰、砂子、石英粉或煤渣等作填充物。其配方如下。

配方一（质量份）：铁粉 62、水 37、氯化铵 1。

配方二（质量份）：铁粉 1、砂子 4、生石灰 3、氯化镁 1、煤渣 7。

后者在 7 天后的拉伸强度为 $7.69MPa$，压缩强度为 $32.5MPa$，这一类胶黏剂主要用于汽车散热器箱盖和铁管等处的黏合。

17.3.5　氧化铅胶泥

氧化铅在甘油中混炼制得的胶泥称为氧化铅胶泥。例如，以 $2 \sim 3$ 份 PbO 浸润在少量水中再与 1 份甘油混合，经 24h 即会固化。如要耐酸可加入硅砂；若要耐氨气，则以 1 份甘油与 $4 \sim 5$ 份 PbO 配合；也可以 PbO 8 份、Na_2O 24 份、SiO_2 4 份与甘油 1 份混合，3min 后即固化，可耐弱酸、烃类、硝酸和碱的腐蚀。这类胶黏剂可用于玻璃、陶瓷的粘接，以及废水下水道、阀门、贮槽及输氨管道的修理，作为纤维素浸渍器的衬里，或作为耐烃类容器的涂料或腻子等。

17.3.6　石膏胶泥

将生石膏（$CaSO_4 \cdot 2H_2O$）在 $110℃$ 以上加热，可制得烧石膏（$CaSO_4 \cdot \frac{1}{2}H_2O$），进

一步在 400～500℃下煅烧，得到无水石膏。

烧石膏粉末与水拌和后还原成石膏而固化，因而可用它作为胶黏剂，虽然固化物的强度不高，但固化速率快、无毒，使用方便，因此有一定的应用范围。

在烧石膏粉末中加水量必须恰当，过多的水分不仅会延迟凝结时间，而且影响黏合强度，表 17-3 中列出了不同加水量对石膏性能的影响。

表 17-3　烧石膏中水的含量对凝结性能和强度的影响

水与石膏之比 /(mL/g)	凝结时间 /min	凝结时的膨胀率 /%	固化后的强度 /MPa
0.45	3.75	0.51	27.1
0.60	7.25	0.29	18.6
0.80	10.5	0.24	11.4

为了改善石膏的性能，可采用以下方法：

① 水泥钙。将石膏以 0.12MPa（123℃）的蒸汽加热数小时，成为非多孔的半水合物，再与水混合固化，强度达到 50MPa，完全可以和普通的水泥相比。

② 干固水泥。将石膏在 400℃烧结成无水石膏，加明矾后再在 400℃以上煅烧制得。干固水泥具有很高的强度，可用作墙壁、地坪的材料或地坪凹痕的修补。

③ 树脂石膏。以某种合成树脂（脲醛、聚醋酸乙烯酯乳液等）与石膏相配合，以脲醛树脂为例，配比（质量份）如下：

石膏 9 份、10％的氯化铵水溶液 0.3 份、脲醛树脂胶黏剂 7 份。先将树脂与氯化铵混合，再将石膏在不使气泡混入的情况下与之混合均匀即可使用。室温凝胶化时间为 15～30min，3～4 天可达到实用强度，压缩强度可达到 70MPa 左右，是纯石膏的 7 倍。石膏主要作建筑墙壁、装饰及填缝材料，医学上绷带黏合材料，豆腐的固化剂等用，改性后的石膏其应用范围更广了。

17.4　熔融型无机胶黏剂

这类胶黏剂是指黏料本身受热到一定程度后即开始熔融，然后润湿被粘材质，冷却后重新固化达到胶合目的的一类胶黏剂，其主要特点是除具有一定的粘接强度外，还具有较好的密封效果。如以 $PbO\text{-}B_2O_3$ 为主体，按适当比例加入 Al_2O_3、ZnO、SiO_2 等制成的各类低熔点玻璃及再经适当热处理后形成的玻璃陶瓷。作为这类胶黏剂的一个分支正日益广泛地应用于金属、玻璃和陶瓷的胶合，以及真空密封等领域。

17.4.1　玻璃焊料

熔接玻璃是以硼酸盐为基础的金属氧化物，分为 $PbO\text{-}B_2O_3$ 系列玻璃及无铅低温玻璃。

$PbO\text{-}B_2O_3$ 系玻璃除铅、硼外，还要添加 SiO_2、ZnO、Al_2O_3 等氧化物以提高耐水性，主要有 $PbO\text{-}B_2O_3\text{-}ZnO$、$PbO\text{-}B_2O_3\text{-}ZnO\text{-}SiO_2$、$PbO\text{-}B_2O_3\text{-}SiO_2\text{-}Al_2O_3$ 等，把这些氧化物粉碎至 100～200 目的细粉，使用时可调成糊状。铅硼系玻璃软化温度为 300～500℃，熔融温度为 400～600℃。

无铅低温玻璃，是用 ZnO 代替铅硼系玻璃中的 PbO。

17.4.2　金属焊料

可分为 Pb-Sn 系列的软合金和 Ag-Cu-Zn-Cd-Sn 系列硬合金。其中，Pb-Sn 软合金焊锡熔点在 450℃ 以下，可用于玻璃及陶瓷的粘接。Ag-Cu-Zn-Cd-Sn 系硬合金，焊料是银焊料，熔点在 450℃ 以上，可用于金属与金属的粘接。

17.4.3　硫胶泥

硫黄熔融后有很好的黏合性，实际上就是一种热熔性胶黏剂。加入炭黑、硅粉等可减少热膨胀性，加入聚硫橡胶等多硫化物可提高耐冲击性，几种硫胶泥的配方如表 17-4 所示。

表 17-4　几种硫胶泥的配方

项目	A	B	C	D	E
硫黄/质量份	58.5	59.5	58.8	99.5	58.8
硅砂粉/质量份	30.5	29.0	39.8	0	290
皂石/质量份	10.0	10.0	—	0	—
炭黑/质量份	1.0	3.0	1.0	0	20.0
聚硫橡胶/质量份	0	0.5	1.2	0	1.2
性能指标					
膨胀系数/$(\times 10^{-3}℃^{-1})$	3.6	3.8	4.3	7.7	4.5
压缩强度/MPa	70	—	45	—	44
拉伸强度/MPa	6.3	3.0	4.6	1.8	5.9

使用硫胶泥时熔融温度不宜超过 130℃，否则冷却时晶格由斜方晶变为单斜晶，易造成热胀系数增大，黏合力下降。这种胶泥在 90℃ 以下有很好的耐水和耐酸性。例如在 70℃ 的水中 2 年无异常，能在 70℃ 的硝酸、氢氟酸、硫酸及盐酸中耐 8 个月，但耐铬酸和强碱、石灰、植物油、石油等的性能较差。可用于耐酸陶瓷的黏合，对金属（尤其是铜）也有出色的黏合力。

17.5　反应型无机胶黏剂

这类胶黏剂是指由胶料与水以外的物质发生化学反应固化形成胶合的一类胶黏剂。固化温度可以是室温也可以是 300℃ 以下的中低温，固化时间随固化温度的高低而有所不同，从几小时到几十小时不等。其显著特点是粘接强度高、操作性能好、可耐 800℃ 以上的高温等。该类胶黏剂属无机胶黏剂中品种最多、成分最复杂的一类，主要包括硅酸盐类、磷酸盐类、胶体二氧化硅、胶体氧化铝、硅酸烷酸、齿科胶泥、碱性盐类、密陀僧胶泥等，其中有一些的胶合机理至今仍处在研究、探讨阶段。

反应型无机胶主要由三个部分组成，即结合剂、固化剂和骨架材料，还常常添加一些补助成分，如固化促进剂、分散剂及无机颜料。硅酸盐类和磷酸盐类是两类典型的反应型无机胶。

添加骨材的目的：

① 提高固化物的凝聚力，降低固化时的收缩率，增加粘接强度；

② 添加耐热强度高的骨材可提高耐热性；

③ 使被粘接物与胶黏剂的膨胀系数一致，从而提高粘接强度；

④ 提高耐水性和耐酸性。

硅酸盐类和磷酸盐类是两类典型的反应型无机胶。

17.5.1 硅酸盐类无机胶黏剂

以碱金属以及季铵、叔胺的硅酸盐为基体，按实际需要适当加入固化剂和骨架材料等调合而成，可耐1200℃以上高温。它在胶合碳钢套接时压剪强度可大于60MPa；拉伸强度大于30MPa，可用于胶合金属、陶瓷、玻璃、石料等多种材料，具有良好的耐油、耐有机溶剂、耐碱性，但耐酸性较差。

硅酸盐类无机胶黏剂的基体一般由硅酸盐与有机胺配制成水溶液，可选用硅酸钠、硅酸钾、硅酸锂等，其中以硅酸钠为最常用，粘接强度也最高，但耐水性较差。

固化剂的种类很多，主要有碱土金属的氧化物和氢氧化物、硅氟化物、磷酸盐及硼酸盐等，大致包括2~4价的金属氧化物、1~3价的金属磷酸盐或聚磷酸盐、1~2价的金属氟化物或氟硅酸盐等。采用不同的固化剂可获不同性能的胶液，例如采用磷酸盐可提高耐水性；采用聚磷酸硅可使固化均匀；采用氟硅酸盐可促进快速固化等。表17-5为硅酸盐胶黏剂及其固化剂的配合。

表 17-5 硅酸盐胶黏剂及其固化剂

硅酸盐	分子式	固化剂
硅酸锂	$Li_2O \cdot nSiO_2$	金属粉末：Zn 金属氧化物：ZnO,MgO,CaO,SrO,Al_2O_3 金属氢氧化物：$ZnO,Mg(OH)_2,Ca(OH)_2,Al(OH)_3$
硅酸钠	$Na_2O \cdot nSiO_2$	硅氟化物：Na_2SiF_6,K_2SiF_6 硅化物：$SiO,FeSi,SiO_2$
硅酸钾	$K_2O \cdot nSiO_2$	磷酸盐：$AlPO_4,Al(H_2PO_4)_3,Mg(H_2PO_4)_2,Al(H_2PO_4)_3$ 无机酸：H_3PO_4,H_3BO_3 硼酸盐：KBO_2,CaB_4O_7
硅酸季铵盐	$(NH_4)_2O \cdot nSiO_2$	有机化合物：OHC-CHO 等

骨架材料可根据不同的应用需求选用天然的或合成的粒状、鳞片状、纤维状材料，如石英砂、氧化铝、碳化钛、氮化硼、锆石、氧化锆等。为增加黏性可加入高岭土、蛇纹石等硅酸盐矿石粉末。为进一步提高耐热性可加入高熔点的氧化物或氮化物。为增加内聚强度可加入经煅烧的氧化物及陶瓷纤维、碳纤维、石棉纤维等纤维材料。

硅酸盐胶黏剂的黏结性能：钠盐＞钾盐＞锂盐，而耐水性是：锂盐＞钾盐＞钠盐。

17.5.2 磷酸盐型无机胶黏剂

磷酸盐类胶黏剂是以浓缩磷酸为黏料的一类胶黏剂，主要有硅酸盐-磷酸、酸式磷酸盐、氧化物-磷酸盐等众多的品种。可用于金属、陶瓷和玻璃等众多材质的胶合。与硅酸盐类胶黏剂相比，具有耐水性更好、固化收缩率更小、高温强度较大以及可在较低温度下固化等优点。

磷酸盐型无机胶的固化过程为放热反应，如散热不好及配胶量过多，会缩短胶液的活性期，影响使用。一般一次调胶量以 10～15g 为宜。

17.5.2.1　氧化铜-磷酸盐胶黏剂

氧化铜-磷酸盐胶黏剂是开发最早、应用最广的无机胶黏剂之一，现在主要用于耐高温材料的胶合，其中添加一些高熔点氧化铝和氧化锆后可耐 1300～1400℃的高温。

氧化铜-磷酸盐胶黏剂是由特制氧化铜粉和经特殊处理的磷酸铝（浓磷酸加少量氢氧化铝）溶液配制而成，通常为双组分，现用现配。

使用时为了改善胶液的性能（如导热性、导电性及粘接强度等），可加入适量还原铁粉、硼砂、石棉粉、玻璃粉、硬质合金粉等填料，但必须严格遵守先将氧化铜与磷酸铝溶液调好后再加入，否则会降低粘接强度并使胶液变质。

配制该胶所用的氧化铜要有一定的纯度，氧化铜含量应大于 95％。处理后的氧化铜粉表面活性显著减小，可延长适用期、提高粘接强度。同时，氧化铜粉应放在干燥器内密封保存。

磷酸铝溶液的制备是在 100mL 的化学纯或分析纯、相对密度大于 1.7 的磷酸（工业磷酸亦可）中加入 5g 化学纯或分析纯的氢氧化铝，不断搅拌，加热到 150～200℃后氢氧化铝便溶解成甘油状的透明溶液，保持 1～2h 后冷却装瓶待用。加入氢氧化铝不仅可延长适用期，而且能提高粘接力。若是冬天出现结晶，可适当加热（50～60℃）令其溶解后仍可再用。为使磷酸铝溶液在冬季时不易结晶，使用方便，可于上配方中加入 0.5g 左右的三氧化铬，加热至 260℃反应，溶液由红棕色变为草绿色后，再反应 5min 即停止加热，冷却后装瓶待用。

磷酸-氧化铜无机胶黏剂对单纯的平面粘接强度低，脆性大，承受冲击载荷的性能较差，但对套接、槽接等结构胶合时，在化学、物理、机械等方面综合作用下可达到很高的粘接强度。其胶合机理如下：

（1）化学作用

磷酸组分和氧化铜组分反应，生成含有 Cu^{2+}、PO_4^{3-}、$H_2PO_4^-$、HPO_4^{2-} 等离子的液体，将此胶液涂于被粘金属表面上，等于把金属工件浸渍于含有 Cu^{2+} 的磷酸水溶液中。若金属工件（如铁、铝）的电位较高，则在金属表面发生离子的取代反应：

$$3Cu^{2+} + 2Al \longrightarrow 2Al^{3+} + 3Cu \downarrow$$
$$Cu^{2+} + Fe \longrightarrow Fe^{2+} + Cu \downarrow$$

反应结果是金属表面部分溶解，同时产生金属铜的沉积，使金属表面紧密结合。如表面没有这种取代反应（如粘接铜件或表面膜的铝件）会使粘接强度降低，但经过灼烧处理后，在表面产生氧化铜层，胶黏剂与工件有氧化铜作为"桥梁"，两者便能紧密结合，进而提高粘接强度。

（2）物理作用

胶黏剂与粘接表面有吸附作用。同时，胶黏剂在凝固硬化过程中，由于反应时产生大量的气泡在固化过程中胶黏剂体积略有膨胀，也会对套接、槽接件起到一定的固化作用。

（3）机械作用

当粘接表面较为粗糙时，粘接件表面不平的凸凹部分可起到增加"胶钉"作用，增强粘接强度。

改性氧化铜-磷酸无机胶黏剂的制备如下。

原料及配比（质量份）：

85%的磷酸 100mL，氢氧化铝 5 份，氧化铜、SiO_2、CaO、MgO、P_2O_5 各适量。

制备方法：

① 氧化铜的制备。用铜盐经碱处理所得氧化铜在 980~1000℃下灼烧 1h，过 320 目筛网所得氧化铜粉为甲组分。

② 结合剂的制备。100mL 85%的磷酸和 5g 氢氧化铝，经 220℃加热处理，即为乙组分。

③ 第三组分的制备。将化学纯 SiO_2、CaO、MgO、P_2O_5 按一定比例混合，经高温处理后，粉碎过 320 目筛网。

按上述方法制得的第三组分与一定比例的甲、乙组分混合即得改性的氧化铜－磷酸无机胶黏剂。第三组分的加入对剪切强度有较大的影响，表 17-6 中列出了相关参数。从表 17-6 中可见，加入第三种组分所得改性胶黏剂胶合件剪切强度大幅度提高，最高可增加 2.4 倍。

表 17-6　第三种组分含量与剪切强度的关系

第三组分含量/质量份	平面搭接剪切强度/MPa	
	平均值	最佳值
0	5.81	6.30
11.8	6.91	7.41
21.7	9.01	9.36
28.8	13.46	15.49
35.9	8.81	9.22

17.5.2.2　氧化镁-磷酸盐胶黏剂

MgO-磷酸盐胶黏剂具有成本低、环境污染小、热强度高等优点，适用于中、大型铸件型砂的粘接。

胶黏剂的制备：以磷酸和磷酸二氢铝为胶黏剂主体，加入硼酸、柠檬酸以改进胶合性能，用经过高温钝化处理以氧化镁为主的粉状金属氧化物为固化剂，得到了一种性能优良的铸造用 MgO-磷酸盐胶黏剂。

（1）主体胶黏剂的配比（质量份）

P_2O_5	46.5	硼酸适量
Al_2O_3	13.5	柠檬酸适量
H_2O	40	

（2）主体胶黏剂的制备

在反应瓶中加入磷酸、硼酸、氢氧化铝，搅拌 5min，升温至 90~93℃停止加热，此时反应物剧烈放热，自行升温至 128℃沸腾、回流，待放热完后继续加热保温回流 1h，然后冷却至 90℃下加入柠檬酸与水后冷却出料。

（3）配胶

按标准砂∶胶∶固化剂＝100∶4∶1.6（质量）进行配胶。

（4）MgO-磷酸盐胶黏剂的基本性能

压缩强度可达 5.1MPa，拉伸强度 1.25MPa，配胶后可使用时间为 40min。

总的来说，无机胶黏剂具有原辅材料易得、廉价环保、性能优异等特点，可用于高温、高湿等多种环境，是胶黏剂大家庭中的重要组成部分。

参考文献

[1] 李志国，顾继友，白龙．高性能核壳乳液结构设计制备与性能［M］．北京：科学出版社，2017.

[2] 张伟．木质素胶黏剂化学［M］．北京：人文出版社，2018.

[3] 张伟．多元共聚树脂胶黏剂化学与工艺学［M］．北京：人文出版社，2018.

[4] 宋彩雨，李坚辉，张斌，等．含环氧基有机硅氧烷的研究进展［J］．化学与黏合，2015，37（2）：132-137.

[5] Yahya S N，Lin C K，Ramlii M R，et al. Effect of cross－link density on optoelectronic properties of thermally cured 1，2-epoxy-5-hexene incorporated polysiloxane［J］．Materials & Design，2013，47：416-423.

[6] 李春光，刘轶龙，张贤慧．丙烯酸硅树脂的制备及其应用［J］．2017，32（10）：24-26.

[7] Wang X，Wang J，Li Q，et al. Synthesis and characterization ofwaterborne epoxy-acrylic corrosion-resistant coatings［J］．Macromol. Sci. ：Part B Phys. ，2013，52（5）：751-761.

[8] Tang E J，Bian F，Andrew K，et al. Fabrication of anepoxy graft poly（St-acrylate）composite latex and its functionalproperties as a steel coating［J］．Progress in Organic Coatings，2014，77（11）：1854-1860.

[9] 何明俊，胡孝勇，柯勇．热固性粉末涂料的研究进展［J］．合成树脂及塑料，2016，33（4）：93-97.

[10] Wang H S，Yang F F，Zhu A P，et al. Preparation and reticulation of styrene acrylic/epoxycomplex latex［J］．Polymer Bulletin，2014，71（6）：1523-1537.

[11] 杨猛，赵勇强，王德鹏，等．高固含量PVAc乳液即粘和初粘强度的影响因素［J］．中国胶黏剂，2017，26（4）：13-16.

[12] 李熠龙，杨忠奎．生活中的胶黏剂及粘接化学研究进展［J］．化学与黏合，2018，40（1）：69-71.

[13] 丁威．单组分聚氨酯胶黏剂的制备研究［D］．长春：长春工业大学，2017.

[14] 李晓燕．松香改性酚醛环氧树脂的合成及固化反应研究［D］．福州：福建师范大学，2005，05：30-31.

[15] 谢保存，刘晓辉，赵颖，等．腰果酚改性胺-环氧树脂室温固化性能的研究［J］．化学与黏合，2018，40（1）：26-29.

[16] 刘明哲，冯望成，敬波，等．一种室温快速固化超强环氧树脂胶黏剂的制备及性能［J］．化学与黏合，2017，39（6）：435-437.

[17] 李倩钰．氧化醋酸酯淀粉胶黏剂的制备及在白卡纸涂布中的应用［J］．造纸科学与技术，2018，37（1）：38-42.

[18] 顾银霞．低温糊化淀粉胶黏剂的制备及应用［D］．南京：南京理工大学，2017.

[19] 沙金鑫．木质素基酚醛树脂的制备及应用性能研究［D］．长春：吉林大学，2017.

[20] 张春燕，罗建新，魏亚南，等．聚醋酸乙烯酯乳液的共聚改性及性能研究［J］．新型建筑材料，2016，4：79-81.

[21] 邵丽英，袁才登，赵晓明．桐油基聚氨酯的制备及性能研究［J］．弹性体，2012，22（5）：28-33.

[22] 谭湘璐．桐油在水性光固化树脂和水性聚氨酯树脂的应用研究［D］．长沙：湖南大学，2016.

[23] 张飞龙．生漆成膜的分子机理［J］．中国生漆，2012，31（1）：14-20.

[24] 余先纯，孙德林．聚醋酸乙烯乳液胶［M］．北京：化学工业出版社，2010.

[25] 余先纯，孙德林．木材胶黏剂与胶合技术［M］．北京：中国轻工业出版社，2011.

[26] 孙德林，余先纯．胶黏剂与粘接技术基础［M］．北京：化学工业出版社，2014.

[27] 顾继友．胶黏剂与涂料（2）［M］．北京：中国林业出版社，2012.

[28] 罗运军，桂红星．有机硅树脂及其应用［M］．北京：化学工业出版社，2002.

[29] 张齐，吴建宁，张琦，等．有机硅烷和膨润土对聚醋酸乙烯酯乳液的改性研究［J］．中国胶黏剂，2016，25（2）：5-8.

[30] 田翠．聚醋酸乙烯酯乳液压剪强度影响因素研究［J］．化学与黏合，2016，38（4）：268-271.

[31] 王月．丙烯酸酯改性聚醋酸乙烯酯核壳型乳液胶黏剂的合成［D］．长沙：湖南大学，2015.

[32] 张广艳，刘士琦，刘文仓，等．高邻位线性钼酸改性酚醛树脂胶黏剂的研制［J］．化学与黏合，2017，39

(3)：192-194.

[33] 黄聪．强酸工艺制环保型改性脲醛树脂胶黏剂［D］．南宁：广西大学，2016.

[34] 张俊，杜官本，周晓剑．天然黑荆树皮单宁-糠醇木材胶黏剂的研究［J］．森林与环境学报，2016，4（36）：500-505.

[35] 曹佳乐．淀粉基水性胶黏剂的研制及应用［D］．福州：福建师范大学，2016.

[36] 李坚辉，张绪刚，张斌，等．三聚氰胺-尿素-甲醛共缩聚树脂胶黏剂性能的研究［J］．化学与黏合，2013，35（5）：15-17.

[37] 叶楚平，李陵岚，王念贵．天然胶黏剂［M］．北京：化学工业出版社，2004.

[38] 沈开猷．不饱和聚酯树脂及其应用［M］．北京：化学工业出版社，2001.

[39] 张玉龙．淀粉胶黏剂（2）［M］．北京：化学工业出版社，2008.

[40] 黄发荣，万里强．酚醛树脂及其应用［M］．北京：化学工业出版社，2011.

[41] 贺孝先，晏成栋，孙争光．无机胶黏剂［M］．北京：化学工业出版社，2003.

[42] 李东光．脲醛树脂胶黏剂［M］．北京：化学工业出版社，2002.

[43] 李盛彪．热熔胶黏剂：配方·制备·应用［M］．北京：化学工业出版社，2013.

[44] 张军营．丙烯酸酯胶黏剂［M］．北京：化学工业出版社，2006.

[45] 李子东，李广宇，刘志军．实用胶黏技术［M］．北京：化学工业出版社，2007.

[46] 李绍雄，刘益军．聚氨酯胶黏剂［M］．北京：化学工业出版社，2008.

[47] 张玉龙．环氧树脂胶黏剂（第2版）［M］．北京：化学工业出版社，2017.

[48] 马宁波，白云翔，张春芳，等．有机硅核壳聚合物增韧环氧树脂胶黏剂［J］．应用化工，2016，45（2）：249-252.

[49] 张宇鸥，李岳，孙禹，等．缩合型双组分室温硫化高强度低介电常数有机硅胶黏剂的研制［J］．化学与黏合，2017，39（2）：105-108.

[50] 刘逸．MQ硅树脂的制备及改性有机硅胶黏剂的应用［D］．南昌：南昌航空大学，2016.

[51] 余先纯，孙德林．胶黏剂与涂料技术基础［M］．北京：中国林业出版社，2018.

[52] 王杨，顾准，季康，等．多组分聚醋酸乙烯醋乳液胶黏剂的制备［J］．化学与生物工程，2017，32（12）：30-33.

[53] 王伟，李德玲，刘阔义．醋酸乙烯酯-丙烯酸丁酯共聚乳液的制备研究［J］．化学世界，2018，59（7）：405-411.

[54] 孙嘉星，张霄，李志国，等．NMA改性PVAc基反向核壳结构乳液的制备及其性能研究［J］．中国胶粘剂，2018，27（09）：1-5.

[55] 孙嘉星．PVAc/PS核壳乳液形貌结构调控和稳定机制及胶合性能研究［D］．哈尔滨：东北林业大学，2019.

[56] 邵艺芳，钱军，刘强，等．聚氨酯衍生物大单体对聚醋酸乙烯酯胶黏剂性能的影响［J］．华东理工大学学报（自然科学版），2019，45（01）：31-40.

[57] 齐威，孙晓云，王吉林，等．VAc-BA-AM三元共聚乳液胶黏剂制备与性质研究［J］．精细石油化工，2018，35（01）：66-70.

[58] 任伟斌，李春风．PVAc乳液-改性油菜籽分离蛋白共混胶黏剂的制备［J］．北华大学学报（自然科学版），2019，20（03）：416-420.

[59] Hamou K B, Kaddami H, Dufresne A, et al. Impact of TEMPO-oxidization strength on the properties of cellulose nanofibril reinforced polyvinyl acetate nanocomposites［J］. Carbohydrate Polymers, 2018, 181: 1061-1070.

[60] 李善吉，谢鹏波，袁宁宁，等．聚醋酸乙烯酯及其铈配合物的合成和性能研究［J］．日用化学工业，2018，48（11）：632-636.

[61] Hong W, Meng M W, Xie J L, et al. Properties and thermal analysis study of modified polyvinyl acetate (PVA) adhesive［J］. Journal of Adhesion Science and Technology, 2018, 32 (19): 2180-2194.

[62] 刘晓，李晟冉，吴一弦．活性正离子聚合及原位制备聚醋酸乙烯酯-g-聚四氢呋喃共聚物/纳米银复合材料［J］．高分子学报，2017，11：1753-1761.

［63］ Aditya R，Siti A H，Doni B N，et al. Polyvinyl acetate film-based quartz crystal microbalance for the detection of benzene，toluene，and xylene vapors in air ［J］. Chemosensors，2019，7（20）：1-10.

［64］ 吴志刚，雷洪，杜官，等. 新型酚醛树脂改性大豆蛋白胶的研究（Ⅱ）［J］. 西北林学院学报，2016，31（03）：252-256.

［65］ 陈燕. 纳米纤维素改性豆胶制备环保型胶合板的研究［D］. 南京：南京林业大学，2015.

［66］ 孙恩惠，武国峰，张彰，等. 玄武岩纤维改性大豆蛋白胶黏剂性能及胶合机理［J］. 农业工程学报，2018，34（01）：308-314.

［67］ 曹宇臣，郭鸣明. 石墨烯材料及其应用［J］. 石油化工，2016，45（10）：1149-1159.

［68］ 赵佳丽. 大豆基木材改性胶黏剂的初步研究与制备［D］. 太原：山西大学，2019.

［69］ Fan D B，Qin T F，Chu F X. A Soy flour-based adhesivereinforced by low addition of MUF resin［J］. Journalof Adhesion Science and Technology，2011，25（1）：323-333.

［70］ 李舒野，高振华，王明媚，等. 淀粉胶粘剂的化学改性与应用研究进展［J］. 中国胶粘剂，2017，26（8）：48-51.

［71］ 陈启凤，孙亚东，谭海彦，等. 室温固化淀粉胶黏剂的研究进展［J］. 材料导报：纳米与新材料专辑，2016，3（30）：479-482.

［72］ 何泽森，孙瑾，樊奇，等. 我国淀粉基木材胶黏剂的研究与应用［J］. 木材工业，2017，31（1）：32-36.

［73］ 阚雨村，陈复生，刘伯业. 淀粉基胶粘剂改性及应用的研究进展［J］. 中国胶黏剂，2019，28（10）：55-61.

［74］ Zhang Y H，Ding L L，Gu J Y，et al. Preparation and properties of a starch-based wood adhesive with high bonding strength and water resistance［J］. Carbohydrate Polymers，2015，115：32-37.

［75］ 李光华，邓跃全，田暗旭，等. 环保型磷酸酯化淀粉建筑胶黏剂的制备及应用［J］. 非金属矿，2017，40（4）：12-15.

［76］ Sun Y D，Gu J Y，Tan H Y，et al. Physicochemical properties of starch adhesives enhanced by esterification modification with dodecenyl succinic anhydride［J］. International Journal of Biological Macromolecules，2018，112：1257-1263.

［77］ 郭宁，李立军，程昊，等. 高强度淀粉基木材胶黏剂的基本及其性能研究［J］. 中国胶黏剂，2016（4）：34-37.

［78］ 钱江涛，汪洋，李婷，等. 玉米淀粉基胶粘剂的制备及性能表征［J］. 中国胶粘剂，2017，26（12）：1-3.

［79］ Wang Z J，Zhu H，Huang J N，et al. Improvement of the bonding properties of cassava starch-based wood adhesives by using different types of acrylic ester［J］. International Journal of Biological Macromolecules，2019，126：603-611.

［80］ 刘波，鲍洪玲，李建章，等. 新型可交联淀粉胶黏剂对 UF 树脂性能影响及生产试验研究［J］. 中国人造板，2015（04）：8-11.

［81］ Chen L，Wang Y，Zia U D，et al. Enhancing the performance of starch-based wood adhesive by silane coupling agent（KH570）［J］. International Journal of Biological Macromolecules，2017，104：137-144.

［82］ Sun J P，Li L J，Chen H，et al. Preparation，characterization and properties of an organic siloxane modified cassava starch-based wood adhesive［J］. Journal of Biological Macromolecules，2017，104：137-144.

［83］ 何希梅，李园园，李杨，等. 生物质改性淀粉基木材胶粘剂制备及性能研究［J］. 林业科技通讯，2020，3（20）：18-20.

［84］ 阚建全. 食品化学［M］. 北京：中国农业大学出版社，2016.

［85］ 崔珊珊. 超高压处理甘薯蛋白酶解产物乳化特性的研究［D］. 乌鲁木齐：新疆农业大学，2015.

［86］ Doroteja V，Andreja G，Andreja K，et al. Thermal modification of soy proteins in the vacuum chamber and wood adhesion［J］. Wood Science and Technology，2015，49（2）：225-239.

［87］ Qi G，Li N，Wang D，et al. Development of high-strength soy protein adhesives modified with sodium montmorillonite clay［J］. Journal of the American Oil Chemists Society，2016，93（11）：1509-1517.

［88］ Cheng Y，Yang J，Lu Q，et al. Molecular spectrum capture by tuning the chemical potential of graphene［J］. Sensors，2016，16（6）：773-784.

[89] Sun L, Wu Q, Xie Y, et al. Thermal degradation and flammability properties of multilayer structured wood fiber and polypropylene composites with fire retardants [J]. RSC Advances, 2016, 6 (17): 13890-13897.

[90] 陈茂, 李新功, 潘亚鸽, 等. 无机杨木刨花板制备及性能 [J]. 复合材料学报, 2016, 33 (4): 939-946.

[91] 肖俊华, 左迎峰, 吴义强, 等. 镁系无机胶黏剂的抗卤改性研 [J]. 材料导报, 2016, 30 (2): 320-322.

[92] 巴明芳, 朱杰兆, 薛涛, 等. 原料摩尔比对硫氧镁胶凝材料性能的影响 [J]. 建筑材料学报, 2018, 21 (1): 124-130.

[93] 杨虹. 人造板胶黏剂产业发展新趋势及对策 [J]. 木材工业, 2016, 30 (02): 51-53.

[94] 顾继友. 我国木材胶黏剂的开发与研究进展 [J]. 林产工业, 2017, 44 (01): 6-9+19.

[95] 李妍, 王学川, 任龙芳, 等. 生物质在木材胶粘剂中的研究进展 [J]. 中国胶粘剂, 2017, 26 (09): 47-51.

[96] 郭明媛. 新型改性骨胶的合成与性能研究 [D]. 西安: 陕西科技大学, 2015.

[97] 王敏, 何春霞, 朱贵磊. 不同植物纤维/骨胶复合材料的性能对比 [J]. 复合材料学报, 2017 (5): 20-22.

[98] 张奇. 改性氧化淀粉的研究及其在木材胶粘剂中的应用 [D]. 合肥: 合肥工业大学, 2016.

[99] 卜海艳. 铝、锡、铜离子改性骨胶的制备与性能研究 [D]. 西安: 陕西科技大学, 2016.

[100] 卜海艳, 苏秀霞, 郭明媛. 骨胶胶粘剂的一些改性方法浅谈 [J]. 中国胶粘剂, 2015, 24 (10): 49-52.

[101] 崔明, 苏秀霞, 卜海艳. 防凝剂及 Al~ (3+) 配位复合改性液体耐水骨胶的研究 [J]. 应用化工, 2016, 45 (09): 1732-1735.

[102] 王敏, 何春霞, 朱贵磊, 等. 不同植物纤维/骨胶复合材料的性能对比 [J]. 复合材料学报, 2017, 34 (05): 1103-1110.

[103] 刘静, 苏秀霞, 崔明. β-环糊精对工业骨胶除臭工艺条件的研究 [J]. 中国胶粘剂, 2017, 26 (12): 21-23+54.

[104] 肖俊华, 赖德明, 海凌超, 等. 无机胶黏剂及其在人造板工业中的应用 [J]. 中国人造板, 2019, 26 (09): 6-12.

[105] Zhang X L, Zhang H H, Wu Y Q, et al. Preparation and characterization of silicate wood adhesive modified with ammonium stearate [J]. Advanced Materials Research, 2014, 1033-1034: 1048-1053.

[106] 于亚兰, 邸明伟. 木质素改性制备木材胶粘剂的研究进展 [J]. 化学与粘合, 2019, 41 (05): 373-378.

[107] 徐金娣, 覃宁, 李宁. 喷水工艺对木质素胶黏剂刨花板性能影响的研究 [J]. 中国人造板, 2021, 28 (02): 17-21.

[108] 王丽, 陈秀兰, 王俊伟, 等. 木质素胶黏剂在无醛纤维板中的应用 [J]. 中国人造板, 2021, 28 (01): 17-20.

[109] Xiong F Q, Han Y M, Wang S Q, et al. Preparation and formation mechanism of size-controlled lignin nanospheres by self-assembly [J]. Ind. Crop. Prod., 2017, 100: 146-152.

[110] 邸明伟, 王森, 姚子巍. 木质素基非甲醛木材胶黏剂的研究进展 [J]. 林业工程学报, 2017, 2 (01): 8-14.

[111] Lievonen M, Valle-Delgado J J, Mattinen M L, et al. A simple process for lignin nanoparticle preparation [J]. Green Chem., 2016, 18 (5): 1416-1422.

[112] Liu H, Chung H. Visible-light induced thiol - ene reaction on natural lignin [J]. Acs Sustain. Chem. Eng., 2017, 5 (10): 9160-9168.

[113] Dakshinamoorthy D, Lewis S P, Cavazza M P, et al. Streamlining the conversion of biomass to polyesters: bicyclic monomers with continuous flow [J]. Green Chem., 2014, 16 (4): 1774-1783.

[114] Gadhave R V, Kasbe P, Mahanwar P A, et al. Synthesis and characterization of lignin-polyurethane based wood adhesive [J]. International Journal of Adhesion and Adhesives, 2019, 95: 102427.

[115] Younesi-Kordkheili H, Kazemi-Najafi S, Eshkiki R B, et al. Improving urea formaldehyde resin properties by glyoxalated soda bagasse lignin [J]. European Journal of Wood and Wood Products, 2014, 73 (1): 77-85.

[116] Solt P, Rossiger B, Konnerth J, et al. Lignin phenol formaldehyde resoles using base-catalysed depolymerized kraft lignin [J]. Polymers (Basel), 2018, 10 (10): 77-85.

[117] Sarain J, Schmiedl D, Pizzi A, et al. Bio-based adhesive mixtures of pine tannin and different types of lignins

[J] . Bioresources，2020，15（4）：9401-9412.

[118] Ang A F，Ashaari Z，Lee S H，et al. Lignin-based copolymer adhesives for composite wood panels— A review [J] . International Journal of Adhesion and Adhesives，2019，95：102408.

[119] 马玉峰，龚轩昂，王春鹏. 木材胶黏剂研究进展 [J]. 林产化学与工业，2020，40（02）：1-15.

[120] Laurichesse S，Avérous L. Chemical modification of lignins：Towards biobased polymers [J] . Progress in Polymer Science，2014，39（7）：1266-1290.